人工智能基础与实践

Fundamentals and Practice of Artificial Intelligence

主　编　王杨　杨梅　丁鹏
副主编　严斌宇　廖雪花　张晖
参　编　武文斌　王欣　龙吟

中国教育出版传媒集团
高等教育出版社·北京

内容提要

本书是一本全面介绍人工智能领域基础知识和实际应用的教材，从计算机与计算思维的基础知识入手，系统介绍了人工智能的基础知识、发展现状和应用实践。

全书共分 8 章，前半部分旨在为读者构建坚实的计算机科学基础，而后半部分则聚焦于人工智能的理论与实践。书中详细介绍了人工智能的基本思想、信息技术发展的典型阶段、人工智能的算力以及人工智能技术在不同行业的应用。此外，书中还强调了人工智能技术发展对社会的影响与伦理考量，提醒读者在享受人工智能带来便利的同时，也需关注其潜在的风险与挑战。

通过丰富的理论和实践案例讲解，本书旨在帮助读者全面理解人工智能的基础知识，掌握人工智能技术的核心技能，并为进一步深入学习人工智能技术的高级主题打下坚实的基础。本书既适合作为高等院校本科生人工智能通识课教材，也可作为高等学校计算机类专业导论课程的教材或教学参考书，对于各类计算机教育从业者和从事计算机相关工作的人员，本书也是一本很有价值的参考书。

图书在版编目（CIP）数据

人工智能基础与实践 / 王杨, 杨梅, 丁鹏主编；严斌宇, 廖雪花, 张晖副主编． -- 北京：高等教育出版社，2025.6． -- ISBN 978-7-04-064451-7

I. TP18

中国国家版本馆 CIP 数据核字第 2025XE1082 号

Rengong Zhineng Jichu yu Shijian

| 策划编辑 | 刘 娟 | 责任编辑 | 刘 娟 | 封面设计 | 张申申 | 版式设计 | 马 云 |
| 责任绘图 | 裴一丹 | 责任校对 | 胡美萍 | 责任印制 | 赵义民 | | |

出版发行	高等教育出版社	网 址	http://www.hep.edu.cn
社　址	北京市西城区德外大街 4 号		http://www.hep.com.cn
邮政编码	100120	网上订购	http://www.hepmall.com.cn
印　刷	北京盛通印刷股份有限公司		http://www.hepmall.com
开　本	787mm×1092mm 1/16		http://www.hepmall.cn
印　张	19		
字　数	410 千字	版　次	2025 年 6 月第 1 版
购书热线	010-58581118	印　次	2025 年 8 月第 2 次印刷
咨询电话	400-810-0598	定　价	39.00 元

本书如有缺页、倒页、脱页等质量问题，请到所购图书销售部门联系调换
版权所有　侵权必究
物 料 号　64451-00

新形态教材网使用说明

人工智能
基础与实践

主　编　王杨　杨梅　丁鹏
副主编　严斌宇　廖雪花
　　　　张晖
参　编　武文斌　王欣
　　　　龙吟

1　计算机访问 https://abooks.hep.com.cn/64451 或手机微信扫描下方二维码进入新形态教材网。
2　注册并登录后，计算机端进入"个人中心"，点击"绑定防伪码"，输入图书封底防伪码（20位密码，刮开涂层可见），完成课程绑定；或手机端点击"扫码"按钮，使用"扫码绑图书"功能，完成课程绑定。
3　在"个人中心"→"我的学习"或"我的图书"中选择本书，开始学习。

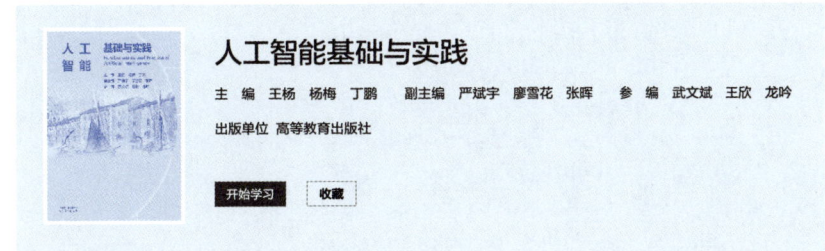

受硬件限制，部分内容可能无法在手机端显示，请按照提示通过计算机访问学习。

如有使用问题，请直接在页面点击答疑图标进行咨询。

https://abooks.hep.com.cn/64451

前　言

在这个数字化时代，人工智能已成为推动社会进步和技术革新的关键力量。我们有幸见证并参与了这一变革的浪潮。本书不仅提供人工智能领域的入门指引，还介绍如何深入探索智能科技的各种资源。

本书旨在为读者提供一个全面的视角，从计算机与计算思维的基础知识出发，逐步深入人工智能的核心理念和技术实践。我们相信，理解计算机科学的基本原理对于掌握人工智能技术至关重要。因此，本书的第一部分详细讲解了信息的符号化、进制转换、数据表示等基础概念，并介绍了计算机硬件与软件系统的构成，旨在为读者构建坚实的计算机科学基础。

随着进入人工智能的世界，书中不仅探讨了人工智能的基本思想和发展历程，还分析了其在教育、金融、医疗、制造业等行业的广泛应用，并展望了人工智能未来的发展趋势。我们特别强调了人工智能技术发展对社会的影响与伦理考量，旨在提醒读者在享受人工智能带来便利的同时，也要警惕其潜在的风险与挑战。

本书的编写团队由一群对人工智能充满热情的学者和实践者组成，他们将丰富的教学经验和行业知识融入每一个章节。内容涵盖从人工智能与大模型的基础思维、人工智能背景下的应用开发新范式，到大模型的基础与实践，再到零代码开发、微代码开发及高级 API 调用。我们希望读者通过本书，不仅能学习到人工智能的理论知识，更能通过实际案例和实践练习，深化对人工智能技术的理解、人工智能工具的应用，激发创新思维和问题解决能力，并将其应用于人工智能对各行各业的重构与变革中。

在教学过程中，我们始终强调理论与实践相结合的重要性。因此，本书不仅包含了大量的理论讲解，还提供了习题和实践项目，帮助读者将所学知识应用于解决实际问题中。我们鼓励读者积极参与到这些实践活动中，因为这是巩固知识和提高技能的最佳途径。

在本书的编写过程中，我们特别关注了以下几个关键点：

1. **基础知识的夯实**：从计算机科学的基础知识入手，详细讲解了计算思维、信息的符号化、计算机硬件系统、计算机软件系统等内容，为读者打下坚实的基础。

2. **AI 技术的核心理念**：深入探讨了人工智能的基本思想，包括人工智能的发展历程、核心算法以及人工智能技术在各个领域的应用。

3．实践与应用：通过大量的案例分析和实践项目，使读者能够将理论知识应用于实际问题中，加深对人工智能技术的理解。

4．伦理与社会影响：随着人工智能技术的快速发展，伦理和社会问题日益凸显，本书特别强调了人工智能技术发展对社会的影响，并探讨了在享受人工智能带来的便利的同时，如何应对其潜在的风险与挑战。

5．未来趋势的展望：书中不仅回顾了人工智能的发展历程，还展望了人工智能技术的未来趋势，帮助读者把握行业发展的脉络。

在本书的编写过程中，我们也面临着一些挑战。人工智能领域日新月异，新的理论和技术不断涌现，这就要求我们必须保持敏锐的洞察力和持续更新知识的能力。同时，如何将复杂的人工智能概念以简洁明了的方式呈现给读者，也是我们一直在努力解决的问题。我们希望通过不断的努力，使本书成为读者学习人工智能的良师益友。

此外，人工智能技术的发展不仅仅是技术问题，更是涉及社会、经济、文化等多个层面的综合问题。因此，在书中特别强调了人工智能技术的伦理和社会影响，希望读者在掌握技术的同时，也能够思考和探讨人工智能技术对社会的影响。

在教学和研究中，我们始终坚信，教育的目的是培养学生的创新能力和问题解决能力。人工智能技术的发展为我们提供了新的工具和方法，但更重要的是，它为我们提供了新的思考方式和视角。我们希望读者通过学习本书，不仅能够掌握人工智能技术，更能够进一步培养创新思维和批判性思维，为应对未来的挑战做好准备。

最后，感谢所有参与本书编写的作者和编辑，他们的辛勤工作使得本书得以问世。限于编者水平，本书难免存在疏漏之处，恳请读者提出宝贵意见，编者邮箱为 961135186@qq.com。

编　者

2024 年 12 月

目 录

第1章 计算机与计算思维 ……………… 1
- 1.1 计算思维 ……………… 2
- 1.2 信息的符号化 ……………… 3
  - 1.2.1 进制 ……………… 3
  - 1.2.2 进制转换 ……………… 4
  - 1.2.3 文字的表示 ……………… 7
  - 1.2.4 数据的表示 ……………… 9
  - 1.2.5 图像的表示 ……………… 11
  - 1.2.6 声音的表示 ……………… 13
  - 1.2.7 视频的表示 ……………… 13
- 1.3 计算机硬件系统 ……………… 15
  - 1.3.1 冯·诺依曼计算机 ……………… 15
  - 1.3.2 集群系统 ……………… 16
  - 1.3.3 云系统 ……………… 16
- 1.4 计算机软件系统 ……………… 16
  - 1.4.1 系统软件 ……………… 16
  - 1.4.2 应用软件 ……………… 17
- 1.5 算法与程序设计 ……………… 18
  - 1.5.1 算法的概念 ……………… 18
  - 1.5.2 算法的描述 ……………… 19
  - 1.5.3 算法的效率与复杂度 ……………… 20
  - 1.5.4 常见算法介绍 ……………… 20
  - 1.5.5 程序设计基础 ……………… 22
- 1.6 计算机网络基础 ……………… 23
  - 1.6.1 计算机网络概述 ……………… 23
  - 1.6.2 计算机网络的分类 ……………… 24
  - 1.6.3 计算机网络的组成 ……………… 24
  - 1.6.4 常见网络的连接方式 ……………… 25
  - 1.6.5 计算机网络协议 ……………… 26
  - 1.6.6 TCP/IP 协议族 ……………… 27
  - 1.6.7 IPv4 和 IPv6 协议 ……………… 28
  - 1.6.8 域名与 DNS 服务器 ……………… 29
  - 1.6.9 计算机网络的信息安全 ……………… 30
  - 1.6.10 计算机网络的发展趋势 ……………… 31
- 1.7 数据库基础 ……………… 31
  - 1.7.1 数据库模型 ……………… 32
  - 1.7.2 E-R 图 ……………… 32
  - 1.7.3 数据表的结构和特点 ……………… 34
  - 1.7.4 数据表的操作 ……………… 34
  - 1.7.5 数据库系统 ……………… 35

1.8 本章小结 ………………… 36
1.9 习题 …………………… 37

第 2 章 人工智能概述 ……… 38
2.1 人工智能的基本思想 …………………… 39
  2.1.1 AlphaGo ………… 40
  2.1.2 AlphaFold 3 ……… 41
  2.1.3 ANI 与 AGI ……… 42
2.2 信息技术发展的典型阶段 …………………… 43
  2.2.1 PC 时代 ………… 43
  2.2.2 网页时代 ………… 44
  2.2.3 移动互联网时代 …………… 44
  2.2.4 人工智能时代 …………… 45
2.3 人工智能的发展现状 …………………… 45
  2.3.1 人工智能的起源 …………… 46
  2.3.2 人工智能的发展历程 …………… 46
  2.3.3 人工智能的应用现状 …………… 47
  2.3.4 人工智能的基本思想 …………… 49
2.4 人工智能的算力 …… 51
2.5 人工智能对复合型 AI 人才的需求 ………… 53
2.6 本章小结 ……………… 54
2.7 习题 …………………… 55

第 3 章 AI 大模型应用体验与开发范式 ……… 56
3.1 搜索引擎与 AI 大模型 …………………… 57
3.2 大模型工具应用体验 … 59
  3.2.1 文心一言大模型 …………… 59
  3.2.2 DeepSeek R1 大模型 …………… 62
  3.2.3 讯飞星火大模型 … 65
  3.2.4 AI 对话鸭工具集合 …………… 66
3.3 大模型零代码开发 …… 66
3.4 大模型低代码开发 …… 70
3.5 大模型高级 API 调用 …………………… 76
3.6 大模型应用的开发范式 …………………… 77
3.7 本章小结 ……………… 79
3.8 习题 …………………… 80

第 4 章 小模型基础 ……… 81
4.1 小模型概述 …………… 82
  4.1.1 机器学习的作用 …………… 83
  4.1.2 深度学习的贡献 …………… 86
  4.1.3 强化学习的角色 …………… 89
4.2 机器学习 …………… 92
  4.2.1 分类模型 ………… 92
  4.2.2 决策树 …………… 92
  4.2.3 贝叶斯分类 ……… 99
  4.2.4 聚类分析 ………… 105
  4.2.5 人工神经网络 …… 112
  4.2.6 机器学习的评价指标 …………… 119
4.3 深度学习 …………… 120
  4.3.1 深度学习概述 …… 120
  4.3.2 深度学习的

　　　　应用 ………… 121
　　4.3.3 深度学习模型应用
　　　　实例 ………… 122
　　4.3.4 百度 EasyDL ……… 123
4.4 强化学习 …………… 124
　　4.4.1 强化学习概述 …… 124
　　4.4.2 机器人找地图 …… 125
　　4.4.3 强化学习在大模型微调
　　　　中的扮演角色 …… 126
4.5 小模型应用场景及
　　案例 …………… 128
　　4.5.1 自然语言处理 …… 128
　　4.5.2 机器视觉 ………… 130
　　4.5.3 智能家居及环境
　　　　监测 ………… 135
　　4.5.4 医疗健康 ………… 136
4.6 本章小结 …………… 137
4.7 习题 ……………… 137

第 5 章　大模型技术基础 … 139
5.1 大模型概述 ………… 140
　　5.1.1 大模型定义 ……… 140
　　5.1.2 大模型的相关
　　　　概念 ………… 140
　　5.1.3 大模型的发展
　　　　历程 ………… 147
　　5.1.4 大模型的特点 …… 149
　　5.1.5 大模型的分类 …… 149
　　5.1.6 大模型的泛化与
　　　　微调 ………… 150
　　5.1.7 大模型技术 ……… 151
5.2 语言大模型技术 …… 156
　　5.2.1 Transformer 架构 … 156
　　5.2.2 语言大模型架构 … 159
　　5.2.3 语言大模型的关键
　　　　技术 ………… 160

5.3 多模态大模型技术 …… 166
　　5.3.1 多模态大模型的
　　　　技术体系 ……… 167
　　5.3.2 多模态大模型的
　　　　关键技术 ……… 170
5.4 大模型技术生态 …… 172
　　5.4.1 典型大模型
　　　　平台 ………… 173
　　5.4.2 典型开源
　　　　大模型 ………… 178
　　5.4.3 典型开源框架与
　　　　工具 ………… 185
5.5 大模型应用 ………… 187
　　5.5.1 信息检索 ………… 188
　　5.5.2 新闻媒体 ………… 188
　　5.5.3 智慧城市 ………… 189
　　5.5.4 生物科技 ………… 189
　　5.5.5 智慧办公 ………… 190
　　5.5.6 影视创作 ………… 190
　　5.5.7 智能教育 ………… 190
　　5.5.8 智慧金融 ………… 191
　　5.5.9 智慧医疗 ………… 192
　　5.5.10 智慧工厂 ……… 192
　　5.5.11 生活服务 ……… 193
　　5.5.12 智能机器人 …… 194
　　5.5.13 其他应用 ……… 194
5.6 大模型的安全性 …… 195
　　5.6.1 大模型安全
　　　　风险 ………… 195
　　5.6.2 大模型安全治理的政策
　　　　法规和标准规范 … 195
　　5.6.3 大模型安全风险的
　　　　表现 ………… 197
　　5.6.4 大模型安全研究关键
　　　　技术 ………… 198

5.7 本章小结 …… 202
5.8 习题 …… 203

第6章 生成式AI …… 204

6.1 生成式AI提示词与应用 …… 205
6.2 提示词的基本格式 …… 205
6.3 提示词构造 …… 206
  6.3.1 不合适的提示词 …… 206
  6.3.2 优秀的提示词 …… 207
6.4 生成式AI的应用 …… 208
6.5 多模态模型实践 …… 215
  6.5.1 多模态大模型的挑战 …… 215
  6.5.2 多模态大模型的工作原理 …… 216
  6.5.3 应用领域 …… 217
  6.5.4 案例实施 …… 217
6.6 视觉大模型实践 …… 222
  6.6.1 扩散模型 …… 222
  6.6.2 生成对抗模型与自编码器 …… 223
  6.6.3 分割任意对象模型 …… 223
  6.6.4 案例实施 …… 224
6.7 本章小结 …… 231
6.8 习题 …… 232

第7章 文心大模型实践 …… 234

7.1 文心智能体 …… 235
  7.1.1 文心智能体平台简介 …… 235
  7.1.2 文心智能体平台的功能介绍 …… 235
  7.1.3 零代码创新智能体 …… 239

7.2 AI协同开发案例 …… 248
  7.2.1 思考目的 …… 248
  7.2.2 创建任务 …… 248
  7.2.3 定义标准 …… 249
  7.2.4 沟通交流 …… 251
  7.2.5 提问改进 …… 252
  7.2.6 测试程序 …… 254
  7.2.7 反馈修改 …… 255
  7.2.8 运行效果 …… 256
7.3 AI Studio …… 256
  7.3.1 创建项目 …… 257
  7.3.2 通用OCR案例 …… 259
7.4 本章小结 …… 260
7.5 习题 …… 261

第8章 大模型赋能本科教学项目实践 …… 262

8.1 通义千问大模型开源项目开发案例 …… 262
  8.1.1 大模型开源开发项目简介 …… 262
  8.1.2 通义千问大模型简介 …… 265
  8.1.3 通义千问开源项目应用举例 …… 269
8.2 教师应用开发案例 …… 281
  8.2.1 思考目的 …… 281
  8.2.2 创建任务 …… 282
  8.2.3 定义标准 …… 282
  8.2.4 沟通交流 …… 282
  8.2.5 提问改进 …… 285
  8.2.6 运行效果 …… 288
8.3 本章小结 …… 289
8.4 习题 …… 290

第 1 章　计算机与计算思维

第 1 章
引言

本章主要解析信息的符号化、进制转换、数据表示等基础概念，并介绍计算机硬件与软件系统的构成，包括冯·诺依曼结构、集群系统、云系统以及系统软件和应用软件等。同时，通过算法与程序设计、计算机网络基础、数据库基础等的讲解，为读者构建计算机科学与技术的基础知识体系，为后续深入学习人工智能相关知识奠定基础。

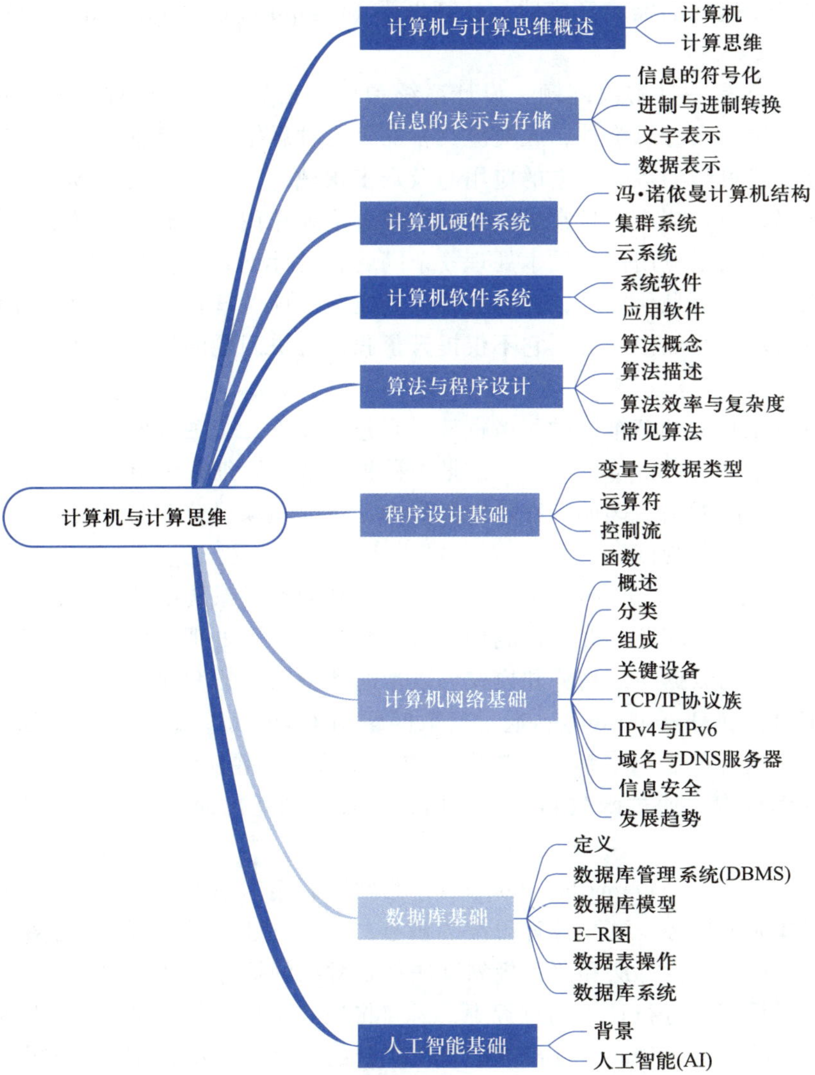

- 计算机与计算思维
  - 计算机与计算思维概述
    - 计算机
    - 计算思维
  - 信息的表示与存储
    - 信息的符号化
    - 进制与进制转换
    - 文字表示
    - 数据表示
  - 计算机硬件系统
    - 冯·诺依曼计算机结构
    - 集群系统
    - 云系统
  - 计算机软件系统
    - 系统软件
    - 应用软件
  - 算法与程序设计
    - 算法概念
    - 算法描述
    - 算法效率与复杂度
    - 常见算法
  - 程序设计基础
    - 变量与数据类型
    - 运算符
    - 控制流
    - 函数
  - 计算机网络基础
    - 概述
    - 分类
    - 组成
    - 关键设备
    - TCP/IP协议族
    - IPv4与IPv6
    - 域名与DNS服务器
    - 信息安全
    - 发展趋势
  - 数据库基础
    - 定义
    - 数据库管理系统(DBMS)
    - 数据库模型
    - E-R图
    - 数据表操作
    - 数据库系统
  - 人工智能基础
    - 背景
    - 人工智能(AI)

1.1 计算思维

1.1　计 算 思 维

计算机（Computer），通常称为电脑，是一种具备执行数值和逻辑运算能力的电子设备。自从1946年世界上第一台通用电子计算机ENIAC（Electronic Numerical Integrator and Computer，电子数字积分计算机）问世以来，计算机已经成为推动人类社会进步和进行深度自然探索的重要手段。随着经济和社会的发展，我们面临着日益增长的海量数据，这些数据不仅数量庞大，而且种类繁多。在这样的背景下，我们必须依靠计算技术来处理、分析、创新和应用这些数据。为了使计算工具更有效地服务于人类，需要将计算技术与社会现象及自然现象紧密结合。这种结合的关键在于，通过计算方法来表达、存储、处理和推演社会和自然现象。正是基于这样的需求和实践，计算思维（computational thinking）这一概念应运而生。

计算思维是一种解决问题、设计系统和理解人类行为的思维方式。它被认为是除理论思维、实验思维外，人类应具备的第三种思维。在信息社会，计算思维不局限于计算机科学的范畴，它的应用遍及众多领域，包括但不限于教育、工程、经济、艺术等领域，甚至在日常生活中也发挥着重要作用。掌握计算思维，意味着人们可以更加高效地应用信息技术处理复杂问题，设计创新性系统，并深入理解和应对各种挑战。在信息化社会，计算思维已经成为一项关键素质，帮助人们适应快速变化的技术环境并从中受益。它不仅提升了我们解决问题的能力，也丰富了我们对世界的认知和理解。

计算思维是一种多维度的思考框架，它包含以下几个关键要素：

（1）分解（decomposition）：这是一种将复杂问题细化为更小、更易于理解和解决的子问题的方法。例如，在软件开发中，将大型项目分解为可管理的模块，有助于分阶段开发和测试。

（2）模式识别（pattern recognition）：识别问题或系统中的对象、规律、趋势等。这有助于简化问题，并可以利用已有的解决方案来处理类似问题。例如，在数据分析中，识别数据中的趋势和模式可以帮助预测未来的发展。

（3）抽象（abstraction）：通过提取问题的关键特征，忽略非必要细节，形成概念模型。这有助于集中精力解决问题的关键部分，并使问题更易于处理和理解。例如，在编程中，通过函数和类实现抽象，可以创建出简洁、高效且易于维护的代码。

（4）算法设计（algorithm design）：为问题制定一系列明确的步骤或规则，以解决问题或完成任务。这是计算思维的核心，涉及创建高效、可靠的解决方案。例如，排序算法、搜索算法和路径规划算法都是常见的算法设计问题。

在利用计算机进行计算的过程中，需要将现实世界中的语义和信息转化为计算机能够理解的符号，进而设计出能够自动执行的程序。这些程序不仅体现了计算机基本操作的多样性，也展示了通过组合、抽象和构造来实现目标的计算思维。计算思维中的符号化、计算化、自动化，以及程序的构造和抽象，是理解和运用计算机技术和计算机系统不可或缺的思维方式。

1.2 信息的符号化

1.2 信息的符号化

计算机处理的信息来源于社会和自然界的各个方面，形态各异，内容丰富。为了使计算机能够有效地理解和操作这些信息，首要步骤是将它们转换成计算机能够识别和处理的形式，这一过程称为信息的符号化或编码。符号化是指将现实世界中的各种信息（如图 1-1 所示的文字、图像、声音、视频等）转换为特定的符号系统（通常是二进制代码），使其可以在计算机系统中表示、存储和处理。编码是符号化的具体实现方式，通过特定的规则和标准，将信息转化为计算机能够识别和操作的二进制数据。这些数据可以被计算机系统识别、操作和解释，从而实现信息的存储、处理和传输。

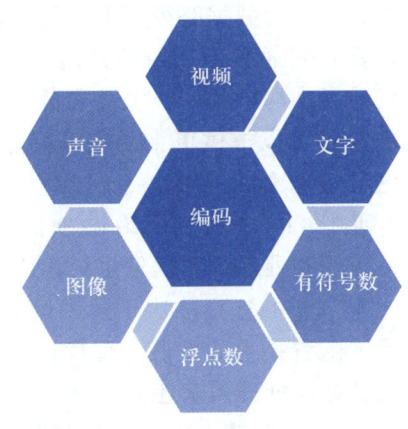

图 1-1 社会和自然中需要编码的各种信息

1.2.1 进制

1. 概述

世界上所有的信息都可以通过二分法来确定，且效率较高。比如，用 0 代表正，1 代表负；0 代表关，1 代表开；0 代表无电流，1 代表有电流等。在计算机中，数据的表示和处理主要依赖于二进制（binary）。二进制是以 2 为基数的数制，只使用 0 和 1 两个数字符号。计算机的基本存储单位也是基于二进制的。

二进制与十进制类似，但只使用两个数字：0 和 1。每一位（bit）在二进制数中表示一个二进制位。二进制的基数为 2，所以每一位的值都是 2 的幂。二进制数的书写方式通常是在数的右下角标注基数 2 或在数字后面加上字母 B，如（1011）$_2$ 或 1011B。

下面通过知识迁移方法介绍二进制数的表示，由常规认知可知，十进制数 235 可以表示为 $2*10^2+3*10^1+5*10^0$，其中，10 为十进制数的基数，10^2、10^1、10^0 分别是百位、十位和个位的权值。

通过十进制数的表示，可以推演二进制数的表示，例如：

二进制数（1011）$_2$ 可以表示为 $1*2^3+0*2^2+1*2^1+1*2^0$，其中，2 为二进制数的基数，2^3、2^2、2^1、2^0 分别是二进制数中的各位权值。

2. 位

位（bit，b）是二进制数的最小单位，一个位能表达两种状态中的一种，即 0 或 1。因此，若一个信息用 n 位表示，则能表达的信息数量为 2^n 个。例如，若用 4 位表示数据，则共有 16（2^4）个不同的值，即 0000 ~ 1111。

3. 字节

字节（byte，B）是计算机中数据存储的基本单位。一个字节由 8 位组成。因此，一个字节可以表示 256（2^8）种不同的数值，即 0000 0000 ~ 1111 1111。

4. 字（word）

在计算机科学中，字是数据处理的基本单位，其大小由计算机的字长决定。字长，也称为数据路径宽度，是指计算机处理器在一次操作中能够处理的二进制数的位数，它通常是 8 的整数倍，常见的字长有 16 位、32 位和 64 位等。字长是计算机体系结构中的一个关键参数，它直接关系到计算机的性能和数据处理能力。较长的字长可以提供更大的数据处理范围和更高的计算精度，同时也能够增强存储器的寻址能力。例如，一个 32 位的计算机系统，其字可以表示的无符号整数范围是 0 到 $2^{32}-1$，即 0 到大约 42.9 亿。这表明，随着字长的增加，计算机能够表示的数值范围和处理的数据量也会相应增加。

字长的选择取决于多种因素，包括处理器设计、系统性能需求和成本效益考量。随着技术的发展，现代计算机系统通常采用 64 位字长，这不仅能满足日益增长的数据处理需求还能提高计算机执行效率。

5. 千字节（KB）、兆字节（MB）、吉字节（GB）

以下是常用的数据存储单位，用来表示较大的数据量：

千字节（KB）：1 KB = 2^{10} = 1 024 B

兆字节（MB）：1 MB = 2^{20} = 1 024 KB

吉字节（GB）：1 GB = 2^{30} = 1 024 MB

太字节（TB）：1 TB = 2^{40} = 1 024 GB

拍字节（PB）：1 PB = 2^{50} = 1 024 TB

艾字节（EB）：1 EB = 2^{60} = 1 024 PB

通常情况下，一张高质量的数字图片约占用 2 MB 的存储空间。一个 38 秒的高清视频文件约占用 2 GB 的存储空间。

二进制数制及其基本单位构成了计算机系统数据表示与处理的核心，二进制编码以其实现的简便性、运算规则的简单以及与逻辑运算的天然适应性，为计算机系统的高效数据存储与处理提供了可能。正是这种高效的数据处理能力，支撑了现代计算技术的广泛应用和持续进步。

1.2.2 进制转换

计算机内部的所有信息（包括数据和指令）都是以二进制数形式存储和处理的。学习二进制有助于理解计算机如何存储和处理数据。而我们日常生活中常用的数制是十进制。学习十进制数与二进制数间的相互转换，是理解计算机如何"思考"和工作的基础。同时，在特定情况下，使用十六进制数或八进制数可以简化二进制数的阅读和书写。例如，在表示内存地址或文件大小时，十六进制数因其短小的表示形式而被广泛使用；在网络通信中，数据通常以二进制形式传输，但为了方便调试和查看，有时会将二进制数据转换为十六进制表示；在编程中，经常需要进行进制转换，特别是处理底层系统编程或涉及位操作（如权限控制、颜色编码等）时。

1. 二进制与十进制的转换

同时带有整数和小数部分的二进制数，需将其整数和小数部分分别转换为十进制数后，再将它们相加。整数部分的转换方法是：从右向左（最低位到最高位），将每一位上的数字乘以2的相应次幂（幂次从0开始），然后将这些乘积相加；小数部分的转换方法是：从左向右（最高位到最低位），将每一位上的数字乘以2的负相应次幂（幂次从−1开始），然后将这些乘积相加。

【示例1.1】$(11110101.01)_2=($)$_{10}$？

整数部分：$11110101=1\times2^7+1\times2^6+1\times2^5+1\times2^4+0\times2^3+1\times2^2+0\times2^1+1\times2^0=245$

小数部分：$0.01=0\times2^{-1}+1\times2^{-2}=0.25$

转换结果：$(11110101.01)_2=(245.25)_{10}$

将带整数和小数的十进制数转换为二进制数，也需要分别处理整数部分和小数部分，然后将它们组合起来。

整数部分转换为二进制的方法是使用"除2取余法"：第1步，将十进制整数除以2，记录余数（0或1）；第2步，将商再次除以2，并再次记录余数，重复此过程，直到商为0；第3步，将所有记录的余数从最后记录的余数开始，依次排列，排列出的数即为该整数部分的二进制表示。

小数部分转换为二进制的方法是使用"乘2取整法"：第1步，将十进制小数乘以2，记录整数部分（0或1）；第2步，将小数部分再次乘以2，并再次记录整数部分，重复此过程，直到小数部分为0或达到所需的精度；第3步，将所有记录的整数部分从第一次记录的整数部分开始，依次排列（注意方向要与整数部分相反），排列出的数即为该小数部分的二进制表示。如果小数部分无法完全转换为二进制（即无限循环小数），则需要根据精度要求截断。

【示例1.2】$(23.625)_{10}=($)$_2$？

整数部分23转换为二进制的步骤为：

$23\div2=11\cdots\cdots1$（商11，余1）

$11\div2=5\cdots\cdots1$（商5，余1）

$5\div2=2\cdots\cdots1$（商2，余1）

$2\div2=1\cdots\cdots0$（商1，余0）

$1\div2=0\cdots\cdots1$（商0，余1）

因此，整数部分23的二进制表示是10111（从最后记录的余数开始排列）。

小数部分.625转换为二进制数的步骤为：

$0.625\times2=1.25\cdots\cdots1$（整数部分是1）

$0.25\times2=0.5\cdots\cdots0$（整数部分是0）

$0.5\times2=1.0\cdots\cdots1$（整数部分是1，小数部分变为0，转换结束）

因此，小数部分的二进制表示是 .101（从第一次记录的整数部分开始排列）。

将整数部分和小数部分组合起来，得到二进制数 10111.101。

因此，十进制数 23.625 转换为二进制数是 10111.101。

2. 二进制与八进制、十六进制的转换

二进制和八进制、十六进制之间的转换都是基于 2 的不同幂的进制转换。八进制是基于 2 的三次幂（即 8）的进位制，十六进制是基于 2 的四次幂（即 16）的进位制。

二进制转八进制是三位并一法，具体步骤是：第 1 步，分组，即将二进制数从右向左每三位一组进行分组，如果最左边一组不足三位，则在前面补 0 以达到三位；第 2 步，转换，将每一组的二进制数转换成对应的八进制数。将各个八进制数连在一起即可。

八进制转二进制是一分为三法，即是将八进制数的每一位展开成三位二进制数。如果某一位是 0，则转换为 000；如果是 1~7 之间的数，则转换为对应的三位二进制数。将展开的二进制数连在一起即可。

【示例 1.3】将二进制数 1011010 转换为八进制数。

（1）分组：001 011 010（注意，我们在最前面补了两个 0）。

（2）转换：001 → 1（因为 2^0=1），011 → 3（因为 2^0+2^1=1+2=3），010 → 2（因为 2^1=2）。

所以，1011010（二进制）转换为八进制数是 132。

【示例 1.4】将八进制数 132 转换成二进制数。

（1）展开：1 → 001（因为 1=2^0），3 → 011（因为 3=2^0+2^1），2 → 010（因为 2=2^1）。

（2）连接：001011010（注意，通常会省略前导 0，所以实际为 1011010）。

所以，132（八进制）转换为二进制数是 1011010。

同理，二进制转十六进制是四位并一法，具体步骤是：第 1 步，分组，将二进制数从右向左（即从低位到高位）每四位一组进行分组，如果最左边的一组不足四位，则在前面补 0 以达到四位；第 2 步，转换，将每一组的四位二进制数转换成对应的十六进制数。反之，十六进制转二进制，则是一分为四法，即：第 1 步，转换，将每一位十六进制数转换成对应的四位二进制数；第 2 步，连接，将转换后的所有四位二进制数连接起来，形成最终的二进制数。

【示例 1.5】将二进制数 110110101011 转换成十六进制数。

（1）分组：1101 1010 1011（这里已经足够四位，无须补 0）。

（2）转换：1101 → D（二进制 1101 对应十六进制的 D），1010 → A（二进制 1010 对应十六进制的 A），1011 → B（二进制 1011 对应十六进制的 B）。

所以，110110101011（二进制）转换为十六进制数是 DAB。

【示例 1.6】将十六进制数 DAB 转换成二进制数。

（1）展开：D → 1101（十六进制 D 对应二进制的 1101），A → 1010（十六进制 A 对应二进制的 1010），B → 1011（十六进制 B 对应二进制的 1011）。

（2）连接：DAB（十六进制）转换为二进制数是 110110101011。

以上是这 3 种进制之间整数的转换。这 3 种进制之间小数的转换原理与整数类似，唯一不同的是，小数部分的分组是自小数点，由左向右分组，最后一组不足位数则左侧补 0，其他做法相同。

1.2.3 文字的表示

1. ASCII 码

文字或字符的表示是计算机信息处理中的基本问题之一。英文字符的编码主要有 ASCII 码（American Standard Code for Information Interchange，美国信息交换标准代码），如表 1-1 所示。ASCII 码是一个基础字符集，用 7 位二进制数表示一个字符，可以表示 128 个不同的字符，包括英文字母、数字、标点符号和控制字符。扩展的 ASCII 码使用 8 位二进制数，能够表示 256 个字符，增加了一些特殊符号和非英语字符。

表 1-1 美国信息交换标准代码

ASCII 值	字符	描述	ASCII 值	字符	描述	ASCII 值	字符	描述
0	NUL	空字符	25	EM	媒介结束	57	9	数字 9
1	SOH	标题开始	26	SUB	代替	58	:	冒号
2	STX	正文开始	27	ESC	换码符	59	;	分号
3	ETX	正文结束	28	FS	文件分隔符	60	<	小于号
4	EOT	传输结束	29	GS	组分隔符	61	=	等号
5	ENQ	询问	30	RS	记录分隔符	62	>	大于号
6	ACK	承认	31	US	单元分隔符	63	?	问号
7	BEL	铃	32		空格	64	@	电邮符号
8	BS	退格	33	!	叹号	65	A	大写字母 A
9	HT	水平制表符	34	"	双引号	……	……	……
10	LF	换行符	35	#	井号	90	Z	大写字母 Z
11	VT	垂直制表符	36	$	美元符号	91	[	左方括号
12	FF	换页符	37	%	百分号	92	\	反斜杠
13	CR	回车符	38	&	和号	93	]	右方括号
14	SO	不用切换	39	'	单引号	94	^	脱字符
15	SI	启用切换	40	(	左括号	95	_	下划线
16	DLE	数据链路转义	41	)	右括号	96	`	重音符
17	DC1	设备控制 1	42	*	星号	97	a	小写字母 a
18	DC2	设备控制 2	43	+	加号	……	……	……
19	DC3	设备控制 3	44	,	逗号	122	z	小写字母 z
20	DC4	设备控制 4	45	-	减号	123	{	左花括号
21	NAK	否定应答	46	.	点号	124	|	竖线
22	SYN	同步空闲	47	/	斜杠	125	}	右花括号
23	ETB	传输块结束	48	0	数字 0	126	~	波浪号
24	CAN	取消	……	……	……	127	DEL	删除

例如，字符'A'的 ASCII 码值为 65，对应的 8 位二进制为 0100 0001；字符'a'的 ASCII 码值为 97，对应的 8 位二进制为 0110 0001。

2. 国标码和机内码

汉字编码是为汉字设计的一种便于输入、存储、处理和显示的二进制代码。汉字从输入到被显示，主要包括以下过程：汉字输入、汉字存储、汉字处理、汉字输出。对应的汉字编码有输入码、国标码、机内码和显示码（或称字形码），如图 1-2 所示。

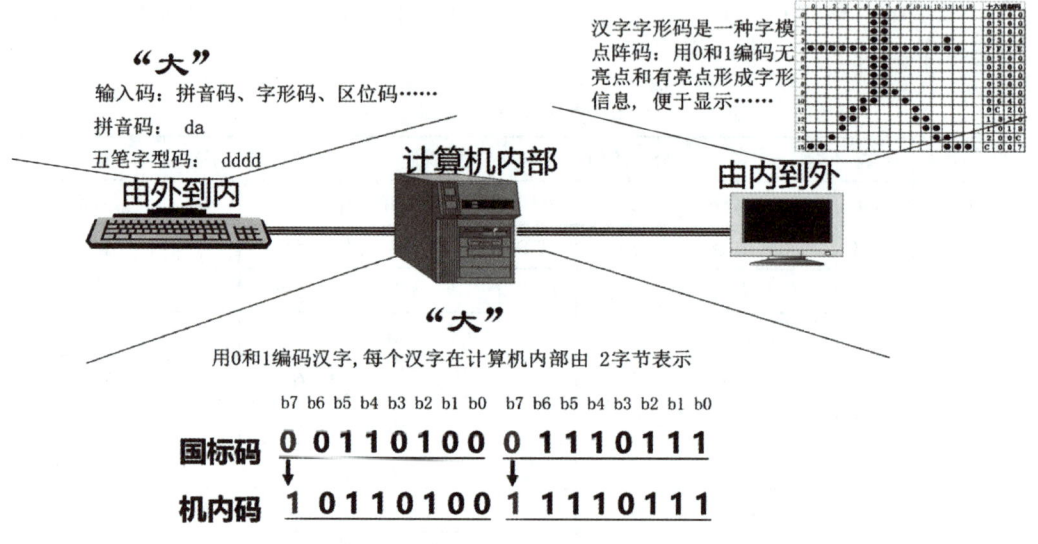

图 1-2 汉字的编码

输入码是指用户通过键盘输入汉字时所使用的编码。这些编码主要依据汉字的读音、字形或其他属性来设计，以方便用户输入。常见类型包括：拼音码（如全拼、双拼）、形码（如五笔字型）、音形码等。这些编码方法各有特点，用户可以根据个人习惯选择使用。

国标码是指"国家标准汉字编码"，具体指 1980 年颁布的 GB 2312—80 标准。GB 2312—80 是我国汉字编码的标准，为 6 763 个常用汉字提供了二进制编码。国标码采用双字节表示一个汉字，每个字节的最高位为 0。国标码由区位码转换而来，具体转换方法是：区位码的十六进制数加上 2020H（十六进制），即每个字节分别加上 20H。如图 1-2 所示，汉字"大"的国标码为：0x3473，即 00110100 0111 0011。但是，由于国标码的每个字节最高位为 0，ASCII 码的每个字节的最高位也为 0，无法区分中文字符和英文字符。因此，汉字国标码要转换为机内码进行存储和使用。

机内码是在计算机内部对汉字进行存储、处理的编码，简称"内码"。机内码是在国标码的基础上，将两个字节的最高位由 0 改为 1 得到的。这样做是为了防止与 ASCII 码混淆，如图 1-2 中间示意了"大"字从国标码转换为机内码的过程，最终，将"大"的机内码 10110100 11110111 存储在计算机中。

显示码，或称字形码，是用于显示或打印汉字时所使用的编码，它提供了汉字的字形信息。字形通常采用点阵表示，将汉字分割成若干个小方块（如 16×16、24×24 等），有笔画的地方用 1 表示，没有笔画的地方用 0 表示。这样，每个汉字就对应了一个由 0 和 1 组成的点阵图，存储在计算机的字库中。如图 1-2 右上角所示"大"的 16×16 点阵字形及其编码，即"大"字的显示区被分为 16 行 ×16 列，构成 196 个格子。每个格子是一个像素，表示黑或白中的一种状态，则只需要 1 位二进制数编码 2 个信息量即可。该位为 1 表示黑点，为 0 表示白点，所有的黑点构成了"大"的显示形状。因此，第一行的 16 位二进制编码为 00000011 00000000（0300H），最后一行的 16 位二进制编码为 11000000 00000111（C007H）。一个 16×16 点阵的汉字显示码占用的存储空间为：（16×16 b）/8=32 B。

3. Unicode 编码

Unicode 由国际统一码联盟开发，是一种包含多国语言和多种文字符号的统一编码系统。UTF-8 和 UTF-16 是 Unicode 的两种常见编码方式。UTF-8 是一种可变长度的编码方式，对于 ASCII 字符，UTF-8 继续使用一个字节进行编码，而对于其他字符，则使用两个、三个或四个字节。这种编码方式在保持与 ASCII 兼容的同时，扩展了对多语言字符的支持。UTF-16 则采用固定长度的编码方式，每个字符使用两个或四个字节进行编码，以确保字符编码的一致性和简洁性。

Unicode 的广泛应用有效解决了不同字符集之间的兼容性问题，极大地促进了国际化软件开发的便利性，使得软件产品能够跨越语言障碍，服务于更广泛的用户群体。

1.2.4 数据的表示

计算机中，整数和浮点数都可以用二进制表示。

1. 整数的表示

整数是计算机科学领域中最基本的数据类型之一，其表示方式多样，主要包括原码、反码和补码三种形式。

（1）原码：原码是一种简单的二进制数表示方法，其中整数的绝对值用二进制数表示，最高位（最左侧的位）用于表示符号位，0 表示正数，1 表示负数。设一台计算机的字长为 8 位，则其中 +5 的原码表示为 00000101，-5 的原码表示为 10000101。虽然原码表示法直观，但它在运算过程中会遇到符号位处理的复杂问题。

例如，如果直接使用二进制原码计算 -5+（-5），则是 10000101+10000101=00001010，计算结果错误！

（2）反码：反码是为了简化二进制减法而设计的。正数的反码与其原码相同；负数的反码则是对其原码的符号位保持不变，其他各位取反（即 0 变为 1，1 变为 0）。设一台计算机的字长为 8 位，则其中 +5 的反码仍为 00000101，-5 的反码为 11111010。反码表示法解决了一些运算问题，但是出现了新问题，比如，+0 的反码为 00000000；-0 的反码为 10000000，出现了 0 有两个反码的问题。

（3）补码：补码是计算机系统中实际使用的整数表示方法。正数的补码与其原码相同；负数的补码是在其反码的基础上加 1。设一台计算机的字长为 8 位，则其中 +5 的补码为 00000101，–5 的补码为 11111011。补码表示法的主要优点是它将加法和减法统一起来，使得硬件设计更简单，并且对于 0 而言，只存在一种表示方法。补码的使用，使得计算机在处理整数运算时更为高效，同时也避免了一些由于符号位而导致的计算错误，为计算机的正常运行提供了保障。

2. 浮点数的表示

浮点数用于表示带有小数部分的实数。在计算机中，浮点数用科学计数法表示，通常由三个部分组成：符号位、指数和尾数（即小数部分）。

符号位：表示数的正负，0 为正数，1 为负数。

指数：表示数的规模，采用偏移码（bias）表示法，使得指数可以表示正负值。

尾数：表示有效数字部分。

IEEE 754 标准是最常用的浮点数表示法，它定义了单精度（32 位）和双精度（64 位）两种格式。在单精度格式中，1 位为符号位，8 位为指数，23 位为尾数；在双精度格式中，1 位为符号位，11 位为指数，52 位为尾数。如表 1-2 所示。IEEE 754 标准通过规定特殊的编码方式（如归一化形式和非归一化形式）来提高浮点数的精度和范围。

表 1-2 浮点数的两种格式

格式	符号位	指数	尾数
单精度格式	1 位	8 位	23 位
双精度格式	1 位	11 位	52 位

【示例 1.7】 求浮点数 10.75 的 IEEE 754 单精度浮点数表示。

分析：

第 1 步：将 10.75 转换为二进制形式，即 1010.11。

第 2 步：将 1010.11 归一化为 1.01011×2^3。

第 3 步：确定符号位、指数和尾数。

符号位：0（正数）。

指数：指数 3 加上偏移量 127，即 3+127=130，将 130 转换为二进制为 10000010。

尾数：取归一化后的小数部分 01011，并将其扩展到 23 位（单精度浮点数的尾数是 23 位），得到 01011000000000000000000。

所以，10.75 的 IEEE 754 单精度表示是：

符号位	指数	尾数
0	10000010	01011000000000000000000

【示例 1.8】 求浮点数 –42.5 的 IEEE 754 双精度浮点数表示。

分析：

第1步：将–42.5转换为二进制形式，即–101010.1。
第2步：将–101010.1归一化为-1.010101×2^5。
第3步：确定符号位、指数和尾数

符号位：1（负数）。

指数：指数5加上偏移量1023，即5+1023=1028，将1028转换为二进制为10000000100。

尾数：取归一化后的小数部分010101，并将其扩展到52位（双精度浮点数的尾数是52位），得到0101010000000000000000000000000000000000000000000000。

所以，–42.5的IEEE 754双精度表示是：

符号位	指数	尾数
1	10000000100	0101010000000000000000000000000000000000000000000000

1.2.5 图像的表示

图像的数字化表示主要分为位图和矢量图两种形式。

1. 位图（bitmap）

位图通过像素阵列来构建图像，如图1-3所示。

(a) 原图　　　　　(b) 放大后的图

图1-3　位图及位图放大后呈现的像素图

每个像素占多少位，是由图像的每个像素需要表达的信息量决定的。如图1-4所示，若是一张黑白图像，一个像素要么为黑，要么为白，则只需要1位二进制表示；若是一张灰度图像，一个像素点通常表达了纯白到纯黑的256个层次，则需要8位二进制对其编码；若是一幅24位真彩色图像，则其颜色由RGB（红、绿、蓝）三个颜色通道的值来定义。通常，每个颜色通道使用8位二进制数来表示，这意味着一个像素的颜色信息占用24位（即3字节）。位图的优势在于其能够精确捕捉和再现复杂的图像细节，但同时这也导致了文件体积较大，且对分辨率较为敏感，图像放大时容易出现失真现象。位图广泛应用于网页图像和视频游戏等场景，这些场景通常需要图像具有高度的真实感和丰富的细节。

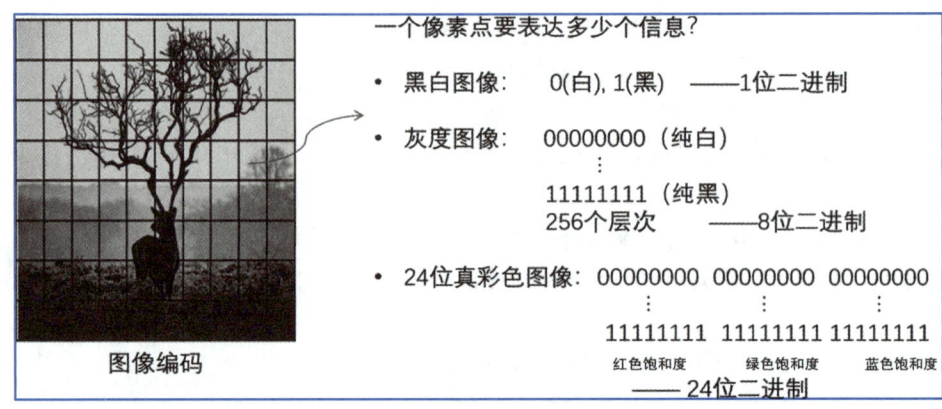

图 1-4　图像编码示意图

2. 矢量图

与位图不同，矢量图使用数学公式来描述图形，如点、线和多边形等。矢量图适用于几何图形、图标、字体、图表等图形。常见的矢量图格式包括 SVG（可缩放矢量图形）和 EPS（可嵌入的 PostScript）。矢量图的主要优点是缩放不失真，可以任意放大或缩小而不影响图像质量。如图 1-5 所示。

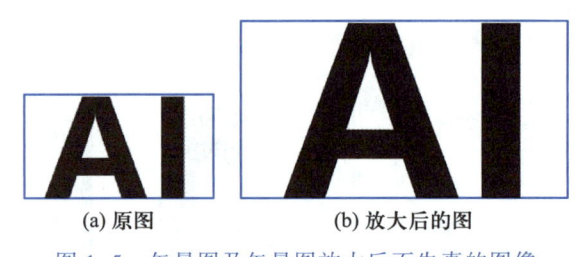

(a) 原图　　　　　　(b) 放大后的图

图 1-5　矢量图及矢量图放大后不失真的图像

常见的图片格式主要包括 JPEG、PNG、GIF 和 BMP 等，每种格式都有其独特的特点和适用领域。

JPEG（joint photographic experts group）：是一种采用有损压缩技术的图片格式，特别适合存储照片和包含复杂细节的图像。其压缩率高，文件体积小，但可能会牺牲一些图像质量。

PNG（portable network graphic）：是一种无损压缩格式，它能够完美保留图像的原始细节，特别是当图像需要透明背景时，PNG 是理想选择。

GIF（graphics interchange format）：支持动画和透明背景，它具有较小的文件大小和动态显示能力，适用于创建简单的动画效果和图标。

BMP（bitmap image file）：是一种无压缩的位图图像文件格式，由于没有进行压缩，BMP 文件通常体积较大，但它能够完整地保留图像的所有细节，适用于需要高质量图像的应用场合。

每种图片格式都有其优势和不足，选择合适的格式可以优化存储效率和图像质量，满足不同的视觉和性能需求。

1.2.6 声音的表示

声音的数字化表示涉及将连续的模拟声音信号转换成离散的数字信号,这一过程主要包括采样、量化和编码三个关键步骤。

(1)采样:是声音数字化的第一步,它涉及在时间上将声音信号分割成一系列离散的采样点。常见的采样率包括 44.1 kHz(CD 音质的标准)以及 48 kHz(专业音频领域常用的采样率)。

(2)量化:是将每个采样点的振幅值转换成离散的数字值,这一步骤通常使用 16 位或 24 位二进制数,以确保音频信号的动态范围和精度。

(3)编码:是将量化后的数字信号进行有效压缩和存储。脉冲编码调制(PCM)是一种未压缩的编码方式,它直接存储量化后的样本值,保证了音质的纯净性。此外,还有各种压缩编码方法,如 MP3、AAC 等,它们通过牺牲一定程度的音质来实现更高的压缩率,适用于存储和传输。

音频格式的选择取决于音质要求、存储空间和传输效率等因素,不同的音频格式适用于不同的应用场景和需求。常见的音频格式主要包括 WAV、MP3 和 AAC 等,每种格式都有其独特的优势和使用场合。

WAV 格式:是一种无损音频格式,它保存了完整的脉冲编码调制(PCM)数据,能够提供极高的音质,适用于需要高质量音频存储的专业领域。

MP3 格式:是一种有损压缩音频格式,它通过先进的算法去除人耳不易察觉的声音信息,从而显著压缩文件大小。MP3 的这种特性使其成为音乐存储和传输的主要选择,尤其适用于网络流媒体和便携式音乐播放器。

AAC:是一种高级音频编码格式,它提供了比 MP3 更高的压缩效率和音质。AAC 能够在保持音质的同时,实现更小的文件体积,这使得它在现代音频应用中备受青睐。

每种音频格式都有其特定的适用场景,选择合适的格式可以平衡音质和存储效率,满足不同的音频应用需求。

如图 1-6 所示,在双声道系统中,通常会有两个独立的声道,每个声道都可以录制并传输不同的音频信号。这些波形在内容、相位和振幅上可能有所不同,但它们在时间上是同步的。双声道系统在音频领域具有模拟真实声场,增强空间感,提高声音定位精度,以及作为立体声技术基础等多重作用。这些作用使得双声道技术在音乐欣赏、电影观影、日常生活以及专业场合中发挥着重要作用。

1.2.7 视频的表示

视频的数字化表示是通过捕捉和编码一系列连续的静态图像,即视频帧来实现的。每一帧本质上是一张独立的图片,它们按顺序快速播放以创建动态效果,如图 1-7 所示。其涉及视频帧率、视频编码标准和常见的视频格式。

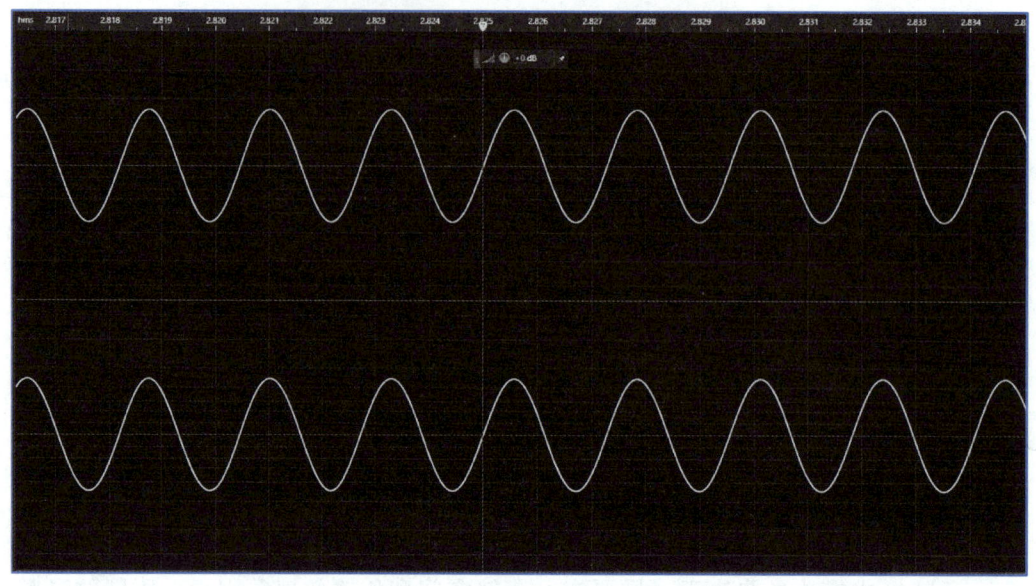

图 1-6　双声道音频波形示意

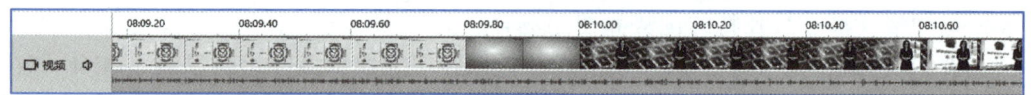

图 1-7　视频由单帧图像组成

视频帧率：每秒传输的帧数，是衡量视频流畅度的关键指标。常见的视频帧率包括 24 f/s（帧每秒）（常用于电影放映）、30 f/s（常用于电视广播）以及 60 f/s（提供更流畅的观看体验）。帧率越高，视频的动态效果越流畅，越能够更好地呈现快速运动的细节。

视频编码标准：为了有效存储和传输视频数据，需要采用特定的视频编码标准来压缩视频内容。这些标准定义了如何将视频帧的数据量最小化，同时尽可能保持视觉质量。常见的视频编码标准包括 H.264、H.265（HEVC）、VP9 等，它们各自在压缩效率和质量上有所不同。

常见的视频格式：视频文件的格式决定了视频数据的存储和封装方式。不同的视频格式支持不同的编码标准和特性。常见的视频格式包括 MP4、AVI、MKV 等。每种格式都有其特定的优势和兼容性，适用于不同的播放平台和应用场景。MP4 是一种广泛使用的容器格式，可以封装视频、音频、字幕和其他数据，支持多种编解码器；AVI 是一种较早的容器格式，兼容性好，但文件较大；MKV 是一种灵活的开源容器格式，支持多种流媒体内容和高级功能，如章节、菜单和多字幕轨道。

在计算机科学领域，不同类型的信息最终都通过特定的编码标准和格式转换为二进制数据，以实现在存储、传输和处理过程中的一致性和可靠性。整数、浮点数、字符等基础数据类型，以及图片、声音和视频等复杂数据类型，都遵循相应的编码规则。对于图片、声音和视频这类复杂的数据类型，除了基本的编码表示外，还需要应用特定的编码标准来进行数据压缩和解码，以优化存储效率和传输速度，同时保证数据质量。例如，JPEG 和 PNG 用于图像压缩，MP3 和 AAC 用于音频压缩，而 H.264 和 H.265 则用于视频压缩。

这些表示方法和编码标准构成了计算机科学中数据处理的基石，它们不仅确保了数据的准确性和完整性，而且还支持现代计算机系统中丰富多样的应用场景，有助于推动信息技术的快速发展和广泛应用。

1.3　计算机硬件系统

1.3 计算机硬件系统

1.3.1　冯·诺依曼计算机

冯·诺依曼计算机结构是现代电子计算机的基本结构，如图 1-8 所示，其主要包含五个部分。

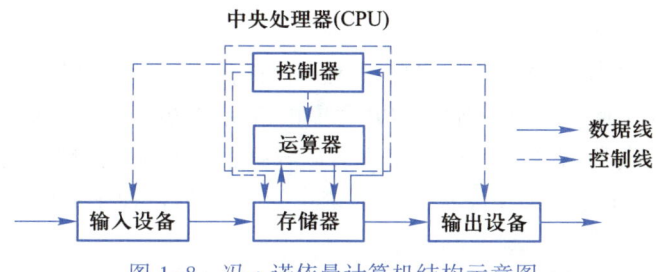

图 1-8　冯·诺依曼计算机结构示意图

（1）输入设备：用于将数据或命令输入到计算机中的设备，如键盘、鼠标、扫描仪等。这些设备让用户能够与计算机进行交互，是计算机接收外部信息的主要途径。

（2）输出设备：用于显示或输出计算机处理结果的设备，如显示器、打印机等。通过这些设备，用户可以获得计算机的反馈和结果。

（3）存储器：存储器分为内部存储器和外部存储器。内部存储器（也称为内存）：容量相对较小，但速度快，用于临时存放正在处理的数据和程序。内存中的数据在断电后会丢失。外部存储器（也称为外存）：如硬盘、光盘等，容量大且能长期保存数据，但读写速度较内存慢。外部存储器用于长期存储数据和程序。

（4）运算器：也称为算术逻辑单元（ALU），负责执行所有的算术运算（如加、减、乘、除等）和逻辑运算（如与、或、非等）。它是计算机中进行数据处理的核心部件。

（5）控制器：控制整个计算机的工作流程，包括从存储器中取出指令、解释指令并执行指令。控制器根据指令的要求，控制计算机的各个部件协调工作。

在冯·诺依曼结构中，程序和数据以同等地位存储在内存中，且程序按顺序执行。这种结构对现代计算机的发展产生了深远的影响。

1.3.2 集群系统

集群是一种由多台计算机构成的系统，这些计算机通过高速网络紧密相连，并协同工作以提供超越单台计算机的计算能力和可靠性。集群技术的应用场景广泛，包括但不限于高性能计算（HPC）、大数据处理、云计算服务等。

集群系统的核心优势在于其可扩展性和成本效益。通过集群技术，可以将成本相对较低的独立计算机资源整合成一个统一的、强大的计算平台。这种整合不仅提升了处理能力，还通过冗余设计增强了系统的容错性，确保了计算任务的连续性和稳定性。在高性能计算领域，集群能够处理复杂的科学计算和数值模拟任务；在大数据处理中，集群可以快速处理和分析海量数据；而在云计算环境中，集群提供了灵活的资源管理和服务交付能力。集群技术的发展不断扩大计算能力的边界，为解决当今世界面临的一些最紧迫的技术挑战提供了可能。

1.3.3 云系统

云系统是一种基于云计算技术的系统，它提供了一种将计算资源（如服务器、存储、数据库等）通过网络以服务的方式提供给用户的模式。云系统具有弹性可扩展、按需付费、资源共享等特点。用户可以根据需要动态地申请或释放计算资源，无须购买和维护昂贵的硬件设备。云系统广泛应用于各种企业级应用、大数据分析、人工智能等领域。

在云系统中，虚拟化技术发挥着关键作用，它可以在一台物理服务器上虚拟出多个独立的操作系统和应用程序环境，从而实现资源的最大化利用和灵活管理。通过虚拟化技术，云系统可以提供更高效、更灵活的服务，以满足不同用户的需求。

1.4 计算机软件系统

1.4 计算机软件系统

计算机软件是指计算机系统中的程序、数据及其文档，它是与计算机硬件相互依存的另一部分。软件不仅指导硬件执行各种运算和操作，同时也极大提升了用户使用计算机的便捷性和效率。根据功能和应用范围，计算机软件大致可分为系统软件和应用软件两大类。

1.4.1 系统软件

系统软件提供了硬件运行的基本功能和管理计算机资源的平台。它包括操作系统、设备驱动程序、诊断工具等，它们是计算机系统运行的基础，为应用软件的运行和用户的计算活动提供支持。

1. 操作系统

操作系统是一套控制和管理计算机硬件、软件资源的系统软件程序集合，它通过一系列公共服务来组织和协调用户与计算机的交互。操作系统的核心功能包括内存管理、进程调度、文件系统管理、设备驱动以及提供用户界面。根据不同的运行环境和应用需求，操作系统可以被细分为多种类型，例如，桌面操作系统、手机操作系统、服务器操作系统和嵌入式操作系统等。这些操作系统专门设计以满足特定平台的性能和功能需求。

如图 1-9 所示，操作系统在计算机系统中扮演着最基本且至关重要的角色，它不仅是硬件和其他软件之间的桥梁，也是用户与计算机交互的窗口。常见的操作系统包括但不限于 Windows、Linux 和 macOS 等，它们各自具有独特的特点和优势，服务于全球数以亿计的用户和设备。随着技术的不断发展，操作系统也在不断进化，以支持更广泛的应用场景和提供更丰富的用户体验。

图 1-9 操作系统在计算机系统中的地位

操作系统主要有以下功能：

处理器管理：创建和撤销进程，对进程的运行进行协调，实现进程间的通信，分配和控制处理器。

存储管理：分配和回收内存空间，保护内存中的程序和数据，对内存进行扩充。

设备管理：完成用户进程提出的输入输出请求，管理和控制计算机的所有输入输出设备。

文件管理：对计算机系统中的文件存储空间、所有文件进行管理，实现文件的共享和保护等。

2. 其他系统软件

除了操作系统外，系统软件还包括语言处理系统（如编译器、解释器和汇编器）、数据库管理系统（如 MySQL、Oracle 等）、网络软件以及各类服务性程序等。还可以是为某个组织或企业开发的信息管理系统。

1.4.2 应用软件

应用软件是为特定目的而开发的软件，可以是单一的程序，如图像浏览器，用于查看和处理图像文件；也可以是一组功能紧密相关、协同工作的程序集合，如微软 Office 软件套件，它包括了文字处理、电子表格、演示文稿等多种办公应用。

随着技术的不断进步和用户需求的日益增长，应用软件正变得越来越智能化、个性化，以满足不同用户群体的特定需求。

1. 办公软件

办公软件是指可以进行文字处理、表格制作、幻灯片制作、图形图像处理、简单数据库的处理等方面工作的软件，如 Microsoft Office、WPS Office 等。

2．图像处理软件

图像处理软件是指用于处理图像的软件，如 Adobe Photoshop、GIMP 等，它们可以对图像进行编辑、修饰、变换等操作。

3．娱乐软件

娱乐软件包括游戏、音乐播放器、视频播放器等，用于娱乐和休闲。

此外，根据应用软件的使用范围，我们还可以将其分为专用软件和通用软件。专用软件是为某种特定任务或特定行业设计的软件，如会计软件、工程设计软件等。而通用软件则是可以广泛应用于各种行业和场景的软件，如浏览器、文本编辑器等。

1.5 算法与程序设计

1.5　算法与程序设计

1.5.1　算法的概念

算法是为解决特定问题或执行特定任务，而设计或规划的计算步骤的集合，通过这些步骤的执行就可以得到期望的结果。一个好的算法应具备以下几个特点：

① 明确性：算法的每一步都必须是清晰且无歧义的。

② 有效性：算法的每一步都是可行的，能够在有限时间内完成。

③ 有限性：算法必须在有限步骤后终止。

④ 输入：算法接受一定数量的输入，也可以没有输入。

⑤ 输出：算法产生明确的输出，这是执行算法后得到的结果。

例如，对于一台只有加法器的计算机，要计算 2*4 的结果。首先需要输入数字 2 和 4 到存储器 1 号和 2 号单元中（如图 1-10 所示）；然后将 1 号和 3 号中的数据进行加法运算，运算结果放入 3 号单元中；接下来将 2 号单元的值减去 1，然后判断 2 号单元的值是否等于 0，如果不等于 0，则继续将 1 号和 3 号单元中的数据相加……直到 2 号单元的值为 0，此时，说明 3 号单元中已经是 4 个 2 相加的结果；最后，将该结果输出。这个过程的描述，就是用加法器实现 2*4 的处理办法，在计算机中称为算法。

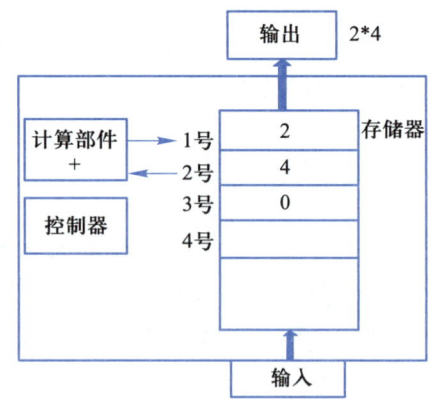

图 1-10　使用加法器计算 2*4 的过程

1.5.2 算法的描述

描述算法的方法主要包括：
① 自然语言描述：使用日常语言描述算法的步骤。
② 流程图：使用图形符号表示算法流程。
③ 伪代码：一种非特定程序设计语言的代码表示，用于描述算法的主要逻辑。

一般情况，用自然语言描述算法不够简洁，同时容易有歧义，所以，通常用流程图或者伪代码来准确描述算法，并辅以自然语言来进一步阐述。流程图的图形符号含义如图 1–11 所示。

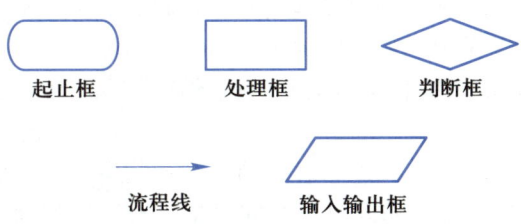

图 1–11　流程图的图形符号含义

我们在前面用文字描述了 2*4 的处理过程，即使用自然语言进行了解释。图 1–12 所示是 2*4 的算法流程图。

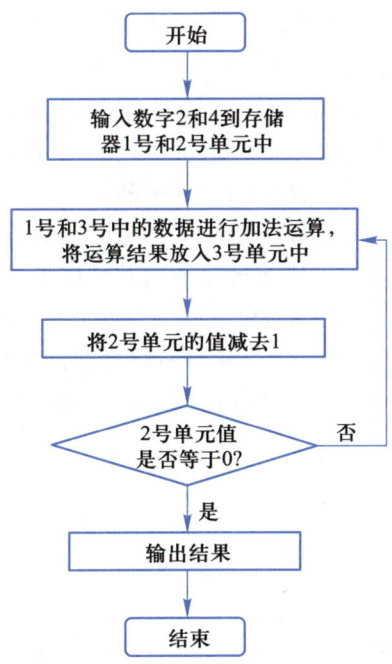

图 1–12　2*4 的算法流程图

1.5.3　算法的效率与复杂度

算法的质量是衡量其性能的关键因素，它直接影响到算法乃至整个程序的效率。评估一个算法的优劣主要依据两个重要的度量标准：时间复杂度（time complexity）和空间复杂度（space complexity）。

时间复杂度：是对算法运行时间的定性描述，与算法输入数据规模相关。在描述时间复杂度时，通常使用大 O 符号表示法，这种方式忽略了度量函数中的低阶项和首项系数，专注于最高阶项，以便描述算法运行时间随着输入规模增长的主要变化趋势。

在计算时间复杂度时，我们通常通过计算算法执行的基本操作数量来估算，假设每个基本操作的执行时间是相同的，那么算法的总运行时间将与操作数量成正比，两者之间的差异仅在于一个常数因子。

一般情况下，算法中基本操作重复执行的次数是问题规模 n 的某个函数，用 $T(n)$ 表示。

在各种不同算法中，若算法中语句执行次数为一个常数，则时间复杂度为 $O(1)$。另外，在时间频度不相同时，时间复杂度有可能相同，例如，$T(n)=n^2+3n+4$ 与 $T(n)=4n^2+2n+1$ 的频度不同，但时间复杂度相同，都为 $O(n^2)$。

空间复杂度：是衡量算法在执行过程中所需的存储空间大小，记作 $S(n)=O(f(n))$，它同样随着输入规模的增长而变化。评估空间复杂度有助于我们了解算法对内存资源的需求。

例如，一个算法在计算机存储器上所占用的存储空间，包括三个部分，分别为存储算法的实现代码本身所占用的存储空间；算法的输入输出数据所占用的存储空间，这部分由问题本身决定，通常通过函数参数传递，与算法的具体实现无关；算法在运行过程中临时占用的存储空间，这部分空间的大小随算法的不同而不同。有的算法只需要占用少量的临时存储空间，且不随问题规模的大小而改变，这类算法相对节省内存。而有的算法则需要占用较多的临时存储空间，并且这些空间会随着问题规模的增加而增加，例如，快速排序和归并排序算法就属于这种情况。举例来说，直接插入排序的时间复杂度是 $O(n^2)$，空间复杂度是 $O(1)$，这意味着它只需要固定的、少量的额外空间。而一般的递归算法的空间复杂度则是 $O(n)$，因为每次递归调用都需要额外的栈空间来存储返回的地址信息和其他信息。

1.5.4　常见算法介绍

根据算法的实现方式以及问题的特点，可将算法分为以下几种类型：

1. 排序算法

常见的排序算法有冒泡排序、选择排序、插入排序等。

冒泡排序是最常用的排序方法，如图 1-13 所示。在待排序的一组数中，第一轮，由上往下将相邻的两个数进行比较，若上面的数比下面的数大，则交换两个数的位置，否则不交换，最大的数 5 将会沉底；第二轮，对剩余的 4 个数，继续进行相邻两数的比较和交换，则次大的数 4 将会沉到倒数第 2 的位置；重复上述步骤，直至最终完成排序。在排序过程中，由于较大的数逐渐往下沉，而较小的数逐渐往上浮，类似于水中的气泡上升一样，因此这种算法被形象地称为冒泡排序。

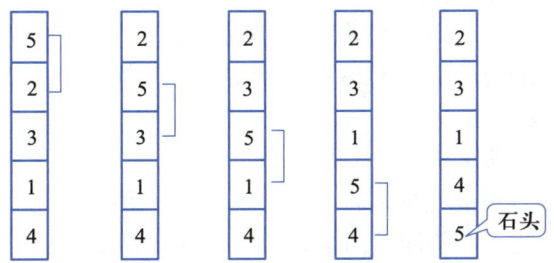

图 1-13　冒泡排序法示意图

选择排序的基本思想是：首先，如图 1-14（a）所示，第一次从待排序的数据元素中选出最小（或最大）的元素，与序列的起始位置交换；然后，如图 1-14（b）所示，再从剩余的未排序元素中寻找到次最小（大）元素，与排序的第 2 个位置交换；以此类推，直到全部的数据元素排好序。选择排序是不稳定的排序方法。

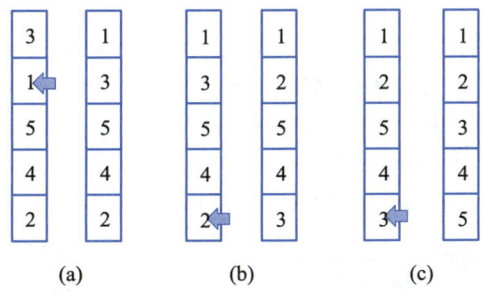

图 1-14　选择排序法示意图

插入排序又被称为直接插入排序，是一种简单且有效的排序算法，尤其适用于元素较少的情况。插入排序的基本思想是：如图 1-15（a）所示，要在已经排好序的有序表中插入数 4，首先查找数 4 应该插入的位置；然后，如图 1-15（b）所示，将插入位置右侧的数据右移一个位置，并将数 4 放到移出的位置中，从而形成一个新的、长度增 1 的有序表；要继续插入，则采取上面同样的操作。

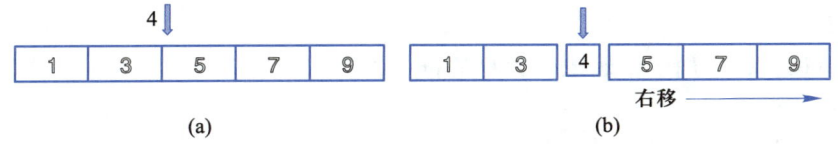

图 1-15　插入排序法示意图

2. 搜索算法

常用的搜索算法有顺序搜索、二分搜索等。

顺序搜索：是一种最简单的搜索算法，逐个遍历列表中的元素，直至找到目标元素为止。

二分搜索：是一种在有序数组中查找特定元素的搜索算法，其核心思想是将数组分成两半，通过比较中间元素与目标值的大小来缩小搜索范围。如果中间元素正好是要查找的元素，则搜索过程结束；如果某一目标元素大于（小于）中间元素，则在数组大于（小于）中间元素的那一半中继续通过比较其中间元素来查找；重复上述过程，直到找到目标元素或搜索范围为空（即未找到）为止。

3. 其他基本算法

其他基本算法有递归、迭代等。

递归算法：是指一种通过重复将问题分解为同类型的子问题而解决问题的方法。它把问题转换成规模缩小了的同类问题，然后递归调用自身函数来求问题的解。

迭代算法：是通过重复计算来逐步逼近目标解的一种算法，它需要反复执行一组指令，即程序中的循环，直到满足某条件为止。

把算法用某一种编程语言来具体实现，就是算法实现的代码。算法通常以某种程序设计语言实现，并在计算机上执行。

1.5.5 程序设计基础

1. 变量与数据类型

变量是计算机程序中用于存储数据的标识符，它可以存储各种类型的数据。在程序运行过程中，变量的值可以被改变。为变量命名时，应选择简单且具有意义的名称，这有助于提高代码的可读性和可维护性。

数据类型是指用于指定变量可以存储的数据的类型和范围。不同的数据类型在内存中占有不同的存储空间，并支持不同的操作。常见的数据类型有：整数类型、浮点数类型、字符类型、字符串类型、布尔类型、数组类型等。不同的编程环境可能支持不同的数据类型，但大部分都可以使用这些基本的数据类型。

2. 运算符

运算符是用于执行程序代码中的运算操作的符号，它们会针对一个或多个操作数进行运算。常见的运算符有：算术运算符、逻辑运算符、关系运算符和连接运算符。

算术运算符：用于处理四则运算的符号，比如，+（加号，用于加法运算）、-（减号，用于减法运算）、*（星号，用于乘法运算）、/（正斜线，用于除法运算）、%（百分号，用于求余运算）、^（乘方，用于乘幂运算）、!（阶乘，用于连续乘法）。

逻辑运算符：用于处理逻辑运算的符号，比如，NOT（逻辑非）、AND（逻辑与）、OR（逻辑或）等。

关系运算符：用于表示两个操作数的关系，比如，<（小于）、>（大于）、<=（小于或等于）、>=（大于或等于）、=（等于）、!=（不等于）。当关系运算符的值为真时，结果值都为1。当关系运算符的值为假时，结果值都为0。

连接运算符可以把多个字符串合并成一个字符串。

3. 控制流

程序采用结构化设计时，通常采用自顶向下、逐步求精的设计方法，各个模块通过"顺序、选择、循环"的控制结构进行连接，并且只有一个入口、一个出口。

顺序结构表示程序中的各操作是按照它们出现的先后顺序执行的。

选择结构（如 if-else 语句）表示程序的处理步骤出现了分支，它需要根据某一特定的条件选择其中的一个分支执行。选择结构有单选择、双选择和多选择三种形式。

循环结构表示程序反复执行某个或某些操作，直到某条件为假（或为真）时才可终止。在循环结构中最主要的是：什么情况下执行循环？哪些操作需要循环执行？什么情况下结束循环？循环结构的基本形式有两种：当型循环和直到型循环。

（1）当型循环（如 for 循环）：表示先判断条件，当满足给定的条件时执行循环体，并且在循环终端处流程自动返回到循环入口；如果条件不满足，则退出循环体直接到达流程出口处。因为是"当条件满足时执行循环"，即先判断后执行，所以称为当型循环。

（2）直到型循环（如 do-while 循环）：表示从结构入口处直接执行循环体，在循环终端处判断条件，如果条件满足，返回入口处继续执行循环体，直到条件为假时再退出循环到达流程出口处，是先执行后判断。因为是"直到条件为假时止"，所以称为直到型循环。

4. 函数

函数，亦称为子程序，是程序中封装好的一段代码，用于执行一个或一组特定的运算任务。每个函数定义了一个清晰的接口，包括入口和出口两个部分。入口是指函数的参数列表。当函数被调用时，可以通过这些参数将数据传递给函数内部。这些参数相当于函数的输入，允许函数根据传入的数据执行相应的操作。出口是指函数的返回值。一旦函数完成了它的计算或处理任务，它会通过返回值将结果传回给调用它的程序。这个返回值是函数的输出，可以被调用者进一步使用或处理。

使用函数可以提高代码的复用性，减少重复代码，并有助于实现程序的模块化设计。通过将复杂的操作分解为一系列函数，程序员可以构建更加清晰、易于维护的软件系统。

1.6 计算机网络基础

1.6 计算机网络基础

1.6.1 计算机网络概述

计算机网络是一种将分散在不同地理位置、具有独立功能的计算机及各种应用设备，通过通信线路相互连接的系统和技术。在网络操作系统、网络管理软件和网络通信协议的共同管理和协调下，计算机网络能够实现资源的共享和信息的有效传递。计算机网络的快速发展深刻改变了我们的生活和工作模式。如今，获取、处理和分享信息变得极为便捷，这极大地提高了工作效率和生活质量。

计算机网络有以下功能：

（1）数据通信：计算机网络提供了数据传输的基础设施，使用户能够快速交换信息。

（2）资源共享：计算机网络使不同地理位置的用户能够访问和共享网络上的硬件、软件和其他资源。

（3）分布式处理：通过网络，可以将任务分配给多台计算机，实现协同工作，提高处理能力。

（4）提高系统可靠性：使用网络的冗余设计和分布式特性，可以提高系统对故障的容错能力。

用户也依赖计算机网络进行各种活动，如发送和接收电子邮件；访问远程数据库以获取所需信息；参与视频会议，实现远程协作和交流；在线购物，享受便捷的电子商务服务；下载音乐和电影，获取丰富的多媒体内容；多台计算机协作完成复杂的计算任务，如大规模科学计算、数据分析等。

计算机网络已经成为现代社会的基础设施之一，它的广泛应用促进了全球化进程，并为人们提供了更加丰富和便捷的生活体验。

1.6.2　计算机网络的分类

根据网络覆盖范围的不同，计算机网络可分为局域网（LAN）、城域网（MAN）、广域网（WAN）。

（1）局域网：这种网络通常被限制在较小的地理区域内，如单个建筑物或一个校园。

（2）城域网：城域网的范围比局域网大，覆盖一个城市或一个地区。

（3）广域网：其覆盖范围更广，可以包括多个城市甚至跨越国家、地区或覆盖全球。互联网（Internet）就是一种广域网。

1.6.3　计算机网络的组成

计算机网络主要由硬件、软件和网络协议三大部分组成。硬件包括计算机、传输介质和连接设备等；软件则包括网络操作系统、网络管理软件以及各种网络应用软件；网络协议是网络通信的基础，它规定了网络中设备之间通信的规则和标准。

1. 交换机

交换机（switch）是一种用于电（光）信号转发的网络设备，意为"开关"。它可以为接入交换机的任意两个网络节点提供独享的电信号通路，确保数据在网络中的高效传输。

2. 路由器

路由器（router）用于将网络数据从一个网络转发到另一个网络。它可以根据IP地址和其他网络协议来决定最佳的传输路径，并且可以实现网络隔离和安全功能。路由器支持各种局域网和广域网接口，主要用于互连局域网和广域网，实现不同网络之间的互相通信。

3. 服务器

服务器（Server）是一种高性能计算机，主要用于存储、处理网络上的数据和信息，并提供各种网络服务。它的用途非常广泛，包括但不限于建立网站、存放数据、部署业务系统、测试/学习、搭建局域网、搭建邮局服务器、共享文件目录、放置应用程序等。

4. 调制解调器

调制解调器（modem）是调制器（modulator）与解调器（demodulator）的简称。它是一种用于将数字信号转换为模拟信号（上行）或将模拟信号转换为数字信号（下行）的设备。在计算机发送信息时，调制解调器将计算机内部使用的数字信号转换成可以用电话线传输的模拟信号；在接收信息时，它把电话线上传来的模拟信号转换成数字信号传送给计算机。

5. 网关

网关（gateway）是在计算机网络中起到转换数据、协议等功能的设备。它既可以作为网络之间的桥梁，把不同类型的网络连接在一起，也可以作为网络内部不同协议或网段之间的接口，实现信息的传递和管理。网关的主要作用是连接不同网络，并确保这些网络正常通信。

1.6.4　常见网络的连接方式

常见网络的连接方式有以下两种：

WAN：Wide Area Network，广域网，通常指因特网。

LAN：Local Area Network，局域网，通常是在一个建筑物内的小型网络。

在家庭的小型网络里，需要将光猫（网关）的出口网线连入无线路由器的WAN口，连接方式如图1-16所示。

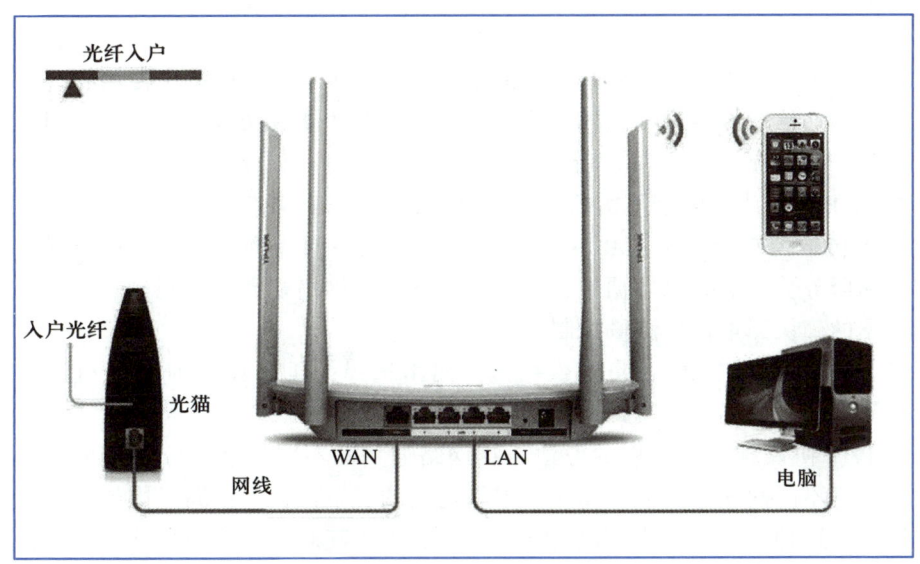

图1-16　家庭网络光猫（网关）

企业网络是一个大型的网络系统，会设置多台交换机，为了保障网络的安全，还会设置出口网关及防火墙。一个典型的企业网络结构如图1-17所示。

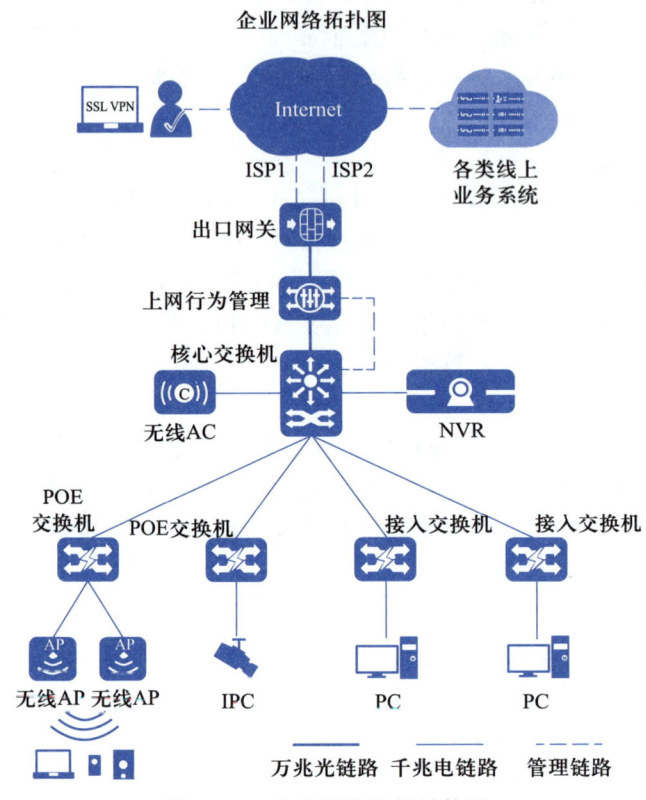

图1-17 企业网络拓扑结构图

1.6.5 计算机网络协议

计算机网络协议构成了网络通信的基础，规定了数据在网络中传输和接收的规则。只有当通信双方遵循相同的协议时，信息交换才能成功进行。在众多网络协议中，TCP/IP协议族是使用最广泛的协议之一。

TCP/IP协议族由多个层次的协议组成，其中最核心的是以下两个协议：

（1）传输控制协议（TCP）：负责在网络中提供可靠的、有序的和错误检测的数据传输服务。TCP确保数据包正确无误地从一个网络端点传输到另一个端点，并处理数据的确认、重传和流量控制。

（2）网络协议（IP）：负责数据包的路由选择；通过IP地址寻址机制，使数据能在复杂的网络环境中找到正确的传输路径。

TCP/IP协议族通过分层的方法，将网络通信的不同功能划分为多个层次，每个层次负责不同的任务，从而简化了网络通信的复杂性，并提高了协议的灵活性和可扩展性。这种分层的网络协议设计，不仅促进了互联网的快速发展，也为各种网络应用和服务提供了坚实的基础。

网络设备之间必须遵循相同的协议才能相互通信，否则通信双方无法理解对方的意图，如图 1-18 所示的情况，就无法进行通信。

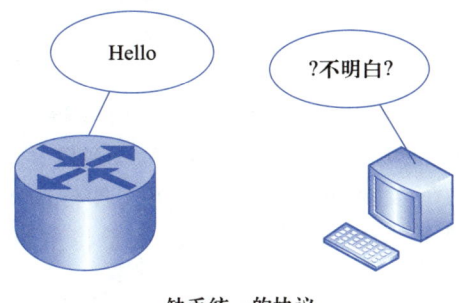

图 1-18　无协议网络无法通信

1.6.6　TCP/IP 协议族

TCP/IP 协议族是一个四层协议系统，由网络接口层、网络层、传输层、应用层组成，如图 1-19 所示。

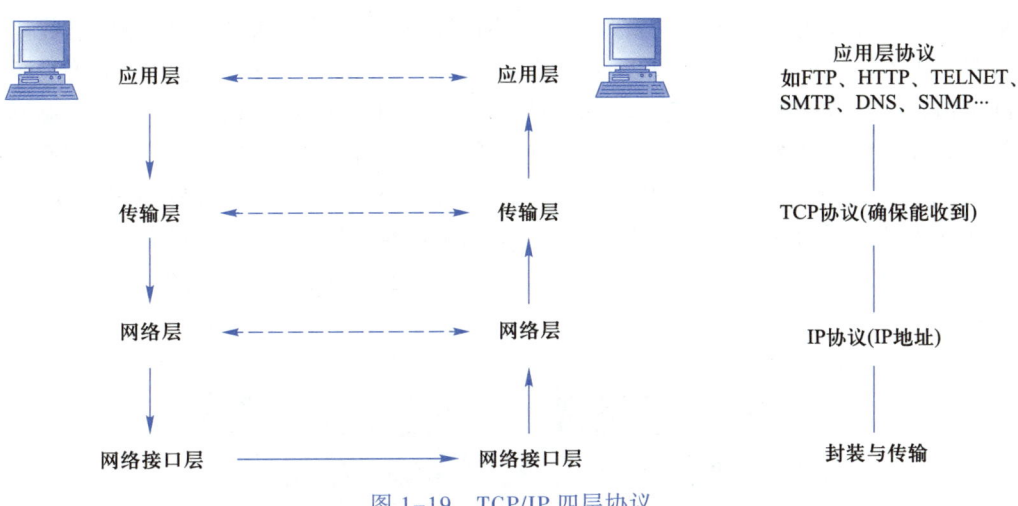

图 1-19　TCP/IP 四层协议

1. 网络接口层

网络接口层也称作数据链路层或链路层，通常由操作系统中的设备驱动程序和计算机中对应的网络接口卡组成。它们共同处理与电缆（或其他任何传输媒介）的物理接口细节。在这一层使用的协议有 ARP、RARP 等。

2. 网络层

网络层有时也称作互联网层，负责处理数据包在网络中的传输路径选择。在 TCP/IP 协议族中，网络层协议包括 IP 协议（网际协议）、ICMP 协议（Internet 控制报文协议）以及 IGMP 协议（Internet 组管理协议）。

3. 传输层

传输层主要用于为两台主机上的应用程序提供端到端的通信。在 TCP/IP 协议族中，传输层包括两个主要协议：TCP（传输控制协议）和 UDP（用户数据报协议）。

4. 应用层

应用层负责处理特定的应用程序细节。这一层的协议包括许多我们熟知的基于互联网的协议，如 HTTP（用于访问万维网）、SMTP（简单邮件传输协议，用于发送电子邮件）、FTP（文件传输协议，用于文件传输）、SNMP（简单网络管理协议，用于网络管理）、DNS（域名系统，用于将主机名和域名转换为 IP 地址）等。

1.6.7　IPv4 和 IPv6 协议

1. IPv4 协议

IPv4（internet protocol version 4，互联网协议第 4 版）是第一个被广泛部署和使用的网际协议版本。IPv4 使用 32 位（4 字节）地址，通常以点分十进制的形式表示，如 192.168.1.1。IPv4 地址被分为 A、B、C、D、E 五类。图 1-20 示意了 A、B、C 类地址的网络标识和主机标识。其中，A 类地址的第 1 个字节表示网络号，且第 1 位必须为 0，主要用于大型网络，每个 A 类网络可支持的主机数量最多；B 类地址的前两个字节表示网络号，且前两位必须为 10，适用于中等规模的网络；C 类地址的前 3 个字节表示网络号，且前 3 位必须为 110，适用于小型网络。这样划分的主要目的是提高 IP 地址的利用率，有助于用户更好地理解和使用 IP 地址。D 类地址的范围是 224.0.0.0 ~ 239.255.255.255，用于多播（multicast），即同时发送给多个目标地址。E 类地址的范围是 240.0.0.0 ~ 255.255.255.255，其为保留地址，用作特殊目的，如科研等，目前，这些地址不会分配给普通的网络节点。

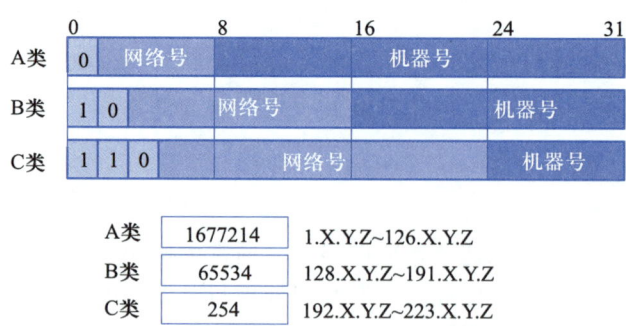

图 1-20　A、B、C 类 IP 地址的网络标识和主机标识

IPv4 地址空间总共有 4 294 967 296（2^{32}）个可能的地址。然而，一些地址被保留用于特殊用途，如专用网络和多播地址，从而减少了可在互联网上路由的地址数量。截至 2019 年 11 月 26 日，全球所有 43 亿个 IPv4 地址已分配完毕。为了解

决地址枯竭问题，网络地址转换（network address translation，NAT）技术被广泛应用于局域网与公网之间的地址转换。如图1-21所示，NAT技术允许一个私有网络（如家庭或企业内部网络）通过路由器或防火墙等设备访问公共网络（如互联网），同时隐藏内部网络的真实IP地址。尽管面临地址耗尽的问题，IPv4仍然广泛应用于网络通信、商业领域、医疗领域以及物联网中。

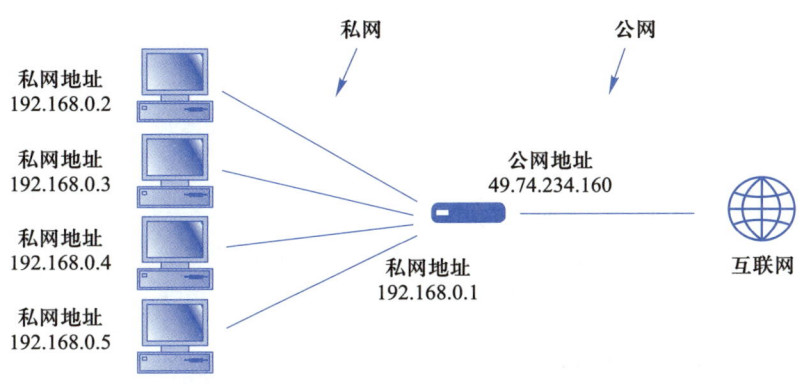

图1-21　NAT技术

2. IPv6协议

IPv6（internet protocol version 6，互联网协议第6版）是互联网工程任务组（IETF）设计的用于替代IPv4的下一代IP协议。IPv6的地址长度为128位，是IPv4的地址空间的2^{96}倍，几乎提供了无限大的地址空间。这种巨大的地址空间可以有效解决IPv4地址耗尽的问题，支持更多的设备和用户接入互联网。

1.6.8　域名与DNS服务器

域名（domain name）是互联网上某台计算机或计算机组的名称，用于在数据传输时标识计算机的电子位置（有时也指地理位置）。域名由一串用点分隔的名字组成，通常包含组织名，而且总是以两到三个字母的后缀结尾，用以指示组织的类型或所在的国家或地区。例如，在http://www.baidu.com中，www是主机名，baidu是二级域名，com是一级域名（顶级域）。

域名的主要作用是简化记忆，因为IP地址（如211.214.1.XXX）是一串数字，难以记忆。而域名则是一串有意义的字符组合，用户可以通过域名快速访问对应的网站。

DNS服务器（domain name server）负责将域名转换为对应的IP地址（IP address）。如图1-22所示，DNS中保存了一张表格，记录了域名和与之相对应的IP地址，当用户在浏览器中输入如www.jd.com的访问请求时，客户机首先到指定的DNS服务器上查找该网址对应的IP地址。DNS服务器返回IP地址120.52.148.118后，客户机才能顺利在网络上访问到该服务器并得到响应。

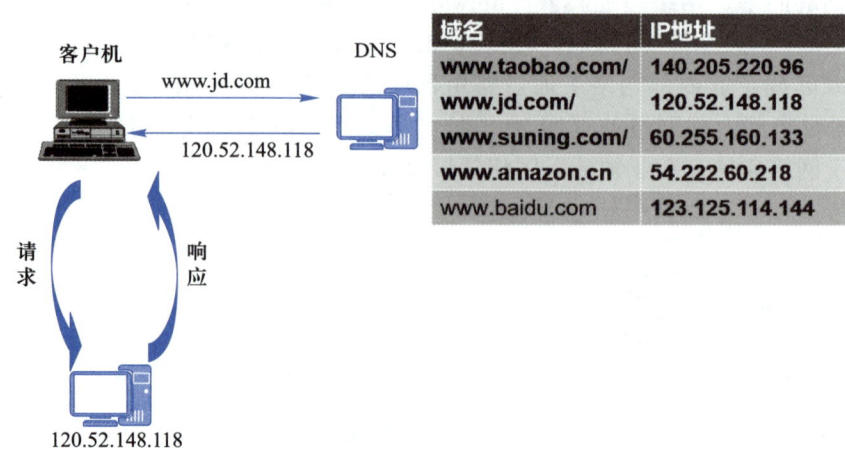

图 1-22 DNS 服务器的作用示意图

1.6.9 计算机网络的信息安全

随着计算机网络技术的飞速发展,网络安全问题也日益凸显。常见的网络安全威胁包括黑客攻击、病毒传播、数据泄露等。为了保护网络安全,需要采取一系列的安全措施,如防火墙技术、数据加密、用户身份认证等。

1. 计算机病毒

计算机病毒是一种能够自我复制、传播并感染其他程序的恶意代码或程序。它通常隐藏在可执行文件、数据文件或引导扇区中,一旦被执行,就会对计算机系统进行破坏。

计算机病毒有以下特点:

- 繁殖性:病毒可以不断地自我复制,感染更多的程序。
- 破坏性:病毒会破坏被感染的数据,影响计算机的正常运行。
- 传染性:病毒可以通过各种途径(如网络、移动存储设备等)进行传播。
- 潜伏性:病毒可以在计算机系统中潜伏很长时间,等待触发条件。
- 可触发性:当满足特定条件时,病毒会被激活并开始执行恶意行为。

2. 木马

木马(trojan)是一种伪装成合法软件的恶意程序。它通常通过欺骗用户下载和执行,从而实现对计算机系统的控制或窃取敏感信息。

木马有以下特点:

- 伪装性:木马通常会伪装成合法的软件或文件,以欺骗用户下载和执行。
- 隐蔽性:木马在执行时不会显示任何明显迹象,使得用户难以察觉其存在。
- 非法性:木马的行为通常是非法的,旨在窃取用户信息、破坏系统或进行其他恶意活动。

木马有以下危害:

- 窃取信息:木马可以窃取用户的敏感信息,如密码、银行账户等。

- 破坏系统：木马可以破坏计算机系统的稳定性和安全性，导致系统崩溃或数据丢失。
- 远程控制：木马可以被用于远程控制计算机，执行恶意操作。

3. 病毒与木马的区别与联系

（1）区别。
- 传播方式：病毒主要通过感染其他程序进行传播，而木马则主要通过欺骗用户下载和执行进行传播。
- 行为目的：病毒的主要目的是破坏计算机系统和数据，而木马的主要目的是窃取用户信息或进行其他非法活动。

（2）联系。
- 恶意性质：病毒和木马都属于恶意软件，对计算机系统和网络安全构成威胁。
- 防范策略：针对病毒和木马的防范策略有一定的相似性，如安装杀毒软件、定期更新系统补丁、不随意下载和执行未知软件等。

1.6.10　计算机网络的发展趋势

未来，计算机网络将继续向着高速化、智能化和移动化的方向发展。随着5G、6G等新一代通信技术的不断演进，网络的传输速度和稳定性将得到显著提升。同时，随着物联网、云计算、大数据等技术的融合发展，计算机网络将更加智能化，能够更好地满足用户的个性化需求。此外，随着移动互联网的普及，计算机网络将更加便捷地服务于人们的日常生活和工作。

计算机网络是现代信息技术的重要组成部分，它改变了我们的生活方式和工作模式。通过本章的学习，我们了解了计算机网络的基本概念、功能、分类以及发展趋势等基础知识。这些知识将为我们后续深入学习人工智能相关知识打下坚实基础。

1.7　数据库基础

1.7　数据库基础

数据库（database）是一个结构化的数据集合，用于存储、检索和管理数据。在人工智能和信息技术领域，数据库扮演着至关重要的角色，因为它能高效地组织、存储和查询大量数据，为数据分析和机器学习等高级应用提供支撑。

数据库管理系统（database management systern，DBMS）是用于创建、管理、维护和访问数据库的软件系统。DBMS提供了一种方式来定义、检索、更新和管理存储在数据库中的数据。常见的DBMS包括MySQL、Oracle、SQL Server、PostgreSQL等。

1.7.1 数据库模型

（1）关系型数据库：基于关系模型，通过二维表来组织和存储数据，表与表之间通过关联关系进行连接。SQL（结构化查询语言）是关系型数据库的标准查询语言。一个典型的关系型数据库表如图 1-23 所示。

（2）非关系型数据库：不依赖固定的数据模型，更加灵活，适用于处理大量非结构化数据。常见的非关系型数据库包括 MongoDB、Redis、Cassandra 等。非关系型数据库可用多种结构存储数据，例如，如图 1-24 所示，使用非关系型数据库来存储学生的选课数据。

图 1-23 关系型数据库表结构

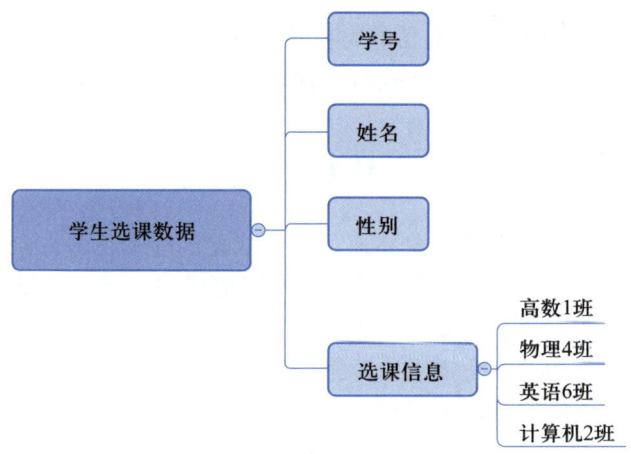

图 1-24 非关系型数据库

1.7.2 E-R 图

E-R 图是一种用于表示实体-关系模型的图形工具，它将现实世界中的实体、属性以及实体之间的关系抽象成计算机世界中的对象、属性及关系，并对其进行可视化表示。E-R 图在数据库设计和系统分析中具有重要作用，能够帮助设计人员更好地理解和设计数据库结构。

1. E-R 图的三个基本要素

（1）实体（entity）。
- 表示现实世界中的一个独立对象，可以是人、地点、物品等。
- 在 E-R 图中，实体通常用一个矩形框表示，矩形框内标注实体的名称。

（2）属性（attribute）。
- 描述实体的特征或性质，如人的姓名、年龄、性别等。
- 在 E-R 图中，属性可以用含有属性名的椭圆或矩形表示，直接附在实体框旁边或内部。

（3）关系（relationship）。
- 表示实体之间的联系或关联，如学生与课程之间的关系。
- 在 E-R 图中，关系通常用一个菱形表示，菱形内可以写上关系的名称，关系线连接实体框和菱形，表示实体之间的具体关系。关系的类型可以是一对一、一对多或多对多关系。

2. E-R 图的关系类型

（1）一对一（1∶1）关系。

一对一关系表示一个实体与另一个实体之间存在唯一的关联关系。例如，一个人只能拥有一个身份证号码，一个身份证号码也只能对应一个人。

（2）一对多（1∶n）关系。

一对多关系表示一个实体与另一个实体之间存在一对多的关联关系。例如，一个学校可以有多个学生，但一个学生只能属于一个学校。

（3）多对多（$n∶m$）关系。

多对多关系表示多个实体之间存在多对多的关联关系。例如，一个学生可以选择多门课程，一门课程也可以被多个学生选择。

例如，用户和商品之间是多对多关系，如图 1-25 所示。

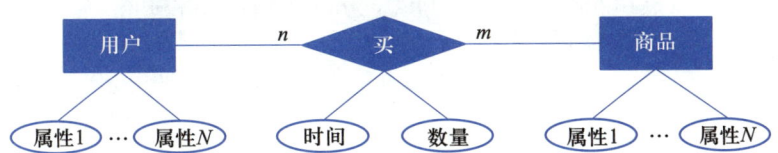

图 1-25　用户与商品关系 E-R 图

3. E-R 图转换为数据表

将 E-R 图转换为数据表涉及以下步骤：

第 1 步：为每个实体创建一个数据表，表中的每一列对应于实体的一个属性。选择一个属性作为主键，主键是唯一标识表中每一行数据的字段。

第 2 步：根据实体之间的关系创建相应的外键或中间表。

【示例 1.9】如果"用户"和"商品"之间是多对多关系，其 E-R 图如图 1-26（a）所示，则为其创建如图 1-26（b）所示的数据表的过程如下：

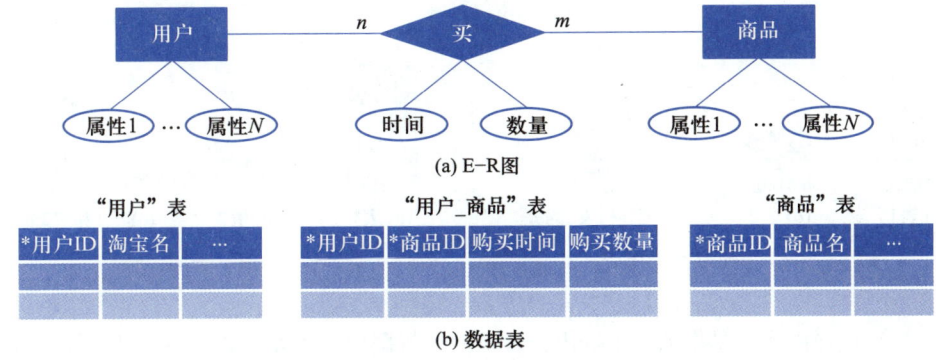

图 1-26　E-R 图转换为数据表示例

第 1 步：创建“用户”表，列包括“用户 ID”“淘宝名”等。

第 2 步：创建“商品”表，列包括“商品 ID”“商品名”等。

第 3 步：创建中间表“用户－商品表”，列包括“用户 ID”“商品 ID”“购买时间”“购买数量”，“用户 ID”和“商品 ID”组合起来作为这个中间表的主键，以确保每个用户和商品的配对是唯一的。

1.7.3　数据表的结构和特点

在数据库中，数据表是组织和存储数据的基本结构。数据表由行和列组成。对于一个数据表来说，一行代表一条数据记录，也被称为一个元组或一条记录。一列代表一个字段，也被称为属性或数据项。列中还包括字段名称（列的名称）、数据类型（列中值的数据类型，如整型、浮点型、字符串型号）、值域（列中值的取值范围）等标识。通过上述这些可以有效定义数据库中的数据。

如图 1-27 所示，该数据表一共 2 行，每行都是一条数据记录，共有 2 条数据记录，该表有 8 列，每列都是一个属性，共有 8 个属性。

学号	姓名	性别	年龄	爱好	手机号码	宿舍楼	户籍所在地
001	A	男	18	篮球	1001	21	成都
002	B	男	18	LOL	1002	21	南充

图 1-27　数据表结构示例

1.7.4　数据表的操作

数据表的常见操作包括差操作、交操作、选择操作和投影操作等。

（1）差操作：此操作涉及两个表，是指从一个表中去除另一个表中重叠的数据行。例如，有如图 1-28（a）和（b）所示的表 1 和表 2，两个表的差操作如图 1-28（c）所示，（c）表中包含了在表 1 中但不在表 2 中的所有数据行。

（2）交操作：此操作涉及两个表用于找出两个表中相同的数据行。例如，有如图 1-29（a）和（b）所示的表 1 和表 2，两个表的交操作如图 1-29（c）所示，（c）表中包含表 1 和表 2 共有的数据行。

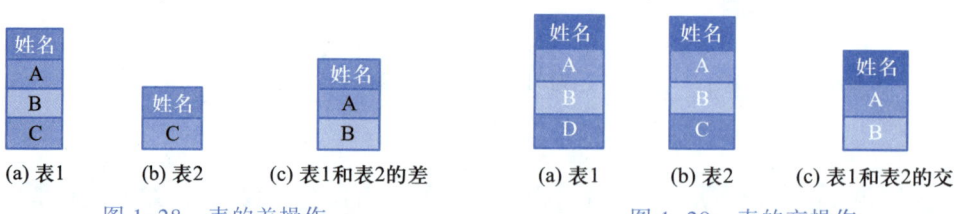

姓名
A
B
C

(a) 表1

姓名
C

(b) 表2

姓名
A
B

(c) 表1和表2的差

图 1-28　表的差操作

姓名
A
B
D

(a) 表1

姓名
A
B
C

(b) 表2

姓名
A
B

(c) 表1和表2的交

图 1-29　表的交操作

（3）选择操作：是指从表中选出符合条件的数据行，例如，如图 1-30 所示的示例。

（4）投影操作：是指从表中选出需要的列，例如，如图 1-31 所示的示例。

图 1-30　表的选择

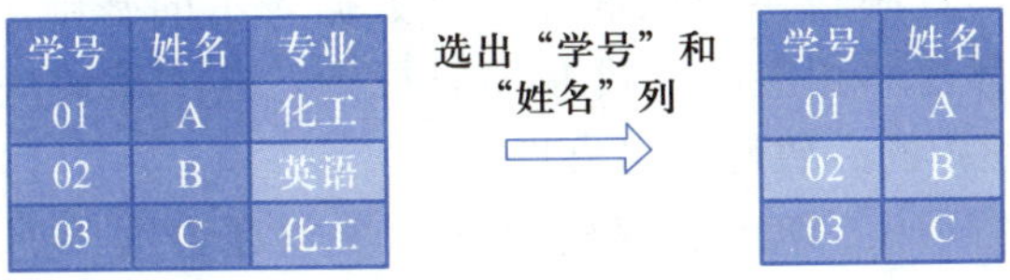

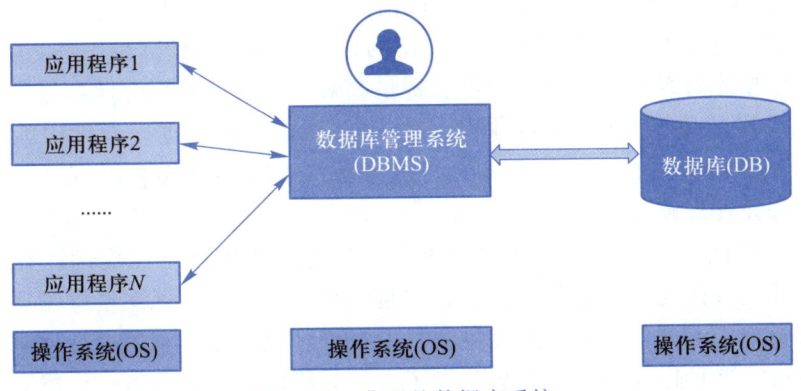

图 1-31　表的投影

1.7.5　数据库系统

如图 1-32 所示，一个典型的数据库系统由计算机硬件、操作系统（OS）、数据库（DB）、数据库管理系统（DBMS）和建立在该数据库之上的相关软件、数据库管理员（DBA）和用户等部分组成。

图 1-32　典型的数据库系统

数据库是现代信息系统中不可或缺的组成部分，它提供了高效、可靠的数据存储和检索机制。对于人工智能应用来说，数据库不仅是数据存储的容器，还是数据分析和机器学习的重要基础。通过本节的学习，我们了解了数据库的基本概念、管理系统、模型、设计、安全性以及性能优化等方面的知识，这些知识将为后续深入学习人工智能相关知识打下基础。

1.8 本章小结

本章主要介绍了计算机科学与信息技术的基础知识,包括:

1. 计算思维。计算思维被视为人类除理论思维、实验思维之外的第三种思维,广泛应用于教育、工程、经济、艺术等领域。它包含分解、递归、抽象与模式识别等关键要素,帮助人们高效处理复杂问题,设计创新性系统。

2. 信息的符号化:计算机内部的所有信息(包括数据和指令)都是以二进制形式存储和处理的。进制转换是理解计算机数据表示的基础。整数、浮点数、字符、图片、声音等都遵循相应的二进制编码规则。这些编码规则保证了数据在存储、传输和处理过程中的一致性和可靠性。

3. 算法与程序设计:算法是解决问题的步骤和方法,而数据结构是存储和组织数据的方式。两者在计算机科学中密不可分,共同构成了计算机程序的核心。程序设计是将算法转化为可执行代码的过程,通常使用某种程序设计语言来实现。

4. 计算机网络:计算机网络是现代信息技术的重要组成部分,它将分散在不同地理位置、具有独立功能的计算机系统及其外部设备通过通信线路相互连接,实现了资源的共享和信息的有效传递。域名是 Internet 上某台计算机或计算机组的名称,用于简化 IP 地址的记忆。DNS 服务器负责将域名转换为对应的 IP 地址。

5. 数据库与 E-R 图:数据库在现代信息系统中扮演着至关重要的角色,它能高效地组织、存储和查询大量数据。典型的数据库系统由计算机硬件、操作系统、数据库、数据库管理系统等部分组成,提供高效、可靠的数据存储和检索机制,是人工智能应用的重要基础。E-R 图(实体-关系图)是数据库设计中的一种重要工具,用于描述实体、属性和实体之间的关系。通过 E-R 图可以直观地理解数据库的结构和设计思路。

自计算机诞生之日起,其运算速度已经远超人类的水平。现代计算机的处理器可以在几纳秒内完成一次基本运算,并且每秒可进行数十亿次这样的运算。相比之下,人类神经元的信号传递速度虽快,但在处理复杂运算和逻辑推理时,效率远不及计算机。这种巨大的性能差异引发了人们对机器智能的思考:机器能否像人一样,基于已有的数据、经历的事件,不断地学习,使其不仅具有执行能力,还具有识别、思考、判断和决策能力呢?

这种设想成为人工智能(artificial intelligence,AI)研究的基础。

1.9 习　　题

1. 什么是计算机？计算机的发展历程中有哪些重要里程碑？
2. 计算思维是什么？它包含哪些关键要素？
3. 请解释二进制数制及其在计算机中的应用。
4. ASCII 码是什么？它如何表示英文字符？
5. 汉字的编码主要包括哪几种？它们各自的作用是什么？
6. 请简述浮点数在计算机中的表示方法。
7. 计算机硬件系统主要包括哪些部分？它们各自的功能是什么？
8. 请解释操作系统在计算机系统中的主要作用和功能。
9. TCP/IP 协议族由哪些层次组成？每个层次的主要功能是什么？
10. 数据库管理系统（DBMS）的主要功能是什么？关系型数据库和非关系型数据库的主要区别是什么？

第 2 章 引言

第 2 章　人工智能概述

本章将初步探讨 AI 如何通过模拟和扩展人类智能来实现复杂任务处理。首先，介绍 AI 技术的核心驱动力（算法、计算和数据）以及大模型（如 GPT 系列、文心一言、盘古大模型等）的发展与应用。然后，分析 AI 技术在教育、金融、医疗、制造业等行业的广泛应用，并展望其未来发展趋势。最后，强调 AI 技术发展对社会的影响与伦理考量，提醒我们在享受 AI 带来便利的同时，也需关注其潜在的风险与挑战。

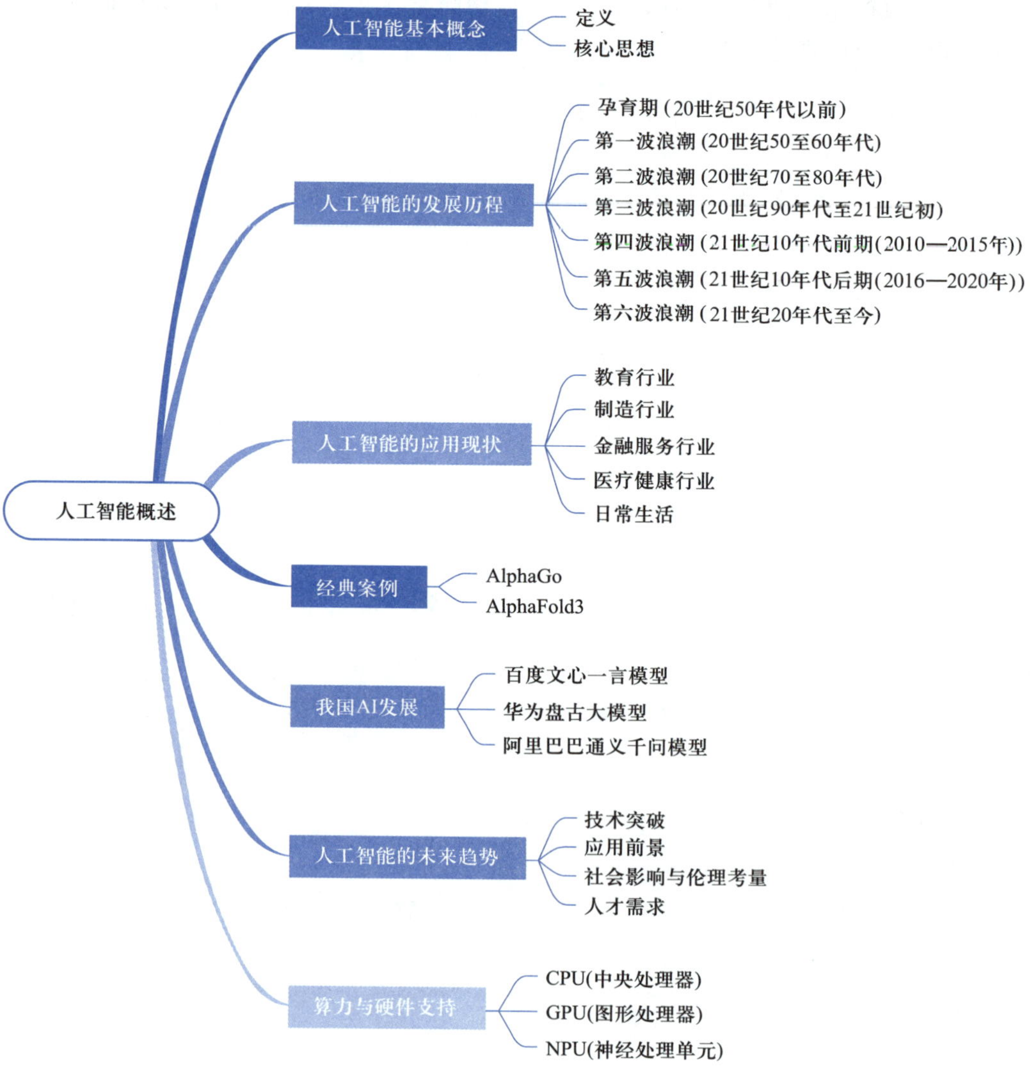

人工智能概述
- 人工智能基本概念
  - 定义
  - 核心思想
- 人工智能的发展历程
  - 孕育期 (20世纪50年代以前)
  - 第一波浪潮 (20世纪50至60年代)
  - 第二波浪潮 (20世纪70至80年代)
  - 第三波浪潮 (20世纪90年代至21世纪初)
  - 第四波浪潮 (21世纪10年代前期(2010—2015年))
  - 第五波浪潮 (21世纪10年代后期(2016—2020年))
  - 第六波浪潮 (21世纪20年代至今)
- 人工智能的应用现状
  - 教育行业
  - 制造行业
  - 金融服务行业
  - 医疗健康行业
  - 日常生活
- 经典案例
  - AlphaGo
  - AlphaFold3
- 我国AI发展
  - 百度文心一言模型
  - 华为盘古大模型
  - 阿里巴巴通义千问模型
- 人工智能的未来趋势
  - 技术突破
  - 应用前景
  - 社会影响与伦理考量
  - 人才需求
- 算力与硬件支持
  - CPU(中央处理器)
  - GPU(图形处理器)
  - NPU(神经处理单元)

2.1 人工智能的基本思想

人工智能（artificial intelligence，AI）的概念是由 McCarthy 于 1956 年在达特茅斯会议上正式提出的。作为计算机科学的一个重要分支，斯坦福大学人工智能研究中心的著名教授尼尔逊（Nilson）将其定义为："人工智能是关于知识的学科：怎样表示知识以及怎样获得并使用知识的学科。"而麻省理工学院的著名教授温斯顿（Winston）认为："人工智能就是研究如何使计算机去做过去只有人才能做的智能工作。"他们的定义基本上反映了人工智能学科的核心内容，即研究和构造能模拟人类智能行为的人工系统，使机器能够胜任一些通常需要人类智能才能完成的复杂任务。也就是说，我们希望以前由人来完成的工作，渐渐地能够由人工智能技术及其对应的系统来完成。

自动售货机是不是一个应用了人工智能技术的设备呢？首先，你按下自动售货机上标有可乐图标的按钮；随后，屏幕上出现支付的二维码；你扫码支付后，自动售货机便送出一瓶可乐给你。对比另一个场景，你来到一个小卖部，说："老板，来瓶可乐！"老板把可乐递给你，你扫码支付后，拿走了可乐。可见，自动售货机确实完成了以前由人完成的售货工作，那么它是怎样完成的呢？

自动售货机的算法设计如图 2-1 所示。第 1 步，研究"售货"这一问题，根据对问题的深入理解，总结大量的规则；第 2 步，编写算法，实现规则；第 3 步，对实现后的规则进行测试，评估结果，若结果好，则进行发布，否则需要分析规则存在的错误，根据分析的结果进一步研究问题。

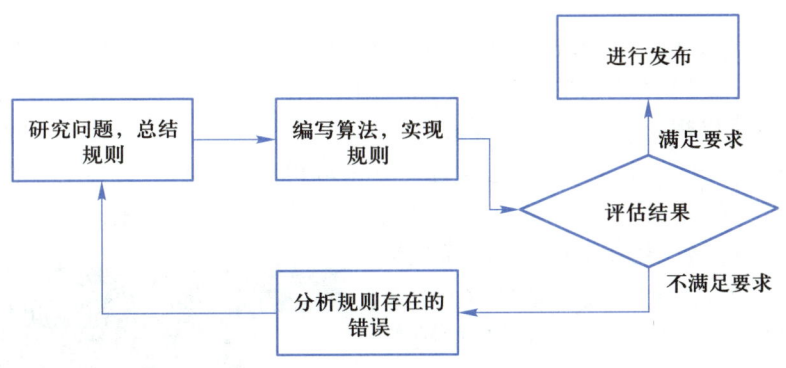

图 2-1 传统的算法设计

虽然自动售货机完成了售货工作，给人很智能的感觉，但实际上，它的实现完全依赖于传统的算法设计。自动售货机的算法是固定的，规则是预设的，无论运行多久，它都无法自我改进或适应新的情境。例如，不会突然有一天它听到："老板，来瓶可乐！"，就会因此触发其售卖可乐的动作。智能有一个特征非常重要，就是学习，即能够通过学习大量信息来提升和优化自身，那么人工智能方法是怎么做呢？这就是我们需要探讨的问题。

如图 2-2 所示，在研究问题的基础上，人工智能会设计相应的算法框架，这个框架使用不同类型与特征的大量数据进行训练，就可能获得相应的解决方案。人类通过检查基于框架的解决方案，有可能更好地理解问题，当发现问题或有新认识的时候，通过研究问题和调整算法框架，可以进行新的迭代，获得更好的人工智能方法。

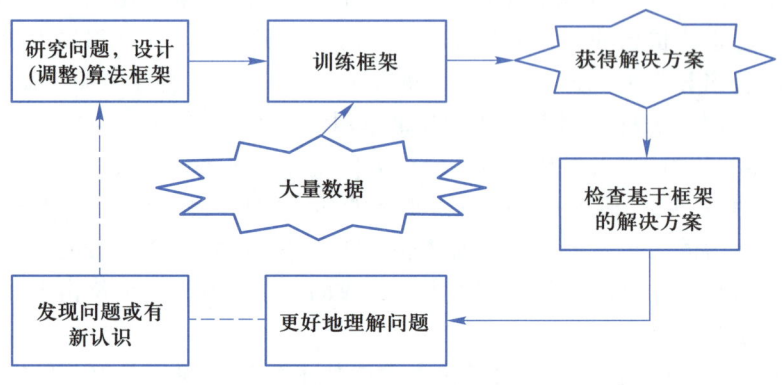

图 2-2　人工智能的算法设计

对于一些主观、非形式化的任务，人类通常可以通过直觉迅速完成，例如，观察一幅图片中是否有猴子（图像识别任务）。而抽象、形式化的任务是困难的脑力劳动，因为这需要推理和决策，例如，下棋（涉及大量的寻优任务）。我们不仅希望人工智能完成图像识别等非形式化的任务，还希望它能够代替人做复杂的寻优和预测任务。

2.1.1　AlphaGo

1997 年 5 月 11 日，美国 IBM 公司研制的并行计算机"深蓝"击败了雄踞世界象棋棋王宝座 12 年之久的卡斯帕罗夫。国际象棋的规则明确，棋盘上有 64 个位置，32 个棋子以规定方式移动，搜索空间庞大，"深蓝"主要依靠强大的计算能力和策略技巧，而非直觉或真正的思考能力，来取得对局胜利。值得注意的是，即使在与人类对弈的过程中，"深蓝"的性能也不会因经验积累而有所提升，其算法的提升受限于计算资源。相比之下，围棋作为一种更复杂的棋类游戏，拥有 361 个落子点，规则看似简单，但实则产生的搜索空间远超国际象棋。因此，对围棋而言，依靠单纯的算力来战胜人类，对当时的计算机技术而言，几乎是不可能完成的任务。然而，技术的飞速发展改变了这一局面。2016 年 3 月，AlphaGo 与围棋世界冠军、职业九段棋手李世石进行了一场人机大战（图 2-3 所示），最终以 4 比 1 的总比分获

图 2-3　AlphaGo 大战李世石

胜。这一成就标志着人工智能在围棋这一复杂策略游戏中的重大突破。

2017年5月，在中国乌镇围棋峰会上，进化的AlphaGo Master与当时排名世界第一的围棋冠军柯洁对战，以3比0的总比分获胜。围棋界公认：AlphaGo的棋力已经超过人类职业围棋的顶尖水平。AlphaGo在蛮力无法解决的围棋上，表现出不断学习、变强的能力，最终战胜了人类棋手。AlphaGo的主要原理包括以下3个重要部分：

1. 估值网络

估值网络用于估计棋局的局势，在当前棋局状态下，计算每个落子位置导致整个棋局"最后"的胜率。重要的是估值网络是通过学习得到的，而不是由领域专家精心设计的，它估计的是最终胜率而不是短期的攻城略地。

2 走棋策略网络

走棋策略网络（policy network）是指在当前棋局状态下，计算各个可能落子位置的概率，并选择下一步最佳的走法。

3. 蒙特卡洛树搜索

蒙特卡洛树搜索（Monte Carlo tree search，MCTS）是指使用随机的方法模拟大量的棋局，目的是让最佳落子方法自己涌现出来。

AlphaGo使用大量专业棋手棋谱（在对战李世石时，棋谱数量已经增加到1亿个）训练两个网络：基于全局特征和CNN训练的走棋策略网，以及基于局部特征和线性模型训练的快速走棋策略网。同时，自己创造一个对手，利用不同时刻训练出来的策略网络进行相互对弈。根据自我对弈的结果，学习到估值网络。

AlphaGo的工作原理具备了人类学习方法的影子：在熟读棋谱的基础上，通过自己和自己对弈来提升自身能力，且用到了深度学习和强化学习。由于计算机的对弈速度远高于人类，因此，AlphaGo在围棋上完成了对人类的超越。

AlphaGo的终极版本为AlphaGo Zero，其能力较之前的版本上有了质的提升。最大的区别在于，它不再需要人类数据。也就是说，它一开始就没有接触过人类棋谱，甚至并不知道什么是围棋。研发团队只是让它自由随意地在棋盘上下棋，从单一神经网络开始，通过神经网络强大的搜索算法，进行自我对弈。随着自我对弈的增加，神经网络逐渐调整，提升预测下一步的能力，最终赢得比赛。更为厉害的是，随着训练的深入，阿尔法围棋团队发现，AlphaGo Zero还独立发现了游戏规则，并走出了新策略，甚至自动学会了其他的棋类游戏。AlphaGo Zero在经过短短3天的自我训练，就强势打败了此前战胜李世石的旧版AlphaGo，战绩是100∶0。经过40天的自我训练，AlphaGo Zero又打败了AlphaGo Master版本。

2.1.2 AlphaFold 3

人类时时刻刻都在寻优和预测。寻优是为了找到最优解，预测是通过已有的知识或信息，预测未来的知识或信息。在抽象和形式化的领域，人工智能在寻优问题上做得比人类更进一步；而在很多没有明确规则的领域，则主要关注预测问题。例如，在医学领域，为了更好地治疗疾病，需要找到新的药物，包括找到具有某些功能的蛋白质。蛋白质的结构与药物功能之间存在着密切的关系，但是这些关系没有具体、确定的规则。不同结构组合的蛋白质所构成的药物，其药效需要由实际的临床效果检验。人类想要通过已知的蛋白质结构及其发挥的功能来预测蛋白质的其他结构的功能是困难且耗时的。

2024年5月8日，谷歌DeepMind发布了预测蛋白质结构的AlphaFold 3模型。该模型能够辅助科学家更精确地针对疾病机理，开发出更有效的治疗药物。人类用了几十年，通过大量的实验才得到19万个蛋白质分子结构，而AlphaFold 3在短时间内就预测了2亿个。DeepMind研究人员表示：AlphaFold 3已经用上了这波AI革命最核心的组合架构——Transformer+Diffusion，它可以预测蛋白质、DNA、RNA等生物分子的结构以及它们如何相互作用。如图2-4所示，AlphaFold 3对一个分子复合体的预测展现了蛋白质（如实线框区域）与DNA双螺旋（如虚线框区域）的结合，其预测结果与通过反复实验得到的真实分子结构（如双实线框区域）高度吻合。从此，人类能够以前所未有的精度，预测所有生物分子的结构和相互作用。

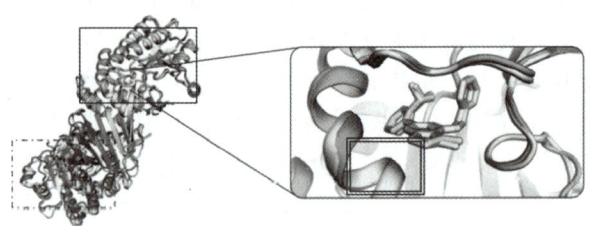

图2-4　7R6R-DNA结合蛋白

2.1.3　ANI与AGI

ANI（artificial narrow intelligence）是人工狭窄智能，即在特定任务上表现出与人类相似或更高的智能水平，但缺乏超越该任务领域的能力，这是目前人工智能应用最广泛的形态。ANI系统专注于解决特定问题或执行特定任务，例如，图像识别、语音识别、游戏对战等。当我们使用智能助手，如Siri、小度、小爱、自动泊车或Google Assistant时，就是在与ANI系统交互。尽管ANI在特定任务上表现出色，但它无法在多个领域中灵活应用智能。

AGI（artificial general intelligence）是通用人工智能，是一种可以执行复杂任务、完全模仿人类智能的能力。AGI可以被认为是人工智能的更高层次，它可以实现自我学习、自我改进、自我调整，进而解决任何问题而无须人为干预。例如，AlphaGo Zero不利用人类的规则，而是通过自我学习、改进和调整，实现了在棋类游戏上的自我进化，展现了在棋类游戏中的人类智能。但是，AlphaGo Zero的自我进化并不意味着通用人工智能会很快实现，因为棋类游戏是一个相对简单的领域，不需要人类的主观情感与思维，要想完全模仿人类，人工智能还有很长的路。

2.2 信息技术发展的典型阶段

从信息技术的创新与变革来看，信息技术发展可以分为 PC 时代、网页时代、移动互联网时代和人工智能时代，如图 2-5 所示展示了信息技术的发展历程。

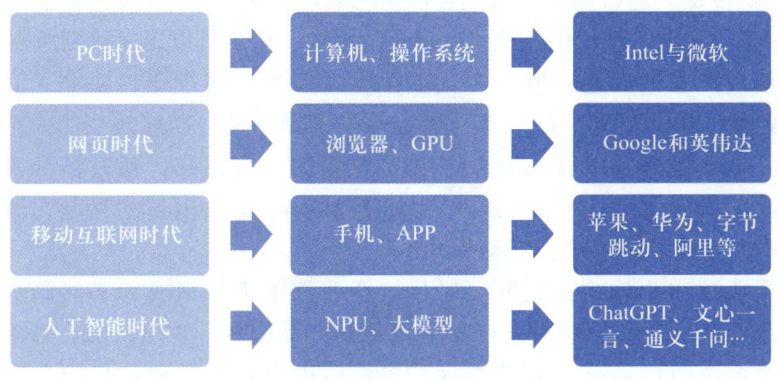

图 2-5 信息技术发展历程

2.2.1 PC 时代

PC（personal computer，个人电脑）时代始于 20 世纪 80 年代，标志着计算机技术从大型机和小型机向个人和家庭用户转变。PC 时代的到来不仅改变了人们的生活和工作方式，还对全球经济和科技发展产生了深远影响。这一时期的主要表现是：

（1）技术创新与普及：PC 的普及带动了硬件（典型代表：Intel）和软件（典型代表：微软）的快速发展。从早期的简单计算设备到功能强大的多媒体计算机，技术的不断进步使得个人电脑的性能越来越强大，价格也越来越亲民。微软的 Windows 操作系统和 Office 办公套件成为了这一时代的代表性产品，其极大地提高了工作效率和信息处理能力。

（2）商业模式发生变革：PC 时代引发了商业模式的深刻变革。企业不再依赖于纸质文件和手工操作，取而代之的是电子邮件、电子表格和数据库系统。ERP（企业资源计划）和 CRM（客户关系管理）系统的应用使得企业管理更加高效，资源配置更加合理。

（3）信息化社会的奠基：PC 的普及使得信息获取和传播变得更加便捷，人们可以通过互联网获取全球范围内的信息和资源。办公自动化、教育信息化和医疗信息化的推进，使得社会各领域的信息化程度大大提高。PC 时代奠定了现代信息社会的基础，为后来的网页时代和移动互联网时代提供了坚实的技术和社会基础。

2.2.2 网页时代

随着互联网技术的发展，20世纪90年代末到21世纪初，网页时代逐渐兴起。互联网的广泛应用改变了人类信息交流和获取的方式，催生了新的商业模式和社会结构。这一时期的主要表现是：

（1）全球互联与信息共享：网页时代使得全球范围内的信息交换和资源共享变得前所未有的便捷。通过网页，人们可以访问全球各地的新闻、科研成果和娱乐资源等。搜索引擎的出现，使得信息检索变得更加高效，用户可以迅速找到所需的信息。

（2）新兴产业的崛起：网页时代催生了一系列新兴产业，如电子商务、在线广告、社交网络和云计算。亚马逊、淘宝等电子商务平台彻底改变了人们的购物方式；Google Ads和Facebook Ads则开创了全新的广告模式，通过精准投放提高了广告的有效性和转化率；社交媒体平台如Facebook、Twitter的兴起，改变了人们的社交方式，形成了新的社会互动模式。

（3）企业数字化转型：在网页时代，企业数字化转型成为必然趋势。企业纷纷建设官方网站，通过互联网进行品牌宣传和产品销售。B2B、B2C等电子商务模式不仅使得企业的市场范围显著扩大，也使得供应链管理和客户服务得到极大优化。企业内部的信息系统也逐渐向网络化、平台化方向转型，大幅提升了企业运营效率和灵活性。

2.2.3 移动互联网时代

进入21世纪的第二个十年，移动互联网时代迅速崛起。智能手机和平板电脑的普及，使得互联网应用从PC端向移动端迁移，随时随地的联网和应用使用成为可能。这一时期的主要表现是：

（1）无缝连接与便捷服务：移动互联网时代最大的特点是无缝连接和便捷服务。智能手机成为人们生活中不可或缺的一部分，人们可以随时随地通过手机进行社交、购物、支付、导航等各种活动。移动应用程序（APP）的广泛使用，使得各种服务变得更加个性化和便捷。

（2）产业融合与创新：移动互联网时代带来了各行业的深度融合与创新。O2O（线上到线下）模式的兴起，使得传统行业与互联网深度结合，形成了新的商业生态。共享经济的代表，如滴滴打车和共享单车，通过移动互联网平台，实现了资源的高效利用和服务的创新。物联网（IoT）技术的发展，使得各种智能设备通过互联网互联，推动了智能家居、智能城市的发展。

（3）社会变革与影响：移动互联网不仅改变了人们的生活方式，还对社会结构和行为模式产生了深远影响。微博等社交媒体和微信等即时通信工具使得信息传播速度极大加快，社会事件和公共舆论的形成更加迅速。移动支付的普及，推动了无现金社会的到来，改变了人们的消费和支付习惯。移动互联网还促进了教育、医疗、政务等公共服务的数字化转型，提高了社会服务的效率和质量。

2.2.4 人工智能时代

人工智能（AI）是智能学科的重要组成部分，旨在探索智能的实质，并生产出能以人类智能相似方式做出反应的智能机器。AI 技术的迅猛发展正重塑各个行业，推动社会进步。这一时期的主要表现是以下几个方面：

（1）智能化与自动化：人工智能通过机器学习、自然语言处理和计算机视觉等技术，实现了许多任务的智能化和自动化。机器人和自动化系统在制造业中广泛应用，提高了生产效率和质量。AI 技术在金融、医疗、教育等领域的应用，使得这些行业的智能化水平不断提高。

（2）数据驱动的决策：在人工智能时代，数据成为了最重要的资源。通过大数据分析和 AI 算法，企业和政府能够做出更加精准和高效的决策。例如，通过数据分析，企业可以优化供应链管理，提高市场预测的准确性；政府可以通过智能交通系统缓解交通拥堵，提高城市管理水平。

（3）新兴产业与就业：无人驾驶、智能机器人、虚拟助手等新兴产业不仅推动了经济增长，还创造了大量新的就业机会。同时，AI 技术也在改变传统行业的就业结构，要求劳动者不断提升技能，适应新的工作环境。

（4）社会影响与挑战：人工智能的迅猛发展也带来了一系列社会影响和挑战。隐私保护、伦理问题、算法偏见等问题需要引起广泛关注和讨论。如何在发展 AI 技术的同时，确保技术的安全性和公平性，是全球面临的重要课题。

PC 时代奠定了信息化社会的基础，网页时代推动了信息全球化和商业模式的变革，移动互联网时代通过无缝连接和便捷服务进一步推动了社会的深刻变革和产业的融合创新，而人工智能时代则通过智能化和自动化推动各行业的发展和进步。未来，随着技术的不断进步和创新，这些时代的战略意义将继续影响和塑造我们的世界。

2.3 人工智能的发展现状

人工智能的发展依赖于算法、算力和数据三大驱动力。其中，算法是核心，它决定了机器如何学习和推理；算力提供了强大的处理能力，支持复杂的运算和数据分析；而数据则是基础，为机器提供了学习和优化的素材。

大模型根据其处理的数据类型可以分为以下三类：

（1）语言大模型：其主要分为三类。文本生成模型，如 GPT 系列模型，能够生成连续的文本内容，广泛应用于文本创作、对话生成等场景；文本分类模型，如 BERT、XLNet 等，能够将输入的文本分类到特定的类别中，常用于情感分析、新闻分类等任务；问答模型，如 BERT、RoBERTa 等，能够针对给定的问题生成答案，是智能问答系统的重要组成部分。

（2）视觉大模型：其主要分为两类。图像识别模型，如基于深度学习的卷积神经网络（convolutional neural network，CNN）模型，用于识别图像中的物体、场景等；视频理解模型，如在 ActivityNet 比赛中使用的 Kinetics 数据集上的模型，能够理解和识别视频中的行为、事件等。

（3）多模态大模型：能够同时处理文本、图像、音频等多种类型的数据，实现跨模态的信息融合和交互。

2.3.1 人工智能的起源

20 世纪初，科幻小说和电影中关于机器人的描绘就表现了人们对人工智能的兴趣。1943 年，麦卡洛克和皮茨提出了神经网络模型，为模拟人脑的工作原理提供了理论依据。1950 年，阿兰·图灵在其著名论文《计算机器与智能》中提出了图灵测试，探讨机器能否表现出类似人类的智能行为。图灵测试成为衡量人工智能发展的一个重要标准，激发了研究人员对机器智能的进一步探索。20 世纪 50 年代中期，达特茅斯会议标志着人工智能作为一个独立学科的诞生。会议上，研究人员首次提出了"人工智能"这一术语，并讨论了如何通过计算机模拟人类智能。

在早期的人工智能研究中，专家系统和符号主义方法占据主导地位。这些方法依赖于预先定义的规则和知识库，通过逻辑推理来解决特定问题。然而，随着计算能力和数据存储技术的进步，研究人员逐渐认识到，人工智能不仅需要预先定义的规则，还需要从大量数据中自动学习和提取知识。这催生了机器学习的兴起，尤其是神经网络和深度学习的发展。机器学习通过算法从数据中学习模式和规律，而深度学习则通过多层神经网络进行更复杂的学习和预测。

2.3.2 人工智能的发展历程

人工智能的发展主要经历了如下几个历程：

（1）孕育期（20 世纪 50 年代以前）：在此阶段，数理逻辑和人工神经网络等学派为 AI 的发展奠定了基础。例如，亚里士多德创立的演绎法和莱布尼茨将形式逻辑符号化的贡献，都为后来的 AI 发展提供了重要的理论支持。

（2）第一波浪潮（20 世纪 50 至 60 年代）：达特茅斯会议的召开标志着 AI 的诞生。在此阶段，研究主要集中在符号主义，即通过符号运算来模拟人类的思维过程。感知机的提出是这一时期的重要成果，展示了机器学习的早期模型。

（3）第二波浪潮（20 世纪 70 至 80 年代）：这一阶段以专家系统为代表，AI 在专家系统、自然语言理解和模式识别等方面取得新进展。MYCIN 是一个典型的医学专家系统，通过知识库和推理引擎模拟医学专家的诊断过程。

（4）第三波浪潮（20 世纪 90 年代至 21 世纪初）：这一时期，BP（back propagation，反向传播算法）神经网络的发明具有划时代意义，为后来的深度学习热潮奠定了基础。神经科学研究与 AI 结合，推动了人工智能的新突破。

（4）第四波浪潮（21 世纪 10 年代前期（2010—2015 年））：深度学习开始崭

露头角。随着计算能力增强和数据量增加,深度学习逐渐显示出其在图像识别、语音识别和自然语言处理等领域的强大能力。2012 年,AlexNet 在 ImageNet 竞赛中的成功,无疑成为了这一时期深度学习领域革命的标志性事件。

(5)第五波浪潮(21 世纪 10 年代后期(2016—2020 年)):随着数据量的激增和计算能力的提升,深度学习在语音识别、图像识别、自然语言处理等领域取得了显著成果。OpenAI 开发的 GPT-3 是这一阶段的重要代表,展示了大规模语言模型在生成自然语言文本方面的强大能力。

(6)第六波浪潮(21 世纪 20 年代至今):ChatGPT-4 让 2023 年成为 AI 之年。其引入了多模态处理能力,可以处理文本、图像等多种数据形式。这意味着模型不仅能够生成和理解文本,还能解释和生成与图像相关的内容。这使得 AI 极大地拓展了应用场景,如图像描述生成、视觉问答等,使得 AI 在辅助创作、教育和辅助决策等领域有了更多的可能性。

目前,AI 产业规模呈快速增长态势。我国在人工智能领域也取得了显著进展,核心产业规模已达数千亿元,企业数量众多。展望未来,AI 技术将继续深入发展,与各行业融合应用。同时,AI 伦理与安全问题也将受到更多关注,需要健全法律法规和规范伦理道德来保障其健康发展。总之,人工智能作为新一轮科技革命和产业变革的重要驱动力量,将继续推动经济社会发展和科技进步。

2.3.3 人工智能的应用现状

人工智能在各行各业发挥着越来越重要的作用。ChatGPT、文心一言等大语言模型(large language model,LLM)拉近了 AI 与大众的距离,极大地改变了我们的工作模式。

1. ChatGPT

ChatGPT 是 OpenAI 推出的一款重要的人工智能大模型,基于生成式预训练模型(GPT)技术,具有出色的语言生成和理解能力。2018 年 6 月,GPT-1 首次发布,采用了 12 层 Transformer 核心结构,通过自左向右生成式的构建预训练任务。该模型具有一定的泛化能力,能够进行自然语言推理、问答与尝试推理、语义识别分类等。然而,其泛化能力相对较弱,远低于经过监督微调的有监督学习。尽管如此,作为 Transformer 模型的开山之作,GPT-1 的诞生标志着自然语言处理领域的一个重大突破。它证明了通过无监督学习从大量文本数据中学习语言知识的可能性,为后续模型的发展奠定了基础。

2019 年 2 月,GPT-2 迈向多任务学习,其最大模型共计 48 层,参数量达 15 亿。这种设计使得 GPT-2 在各种任务如阅读、对话、写小说等方面的效果都有所提高。2020 年 6 月,GPT-3 采用了惊人的 1 750 亿个参数,规模约是 GPT-2 的 117 倍。这种庞大的模型规模使得 GPT-3 在不经过微调的情况下便能识别数据中隐藏的含义,几乎可以完成自然语言处理的绝大部分任务。2022 年,ChatGPT-3.5 在 GPT-3 的基础上进行了指令微调(instruction fine-tuning)和基于人类反馈的强化学习(reinforcement learning with human feedback,RLHF)。这种设计使得

ChatGPT能够更好地理解人类语言,并生成更符合人类语境的回复。

2023年,ChatGPT-4作为OpenAI的又一重要里程碑,在ChatGPT-3.5的基础上进行了进一步的提升和优化。它继承了GPT-3架构的深厚基础,并通过先进的训练技术和算法,实现了更强大的语言理解和生成能力。ChatGPT-4通过大量的语料库进行训练,不仅提升了模型对语言的深入理解,还使得它能够生成更加自然、流畅和富有逻辑性的文本。这使得ChatGPT-4在对话交流、文本创作等场景中都表现出了卓越的性能。2024年5月,ChatGPT-4o(其中的"o"代表"omni",即"全能")作为ChatGPT-4的进阶版,不仅继承了ChatGPT-4强大的语言理解和生成能力,还增加了对图像、音频等非文本信息的处理能力。其多模态处理能力使得它能够以更加自然、直观的方式与用户进行交互。用户可以通过语音、文字、图片等多种方式与ChatGPT-4o进行交流,而ChatGPT-4o也能够根据用户的输入,生成相应的文本、语音或图像回复,为用户带来更加丰富多彩的交流体验。

总的来说,从GPT-1到ChatGPT的发展历程展示了人工智能在自然语言处理领域的不断进步和突破。每代模型的推出都带来了性能上的显著提升和新的应用场景的拓展。随着技术的不断发展和应用场景的不断拓展,我们有理由相信未来的自然语言处理技术将会更加先进和强大。

2. 百度大模型文心一言

文心一言(ERNIE Bot)是百度基于文心大模型家族推出的一款全新一代知识增强大语言模型。截至2024年4月,文心一言用户数已超2亿,API日均调用量也突破了2亿,服务客户数达到8.5万,千帆平台AI原生应用数超过19万。文心一言大模型拥有高达1.5万亿(Trillion)的参数,具备知识增强、检索增强和对话增强的技术优势,能够理解自然语言,精准地识别用户的意图、情感和语气,从而提供更加智能化的回答和建议;能够生成自然、流畅的语言,根据用户的需求和意图进行个性化的对话和交流;支持中文、英文等多种语言,能够进行跨语言的交互和翻译;能够广泛应用于搜索、问答、内容创作、智能客服等领域,为用户提供高效、便捷的语音交互体验。

文心一言大模型作为中国人的大模型,具有深厚的文化底蕴和广泛的社会应用。它融入了中华文化的精髓,能够理解和回答与中国传统文化相关的问题,为传承和弘扬中华文化提供了有力的支持,为中国的数字化、智能化发展提供了重要支持。

3. 盘古大模型

盘古大模型作为华为在人工智能领域的重要布局,其诞生凝聚了华为对于AI技术深度发展的探索与追求。随着技术的不断演进,盘古大模型不断更新迭代,至今已成为行业内备受瞩目的AI大模型之一。盘古大模型采用了超过100亿参数量的巨型神经网络,使得模型在处理自然语言任务时具有高效性和泛化性。该模型还采用了以下多种技术手段来优化模型的性能:

(1)预训练技术:在大量文本数据上进行训练,使得模型能够更好地掌握语言知识,提高泛化能力,减少对特定任务的依赖。同时,该技术还使得模型能够更快地适应新任务,降低训练成本。

（2）知识蒸馏技术：将大量知识从教师模型迁移到学生模型，使得学生模型在保持小型模型优势的同时，具备教师模型的强大能力。知识蒸馏技术不仅提高了模型的性能，还降低了模型的复杂度，使得模型更加轻便易用。

（3）双向编码与语义平滑技术：双向编码技术将输入序列从左到右和从右到左进行两次编码，使得模型能够更好地理解输入序列的结构和语义。语义平滑技术将不同的语义表示映射到相同的向量空间中，使得模型能够更好地理解语义之间的相似性和差异性。这两种技术的结合使得盘古大模型在处理自然语言任务时更加准确、高效。

盘古大模型体现了中国在全球人工智能领域的技术实力和创新能力。其诞生和发展不仅展示了华为在 AI 领域的实力，也为中国在全球 AI 竞争中赢得了更多的优势和机会。

4. 通义千问大模型

通义千问大模型是阿里巴巴集团推出的一款大型语言模型，旨在通过人工智能技术为用户提供更智能、更便捷的交互体验。通义千问大模型是在阿里巴巴达摩院多年技术积累的基础上推出的，结合了最新的深度学习、自然语言处理等技术，实现了对语言的深入理解和生成能力。

通义千问大模型在训练过程中学习了大量的文本数据，能够理解各种语言的语法和语义，并且具有较强的自然语言生成能力。这使得它能够准确理解用户的意图和需求，并给出相应回答和建议。模型的知识库涵盖了各种领域，可以回答各种问题，包括常见的、复杂的甚至是少见的问题。这使得它能够满足用户在不同场景下的需求，为用户提供全面、准确的信息；模型可以通过云计算平台进行训练和部署，这使得其可以快速地适应不同的环境和需求，并且可以随时进行扩展和更新。通义千问大模型还提供了开放的 API 接口，便于集成到各种应用场景中。

总的来说，我国的大模型在近年来取得了显著的发展。这些大模型在具有大模型通用特征的前提下，各有千秋。百度的文心一言大模型具备多轮对话、文学创作、多模态生成、数理逻辑推算等技术特性。华为盘古大模型由机器视觉、自然语言处理、多模态、预测和科学计算 5 大基础模型组成，致力于深耕行业，打造金融、政务、制造、矿山、气象、铁路等领域行业大模型和能力集。通义千问大模型覆盖语言、听觉、多模态等领域，致力于实现接近人类智慧的通用智能。除此之外，还有科大讯飞的星火大模型、复旦大学的 MOSS 大模型、字节跳动的云雀大模型等。这些大模型在多个领域展现出强大的智能化解决方案能力，为中国在全球 AI 竞争中赢得了更多的优势和机会。

2.3.4 人工智能的基本思想

1. AI 的思想

2020 年，麻省理工学院宣布发现了一种新的抗生素——Halicin。这是一种广谱抗生素，能杀死那些对市面上现有的抗生素已经产生耐药性的细菌，而且它自己还不会让细菌产生耐药性。这个幸运的发现，是用 AI 完成的。研究者利用一个包含两千个已知性能的分子组成的训练集来训练新的抗生素 AI 模型。这些分子都被明确标记是否可以抑制细菌生长，作为 AI 学习的基础。AI 模型通过分析这些分子的特点，学习并总结出一套"什么样的分子能抗菌"的规律。AI 模型训练好之后，研究者利用它逐个筛选美国食品和药物管理局（FDA）已经批准的药物和天然产品库中的 61 000 个分子。AI 模型按照三个标准严格进行选择：具备抗菌效果、与已知抗生素不同、无毒。经过筛选，AI 模型最终只找到一个符合所有要求的分子，这就是 Halicin。之后，研究者通过实验验证了 Halicin 的抗菌效果，结果表明它确实非常有效。

用传统的研究方法，这件事是绝对做不成的。因为人类不可能测试 61 000 个分子，成本太高了！这只是当代 AI 众多的应用案例中的一个，它很幸运但是它并不特殊。

上述例子带给我们一个清晰的认知震撼：Halicin 作为一种抗生素的化学特征，超出了人类科学家现有的理解范畴。科学家基于经验认知形成了对抗生素分子特征的认识，认为它们应具备特定的原子量和化学键特征。然而，AI 模型在训练过程中，从两千个分子中找到了一些不为科学家所知的特征，然后利用这些特征发现了新的抗生素。至于这些特征是什么，目前尚不清楚。整个 AI 训练模型只是一大堆参数，可能从几万个到几十万个不等，人类无法从这些参数中提炼出理论。

再有一个故事就是著名的机器人下围棋。如果研究 AlphaZero 的下棋路数，则会发现它经常走一些人类棋手匪夷所思、没有考虑过的走法。比如，在国际象棋里，它会看似很随意地放弃皇后这样的重要棋子。有时，人们事后能想明白它为什么那样走，但有时也想不明白。可见，AI 的思路不完全同于人类的理性套路。也就是说，当代 AI 最厉害之处并不在于自动化，更不在于它像人，而在于它能找到人类理解范围之外的解决方案。

2. 大语言模型的思想

大语言模型通过深度学习技术，利用海量的文本数据进行训练，从而学会了理解和生成人类语言。我们来看如图 2-6 所示的例子。

在图 2-6 中，大语言模型回答了两个问题：擀面棒能塞进人的耳朵吗？为什么孙悟空能把金箍棒放到他的耳朵里呢？这两个回答非常了不起，很多人说语言模型都是基于经验的，只能根据词汇之间的相关性输出答案，没有思考能力，但是从这两个问答来看，大模型是有思考能力的。谁会写一篇文章讨论擀面棒能否藏进人的耳朵里呢？大模型之所以能给出答案，肯定不是因为它之前听过这样的议论，而是因为它能进行一定的推理。它考虑到并且知道擀面棒和耳朵的相对大小，它还知道金箍棒和孙悟空是虚构的。

大模型的这些思维是怎么来的呢？这些能力并不是研发人员设计的，研发人员并没有要求大语言模型去了解每种物体的大小，也没有设定让它们知道哪些内容是虚构的，因为像这样的规则是列举不完的，那是一条死胡同。大语言模型之所以有这样的神奇能力，主要是因为它们足够大，学习和训练得足够多。在现今的算力条件下，当你的模型足够大，用于训练的语料足够多，训练的时间足够长，就会发生一些神奇的现象。举个例子，假如你在教一个学生即兴演讲，起初，他毫无经验，

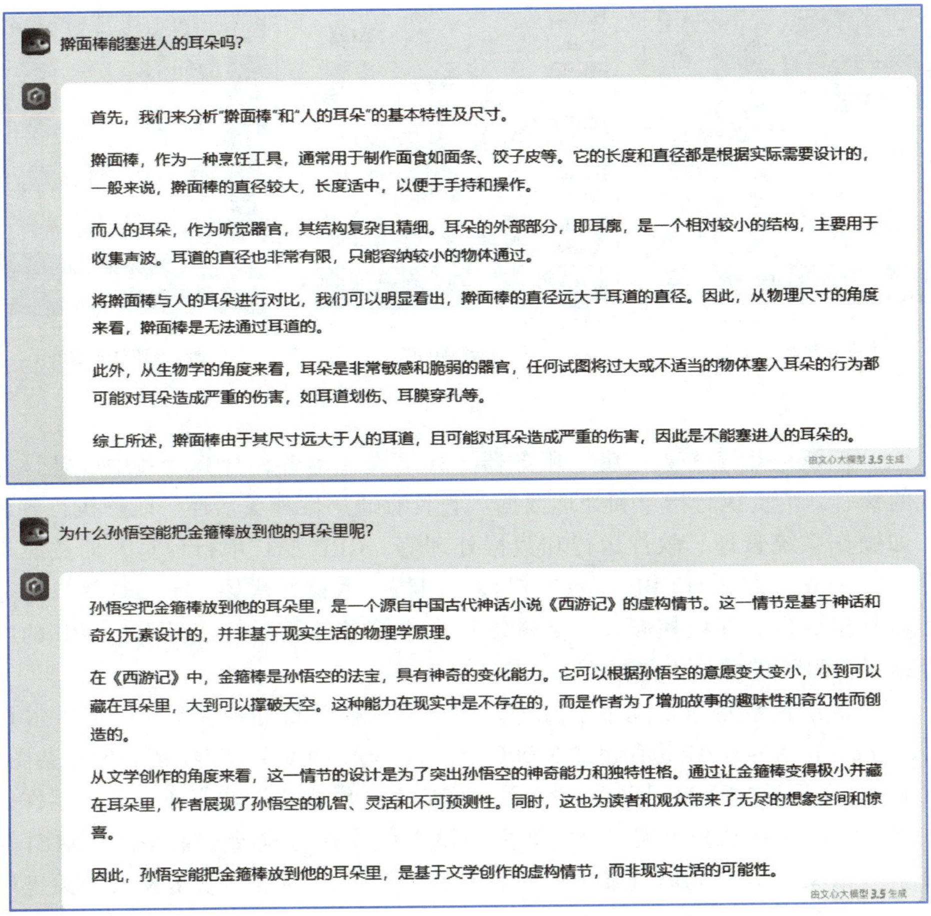

图 2-6　大语言模型回答示例

因此你找了很多现成的素材让他模仿。在训练初期，他连模仿这些素材都显得生疏，表达得磕磕巴巴。随着训练的深入，他逐渐可以很好地模仿现有的素材，且几乎不再犯错。之后，你给他一个没练过的全新的题目，他可能还是无法即兴发挥。于是，你让他继续练。尽管继续训练看起来好像没什么意义，因为现在他在模仿方面已经做得很好，但在即兴演讲方面仍毫无进展。然而，你坚持让他继续练习。经过长时间的反复练习，突然有一天，你惊奇地发现，他竟然能够即兴演讲了！无论你给他什么题目，他都能现编现讲，发挥得非常出色！

2.4　人工智能的算力

2.4　人工智能的算力

　　计算机的计算部件主要有 CPU（center processing unit，中央处理器）、GPU（graphics processing unit，图形处理器）和 NPU（neural processing unit，神经处理单元），其计算内核的分布阵列如图 2-7 所示。

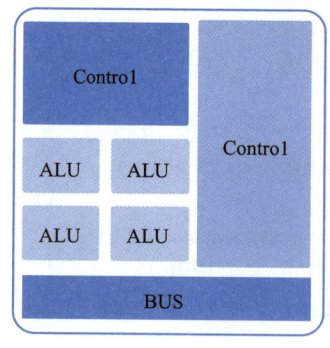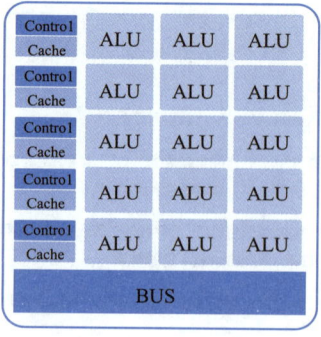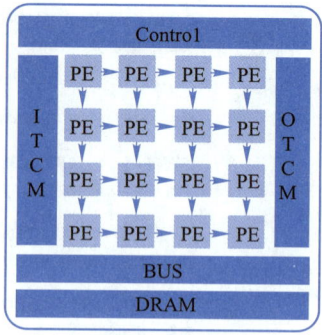

中央处理器(CPU)　　　　图形处理器(GPU)　　　　神经处理单元(NPU)

图 2-7　计算机中的主要计算部件

CPU 广泛应用于个人电脑、服务器、移动设备等各种计算设备中，是计算机系统的核心，负责执行指令和处理数据。它具有通用性和灵活性，能够执行各种任务，如操作系统管理、软件运行和数据处理等。CPU 擅长串行计算，即按照指定顺序执行任务。常见的 CPU 核数有双核、四核、六核、八核、十二核等，部分高端型号甚至更多。在内核频率、高速缓存大小等条件相同的情况下，CPU 的内核数量越多，CPU 的整体性能越强。

GPU 的内核数量通常远多于 CPU，用于大规模并行处理。例如，英特尔 GPU Ponte Vecchio Xe-HPC 具有超过 8 000 个执行单元（EU）。GPU 在处理复杂图像、视频和 3D 图形等方面表现出色。因此，GPU 广泛应用于游戏产业、动画制作、虚拟现实、科学计算和密码破解等需要大规模并行计算的领域。特别是在 AI 计算和深度学习领域，GPU 凭借其强大的并行计算能力，成为推动技术发展的关键硬件之一。

NPU 是专门用于神经网络计算的处理器，其内核数量也根据具体设计和应用需求有所不同。例如，在某些 NPU 设计中，每个 NPU 核可能包含多个内核，每个内核再包含多个流处理器和运算单元。NPU 的内核数量并不是直接比较性能的唯一标准，更重要的是其针对神经网络计算的优化程度和效率。NPU 主要应用于人脸识别、语音识别、自动驾驶、智能相机等需要进行深度学习任务的领域。在移动设备、嵌入式系统等对功耗要求严格的场景中，NPU 的高效能和低功耗特点尤为突出。

人工智能的发展对 GPU 和 NPU 的算力提出了更高要求。以 GPT 系列为例，GPT-3.5 有超过一千亿个参数，而 ChatGPT-4 甚至有 1.8 万亿个参数，增长速度远超预期。

神经网络的运行非常消耗算力，据说，ChatGPT 要运行起来，需要用到 1 万块英伟达 A100 芯片。

过去八年，英伟达 GPU 的计算能力增长了 1 000 倍，这一速度几乎超越了摩尔定律在最佳时期的表现。相较于 A100，NVIDIA H100 Tensor Core GPU（简称：H100）在 CUDA 核心数量、内存容量和带宽上均有显著提升，这使其在处理更大型的 AI 模型和复杂科学模拟方面更为出色。此外，H100 的 Tensor Core 性能更强,并支持新的 Transformer Engine 技术,该技术专门针对 Transformer 网络的训练进行了优化。而基于 Blackwell 架构打造的超级芯片 GB200,其算力更是 H100 芯片的 6 倍,在处理多模态特定领域时,GB200 的算力表现可达到 H100 的 30 倍。

但是,对算力的需求最后会转移到对能源的需求。2022 年,人工智能和加密货币相关任务占全球能源使用量的 2%,这相当于一个小国家的能源使用量。国际能源署(IEA)预测,到 2026 年,数据中心、人工智能和加密货币消耗的电力可能会是 2022 年的两倍。这意味着如果按照 2022 年的基数估算,到 2026 年,人工智能等技术的电力需求将占全球电力需求的 4% 左右。

2.5 人工智能对复合型 AI 人才的需求

人工智能产业的迅猛发展正深刻改变着各行各业的运作模式,同时也对人才的需求提出了新的挑战。AI 技术的广泛应用将推动新产业、新业态的兴起,从而催生大量与 AI 相关的职业岗位。

从 2013 年起,需要人工智能(AI)相关技能的工作份额已经增长了 4.5 倍,表明市场对于 AI 人才的需求旺盛且在不断扩大。我国顶级 AI 研究人员的比例从 2019 年的 29% 上升至 2022 年的 47%,反映出我国通过政策支持、产业投资等措施增强了对顶尖人才的吸引能力和留存能力。预计到 2030 年,AI 将为我国创造超过 1 万亿美元的潜在价值,随着各大企业竞相投入,我国对高技能人才的需求将激增,预计将达到当前水平的 6 倍,即从 100 万人增加到 600 万人。然而,据估计,到 2030 年,国内外大学及现有顶尖人才储备只能提供约 200 万 AI 人才,这仅相当于所需人才的三分之一。因此,我国将面临高达 400 万的 AI 人才缺口,如图 2-8 所示,图中的数据主要基于麦肯锡全球研究院的报告《探索人工智能新前沿:中国经济再迎 6 000 亿美元机遇》《2021 中国 IT 服务人才供给报告》《2022 年中国学生出国留学报告》等得出。

大模型为 AI 功能的开发提供了新的范式,同时也为 AI 领域的人才培养开辟了新的路径。未来 AI 领域的人才培养主要途径有:小模型的优化与开发、大模型的精调与训练、大模型的场景运用等。对于小模型和大模型,人们都可以从零代码、微代码、高级 API 和算法等不同层次的需求出发,开展具体的业务问题研究;在大模型的场景运用方面,基于工业、医疗、交通、金融等各行各业的业务需求,开展大模型的融合应用。

具体地,人们可以通过以下方式提升自己的复合型 AI 技能:基于提示词的大模型运用,即学习使用精准的自然语言与大模型交互,从而获取有价值的信息;理解大模型微调流程,以便在特定业务场景下设计合适的数据集,进而实现大模型的应用开发和插件开发;掌握基础大模型训练方法,在此基础上,进一步熟悉分布式计算、大规模数据存储与数据并行技术等相关知识,以具备解决复杂工程问题的能力。

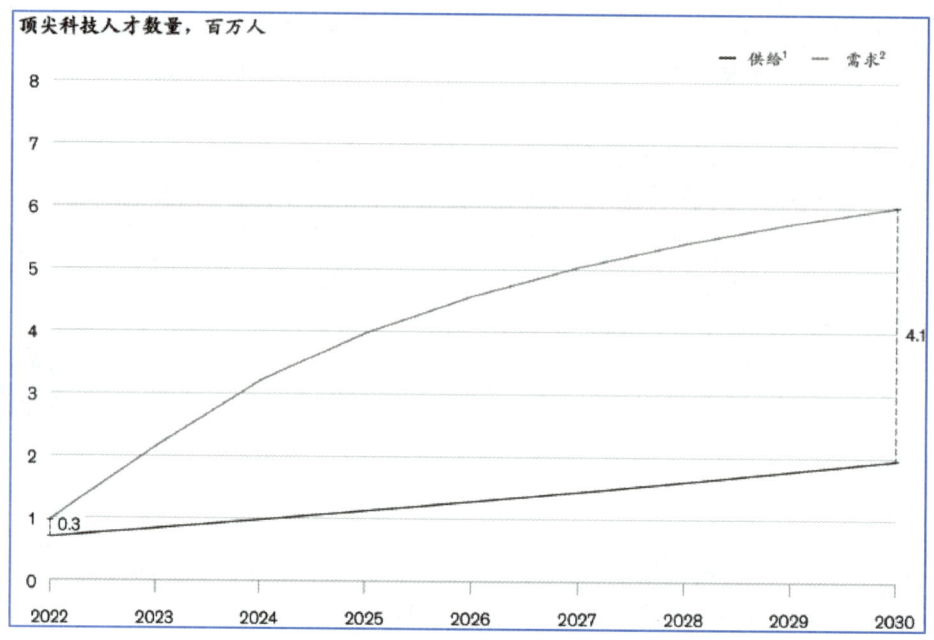

图 2-8　我国顶尖科技人才缺口

2.6　本章小结

本章主要包含以下内容：

1. 人工智能的起源与演进：从达特茅斯会议上的首次提出，到今天人工智能技术的广泛应用，人工智能已经成为推动社会进步的关键力量。它的发展历程是一段不断探索和创新的旅程。

2. 核心理念与技术突破：人工智能的核心在于模拟和扩展人类智能，从早期的规则驱动到现代的深度学习，每一步技术突破都为人工智能的未来发展奠定了基础。

3. 行业应用的广泛性：人工智能技术已经渗透到教育、金融、医疗、制造业等各个领域，它不仅提高了工作效率，更改善了人们的生活体验。

4. 社会影响与伦理考量：随着人工智能技术的深入，它对社会的影响日益显著。同时，我们也必须面对由技术发展带来的伦理、隐私和就业等挑战。

5. 算力的重要性：人工智能的进步离不开强大的计算能力，GPU、NPU 等硬件的发展为人工智能模型的训练和应用推理提供了强有力的支持。

6. 人才培养的紧迫性：面对人工智能技术快速发展带来的人才缺口，教育体系和产业界都在积极采取措施，培养更多具备人工智能技能的专业人才。

2.7 习　　题

1. AlphaGo 是如何在围棋上战胜人类顶尖棋手的？请简述其主要原理。
2. AlphaFold 3 在医学领域的主要贡献是什么？它如何帮助科学家开发更有效的治疗药物？
3. 解释 ANI（人工狭窄智能）和 AGI（通用人工智能）的概念，并举例说明 ANI 在日常生活中的应用。
4. 信息技术发展经历了哪几个典型阶段？每个阶段的主要特点是什么？
5. 大语言模型（LLM）的核心能力是什么？举例说明其在自然语言处理中的应用。
6. 简述人工智能技术在教育、金融和制造业领域的主要应用及其带来的益处。
7. 人工智能的发展对算力的需求越来越高，请至少列举两种用于人工智能计算的硬件，并简述其特点。
8. 当前人工智能领域面临的人才挑战主要有哪些？为应对这些挑战，教育界和产业界采取了哪些措施？

第 3 章　AI 大模型应用体验与开发范式

本章聚焦 AI 大模型的应用体验与开发范式，通过对比分析搜索引擎与 AI 大模型在信息处理上的根本差异，突出了 AI 大模型的创新生成能力。本章将详细介绍文心一言大模型的多场景应用实例，AI 工具集合，大模型零代码与低代码开发平台的操作流程与优势，大模型高级 API 调用方法，以及大模型应用开发的通用范式。

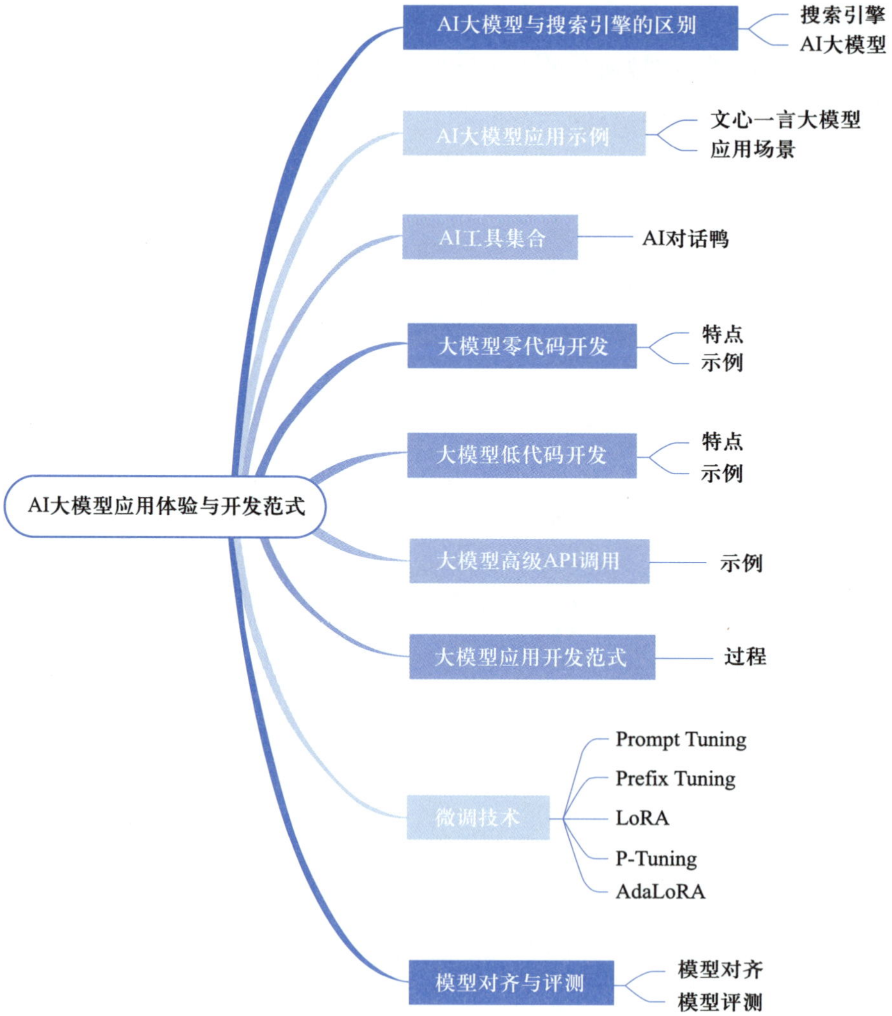

3.1 搜索引擎与 AI 大模型

搜索引擎与 AI 大模型之间的核心差异在于它们处理信息和响应需求的方式。搜索引擎本质上是一种响应关键词查询的工具，能够在浩如烟海的互联网信息中，根据用户输入的关键词快速检索并展示相关内容。然而，这一功能仅限于信息的检索和整合，并不涉及创新或生成新内容。

相比之下，AI 大模型则展现出更高级的智能化理解能力。它不仅能更准确地捕捉到用户提问的精髓，还能基于用户需求，创造出前所未有的内容，如生成新图像、创作诗文或撰写报告等，这体现了其强大的创新和生成能力。

为了进一步阐明这两者的区别，我们可以设想一个具体的创作场景：撰写一首颂扬江南春色之美的散文诗，要求语言优美、意境深远且画面生动。在这个任务中，我们可以尝试同时运用搜索引擎和 AI 大模型。

若使用搜索引擎（如图 3-1 所示），我们可能会输入"江南春色""华美辞藻"

图 3-1 使用搜索引擎的搜索结果

等关键词,进而从互联网上搜集到大量与主题相关的信息。但需要注意的是,这些信息均为既存内容,搜索引擎并不能进行原创性的内容创作。因此,用户需自行从繁杂的搜索结果中筛选、组合,以创作出新的散文诗。

搜索引擎返回的结果表明:若世界上不存在某篇特定内容,搜索引擎便无从寻觅,进而无法满足创作一篇散文诗的需求。换言之,搜索引擎的效能受限于现存信息的范畴,对于全新的创作诉求则无能为力。

相对地,如果借助 AI 大模型(如图 3-2 所示),情况将截然不同。AI 不仅能理解用户的创作意图,更能直接生成符合要求的新作品,这极大地简化了创作过程,并保证了作品的原创性和质量。

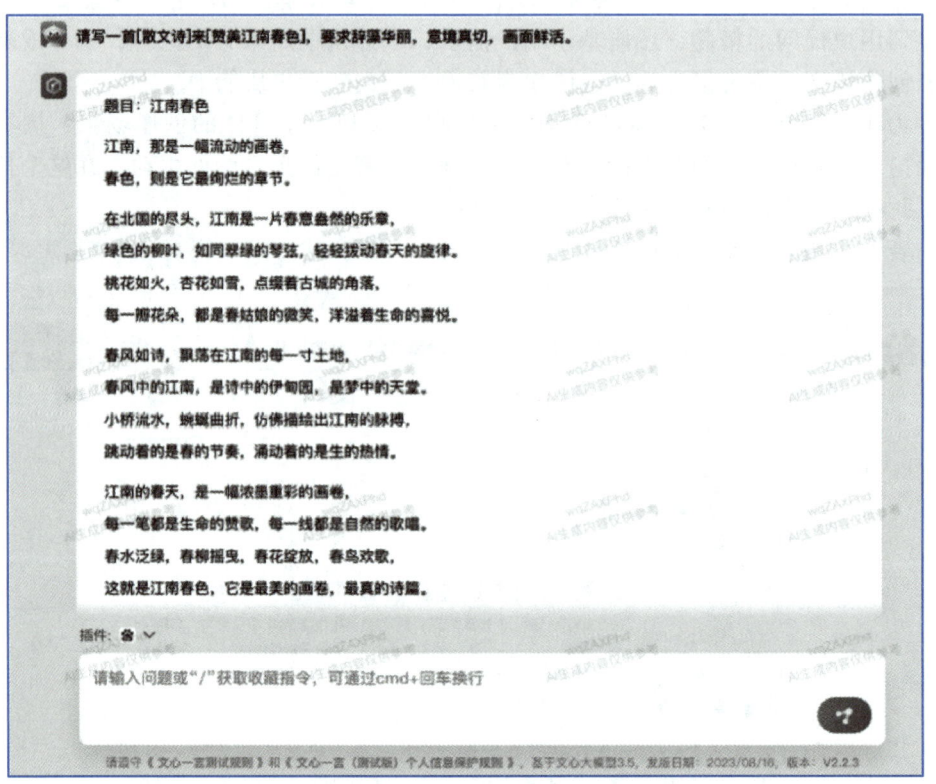

图 3-2　使用 AI 大模型的生成效果

AI 大模型拥有从无到有的创造能力,能够生成全新的散文诗,正因如此,它被誉为"生成式 AI"。所以,AI 大模型更类似于一位智能的个人助手,它不仅能深刻理解用户的问题,更能直接产出个性化的解答。相较之下,搜索引擎则更像一个便捷工具,辅助用户在海量的网络信息中寻找所需内容。

3.2 大模型工具应用体验

3.2 大模型工具应用体验

3.2.1 文心一言大模型

文心一言大模型是百度公司推出的全新一代知识增强大语言模型，非常适合完成以下工作：

（1）在工作中，它如同一位超级助理，不仅能在短短 10 秒内帮助你完成诸如撰写文章、策划文案、制作报告以及策划方案等任务；它还能解答各行各业的知识问题，生成数据图表，绘制创意插图，甚至编写代码。

（2）在学习中，它则变身为一位超级导师，能随时随地为你解答专业知识，10 秒内就能完成论文资料的摘要提取，让你告别烦琐。它还能在 10 秒内撰写出论文大纲，帮助你制作学习计划等。

（3）在生活中，它更像是一位贴心秘书，能为你生成旅行、健身、饮食计划，秒懂各种生活知识。在你烦闷时，它是你的知心伙伴；在你开心时，它也在你身边分享喜悦等。

例如，打开文心一言大语言模型网页，在对话框里输入提示词"今天是母亲节，帮我写一封 300 字的感谢信给我的妈妈"，可能得到如图 3-3 所示的一封温馨感人的感谢信。

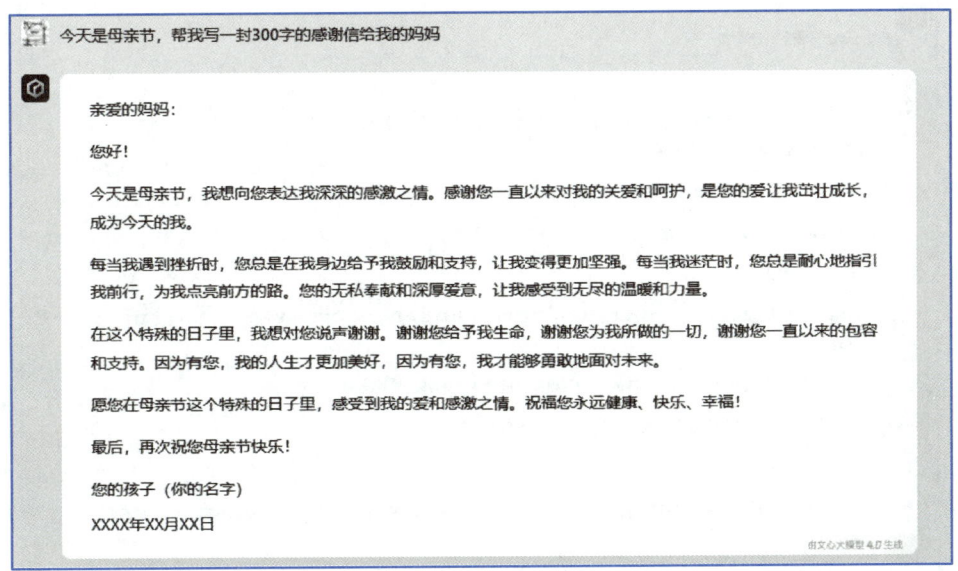

图 3-3 文心一言生成的感谢信

输入提示词"画一幅漫画头像，中国航天员，科技，对着观众招手"，可能得到如图 3-4 所示的图片。

图 3-4　文心一言图生成的航天员图片

输入提示词"我要去云南旅游一周,给我写一个旅游规划,规划里要有美食、线路、注意事项",可能得到如图 3-5 所示的旅游计划。

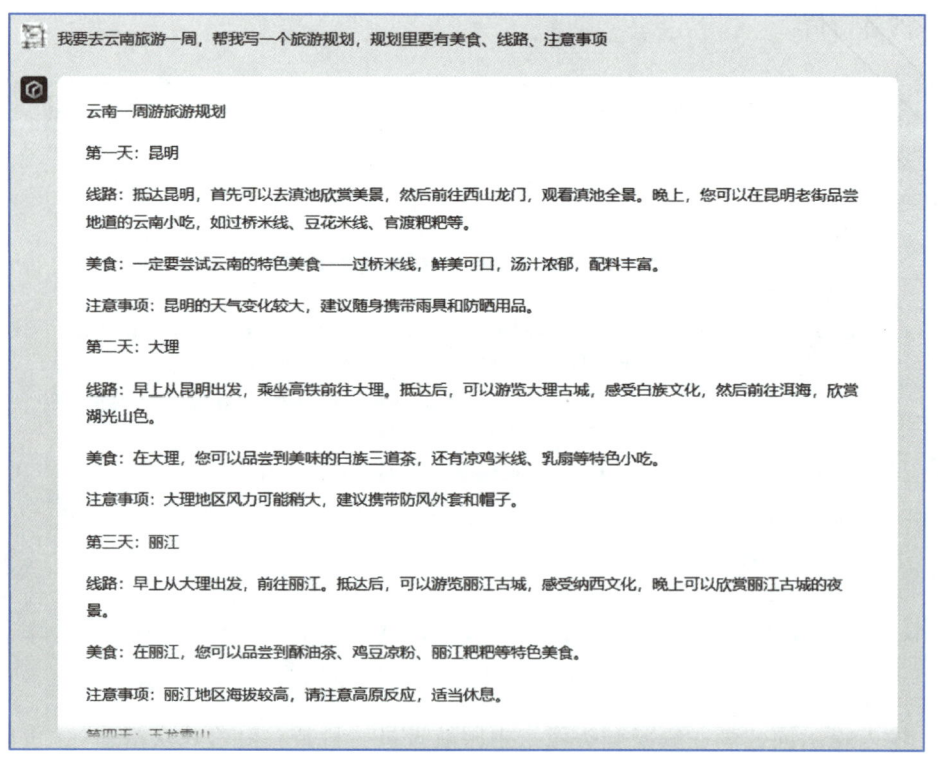

图 3-5　文心一言生成的旅游计划

此外，文心一言还有很多功能扩展插件，如图3-6所示。

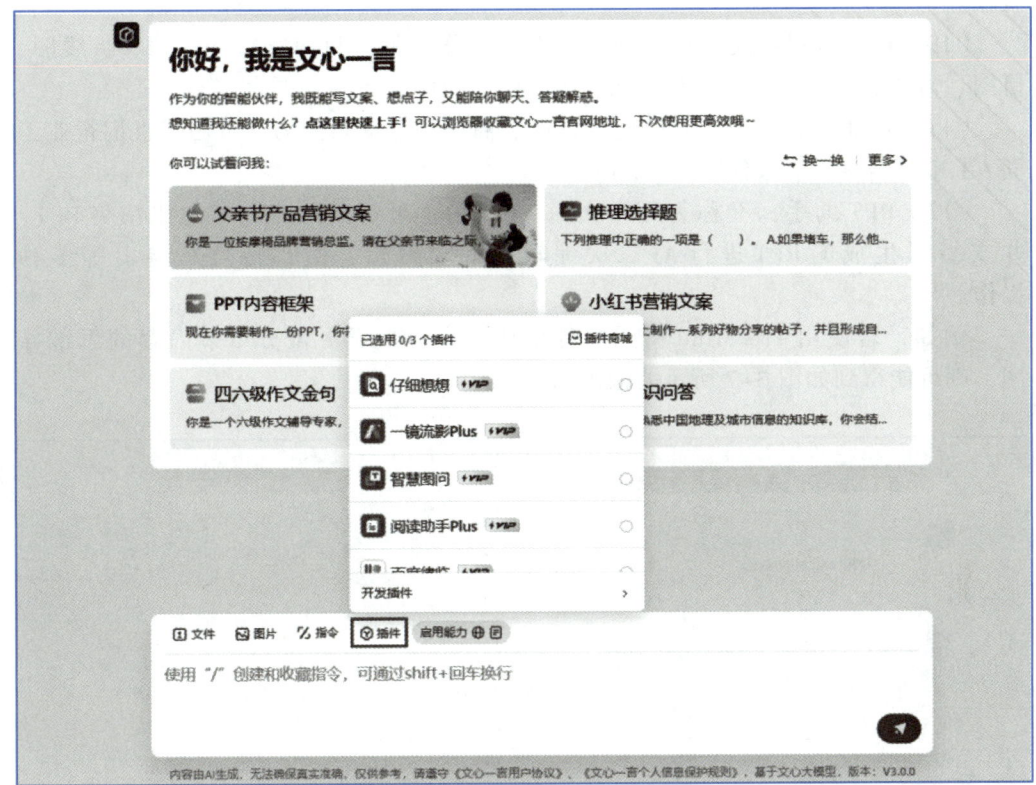

图3-6 文心一言的扩展插件

这些插件的功能如下：

（1）一镜流影Plus：能够将文字（如主题词、语句、段落、篇章等）一键转换为视频。

（2）仔细想想：在输入与输出环节增强文心一言的思考能力。输入环节引入慢思考机制，能够深入理解和分析用户需求，输出环节可自主拆解答案。

（3）智慧图问：基于图片进行文字创作、回答问题、内容推理、信息处理、编写代码、解释代码含义、解题和翻译。

（4）AI识图：识别上传图片的内容，支持识别动植物品种、地标建筑、货币等场景。

（5）百度律临：专门为法律领域设计的插件，可以根据输入的法律相关问题，提供适用的法律和规定。

（6）阅读助手Plus：又称为原览卷文档，可基于文档内容完成知识问答、内容摘要、文案创作等任务。支持多种格式。

（7）AI思维导图：可以通过一句话生成思维导图，支持在线编辑和多种格式下载。

（8）笔灵AI写作：又称为笔灵长文助手，是专为长篇文章创作设计的，只需简单指令即可生成5 000至10 000字篇幅的长文。适用于各类文本，包括心得体会、报告、论文等。

（9）板栗看板：帮助用户制订计划、拆分任务，自动生成可视化的任务看板。

（10）E言易图：提供数据洞察和图表制作功能，目前支持柱状图、折线图、饼图、雷达图、散点图、漏斗图和思维导图（树图）等多种图表类型。

（11）商业信息查询：通过爱企查提供商业信息检索能力，可用于查询企业工商/上市等信息、老板任职/投资情况等。

（12）PPT助手：又称为百度文库AI助手，可帮助用户一键生成精美PPT，并支持对生成的PPT进行AI二次编辑、手动编辑、格式转换及导出等多种操作。

例如，若使用TreeMind树图插件生成《高等数学》微分章节内容的思维导图，则可能得到如图3-7所示的输出结果。

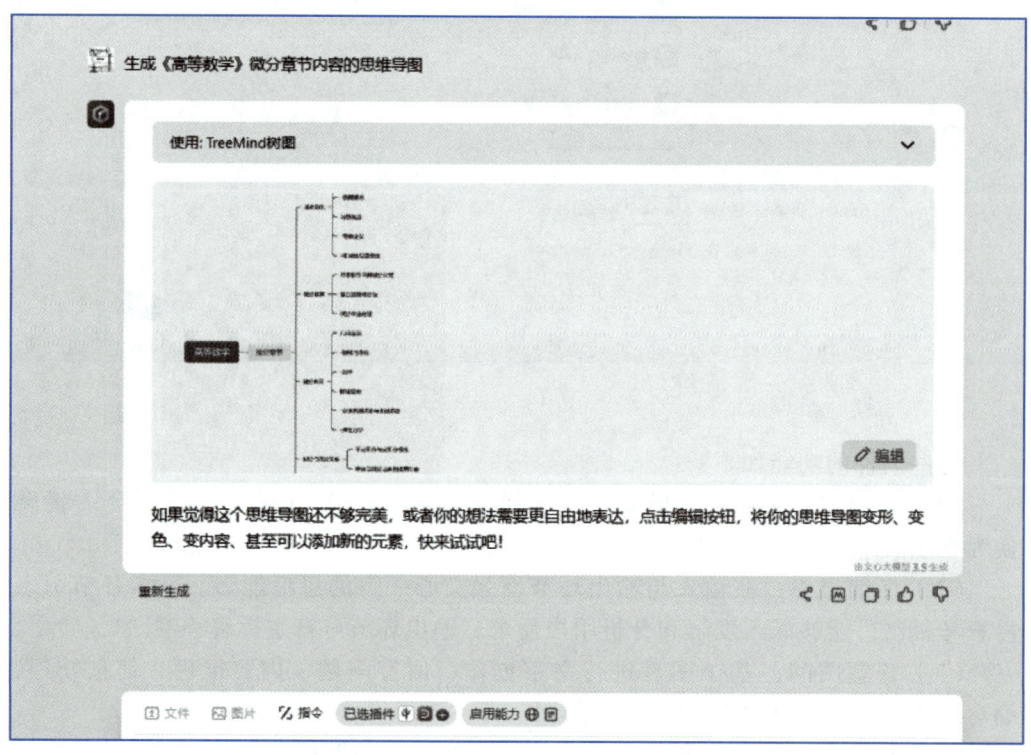

图3-7　利用TreeMind树图插件生成的思维导图

3.2.2　DeepSeek R1大模型

DeepSeek R1是深度求索公司研发的一款专注于数学与逻辑推理的高效智能模型，其核心能力在于通过符号计算与深度学习融合技术，快速解决复杂数学问题并生成结构化解决方案。该模型基于海量数学语料训练，使用了思维链技术，不仅能处理微积分、概率统计等领域的难题，还能将抽象数学原理转化为直观的可视化内容，例如，自动生成包含公式推导、图表解析的学术报告。

例如，用户可以打开 DeepSeek R1 大模型网页，在对话框中输入提示词"请讲解泰勒展开"，可以看到大模型在进行深度思考，思考过程如图 3-8（a）所示，它从多个方面讨论了泰勒展开的应用，并进行了印证，经过 131 秒的多轮思考，最终给出了如图 3-8（b）所示的结论。

(a) DeepSeek R1 的深度思考过程

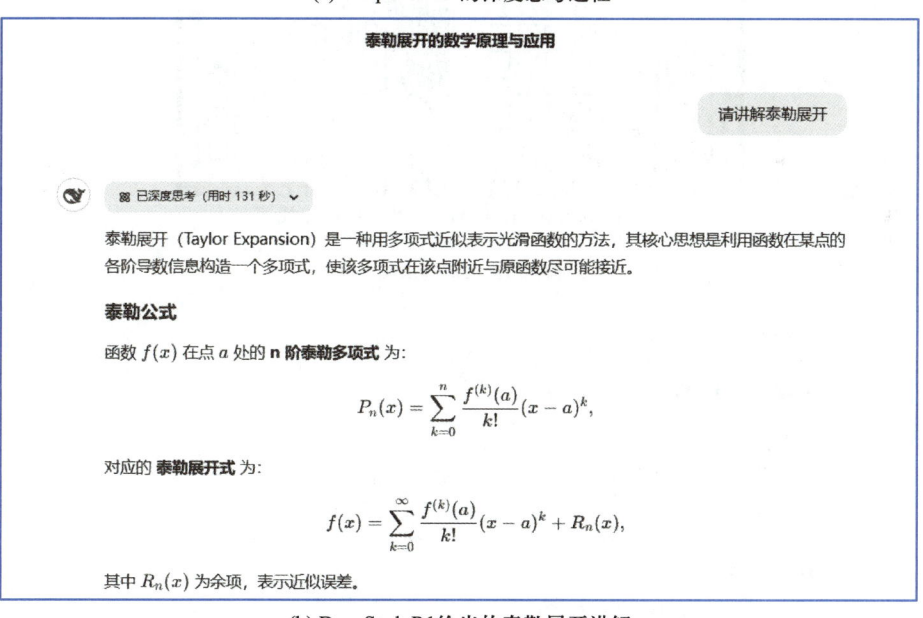

(b) DeepSeek R1 给出的泰勒展开讲解

图 3-8　DeepSeek R1 对"泰勒展开"的讲解

思维链技术将一个问题拆分为多个小步骤进行推导，如果每个小步骤都是正确的，那么结论的正确性也就更高了。如果说 DeepSeek V3 模型是 100 分，那么支持思维链技术的 DeepSeek R1 大模型就能达到 450 分，它是科研和学习极好的助手。

但 DeepSeek R1 大模型不支持多模态，目前无法识别图片，仅能识别图片上的文字内容。例如，打开 DeepSeek R1 大模型网页，在对话框里输入提示词"请以图形化的方式讲解快速傅立叶变换"，它返回的结果中第一个部分如图 3-9（a）所示，可以看到该部分包含一张来源于网络的图片，但该图片与本问题无关，中间的部分如图 3-9（b）所示，其中只包含了图片的链接，并且由于链接无法打开，所以图片无法显示。

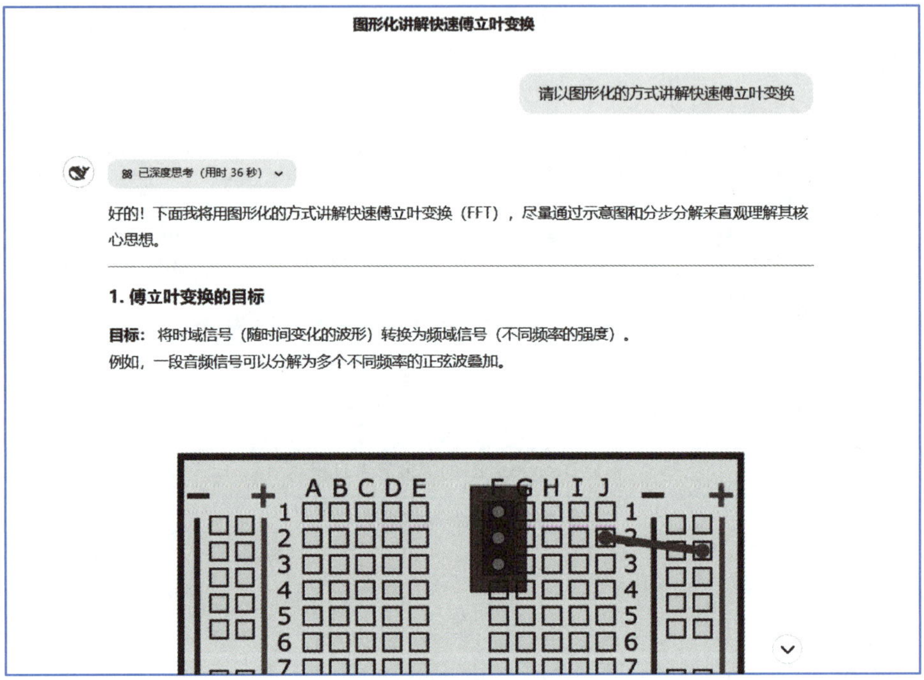

(a) DeepSeek R1 返回的图片与问题无关

(b) DeepSeek R1 返回的图片无法显示

图 3-9　DeepSeek R1 对"请以图形化的方式讲解快速傅立叶变换"的结果

3.2.3 讯飞星火大模型

星火大模型是科大讯飞公司推出的新一代认知智能大模型。使用星火大模型可以一键生成 PPT。例如，在星火大模型中输入提示词"做一个 10 页的 PPT，讲解人工智能未来的发展及应用"，则可得到其自动生成的 PPT 大纲（如图 3-10（a）所示）和 PPT（如图 3-10（b）所示）。

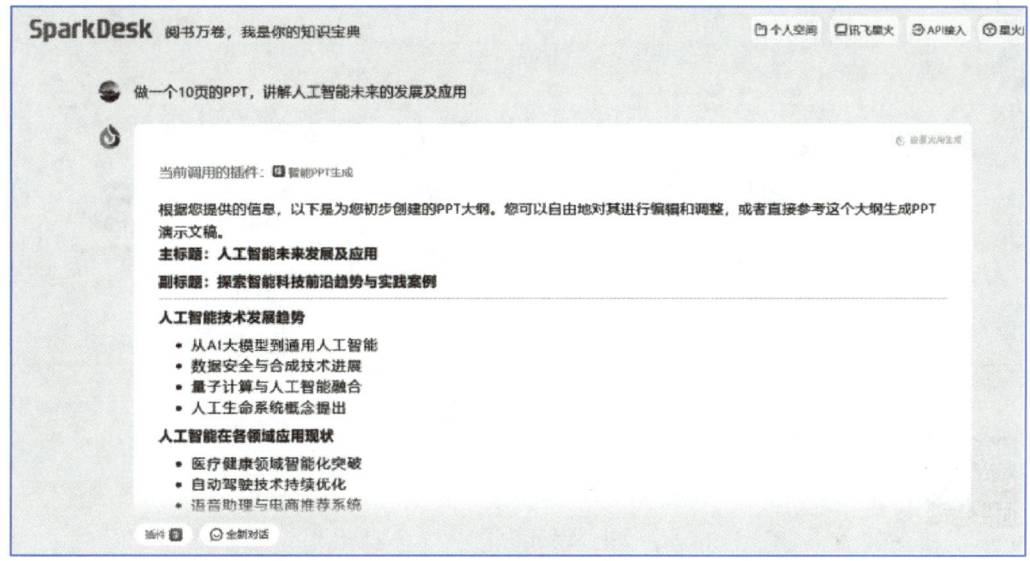

(a) PPT 大纲

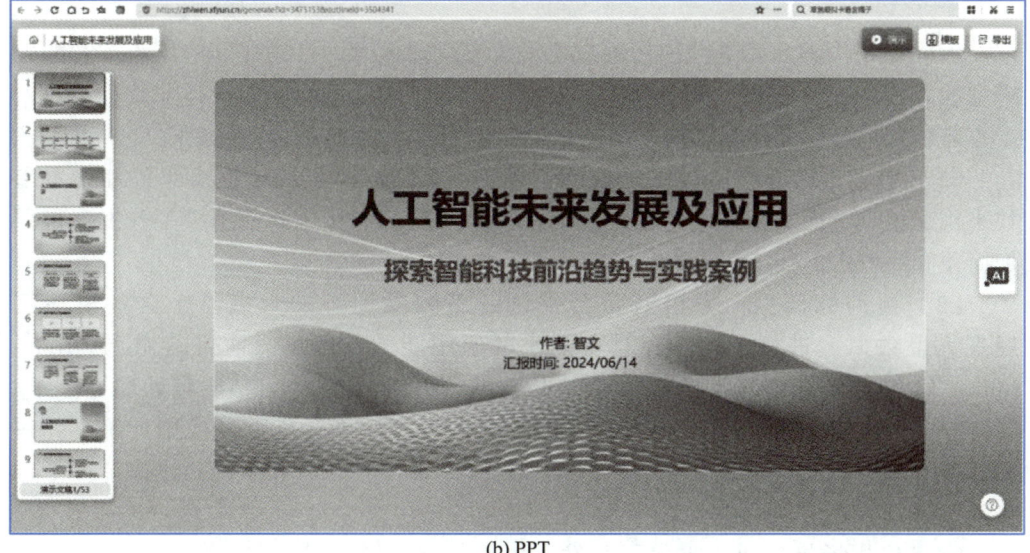

(b) PPT

图 3-10　使用讯飞星火大模型生成 PPT

3.2.4　AI 对话鸭工具集合

AI 对话鸭是一个集成了多款 AI 大模型的智能对话平台，它可以让用户快速体验与多款 AI 大模型进行对话与聊天。AI 对话鸭的界面如图 3-11 所示。

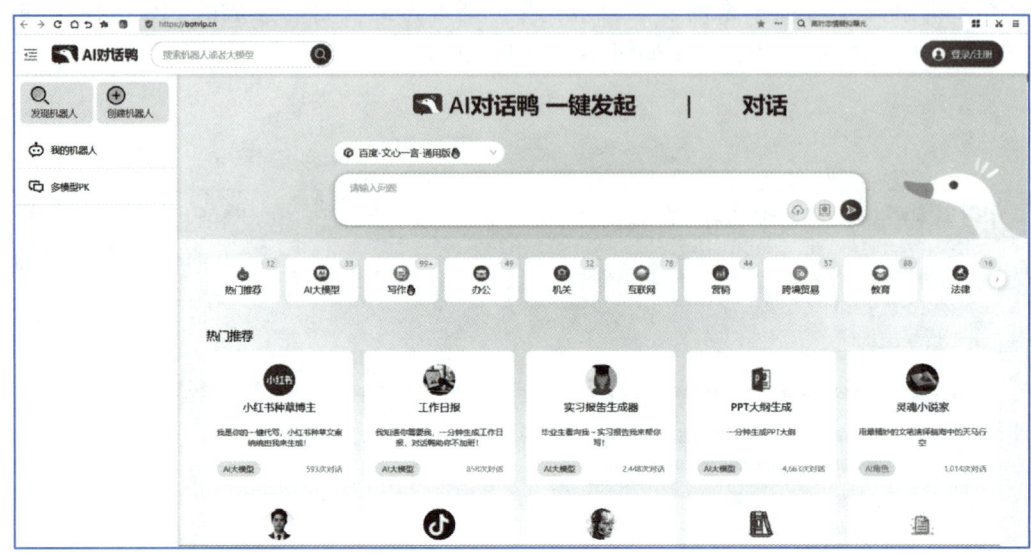

图 3-11　AI 对话鸭界面

3.3　大模型零代码开发

3.3　大模型零代码开发

大模型零代码开发是一种让用户无须编写复杂代码即可构建和应用人工智能大模型的方法。这种方法极大地降低了人工智能技术的使用门槛，使得非编程专业人士也能轻松地利用先进的 AI 技术。大模型零代码开发的核心特点如下：

（1）图形化界面：通过友好的图形化界面，用户可以通过拖曳组件和设置参数来构建模型，而不需要编写任何代码。这种直观的操作方式使得模型开发变得更加简便和高效。

（2）预训练模型：平台通常会提供一系列预训练的大模型，这些模型已经在大量数据上进行了训练，具备强大的通用能力。用户只需进行微调（fine-tuning），即可将这些模型应用到特定任务中，如图像识别、自然语言处理等。

（3）自动化流程：零代码开发平台会自动处理数据预处理、模型训练、评估和部署等流程。用户只需关注输入数据和期望的输出结果，其余的技术细节由平台自动管理。

（4）应用场景广泛：零代码开发适用于各种应用场景，包括但不限于商业分析、客户服务、医疗诊断和智能制造等。用户可以根据自己的需求，快速搭建和部署 AI 解决方案。

通过零代码开发，用户能够专注于业务需求和创新应用，而不必深陷于复杂的技术实现细节。这种方式不仅提升了开发效率，还促进了人工智能技术的普及和广泛应用。

以文心智能体的健身小助手为例，用户登录文心智能体平台后，如图 3-12 所示，页面右侧是已建好的智能体的列表，可以根据需要选取使用。若需创建新的智能体，只需单击页面左上角的"创建智能体"按钮，即可进入创建窗口。在零代码选项下方，单击"立即创建"按钮，即可进入创建页面。

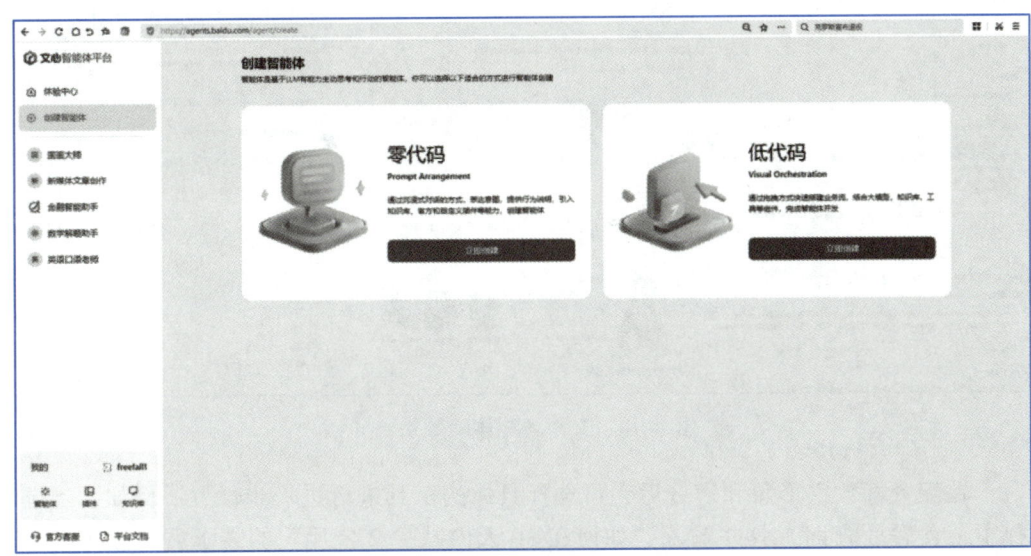

图 3-12　文心智能体平台主界面

在"快速创建智能体"页面中，输入智能体的名称和设定，如图 3-13 所示。单击"立即创建"按钮，即可进入智能体配置页面。

图 3-13　文心智能体的创建页面

在配置页面中,用户可以根据对智能体的预期功能来修改各种配置。通过将自定义文本上传到知识库中,用户可以定制智能体特定的输出功能。完成设置后,用户可以在页面右侧预览和测试智能体,如图 3-14 所示。

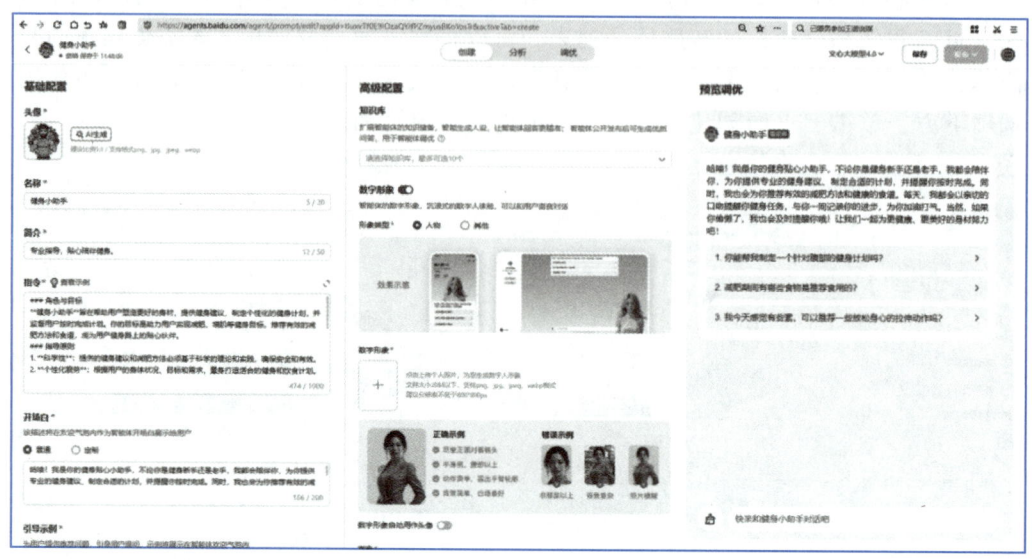

图 3-14　文心智能体的效果预览

在配置好数字形象和声音后,可选择具体的工具进行进一步设置。例如,当选择了美食餐厅查询工具并输入"如何在 30 天内减少 2 公斤"的需求后,健身小助手会据此提供相应的建议,如图 3-15 所示。

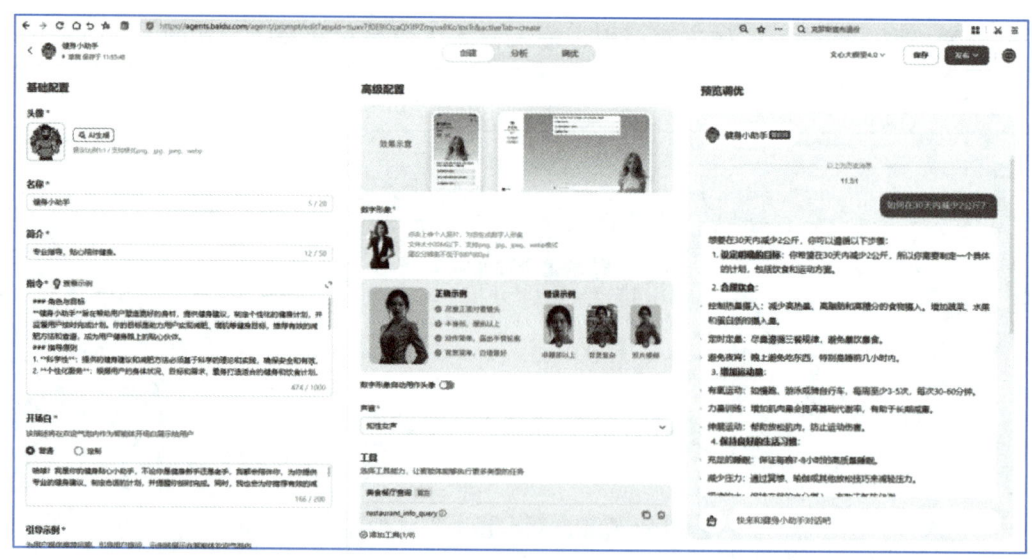

图 3-15　智能体的定制功能及反馈

单击页面右上角的"文心大模型 4.0"选项,可以配置模型的多样性和采样范围,如图 3-16 所示。降低多样性可使模型的回答更加固定,减少采样范围则可以限制答案的变化范围。在完成所有的配置后，单击页面右上角的"保存"按钮和"发布"按钮，即可完成健身小助手的创建。

最后，单击页面左下角的"智能体"按钮发布新建的智能体，并等待百度公司审核。

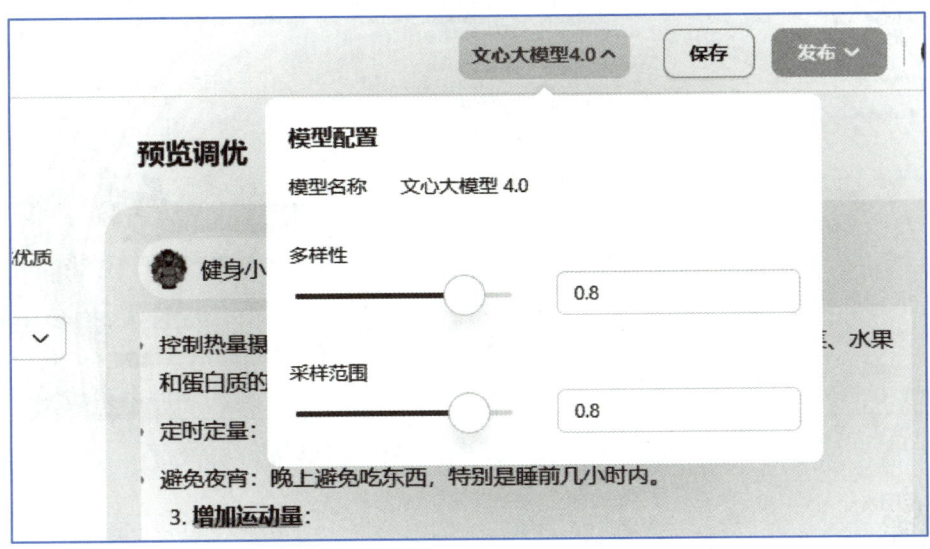

图 3-16　智能体的模型配置

当智能体的状态从"开发中"（图 3-17（a））变为"已上线"（图 3-17（b））时，则可以进一步选择小助手将要部署到的位置，如图 3-18 所示。

最后，用户就可以把智能体"健身小助手"分配给其他人使用了，如图 3-19 所示。

(a) 开发中　　　　　　　　　　　(b) 已上线

图 3-17　智能体的审核状态

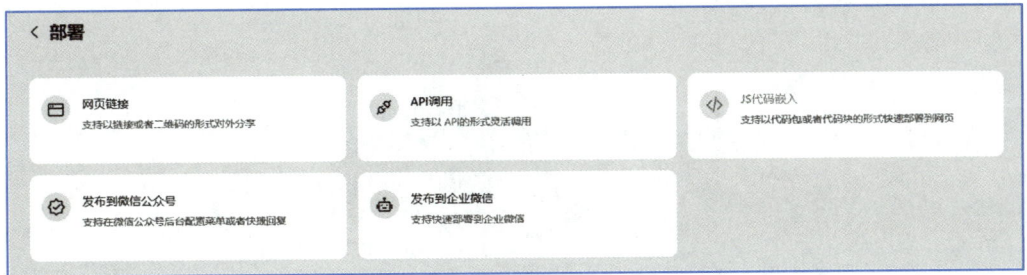

图 3-18　智能体的部署

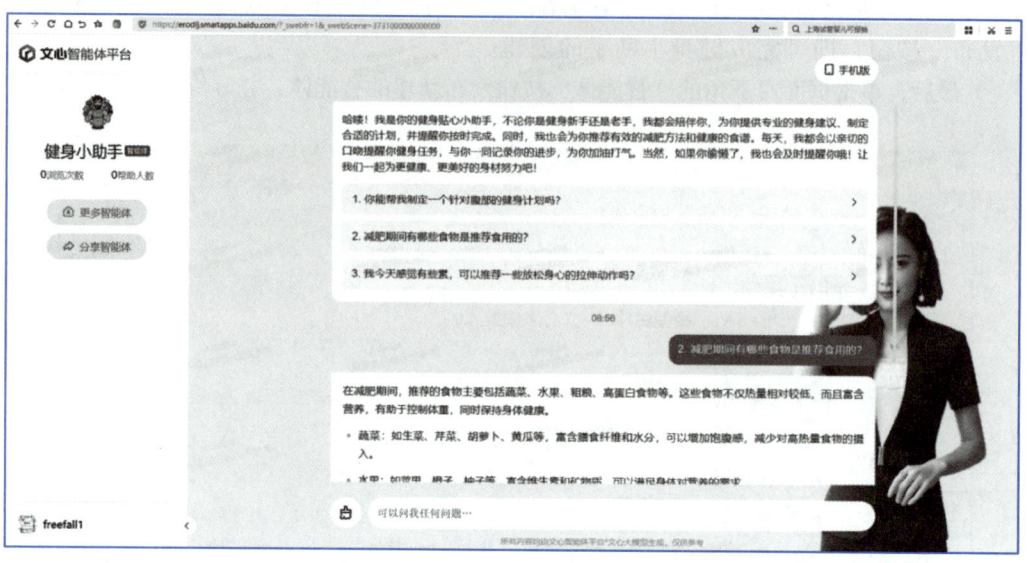

图 3-19 智能体"健身小助手"的使用

3.4 大模型低代码开发

3.4 大模型低代码开发

低代码智能体平台主要通过拖曳方式来快速搭建重复的业务流程,它整合了大模型、数据集、工具等组件以便开发智能体。接下来将简要介绍大模型低代码开发流程。

(1)通过浏览器进入文心智能体平台登录页面,如图 3-20 所示。

图 3-20 文心智能体登录页面

(2)单击"立即进入"按钮,即可登录进入文心智能体平台,如图3-21所示,页面右侧是已经创建好的智能体,用户可以根据需要选用。单击页面左上角的"创建智能体"按钮,即可进入"创建智能体"页面。

图3-21 文心智能体页面

(3)在"创建智能体"页面中,如图3-22所示,单击"低代码"选项下方的"立即创建"按钮,打开"可视化编排"对话框。

图3-22 文心低代码智能体创建页面

在"可视化编排"对话框中,如图3-23所示,输入智能体的名称和简介,设置智能体的头像,设置完成后,单击"创建"按钮,即可进入新创建的智能体。

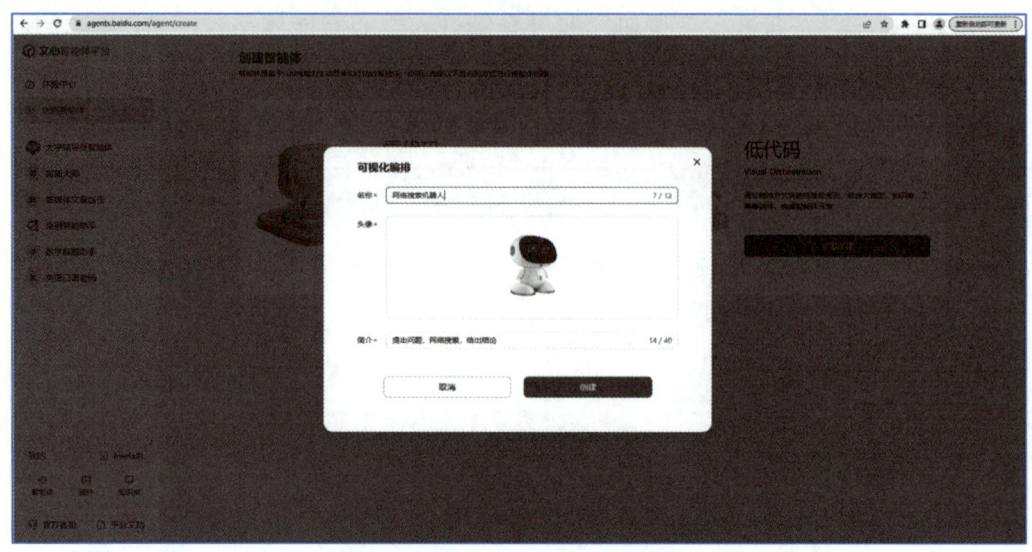

图 3-23 "可视化编排"对话框

（4）进入低代码智能体编辑页面后，可以看到页面左侧为各类工具列表，这些工具及其简介如表 3-1 所示。用户根据业务需求，可以在左侧选择对应的工具，并将它们拖曳进编辑器后，将它们连接起来。如图 3-24 所示，这里拖曳一个文心模型、提示词模板、百度搜索工具、工具链、大模型链到编辑区，并把它们连接起来。

表 3-1 各类工具及其简介

工具名称	简介
链	包括大模型链、分支链、工具链、检索链和提问链 ● 大模型链：可将多个输入转化为模型提示并可进一步格式化输出 ● 分支链：动态选择下一个要调用的链，可以根据输入内容路由到不同的子链 ● 工具链：可调用工具进行查询 ● 检索链：可调用知识库文件，并基于模型能力进行查询 ● 提问链：用于指导意图，通过调用提问组件引导用户补充提问
知识库	是指数据集，用于调用已上传并完成处理的数据文件，以作为模型查询的来源
文心一言大模型	百度公司发布的知识增强大语言模型
提示词	又称为提示词模板，用于创建提示并定义输出格式，作为指令提供给模型
工具	包括 HTTP 请求工具和百度搜索工具 ● HTTP 请求工具：用于发起请求并返回结果 ● 百度搜索工具：用于查询百度搜索结果，返回结果标题、链接、摘要等
气泡交互组件	又称为提问气泡，其提供了一系列 GUI 组件，以更直观的方式引导用户提问

3.4 大模型低代码开发 73

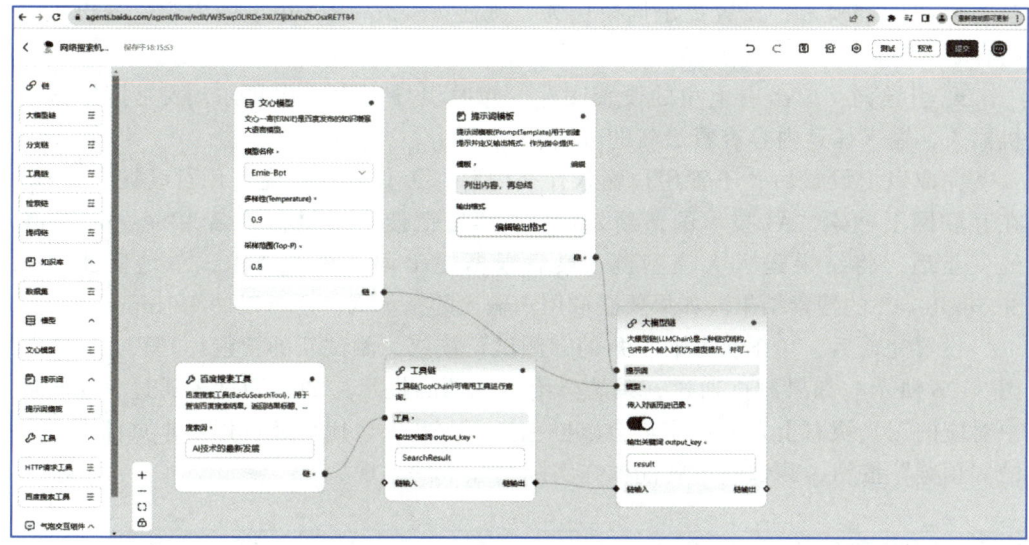

图 3-24　文心低代码智能体的编辑

连接完成后，即可对相应参数进行设置，如图 3-25 所示，具体设置为：
- 文心模型：使用默认值。
- 百度搜索工具：设置其关键词为"AI 技术的最新发展"。

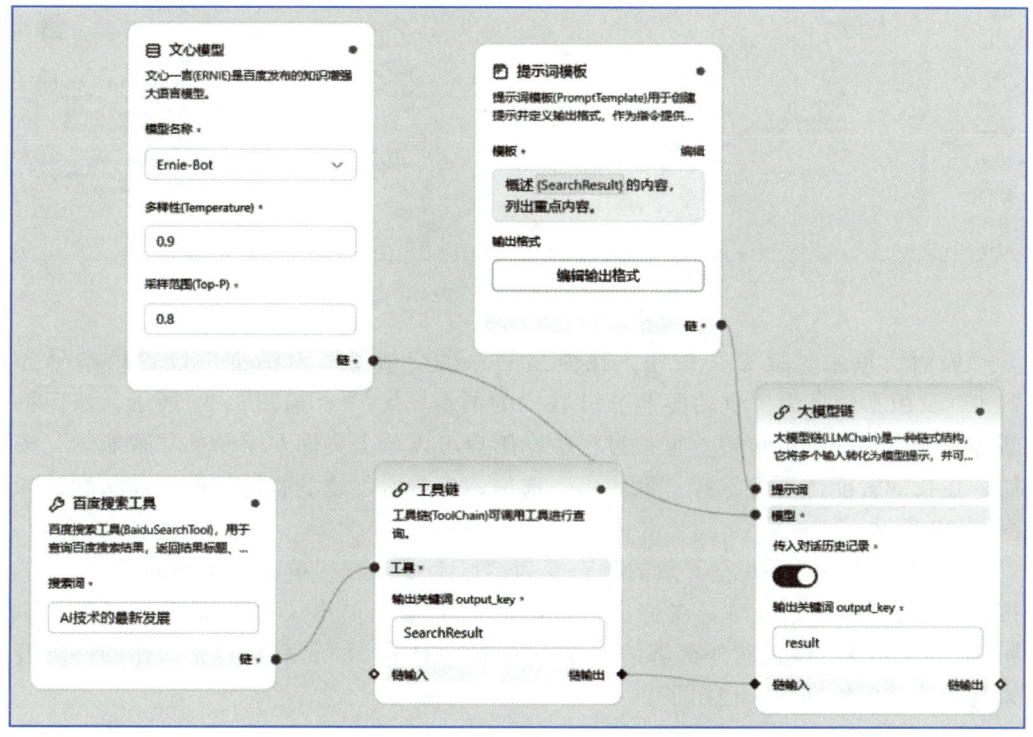

图 3-25　文心低代码智能体的参数设置

- 工具链：修改输出关键词 output_key 为 SearchResult。
- 提示词模板：设置提示词模板为"概述{SearchResult}的内容，列出重点内容。"
- 引导词：单击右上角的设置图标，修改引导词为"欢迎你，我是网络搜索机器人，输入任意内容查看最新的 AI 技术发展。"

完成以上设置后，不管用户输入什么内容，工具链总是先使用百度搜索工具，在互联网上搜索"AI 技术的最新发展"；然后把搜索结果存入名为 SearchResult 的变量后，将结果送入大模型链；最后根据提示词模板的要求，总结概述名为 SearchResult 的搜索结果。如果要获取用户输入的提示词，还可以使用 {Input} 变量。

设置完成后，单击页面右上角的"测试"按钮，测试新的智能体是否正确，如图 3-26 所示。如果测试通过，系统会给出成功的提示。如果测试未通过，编辑区中对应的工具块右上角的状态点会以橙色显示。此外，用户还可以单击页面右上角的"预览"按钮，测试新的智能体在实际交互中的表现。

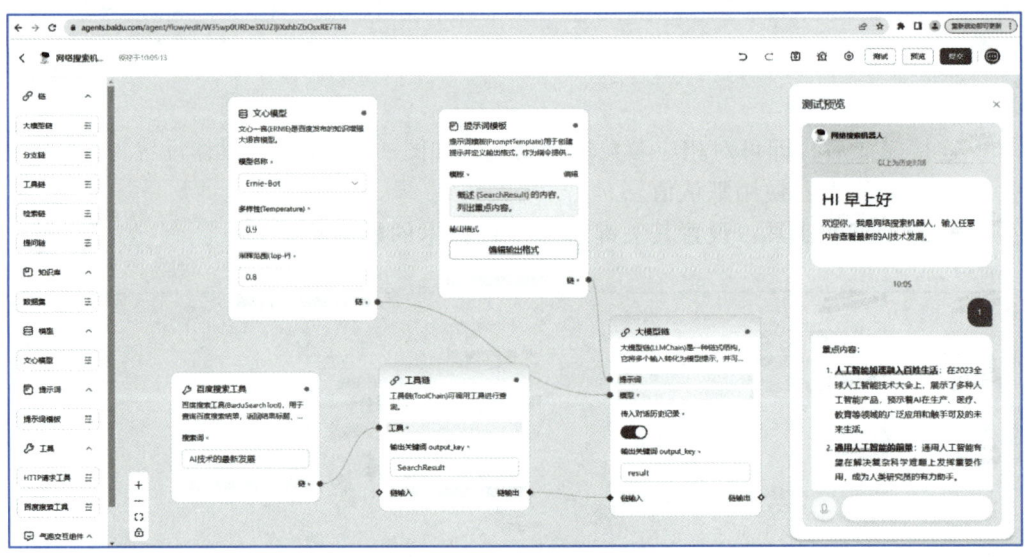

图 3-26　文心低代码智能体的测试

最后，单击"提交"按钮，在弹出的"提交信息"对话框中设置版本号为"1.0"及版本信息为"自动搜索'AI 技术的最新发展'"，如图 3-27 所示，然后将新的智能体提交百度审核。审核过程中，用户可以单击页面左下角的"智能体"按钮，在我的智能体下方选择"低代码"选项，查看所创建的智能体的当前状态，如图 3-28 所示。

当网络搜索机器人左下角的状态变为"已上线"后，单击右下角的"工作台"按钮（如图 3-29 所示），在弹出的页面的右上角，单击"对外部署"按钮（如图 3-30 所示），设置对外部署的位置（如图 3-31 所示），就可以把新建的网络搜索智能体分配给其他人使用了。

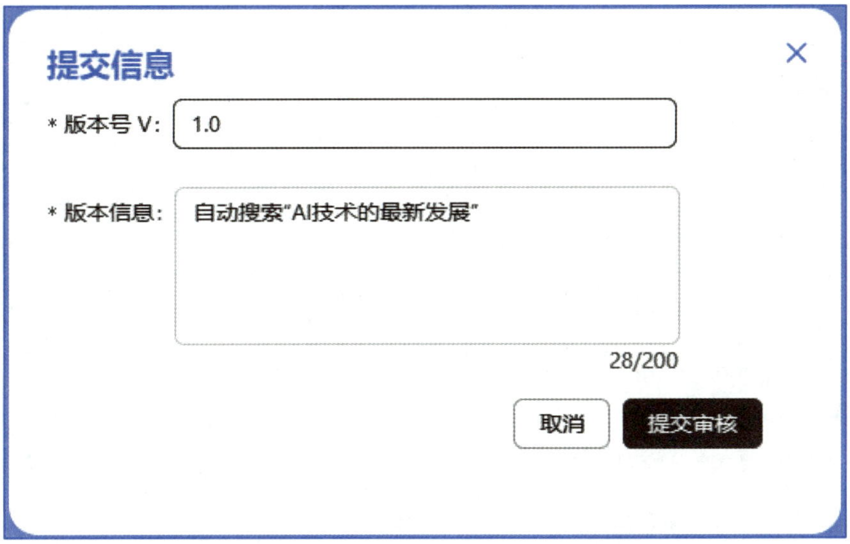

图 3-27　文心低代码智能体提交审核对话框

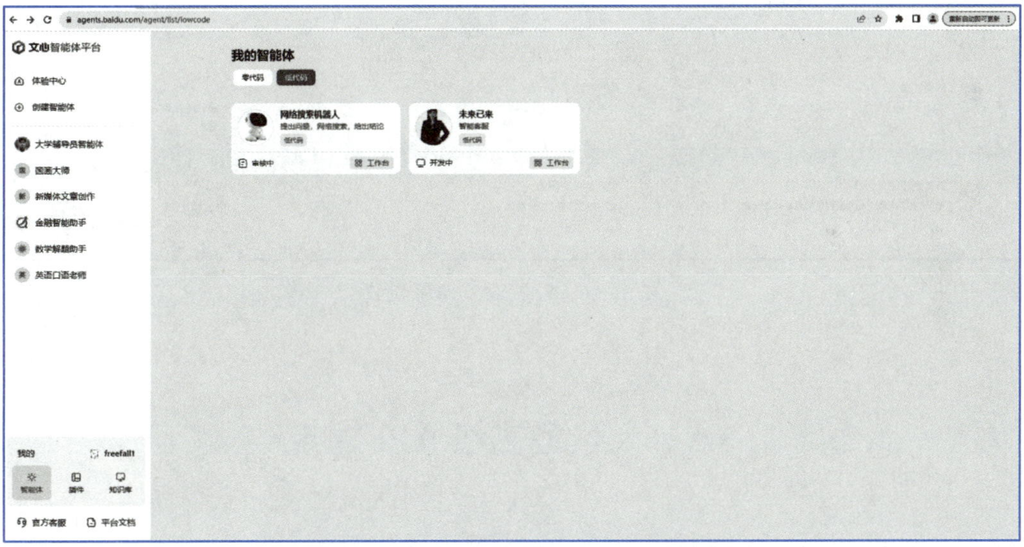

图 3-28　预览"我的智能体"审核状态

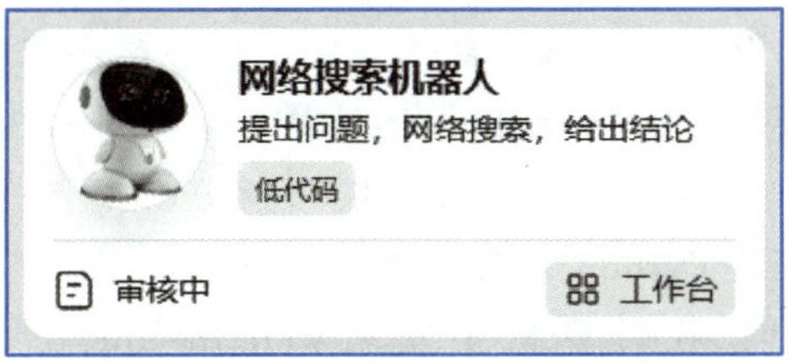

图 3-29　"我的智能体"工作台入口

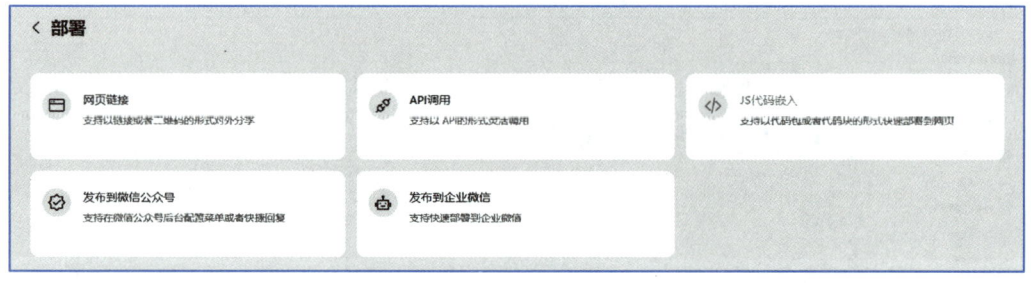

图 3-30 对外部署"我的智能体"

图 3-31 设置对外部署位置

3.5 大模型高级 API 调用

本节将以百度飞桨大模型套件为例进行介绍。百度文心大模型开放 API 服务平台是一个基于文心大模型体验技术和 API 调用的服务平台。目前,该平台提供文本处理的 ERNIE 3.0 系列大模型的 API 服务和跨模态的 ERNIE-ViLG API 服务。

若要创建一个使用百度大模型的具体应用,可以参考步骤如下:

(1) 登录文心大模型 API 服务平台个人中心,如图 3-32 所示,获取每个账号的专属 API Key(AK)和 Secret Key(SK)。

(2) 在计算机中安装 Python 开发环境。

(3) 使用 pip 工具,在计算机中安装 wenxin-api 工具包,安装命令如下:
pip install --upgrade wenxin-api

图 3-32　文心大模型 API 服务平台个人中心

（4）编写代码调用文心大模型的功能，代码如下。在代码中，只需将 "text" 之后的问题替换为你的问题或待处理的具体问题即可。

```
# -*- coding:utf-8 -*
import wenxin_api                      # 导入文心 API
from wenxin_api.tasks.free_qa import FreeQA
wenxin_api.ak="your ak"                 # 输入 API Key
wenxin_api.sk="your sk"                 # 输入 Secret Key
input_dict={                            # 设置输入参数
  "text":" 问题：交朋友的原则是什么？\n 回答：",
  "seq_len":512,
  "topp":0.5,
  "penalty_score":1.2,
  "min_dec_len":2,
  "min_dec_penalty_text":"。?：！[<S>]",
  "is_unidirectional":0,
  "task_prompt":"qa",
  "mask_type":"paragraph"
}
rst=FreeQA.create(**input_dict)
print(rst)
```

3.6　大模型应用的开发范式

3.6　大模型应用的开发范式

大模型应用是指利用大型、复杂的模型或系统来解决实际问题或提供服务的应用。这些模型通常涉及大量的数据处理、复杂的算法和高级的计算能力。以金融领域的欺诈检测为例，大模型应用结合先进的机器学习算法和大数据分析，实时识别并预防欺诈行为。在大模型应用的开发过程中，遵循一定的开发范式至关重要。这包括按照统一标准清洗和组织数据；使用标准化流程训练模型并进行交叉验证；确保模型在生产环境中稳定运行，并持续监控其性能。大模型应用的优势在于能够高效处理大量数据、实现高精度预测,并具有自适应能力。

大模型应用开发范式通常包括如图 3-33 所示的过程。

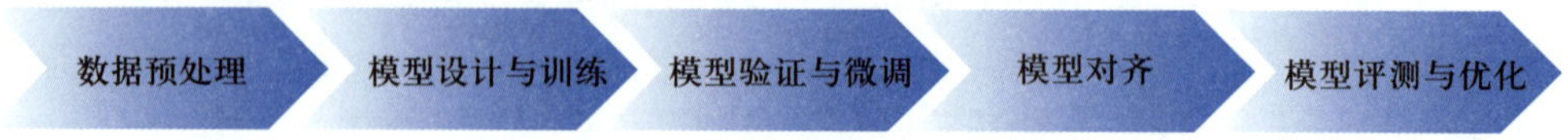

数据预处理 → 模型设计与训练 → 模型验证与微调 → 模型对齐 → 模型评测与优化

图 3-33 大模型应用开发范式

1. 数据预处理

数据预处理主要指语料收集和治理。针对行业大模型的需求,收集大规模高质量的行业专用语料,开展语料治理,包括数据清洗、格式转换、数据标签化等。

2. 模型设计与预训练

模型设计与训练主要针对行业大模型。根据业务需求,选择合适的模型框架体系,利用通用语料,结合行业专用语料对其进行训练,使其具备通识能力和行业语言理解能力。行业大模型的预训练过程,需要对大规模的行业无监督数据进行自监督训练和有监督调优。

3. 模型验证与微调

基于预训练的行业大模型,行业管理部门、经营机构等可以使用私有语料进行模型微调,以适应特定领域的任务需求。通过模型微调,行业机构即使在算力资源受限的情况下,也可以利用已预训练好的大模型迅速适配专业领域的任务,实现高效的迁移学习。微调技术包括 Prompt Tuning(提示微调)、Prefix Tuning(前缀微调)、LoRA、P-tuning 和 AdaLoRA 等。

(1)Prompt Tuning 不通过直接修改模型参数,而是修改输入文本中的提示词来影响模型的输出。

(2)Prefix Tuning 是 Prompt Tuning 的一种变体,它在输入文本的开头添加一系列可训练的虚拟前缀,这些前缀会随着模型的训练而优化,以引导模型生成更准确的输出。

(3)LoRA 通过将权重矩阵分解为固定部分和可训练的低秩部分,仅对低秩部分进行微调,从而显著减少了需要训练的参数量。

(4)P-Tuning 结合了 Prompt Tuning 和 Prefix Tuning 的思想。它在输入层加入了可微的虚拟前缀,并通过梯度下降法来更新这些前缀的参数。

(5)AdaLoRA 是 LoRA 的一种变体,它在 LoRA 的基础上增加了自适应性,根据每个层的梯度变化动态调整低秩矩阵的秩,从而进一步提高效率和性能。这意味着 AdaLoRA 可以在不同的层上使用不同大小的低秩矩阵,以达到更好的资源分配和效果。

这些方法都在努力解决大模型微调过程中的常见问题,比如,过拟合、计算成本高以及需要大量标注数据等。通过合理使用这些微调技术,研究人员能够在相对较小的数据集上训练模型,同时使模型保持较高的性能。

4. 模型对齐

在大模型训练时引入意识形态、公序良俗等价值观对齐语料,可以确保模型在实际运用中能够有效识别和过滤有害信息，构建更安全、更负责任的大模型，确保技术应用与社会道德及法律法规相一致。通过将负面标签语料、价值观对齐语料纳入训练集，模型会学习到哪些内容是不合适的，从而在用户与模型交互时能够识别出潜在的负面意图或请求，并采取相应的处理措施，如警告、拒绝回应或报告给后台人员等。

5. 模型评测与优化

模型评测与优化是指定期评测模型的性能，并根据评测结果进行优化，这其中涉及调整参数、使用不同的训练策略或引入提示词工程等。从技术角度分析，大模型的进化依靠人工反馈的强化学习，其采用的数据标注与过去那种用低成本劳动力完成的简单数据标注工作有所不同，需要专业的人士来写提示词，针对相应的问题和指令，给出符合人类逻辑与表达的高质量答案。但由于人工与机器的交互存在一定的隔阂，比较理想的模式是通过模型之间的交互来进行强化学习，即依靠模型反馈的强化学习。

3.7 本章小结

本章详细介绍了 AI 大模型在应用体验和开发范式方面的特点和优势，具体包括：

1. 搜索引擎与 AI 大模型的区别：搜索引擎主要基于关键词检索信息，而 AI 大模型则能够理解用户需求并创造新内容，如图像、诗文或报告。

2. AI 大模型的应用示例：本章通过几个具体场景，如创作散文诗、生成感谢信、生成旅游规划等，展示了 AI 大模型如何根据用户指令生成个性化内容。

3. 文心一言大模型：百度公司开发的文心一言大模型能够作为工作中的助理、学习中的导师和生活中的秘书，提供多样化的智能服务。

4. AI 工具集合：介绍了 AI 对话鸭等工具集合，AI 对话鸭可提供允许用户体验与多款 AI 大模型对话和聊天的功能。

5. 大模型零代码开发：介绍了一种无须编写代码即可构建 AI 模型的方法，强调了图形化界面、预训练模型和自动化流程等特点。

6. 智能体的创建与部署：详细说明了如何在文心智能体平台上创建和部署智能体，如健身小助手。

7. 大模型低代码开发：介绍了如何在低代码平台上通过拖曳组件快速搭建业务流程，并结合大模型完成智能体开发。

8. 大模型高级 API 调用：以百度飞桨大模型为例，介绍了如何通过 API 调用实现大模型应用的开发。

9. 大模型应用开发范式：介绍了大模型应用开发的一般过程，包括数据预处理、模型设计与训练、模型验证与微调、模型对齐、模型评测与优化 5 个步骤。

10. 微调技术：介绍了 5 种微调技术，包括 Prompt Tuning、Prefix Tuning、

LoRA、P-Tuning 和 AdaLoRA，这些技术有助于在小数据集上训练模型并保持模型的高性能。

11. 模型对齐与评测：强调了在模型训练中引入价值观对齐的重要性，以及定期评测和优化模型性能的必要性。

3.8 习　　题

1. 搜索引擎与 AI 大模型的核心差异是什么？请举例说明。
2. 辅助撰写一篇关于科技发展的论文，论述"为什么 AI 大模型比搜索引擎更适用"。
3. 简述文心一言大模型的主要应用场景，并举例说明。
4. AI 对话鸭工具集合提供了哪些主要功能？
5. 大模型零代码开发的核心特点有哪些？
6. 请描述在文心智能体平台上创建健身小助手的步骤。
7. 在低代码智能体平台中，链（如大模型链、分支链）的主要作用是什么？
8. 如何通过百度飞桨大模型 API 服务平台调用文心大模型？
9. 大模型应用开发范式的主要步骤有哪些？
10. 为什么在大模型训练中引入价值观对齐语料很重要？
11. 什么是"思维链"，它为什么能大幅提高大模型推理的正确性？

第 4 章 小模型基础

本章将详细介绍人工智能中小模型与大模型的协同工作方式及其应用场景，小模型和大模型如何分工合作，机器学习、深度学习和强化学习在大模型训练中扮演的角色等。通过本章的学习，读者可以全面了解人工智能领域中小模型与大模型的协同工作机制及其应用前景。

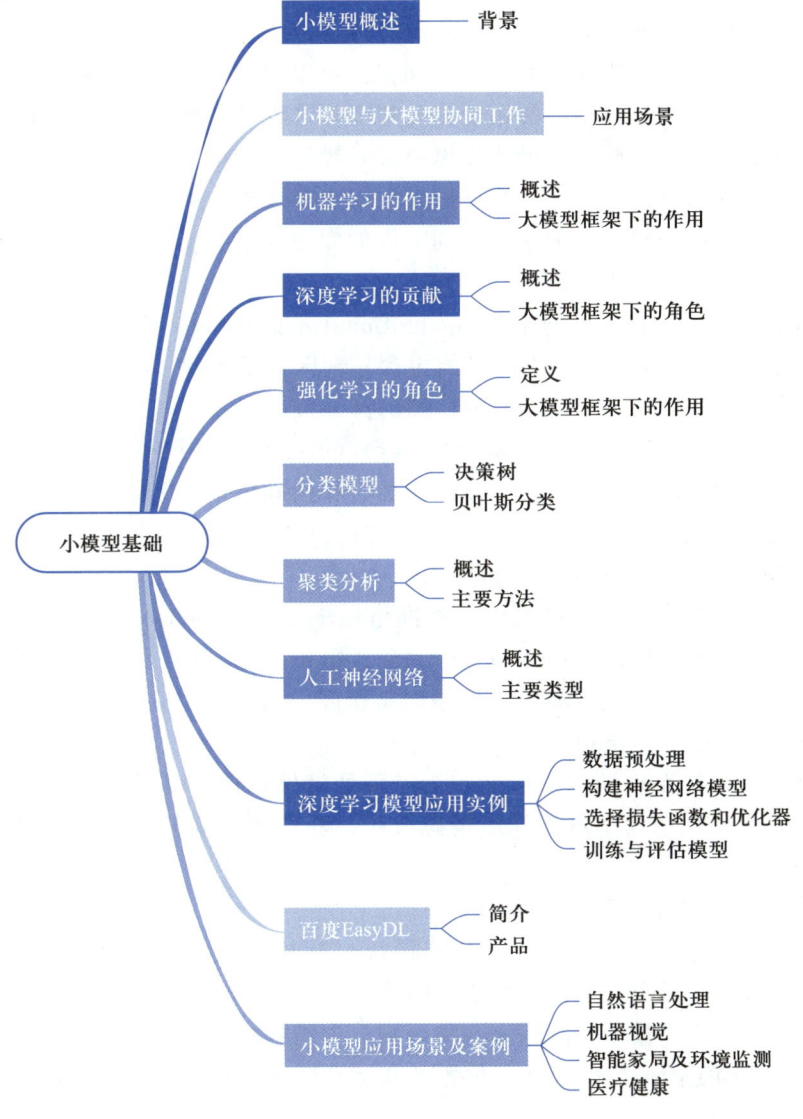

4.1 小模型概述

4.1 小模型概述

近年来,人工智能大模型发展迅猛,尽管这些大模型在应用效果上带来了显著提升,但需要上千亿,甚至万亿的参数,导致训练模型的计算成本较高,这在一定程度上阻碍了模型的实际落地。以 Baseline(基准模型或基线方法,是人工智能和机器学习领域中的一个重要概念)为 4 000 万参数的模型为例,如果参数增加到 10 亿左右,模型的整体成本将上涨 30 倍,而当参数增加到百亿时,模型的整体成本将上涨 70~80 倍。

因此,大模型与小模型联动的学习方式应运而生。小模型可以通过知识蒸馏方式从大模型中学习,可以在处理轻量级任务时达到与大模型相似的性能。同时,小模型还可以反哺大模型,提升大模型的训练精度。

在实际应用中,小模型和大模型协同工作可以提高推理计算效率并优化算力资源分配。具体来说,小模型通常用于完成初步筛选或分类任务,因为小模型的轻量级特性使其能在低算力成本下迅速做出决策。等待小模型完成初步处理,大模型则对小模型的生成结果进行更深入的分析或生成更复杂的结果。

下面列举一些小模型和大模型协同工作的应用场景。

1. 医疗影像诊断系统实例

小模型:利用卷积神经网络(convolutional neural networks,CNN)来初步筛查 X 光片或 CT 扫描图像,识别出可能包含异常区域的图像,小模型初步筛查能有效地减少大模型需要处理的数据量和耗费的算力资源。

大模型:针对小模型筛选出标记疑似异常的图像,使用一个更复杂的医学大模型进行深度分析,确定该异常的具体病症类型和精确位置,例如,是否为肿瘤、骨折或其他疾病。

2. 自然语言处理中的情感分析实例

小模型:使用一个较小的循环神经网络(recurrent neural network,RNN)或长短期记忆人工神经网络(long short-term memory,LSTM)模型来快速判断海量社交媒体帖子和自媒体短视频的情感倾向(正面、负面或中立),可以迅速过滤掉大部分中立的帖子和短视频。

大模型:针对小模型初筛后标记为有强烈情感倾向的帖子和短视频,使用更复杂的大规模预训练模型进行深度情感分析,获取更准确的情感倾向强度和语义细节。

3. 自动驾驶汽车的障碍物检测实例

小模型:使用 YOLO 或 OpenCV 轻量级目标检测模型实施初步的物体检测,快速识别道路上的行人、车辆和其他障碍物。

大模型:一旦小模型检测到潜在障碍物,自动驾驶大模型则进行更详细的识别和分类,包括确定障碍物的尺寸、位置及其运动轨迹,从而安全地避开障碍物。

4. 金融交易风险评估实例

小模型：使用随机森林机器学习模型快速判断高风险的交易模式或异常金融活动。

大模型：对小模型标记的高风险交易或异常活动，采用金融大模型进行更深层次的风险评估，包括历史行为分析、关联财务分析和资金账户状态分析等，从而决定是否阻止交易或冻结资金。

通过对上述 4 个小模型和大模型协同工作的实例介绍和分析，可以看到，对复杂任务采用分层策略，采用小模型和大模型互补的方法，既可以提高任务处理速度、节约算力资源，又可以提高最终决策的准确性。

在大模型时代，机器学习、深度学习和强化学习等小模型各自扮演着独特且重要的角色，它们相互交织，共同推动着人工智能领域的进步。机器学习提供了基础的训练和优化方法；深度学习通过神经网络增强了模型的处理能力和特征学习能力；而强化学习则使模型在与环境交互试错中不断优化和改进自身的行为策略。

机器学习、深度学习和强化学习的结合使得大模型在人工智能领域中发挥着越来越重要的作用。下面分别介绍机器学习、深度学习和强化学习在大模型中作用、贡献和角色。

4.1.1 机器学习的作用

1. 机器学习概述

机器学习是人工智能的一个分支，使计算机系统能够在没有明确编程的情况下从数据中学习并自动改进。

大模型背景下，机器学习为大模型应用提供了基础的学习框架，机器学习算法被用于训练和优化模型，允许模型通过大量的数据来优化其性能，使其能够更好地拟合数据并做出预测。通过机器学习技术，在监督学习、非监督学习和半监督学习等不同学习范式下，大模型由于拥有更多的参数，能够从海量数据中提取出有用的特征和信息。这种能力使得机器学习模型能够捕获更加复杂的数据模式和关系，进而提升模型的性能和准确率，实现更精准的预测和分类。

2. 大模型框架下机器学习扮演的角色

在大模型框架下，机器学习扮演着核心角色，推动了人工智能技术的最新发展。机器学习在大模型环境中有如下作用：

（1）模型训练：机器学习算法是构建大模型的基础。这些算法允许模型从海量数据中自动学习特征和规律，而无须手动编码每一个逻辑步骤。例如，基于 Transformer 架构的 GPT 系列、BERT 等大模型，通过其神经网络结构，实现对复杂语言、图像、声音等模式的理解和生成。

（2）数据处理：大数据质量对大模型非常重要，大模型框架利用机器学习算法高效处理和分析海量大数据，通过特征提取、数据预处理、降维等方法，将原始数据转化为模型可以理解的格式，不仅加速了训练过程，也提高了大模型的泛化能力。

(3）模型压缩与稀疏化：为了使大模型能够在实际应用中部署，机器学习还被用于大模型的压缩和稀疏化技术中，这种技术通过减少大模型的体积和计算需求，使得大模型能够在移动设备或边缘计算设备中使用。

（4）多模态融合：在大模型框架内，机器学习用于多模态数据（如文本、图像、声音）的整合学习，实现了跨模态理解和生成能力，推动了大模型在AIGC领域的迅速发展。

（5）自我迭代与持续学习：机器学习算法的灵活性和适应性让大模型具备持续学习的能力，模型在部署后还能根据新数据自我优化和迭代。

机器学习不仅是大模型构建的基石，还是推动大模型不断优化和迭代的关键驱动力，为大模型开辟了新的可能性和应用场景。

3. 机器学习实例

在机器学习领域，图像分类是一个经典应用。假设有一组包含不同种类猫和狗的图像数据集，目标是开发一个机器学习模型，能够自动区分图像数据集中的猫和狗。通过两个步骤来解决这个问题，首先是使用无监督学习方法（聚类）对数据集中的图像进行初步分组，然后应用监督学习方法（分类）来精确地识别猫和狗。聚类作为一种无监督学习技术，可以在缺乏先验知识的情况下探索数据结构，而分类则作为监督学习的一部分，利用已有的标签信息精确地划分数据。两者结合，实现了高效、准确的图像分类任务。

下面简单介绍如何对如图4-1所示的猫和狗进行聚类和分类。首先观察猫和狗的特征，猫的特征是尾巴细长、耳朵尖尖，狗的特征是鼻子长长、耳朵耷拉，下面将利用这些特征对其进行聚类和分类。

图4-1 猫狗图像分类

1. 聚类（clustering）

聚类是一种无监督学习方法。具体来说，在没有标签的情况下，可以使用聚类算法（如 K-means、DBSCAN 等）来对图像进行分组。聚类算法帮助发现数据中的自然结构或模式，可以通过分析图像的像素特征（颜色、纹理等）对图像进行分组，算法会将视觉上相似的图像聚集在一起。这一步骤是为了预处理数据，简化后续的分类任务，并可能揭示数据集中未知的类别。

图4-2展示了猫和狗的图像如何被聚类算法分成两个不同的组，每组内的图像都高度相似，反映了聚类算法识别和归类相似特征的能力。

图 4-2 对猫狗图像进行聚类

2. 分类（classification）

分类是一种监督学习方法。接下来，把一部分被标记了是猫还是狗的图像作为训练样本，利用这些带标签的样本训练一个分类器（如支持向量机、决策树、随机森林或卷积神经网络）。分类器会学习从图像中提取区分猫和狗的关键特征，并基于这些特征做出分类。在训练完成后，分类器能够对新的图像进行准确分类，指出它是猫还是狗。

图 4-3 展示了带有标签的猫和狗的图像数据被输入到神经网络中，经过网络的学习和处理后，输出对应的分类结果，即识别为猫或狗。

需要说明的是，传统机器学习算法，如聚类、分类等，还存在一些固有的局限性和不足之处。具体如下：

图 4-3 对猫狗图像进行分类

（1）聚类算法对参数的选择非常敏感，不当的参数可能导致显著不同的聚类结果。聚类算法的结果依赖于初始质心的选择，不同的初始化可能会得到不同的最终结果。聚类是一种无监督学习，没有外部标签或指导，因此评估聚类算法的质量比较难。

（2）分类算法需要大量标记数据，既昂贵又耗时；还需要手动设计特征，这依赖于领域专家的知识；还存在过拟合风险，如果没有适当的正则化或数据量不足以支撑模型复杂度，模型可能会过拟合训练数据，导致泛化性能差。

针对传统机器学习算法的局限性和不足，深度学习方法提供了一种有效的解决方案。通过自动学习特征，深度学习减少了对人工特征工程的依赖。

4.1.2 深度学习的贡献

1. 深度学习的贡献

深度学习是机器学习的一个子集，专注于使用深度神经网络处理大规模数据来解决复杂的学习任务。在大模型应用中，深度学习发挥着核心作用。深度学习通过构建复杂的神经网络结构，自动提取高级特征，处理更高级别的抽象和模式识别任务。例如，在图像和语音识别领域，深度学习能够处理高维的超大规模数据集，自动提取高层次的特征，帮助大模型更准确地识别图像中的对象或语音中的指令，提高预测和分类的准确性。深度学习还可以处理非线性问题和复杂模式识别任务，使大模型在处理复杂数据时更加灵活和高效。

深度学习模型采用典型的多层神经网络，包括输入层、多个隐藏层以及输出层，如图4-4所示。

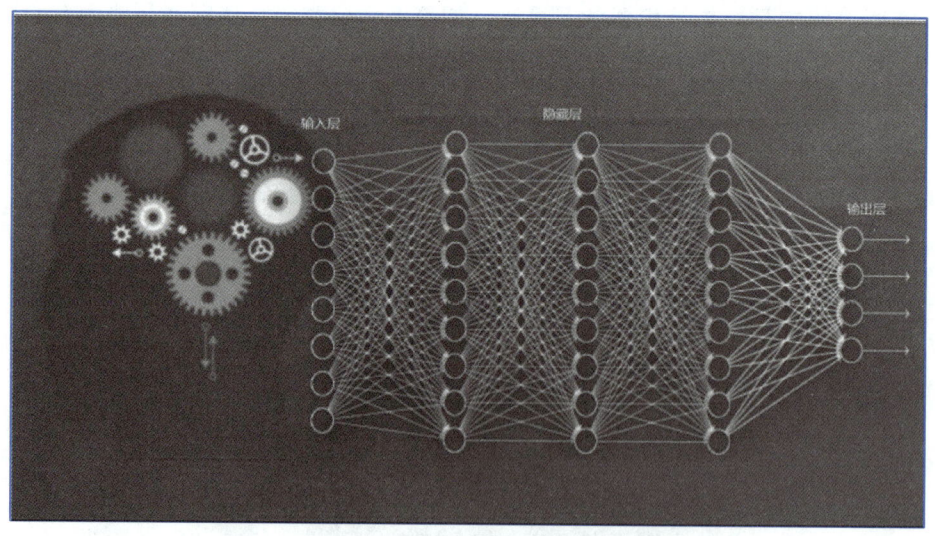

图4-4 深度学习模型层次

2. 大模型框架下深度学习扮演的角色

深度学习在大模型背景下扮演着核心者与推动者的角色，其影响力和重要性体现在以下 4 个方面。

（1）泛化能力与迁移学习。

深度学习能有效增强大模型框架的泛化能力，让大模型框架不仅在特定任务上表现优异，还能通过微调（fine-tuning）或提示学习（prompt learning）等方式迁移到新任务上，这极大地降低了新领域应用的门槛和成本。深度学习能将经过预训练的通用大模型作为基础模型，为多个下游任务提供支持。

（2）多模态融合与跨领域应用。

在大模型框架内，深度学习模型能够处理包括文本、图像、音频在内的多种模态数据，这不仅促进了多模态融合学习的发展，还实现了跨模态理解和生成。这种能力使得大模型能够更好地理解和生成类似于人类的多维度信息，这一进步推动了大模型 AIGC 领域的迅速发展，使其可应用在艺术创造、文学创作、智能家居和自动驾驶等多个领域。

（3）自动特征学习。

深度学习的核心优势之一在于其自动特征提取的能力。深度学习能帮助大模型框架从原始数据中自动学习到高层级、抽象的特征表示，无须人工设计特征工程，这有效简化了大模型构建过程，提高了大模型的开发效率。

（4）推动算法与硬件创新。

面对大模型训练和推理的挑战，压缩与量化技术、高效注意力机制以及专用 AI 芯片等深度学习技术推动了大模型的快速发展和普及。

综上所述，深度学习在大模型的框架内不仅是技术实现的关键，也是推动人工智能领域持续进步和跨越发展的重要驱动力。

3. 深度学习实例

卷积神经网络（CNN）是一个非常典型的深度学习模型。在图像分类任务中，卷积神经网络能够有效地捕捉到图像中的局部特征并进行分类。下面以 MNIST 手写数字数据集为例来说明卷积神经网络的应用。

（1）实例概述。

MNIST 数据集是一个常用的手写数字识别数据集，它包含 60 000 个训练样本和 10 000 个测试样本，每个样本都是一张 28×28 像素的灰度图像，图 4-5 展示了 0~9 的手写数字集部分示例。这个数据集是用于训练卷积神经网络对手写数字的识别和分类。

（2）模型架构。

一个基本的卷积神经网络（CNN）模型架构如图 4-6 所示，其包括以下层次：

① 输入层：接收 28×28 像素的灰度图像。

② 卷积层（convolutional layer）：设计一组可学习的滤波器（或称为卷积核）扫描图像，每个滤波器都能捕获特定类型的边缘或形状特征。例如，第一层可能有 16 个滤波器，尺寸为 3×3，步长为 1，padding 为 1，以保持图像尺寸不变。

③ 激活函数：使用 ReLU（rectified linear unit）函数来增加模型的非线性。

④ 池化层（pooling layer）：用于降低图像的空间维度，减少计算量，同时保

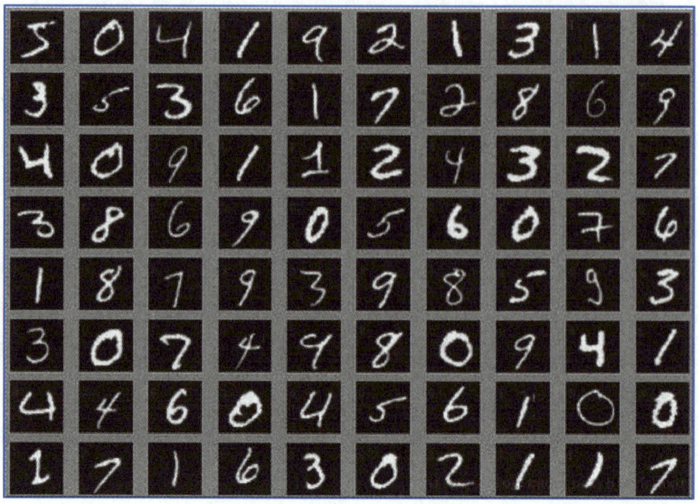

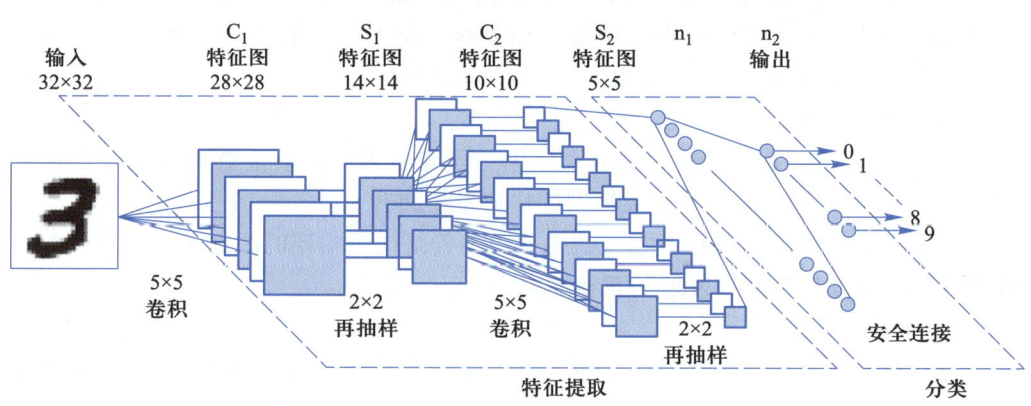

图 4-5　MNIST 数据集示例

图 4-6　基本的卷积神经网络（CNN）模型架构

留最重要的特征。本实例设计的池化方式是最大池化（max pooling），2×2 大小的池化窗口，步长为 2。

⑤ 全连接层（fully connected layer）：在特征提取之后，使用全连接层来整合所有局部特征并做出分类决策。本实例设计的最后一层全连接层的输出大小为 10，对应 10 个数字类别。

⑥ 输出层：采用 softmax 激活函数，将神经元的输出转化为概率分布，每个类别对应一个概率值。

（3）训练过程。

① 数据预处理：对手写数字图像进行归一化处理，使其值范围在 0 到 1 之间。

② 模型编译：选择损失函数（本实例采用交叉熵损失）、优化器（本实例采用 Adam）以及评估指标（本实例采用识别准确率）。

③ 模型训练：使用训练集数据对模型进行多次迭代训练，每次迭代调整模型参数以减小损失函数的值。

④ 验证与调优：在验证集上评估模型性能，根据需要调整模型结构或超参数。

⑤ 测试：在未见过的测试集上评估模型，得到最终的分类准确率。

以上就是使用卷积神经网络（CNN）模型进行图像分类的一个基本案例，通过训练后的模型，在 MNIST 数据集上能达到很高的分类准确率。

深度学习作为一种强大的机器学习技术，在许多领域取得了显著的成果，但它同样存在一些不足之处，主要体现在以下几个方面：

（1）数据依赖性和标注需求：深度学习模型通常需要大量的标注数据来训练，这对于某些领域和任务可能很难获得。采集和标注大规模数据集耗时费力，且在特定领域如医疗和法律中，获取高质量标注数据尤其困难。

（2）缺乏推理和解释能力：深度学习模型在推理、解释和概括问题上的能力有限，往往被视为黑盒模型，难以解释其决策过程和背后的原因。这在需要高度可解释性和可靠性的场景，如医疗诊断或自动驾驶中，是一个重要问题。

（3）对抗性样本和安全性问题：深度学习模型对于对抗性样本非常敏感，这些样本经过微小修改就能误导模型产生错误预测，从而威胁到系统的安全性和可靠性。

（4）过拟合风险：深度学习模型具有大量参数，容易在小样本数据上过拟合，即模型在训练数据上表现很好但在未见过的数据上表现不佳，需要采取正则化和数据增强等措施来防止。

深度学习的不足提示我们在利用深度学习技术时需要考虑到其局限性，并持续研究新的方法和技术来克服这些挑战，以推动人工智能技术的进一步发展。

针对深度学习算法的不足，强化学习算法具有自主学习能力、较强适应性、提高泛化能力等优势，能避免深度学习的局限。

4.1.3　强化学习的角色

1. 强化学习的定义

强化学习是一种让智能体通过与环境的交互试错来学习如何做出最优决策策略的算法模型。在大模型框架下，强化学习使大模型能够在不断试错的过程中自我优化和改进，大模型在此过程中，通过与环境进行交互试错并根据反馈调整行为，强化学习帮助大模型适应不同的场景和任务需求，可以提供更强大的状态表示能力和策略优化能力，处理更复杂的决策问题，如游戏、机器人控制和自动驾驶等。

2. 强化学习的角色

强化学习在大模型框架下扮演着重要角色，强化学习有效地提升大模型的决策能力、个性化以及与环境交互的智能性。随着大模型的发展，其在处理自然语言理解和生成任务上展现了强大的能力。然而，基于大量的无标注数据预训练的大模型，缺乏对特定任务的优化或对用户偏好的直接适应。基于人类反馈的强化学习（reinforcement learning from human feedback，RLHF）为解决大模型缺乏对特定任务的优化问题提供了有效途径。RLHF 是一种将强化学习与人类反馈相结合的技术，其中，人类的偏好被用作奖励信号，用于引导模型学习生成高质量的输出。

强化学习在大模型框架下的作用如下：

（1）偏好学习与优化。

RLHF 大模型可以根据人类评价者的反馈进行微调，学习用户的偏好和期望。这使得大模型能够生成更符合人类期待的文本，提升内容的质量和相关性。通过奖励模型生成接近人类标准的回复，大模型可以学会如何更恰当地回应特定情境。

（2）增强决策能力。

强化学习使大模型能够在序列决策问题中表现得更加出色，在复杂任务规划中做出最优决策。大模型通过与环境互动，学习如何基于上下文做出最合适的下一步行动。

（3）个性化服务。

在推荐系统、广告投放等场景中，强化学习可以帮助大模型动态调整策略，以满足个体用户的特定需求和兴趣，实现高度个性化的用户体验。

（4）交互式学习与适应。

在与用户的实时交互过程中，强化学习帮助大模型根据用户反馈快速调整策略，从而实现更自然流畅的对话体验，或在游戏、教育等大模型应用提供定制化的学习路径。

（5）策略迭代与自我提升。

通过持续的交互和反馈循环，强化学习帮助大模型迭代优化其内部策略，提升其短期响应的准确性，推动其长期学习更复杂的策略，增强其泛化能力和创造性。

（6）资源管理与效率。

在资源分配、任务调度等场景，强化学习用来优化大模型的运行效率，精准加载或卸载模型组件，以最优算力资源分配满足当前任务需求。

综上所述，强化学习不仅能够提升大模型的智能水平和决策质量，还促进了大模型与人类的紧密协作，增强了大模型的适应性和个性化服务能力，是推动大模型走向更广泛应用场景的关键技术之一。强化学习与其他机器学习技术相结合，形成更强大的智能学习模型。例如，强化学习与深度学习结合为深度强化学习，深度学习用于感知和理解环境状态，而强化学习则用于制定决策和优化行为策略。深度强化学习提升大模型在处理复杂任务时的灵活性和智能性。

3. 强化学习实例

在图像分类问题中，可以构建一个强化学习（RL）框架来解决图像分类问题，如图 4-7 所示。

（1）概述。

① 环境（environment）：将图像分类任务视为一个环境，其中环境的状态是给定的一张图像。环境的目标是让智能体（agent）正确预测图像所属的类别。

② 智能体（agent）：智能体是我们设计的学习算法，它需要从一系列可能的动作（actions）中选择一个，这里的动作可以理解为选择一个类别标签。

③ 状态（state）：状态即当前观察到的图像。

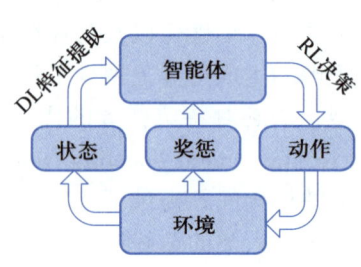

图 4-7　强化学习框架

在图像分类的场景中,状态可以是图像的像素数据。

④ 奖励(reward):如果智能体选择了正确的类别标签作为动作,那么它将获得正奖励(例如,+1)。如果选择错误,则获得负奖励(例如,-1)。这样设计是为了鼓励智能体学习到正确分类图像的行为。

⑤ 策略(policy):策略定义了智能体在给定状态下选择动作的方式。在这个任务中,智能体需要学习一个策略,使其能根据图像内容选择最有可能正确的类别标签。

(2)实现步骤。

① 初始化:智能体开始时对图像的分类一无所知,其策略是随机选择一个类别。

② 状态表示:将每张图像转换成适合输入到强化学习模型的格式,通常是将其像素值直接作为状态表示。

③ 动作空间:动作空间是所有可能的类别标签集合。例如,如果有10个类别,动作空间就有10个不同的动作。

④ 交互循环:

- 选择动作:智能体根据当前的策略从动作空间中选择一个类别作为预测。
- 接收奖励:环境根据智能体的选择给予相应的奖励(正确+1,错误-1)。
- 更新策略:通过强化学习算法(如Q-learning或深度DQN)更新策略,目的是实现最大化长期奖励。
- 学习与优化:通过多次迭代,智能体不断尝试并从错误中学习,逐渐优化其策略,目标是提高正确分类图像的能力。

图4-8所示是卷积神经网络(CNN)架构示意图,该图展示了包括输入层,卷积层,池化层,全连接层和输出层在内的基本结构。

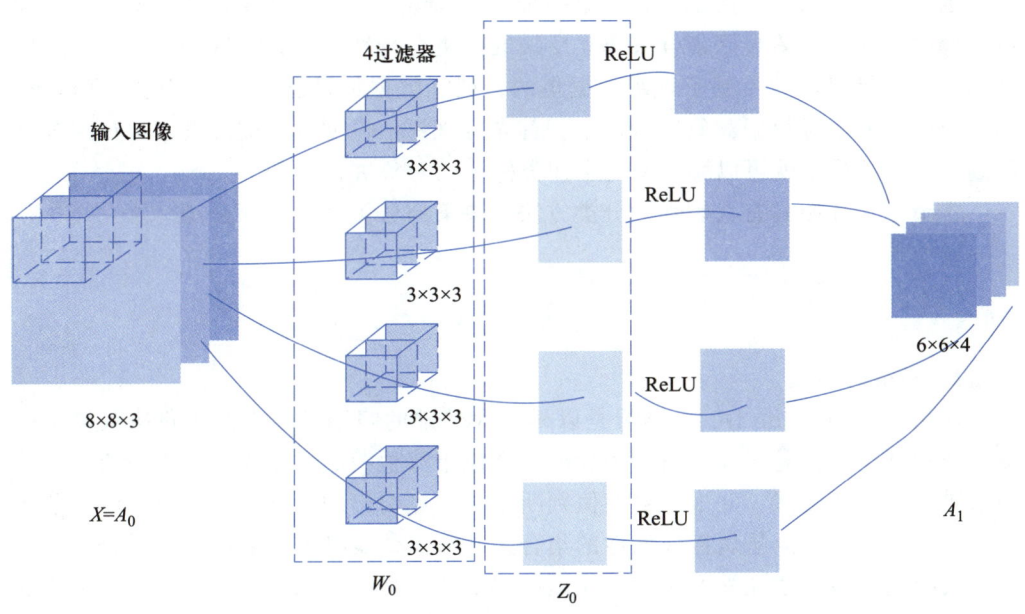

图4-8 卷积神经网络(CNN)架构示意图

- 输入层：接收原始图像数据。
- 卷积层：包括多个用于提取图像中的局部特征。
- 池化层：用于降低特征图的维度，减少计算量。
- 全连接层：将提取到的特征进行整合，用于分类任务。
- 输出层：给出最终的识别结果。

在图4-8中，可以看到数据流经网络各层的路径，每个关键层都在图中被清晰地标注出来，从输入层开始，经过一系列的卷积和池化操作，最后通过全连接层到达输出层。这种架构特别适用于处理MNIST数据集手写数字识别。

强化学习也面临着诸如样本效率低、训练时间长、对初始设置敏感等挑战，而深度学习在处理大量标注数据的分类、识别任务上依然有着明显的优势。因此，近年来，深度强化学习（DRL）的出现，通过结合深度学习的强大表示能力和强化学习的策略优化机制，旨在同时克服两方面的局限，进一步拓宽了人工智能大模型的应用范围。

4.2 机器学习

4.2 机器学习

4.2.1 分类模型

分类是机器学习领域重要的数据分析方法，在商业上的应用很多。分类的目的是提出一个分类函数或分类模型（即分类器），通过分类器将数据对象映射到某一个给定的类别中。

数据分类可以分为两步进行。第一步建立模型，用于描述给定的数据集合。通过分析由属性描述的数据集合来建立反映数据集合特性的模型。这一步也称作有监督的学习，导出模型是基于训练数据集的，训练数据集是已知类标记的数据对象。第二步使用模型对数据对象进行分类。首先应该评估模型的分类准确度，如果模型准确度可以接受，就可以用它来对未知类标记的对象进行分类。

本节主要介绍具有代表性的分类方法：决策树分类和贝叶斯分类。

4.2.2 决策树

1. 决策树学习

决策树（decision tree）学习是以样本为基础的归纳学习方法。将决策树转换成分类规则比较容易。决策树的表现形式类似于流程图的树结构，在决策树的内部节点进行属性值测试，并根据属性值判断由该节点引出的分支，在决策树的叶节点得到结论。内部节点是属性或属性的集合，叶节点代表样本所属的类或类分布。基于决策树的学习算法在学习过程中无须用户了解很多背景知识，只要训练样本能够用属性值的方式表达，就可以使用该算法来学习。

【示例 4.1】 关于 PlayTennis 的决策树，如图 4-9 所示。

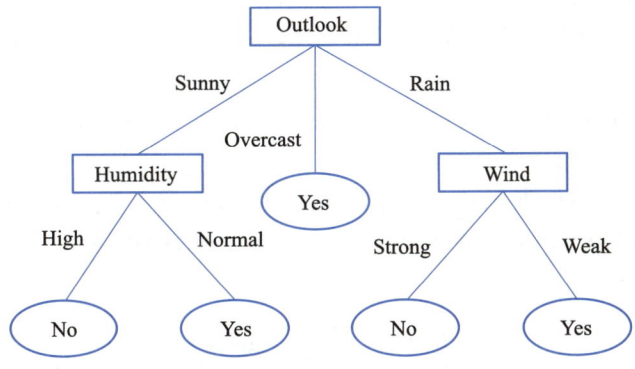

图 4-9 PlayTennis 的决策树

经由训练样本集产生一棵决策树后，为了对未知样本集分类，需要在决策树上测试未知样本的属性值。测试路径由根节点到某个叶节点，叶节点代表的类就是该样本所属的类。

例如，样本 <Outlook=Sunny, Temperature=Hot, Humidity=High, wind=Strong>，从决策树的根节点开始测试属性，并按属性值对应的分支向下走，直到叶节点，可以判定该样本属于标记为"No"的类。

决策树学习的基本算法是贪心算法，采用自顶向下的递归方式构造决策树。Hunt 等人于 1966 年提出的概念学习系统 CLS 是最早的决策树算法，以后的许多决策树算法都是对 CLS 算法的改进或由 CLS 衍生而来。Quinlan 于 1979 年提出了著名的 ID3 方法。以 ID3 为蓝本的 C4.5 是一个能处理连续属性的算法。其他决策树方法还有 ID3 的增量版本 ID4 和 ID5 等。强调在数据挖掘中有伸缩性的决策树算法有 SLIQ、SPRINT、RainForest 等。

下面给出的 ID3 算法中的属性是离散值，连续值的属性必须离散化。

算法：Decision_Tree（samples，attribute_list）

输入：由离散值属性描述的训练样本集 samples；候选属性集合 atrribute_list。

输出：一棵决策树。

方法：

① 创建节点 N；

② 如果（samples 都在同一类 C 中）那么

③ 返回 N 作为叶节点，以类 C 标记；

④ 如果（attribute_list 为空）那么

⑤ 返回 N 作为叶节点，以 samples 中最普遍的类标记；// 多数表决

⑥ 选择 attribute_list 中具有最高信息增益的属性 test_attribute；

⑦ 以 test_attribute 标记节点 N；

⑧ for each test_attribute 的已知值 v   // 划分 samples

⑨ 由节点 N 分出一个对应 test_attribute=v 的分支；

⑩ 令 S_v 为 samples 中 test_attribute=v 的样本集合；// 一个划分块

⑪ 如果（S_v 为空）那么

⑫ 加上一个叶节点，以 samples 中最普遍的类标记；

⑬ 否则加入一个由 Decision_Tree（S_v, attribute_list-test_attribute）返回的节点。

ID3 算法采用基于信息熵定义的信息增益度量来选择内节点的测试属性。熵（entropy）刻画了任意样本集的纯度。

设 S 是包含 n 个数据的样本集合，将该样本集划分为 c 个不同的类 C_i（$i=1, 2, \cdots, c$），每个类 C_i 含有的样本数目为 n_i，则 S 划分为 c 个类的信息熵或期望信息为：

$$E(S) = -\sum_{i=1}^{c} p_i \log_2(p_i)$$

其中，p_i 为 S 中的样本属于第 i 类 C_i 的概率，即 $p_i = n_i / n$。信息以二进制编码，熵以二进制位的个数来度量编码的长度，因此，对数的底为 2。

当样本属于每个类的概率相等时，即对任意 i 有 $p_i = 1/c$ 时，上述的熵取到最大值 $\log_2 c$。而当所有样本属于同一个类时，S 的熵为 0。其他情况的熵介于 $0 \sim \log_2 c$ 之间。图 4-10 所示是 $c=2$ 时布尔分类的熵函数随 p_1 从 0 到 1 变化时的曲线。

假设给定样本集合 S 含有 14 个样本，分为两类，类 C_1 含有 9 个样本，类 C_2 含有 5 个样本，则 S 关于这个布尔分类的熵为：

$$E(S) = -(9/14) \log_2(9/14) - (5/14) \log_2(5/14) = 0.94$$

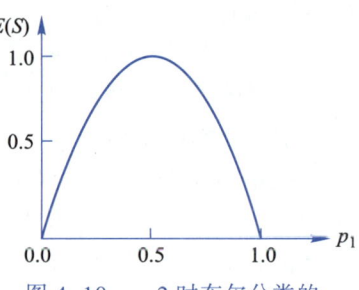

图 4-10　$c=2$ 时布尔分类的熵函数曲线

反映了对样本集合 S 分类的不确定性，也是对样本分类的期望信息。熵值越小，划分的纯度越高，对样本分类的不确定性越低。

一个属性的信息增益，就是用这个属性对样本分类而导致的熵的期望值下降。因此，ID3 算法在每一个节点选择取得最大信息增益的属性。

假设属性 A 的所有不同值的集合为 Values(A)，S_v 是 S 中属性 A 的值为 v 的样本子集，即 $\{S_v = s \in S | A(s) = v\}$，在选择属性 A 后的每一个分支节点上，对该节点的样本集 S_v 分类的熵为 $E(S_v)$。选择 A 导致的期望熵定义为每个子集 S_v 的熵的加权和，权值为属于 S_v 的样本占原始样本 S 的比例 $\frac{|S_v|}{|S|}$，即期望熵为：

$$E(S, A) = \sum_{v \in \text{Values}(A)} \frac{|S_v|}{|S|} E(S_v)$$

其中，$E(S_v)$ 是将 S_v 中的样本划分到 c 个类的信息熵。属性 A 相对样本集合 S 的信息增益 Gain(S, A) 定义为：

$$\text{Gain}(S, A) = E(S) - E(S, A)$$

Gain(S, A) 是指因知道属性 A 的值后导致的熵的期望压缩。Gain(S, A) 越大，说明选择测试属性 A 对分类提供的信息越多。Quinlan 的 ID3 算法就是在每个节点选择信息增益 Gain（S，A）最大的属性作为测试属性。

【示例 4.2】 决策树归纳学习。表 4-1 给出了训练样本集，类标号属性 PlayTennis 有两个不同值（Yes 和 No），即有两个不同的类（C=2）。设 C_1 对应 Yes，C_2 对应 No，则类 C_1 有 9 个样本，类 C_2 有 5 个样本。现计算每个属性的信息增益。

表 4-1 **PlayTennis 的训练样本集**

Day	Outlook	Temperature	Humidity	Wind	PlayTennis
D1	Sunny	Hot	High	Weak	No
D2	Sunny	Hot	High	Strong	No
D3	Overcast	Hot	High	Weak	Yes
D4	Rain	Mild	High	Weak	Yes
D5	Rain	Cool	Normal	Weak	Yes
D6	Rain	Cool	Normal	Strong	No
D7	Overcast	Cool	Normal	Strong	Yes
D8	Sunny	Mild	High	Weak	No
D9	Sunny	Cool	Normal	Weak	Yes
D10	Rain	Mild	Normal	Weak	Yes
D11	Sunny	Mild	Normal	Strong	Yes
D12	Overcast	Mild	High	Strong	Yes
D13	Overcast	Hot	Normal	Weak	Yes
D14	Rain	Mild	High	Strong	No

对给定样本分类所需的期望信息为：

$$E(S)=-(9/14)\log_2(9/14)-(5/14)\log_2(5/14)=0.940$$

下面以 Outlook 为例计算每个属性的熵。Values（Outlook）＝｛Sunny，Overcast，Rain｝，S_{Sunny}＝｛D_1,D_2,D_8,D_9,D_{11}｝，｜S_{Sunny}｜=5，其中，属于类 C_1 的有 2 个，属于类 C_2 的有 3 个，故有：

$$E(S_{\text{Sunny}})=-(2/5)\log_2(2/5)-(3/5)\log_2(3/5)=0.971$$

S_{Overcast}＝｛D_3,D_7,D_{12},D_{13}｝，｜S_{Overcast}｜=4，其中，属于类 C_1 的有 4 个，属于类 C_2 的有 0 个，故有：

$$E(S_{\text{Overcast}})=-(4/4)\log_2(4/4)-(0/4)\log_2(0/4)=0$$

S_{Rain}＝｛$D_4,D_5,D_6,D_{10},D_{14}$｝，｜$S_{\text{Rain}}$｜=5，其中，属于类 C_1 的有 3 个，属于类 C_2 的有 2 个，有

$$E(S_{\text{Rain}})=-(3/5)\log_2(3/5)-(2/5)\log_2(2/5)=0.971$$

因此属性 Outlook 的期望熵为：

$$E(S, \text{Outlook}) = (5/14)E(S_{\text{Sunny}}) + (4/14)E(S_{\text{Overcast}}) +$$
$$(5/14)E(S_{\text{Rain}}) = 0.694$$

故 Outlook 的信息增益为：
$$\text{Gain}(S, \text{Outlook}) = E(S) - E(S, \text{Outlook}) = 0.940 - 0.694 = 0.246$$

同理可得：
$$\text{Gain}(S, \text{Humidity}) = 0.151, \text{Gain}(S, \text{Wind}) = 0.048,$$
$$\text{Gain}(S, \text{Temperature}) = 0.029$$

因为属性 Outlook 的信息增益最大，所以选属性 Outlook 作为根节点的测试属性，并对应每个值（即 Sunny、Overcast、Rain）在根节点向下创建分支，形成如图 4-11 所示的部分决策树。

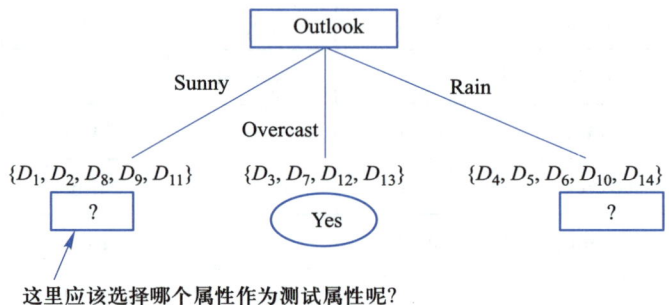

图 4-11　属性为 Outlook 的期望熵

图 4-11 中同时画出排列到各新节点的训练样本。由于 Outlook=Overcast 分支节点上的样本属于同一类，故根据 ID3 算法，该节点成为一个叶子节点，类标记为"Yes"。而对应 Outlook=Sunny 和 Outlook=Rain 分支节点上的样本集具有非 0 熵，决策树在这两个节点进一步展开。重复前面的过程，选取信息增益最高的属性来划分训练样本。不同的是，已被放置在祖先节点的属性不在考虑之列，而且仅考虑与节点对应的训练样本。

例如，在 Outlook=Sunny 节点上，对应的训练样本集 $S_{\text{Sunny}} = \{D_1, D_2, D_8, D_9, D_{11}\}$，要计算的信息增益分别为：

$\text{Gain}(S_{\text{Sunny}}, \text{Humidity}) = 0.970$

$\text{Gain}(S_{\text{Sunny}}, \text{Temperature}) = 0.570$

$\text{Gain}(S_{\text{Sunny}}, \text{Wind}) = 0.019$

因此，在该节点应选取的测试属性是 Humidity。

如果从根节点到当前节点的路径已包括所有属性，或者当前节点的训练样本同属一类，算法结束。由 ID3 算法返回的最终决策树如图 4-11 所示。

从决策树的树根到树叶的每条路径对应一组属性测试的合取，决策树代表这些合取式的析取。例如，图 4-9 所示中的决策树对应的表达式为：

$$(\text{Outlook}=\text{Sunny} \wedge \text{Humidity}=\text{Normal}) \vee (\text{Outlook}=\text{Overcast})$$
$$\vee (\text{Outlook}=\text{Rain} \wedge \text{Wind}=\text{Weak})$$

在生成决策树后，可以方便地提取决策树描述的知识，并表示成 if-then 形式的分类规则。沿着根节点到叶节点的每一条路径对应一条决策规则。例如，图4-11中最左侧的路径对应的决策规则是 if（Outlook=Sunny ∧ Humidity=High）then PlayTennis=No。

2. 决策树的剪枝

在创建决策树时，如果训练样本数量太少或数据中存在噪声和孤立点，可能会导致生成的许多分支反映的仅仅是训练样本集中的异常现象。这种情况下，创建的决策树会过度拟合训练样本集。过度拟合也称为过学习，是指模型对训练数据的假设过于复杂，以至于失去了良好的泛化能力。

剪枝用于解决过度拟合的问题。剪枝的核心原则包括：

① 奥卡姆剃刀原则：在与观察数据一致的情况下，应选择最简单的模型。

② 决策树的简法性：决策树越小越容易理解，较小的决策树在存储与传输时的成本也较低。

③ 平衡树的大小占分类错误率：决策树越复杂，其节点越多，每个节点包含的训练样本就越少，则支持每个节点的假设的样本个数就越少，这可能导致决策树在测试集上的分类错误率较大。但决策树过小也会导致错误率较大，因此，需要在树的大小与正确率之间寻找均衡点。

常用的剪枝技术有预剪枝（pre-pruning）和后剪枝（post-pruning）。预剪枝技术限制决策树的过度生长，常见算法包括CHAID、ID3家族的ID3和C4.5等，后剪枝技术则是待决策树生成后再进行剪枝，常见算法包括CART等。

（1）预剪枝：最直接的预剪枝方法是预先限定决策树的最大生长高度，使决策树不能过度生长。这种停止标准一般能取得比较好的效果。不过指定树高度的方法要求用户对数据的取值分布有较为清晰的把握，而且需对参数值进行反复尝试，否则无法给出一个较为合理的树高度阈值。更普遍的做法是采用统计度量，如用 χ^2 检验、信息增益等评估节点分裂对系统性能的增益。如果节点分裂的增益值小于预先给定的阈值，则不对该节点进行扩展。如果在最好情况下的扩展增益都小于阈值，即使有些节点的样本不属于同一类，算法也可以终止。选取阈值是困难的，阈值较高可能导致决策树过于简化，而阈值较低可能导致对树的简化不够充分。

预剪枝技术在决策树构造过程中存在视野效果限制的问题。具体来说，在相同的评估标准下，当前的节点扩展可能不满足剪枝标准，但进一步的扩展有可能满足该标准。因此，采用预剪枝的算法有可能过早地停止决策树的构造，但由于不必生成完整的决策树，算法的效率很高，适用于大规模问题。

（2）后剪枝：后剪枝技术允许决策树过度生长，然后根据一定的规则，剪去决策树中那些不具有一般代表性的叶节点或分支。

后剪枝算法有自上而下的和自下而上的两种剪枝策略。自下而上的算法首先从最底层的内节点开始剪枝，剪去满足一定条件的内节点，在生成的新决策树上递归调用这个算法，直到没有可以剪枝的节点为止。自上而下的算法是从根节点开始向下逐个考虑节点的剪枝问题，只要节点满足剪枝的条件就进行剪枝。

3. 决策树算法的改进

Bratko的研究小组在用ID3算法构造决策树时发现，按照信息增益最大的原则，ID3 算法首先判断的属性（靠近决策树的根节点）有时并不能提供较多的信息。Konenko 等人认为信息增益度量偏向取值较多的属性。

例如，以属性 Date 为例，假设它有很多可能的属性值。如果属性 Date 是有最大信息增益的属性（只需 Date 即可完成预测训练样本的分类标记），于是该属性被选作树根节点的测试属性，从而形成一棵深度为 1 的、分支较多的决策树。该决策树对训练样本集的分类比较理想，但对未知样本的正确分类能力较差。

下面介绍几种具体的改进算法：

（1）二叉树决策算法。Konenko 等人建议限制决策树为二叉树，使得取值多的属性与取值少的属性有同等的机会。但这种改进为了追求计算效率，把一些属性值随意组合在一起，这些组合有时是很不恰当的。而且对同一属性进行多次重复测试也是令人难以接受的。实际使用中，可以考虑采用其他度量来代替信息增益度量，用于选择测试属性。

（2）增益比率（gain ratio）是 Quinlan 提出的一个度量。增益比率引入一个称为分裂信息的项来削弱类似 Date 的属性。分裂信息 SI 是样本集 S 关于属性 A 的各取值的熵，即：

$$\text{SI}(S,A) = -\sum_{i=1}^{m} \frac{|S_i|}{|S|} \log_2 \frac{|S_i|}{|S|}$$

其中，S_i 是属性 A 的第 i 个值对应的样本集，属性 A 共有 m 个值。分裂信息用来衡量属性分裂数据的广度和均匀性。

增益比率度量是信息增益与分裂信息的比值，即：

$$\text{GainRatio}(S,A) = \frac{\text{Gain}(S,A)}{\text{SI}(S,A)}$$

一个属性分割样本的广度越大，均匀性越强，该属性的分裂信息越大，增益比率 GainRatio 就越小。因此，分裂信息项降低了选择那些值较多且均匀分布的属性的可能性。

例如，含 n 个样本的集合按属性 A 划分为 n 组（每组一个样本），A 的分裂信息为 $\log_2 n$。属性 B 将 n 个样本平分为两组，B 的分裂信息为 1，若 A、B 有同样的信息增益，显然，按信息增益比率度量应选择 B 属性。

采用增益比率作为选择属性的标准，克服了信息增益度量的缺点，但是算法偏向于选择取值较集中的属性（即熵值最小的属性），并不一定是对分类最重要的属性。

（3）按分类信息估值的方法。Cendrowska 根据属性为样本分类提供有用信息的多少来选取测试属性。将训练样本分为 l 类 $C_1, C_2, \cdots, C_l$。设属性 a 的取值 $a_1, a_2, \cdots, a_k$。取其中 m 个类 C_i，所有 $|C_i| \neq 0$，定义：

$$F(X,a) = \frac{1}{m \times k} \sum_{i=1}^{m} \sum_{j=1}^{k} \log \frac{p(C_i \mid a = a_j)}{p(C_i)}$$

Cendrowska 认为应选取使 $F(X,a)$ 最大的属性 a 作为测试属性。

（4）按划分距离估值的方法。Lopez de Mantaras 提出利用划分距离的办法选择测试属性。设待分类样本分别属于 l 个不同的类，如果有一种划分方法能够把训

练样本集分为 l 个子集，每个子集恰好为一个类，则称这种划分为理想划分。根据一个属性的可能取值，可以得到样本集的一种划分。定义划分与理想划分之间的距离度量，选取距离理想划分最近的划分所对应的属性作为当前的测试属性。Lopez de Mantaras 定义的距离也是以信息熵为基础的。可以证明，将划分距离作为度量标准，不倾向于取值较多的属性，而且这种度量也避免了增益比率度量的缺点。

4. 决策树算法的可伸缩性

面对海量数据集上的数据挖掘任务，决策树算法的有效性和可伸缩性是值得关注的问题。决策树分类算法的共同问题是训练集受内存容量的限制。为改善算法的可伸缩性，早期的策略有数据采样、连续属性离散化、对数据分片构建决策树等，这些策略是以降低分类准确性为代价的。SLIQ 和 SPRINT 算法能够在非常大的训练样本集上进行决策树归纳学习。SLIQ 算法对数据预排序，使用若干驻留磁盘的属性表和一个驻留内存的类表。在决策树生成时，采用广度优先增长策略和 MDL（最短描述长度）剪枝。SLIQ 的可伸缩性受限于常驻内存的数据结构，SPRINT 算法训练样本数量不受内存的限制，而且 SPRINT 算法的并行实现容易，效率较高，这进一步增强了算法的可伸缩性。SPRINT 算法的缺点在于使用属性列表，导致存储代价比原来高，节点分割要创建哈希表，加大了系统的负担，节点分割处理也相对复杂。

"雨林"（rainforest）算法框架注重于提高决策树算法的伸缩性，该框架可用于大多数决策树算法（如 SPRINT 和 SLIQ），使算法获得的结果与将全部数据放置于内存所得到的结果一致。

4.2.3 贝叶斯分类

贝叶斯（R.T. Bayes，1702—1761 年）学派奠基性的工作，是英国学者贝叶斯的一篇具有哲学性的论文《关于概率性问题求解的讨论》。著名数学家拉普拉斯利用贝叶斯的方法导出了重要的"相继律"，从而引起人们对贝叶斯的方法和理论的重视。尽管利用贝叶斯方法可以推导出很多有意义的结果，但是，由于理论上和实际应用中存在很多问题，在 19 世纪，贝叶斯理论并未被普遍接受。进入 20 世纪，意大利的菲纳特、英国的杰弗莱、古特、萨凡奇、林德莱对贝叶斯学派的形成做出了重要贡献，1958 年英国历史最长的统计杂志 Biometrika 重新全文刊载了贝叶斯的论文。20 世纪 50 年代，罗宾斯（H.Robbins）将经典统计学派的方法和贝叶斯学派的方法进行融合，提出了经验贝叶斯方法（EB 方法）。如今，贝叶斯学派的思想方法已渗透到了许多学科。

贝叶斯理论在人工智能、机器学习、数据挖掘等方面也有广泛应用。20 世纪 80 年代，贝叶斯网络被用于专家系统的知识表示，90 年代可学习的贝叶斯网络被用于数据挖掘和机器学习。涉及因果推理、不确定性知识表达、聚类分析等方面的贝叶斯方法的文章大量涌现。并且出现了专门研究贝叶斯理论的组织和学术刊物 ISBA。

贝叶斯分类是一种统计学分类方法，可以预测类成员关系的可能性，如给定样本属于一个特定类的概率。目前，贝叶斯分类方法已在文本分类、字母识别、经济预测等领域获得了成功的应用。贝叶斯方法正在以其独特的不确定性知识表达形式、丰富的概率表达能力、综合先验知识的增量学习等特性成为众多数据挖掘方法中最引人注目的焦点之一。

1. 贝叶斯公式

贝叶斯公式建立起先验概率和后验概率的联系。先验概率是指根据历史资料或主观判断确定的各事件发生的概率，由于没能经过实验证实，属于检验前的概率，所以称为先验概率。先验概率一般分为两类，一是客观先验概率，指利用历史资料计算得到的概率；二是主观先验概率，指在没有历史资料或历史资料不全的情况下，仅仅凭借主观经验判断得到的概率。

后验概率是指利用贝叶斯公式，结合调查等方式获取了新的附加信息，对先验概率进行修正后得到的更符合实际的概率。

贝叶斯公式也称为后验概率公式或逆概率公式，有几种不同的形式。通常采用事件形式或随机变量形式表示。

事件形式：

设 $A_1, A_2, \cdots, A_n$ 互不相容，并且有 $\bigcup_{i=1}^{n} A_i = \Omega$（必然事件），则对于任一事件 B，有

$$P(A_i | B) = \frac{P(A_i)P(B|A_i)}{P(B)} = \frac{P(A_i)P(B|A_i)}{\sum_{j=1}^{n} P(A_j)P(B|A_j)} \quad (i = 1, 2, \cdots, n)$$

随机变量形式：设 x 和 θ 为两个随机变量，x 是观测向量，θ 是未知参数向量，其联合分布密度是 $p(x, \theta)$，$p(x|\theta)$ 是 x 对 θ 的条件密度，$\pi(\theta)$ 是 θ 的先验分布密度，于是 θ 对 x 的条件密度 $p(\theta|x)$ 为

$$p(\theta | x) = \frac{\pi(\theta) p(x | \theta)}{\int \pi(\theta) p(x | \theta) \mathrm{d}\theta}$$

贝叶斯假设指出，在没有任何关于 θ 的信息时，可以认为 θ 的先验分布是均匀分布。当然，确定先验分布的准则还包括杰弗莱准则、最大熵准则、共轭分布族等。总之，贝叶斯方法的重点在于研究如何合理地使用先验信息。

2. 朴素贝叶斯分类

朴素贝叶斯分类（naive Bayes classification）又称为简单贝叶斯分类（simple Bayesian classification）。它将训练样本 I 分解成特征向量 X 和决策类别变量 C。假定一个特征向量的各分量相对于决策变量是独立的，也就是说各分量独立地作用于决策变量。这一假定叫作类条件独立。作此假定是为了简化计算，所以称为"朴素的"。一般认为，只有在满足类条件独立的情况下，朴素贝叶斯分类才能获得精确最优的分类效果；在属性相关性较小的情况下，能获得近似最优的分类效果。这种假定不仅以指数级降低了贝叶斯网络的复杂性，而且在许多实际应用领域，即使违背这种假定，朴素贝叶斯分类也表现出相当的健壮性和高效性。在某些领域，朴素贝叶斯分类的性能与神经网络和决策树的分类性能相当。

朴素贝叶斯分类的工作过程如下：

（1）用 n 维特征向量 $X=\{x_1, x_2, \cdots, x_n\}$ 表示每个数据样本，用以描述对该样本的 n 个属性 $A_1, A_2, \cdots, A_n$ 的度量。

（2）假定数据样本可以分为 m 个类 $C_1, C_2, \cdots, C_m$。给定一个未知类标号的数据样本 X，朴素贝叶斯分类将其分类到类 C_i，当且仅当

$$P(C_i|x) > P(C_j|x) \quad 1 \leq j \leq m, j \neq i$$

$P(C_i|X)$ 最大的类 C_i 称为最大后验假定。由贝叶斯公式可知

$$P(C_i|X) = \frac{P(X|C_i)P(C_i)}{P(X)}$$

（3）由于 $P(X)$ 对于所有类都为常数，只需要 $P(X|C_i)P(C_i)$ 最大即可。如果类的先验概率未知，通常根据贝叶斯假设，可取 $P(C_1)=P(C_2)=\cdots=P(C_m)$，从而只需 $P(X|C_i)$ 最大化。类的先验概率也可以用 $P(C_i)=s_i/s$ 计算，其中，s_i 是类 C_i 中的训练样本数，s 是训练样本总数。

（4）当数据集的属性较多时，计算 $P(X|C_i)$ 的开销可能非常大。如果假定类条件独立，可以简化联合分布，从而降低计算 $P(X|C_i)$ 的开销。给定样本的类标号，若属性值相互条件独立，即属性间不存在依赖关系，则有：

$$P(X|C_i) = \prod_{k=1}^{n} P(x_k|C_i)$$

其中，概率 $P(x_1|C_i)$，$P(x_2|C_i)$，$\cdots$，$P(x_n|C_i)$ 可以由训练样本进行估值。如果 A_k 是离散值属性，则 $P(x_k|C_i)=s_{ik}/s_i$。其中，s_{ik} 是类 C_i 中属性 A_k 的值为 x_k 的训练样本数，而 s_i 是 C_i 中的训练样本数。如果 A_k 是连续值属性，通常假定该属性服从高斯分布（正态分布）。从而有

$$P(x_k|C_i) = g(x_k, \mu_{C_i}, \sigma_{C_i}) = \frac{1}{\sqrt{2\pi}\sigma_{C_i}} \exp\left(-\frac{1}{2C_{i_2}^{\sigma}}(x_k - \mu_{C_i})^2\right)$$

其中，给定类 C_i 的训练样本属性 A_k 的值，$g(x_k, \mu_{C_i}, \sigma_{C_i})$ 是属性 A_k 的高斯密度函数，μ_{C_i}，σ_{C_i} 分别为均值和标准差。

（5）对每个类 C_i，计算 $P(X|C_i)P(C_i)$。把样本 X 指派到类 C_i 的充分必要条件是

$$P(X|C_i)P(C_i) > P(X|C_j)P(C_j), 1 \leq j \leq m, j \neq i$$

也就是说，X 被分配到使 $P(X|C_i)P(C_i)$ 最大的类 C_i。

例 4.3 使用朴素贝叶斯分类预测未知样本的类标号。给定 PlayTennis 的训练样本集见表 4-1。根据天气（Outlook）、温度（Temperature）、湿度（Humidity）和风强度（Windy）来决定是否打球（PlayTennis）。类标号属性 PlayTennis 具有两个不同值 {Yes, No}。设 C_1 对应于类 PlayTennis="Yes"，而 C_2 对应于类 PlayTennis="No"。使用朴素贝叶斯分类来预测在 <Outlook=Sunny, Temperature=Hot, Humidity=High, Wind=Strong> 的情况下，是否打球。

要分类的未知样本为：

X=<Outlook=Sunny, Temperature=Hot, Humidity=High, Wind=Strong>

根据朴素贝叶斯分类方法，需要最大化 $P(X|C_i)P(C_i)$，$i=1,2$。每个类的先验概率 $P(C_i)$ 可以根据训练样本计算：

$P($PlayTennis$=$"Yes"$)=9/14=0.643$

$P($PlayTennis$=$"No"$)=5/14=0.357$

为计算 $P(X|C_i)$，$i=1$，2，先计算下面的条件概率：

$P($Outlook$=$"Sunny"$|$PlayTennis$=$"Yes"$)=2/9=0.222$

$P($Outlook$=$"Sunny"$|$PlayTennis$=$"No"$)=3/5=0.600$

$P($Temperature$=$"Hot"$|$PlayTennis$=$"Yes"$)=2/9=0.222$

$P($Temperature$=$"Hot"$|$PlayTennis$=$"No"$)=2/5=0.400$

$P($Humidity$=$"High"$|$PlayTennis$=$"Yes"$)=3/9=0.333$

$P($Humidity$=$"High"$|$PlayTennis$=$"No"$)=4/5=0.800$

$P($Windy$=$"Strong"$|$PlayTennis$=$"Yes"$)=3/9=0.333$

$P($Windy$=$"Strong"$|$PlayTennis$=$"No"$)=3/5=0.600$

利用以上概率，可以得到：

$P(X|$PlayTennis$=$"Yes"$)=0.222\ 0.222\ 0.333\ 0.333=0.005$

$P(X|$PlayTennis$=$"No"$)=0.600\ 0.400\ 0.800\ 0.600=0.115$

$P(X|$PlayTennis$=$"Yes"$)P($PlayTennis$=$"Yes"$)=0.005\ 0.643=0.003$

$P(X|$PlayTennis$=$"No"$)P($PlayTennis$=$"No"$)=0.115\ 0.357=0.041$

因此，将样本 X 指派给类 C_2：PlayTennis$=$"No"。即在 <Outlook=Sunny, Temperature=Hot, Humidity=High, Wind=Strong> 的情况下不去打球。

3. 贝叶斯网络

朴素贝叶斯分类假定类条件独立。这一假定简化了计算。与其他分类算法相比，当类条件独立假定成立时，朴素贝叶斯分类是最精确的。然而，变量之间可能存在依赖关系。贝叶斯信念网络（Bayesian belief network）解决了这个问题。一般来说，贝叶斯信念网络通过指定一组条件独立性假定（有向无环图），以及一组局部条件概率集合来表示联合概率分布。贝叶斯信念网络也称作贝叶斯网络、信念网络或概率网络。贝叶斯网络允许在变量的子集间定义类条件独立性，并且提供一种因果关系的图形，可以在其上进行学习。

（1）贝叶斯网络的定义。

给定一个随机变量集 $X=\{X_1,X_2,\cdots,X_n\}$，其中，X_i 是一个 m 维向量。贝叶斯网络说明 X 上的一条联合条件概率分布。贝叶斯网络定义如下：

$$B=<G,\theta>$$

G 是一个有向无环图，顶点分别对应于有限集 X 中的随机变量 $X_1,X_2,\cdots,X_n$，每条弧代表一个函数依赖关系。如果有一条由变量 Y 到 X 的弧，则 Y 是 X 的双亲或称直接前驱，而 X 则是 Y 的后继。一旦给定双亲，图中的每个变量就与其非后继节点相独立。在图 G 中，X_i 的所有双亲变量用集合 $Pa(X_i)$ 表示。

代表用于量化网络的一组参数。对于每一个 X_i 的取值 x_i，参数 $\theta_{x_i|Pa(x_i)}=P(x_i|Pa(X_i))$ 表明在给定 $Pa(X_i)$ 发生的情况下，事件 x_i 发生的条件概率。实际上，贝叶斯网络给定了变量集合 X 上的联合条件概率分布：

$$P_B(X_1, X_2, \cdots, X_n) = \prod_{i=1}^{n} P_B(X_i \mid Pa(X_i))$$

图 4-12 给出了一个有 6 个布尔变量的简单贝叶斯网络。可以看出节点 A 和节点 B 都是节点 C 的双亲,表示变量 C 既受到变量 A 的影响,也受到变量 B 的影响。此外,还可以看到,变量 C 条件独立于变量 D。表 4-2 是变量 C 的条件概率表(CPT)。变量 C 的 CPT 说明条件分布 $P(C \mid Pa(C))$,其中,$Pa(C)$ 是 C 的双亲。表中给出了变量 C 的每个值的条件概率。比如,表中最左上方的数据表示了以下断言:

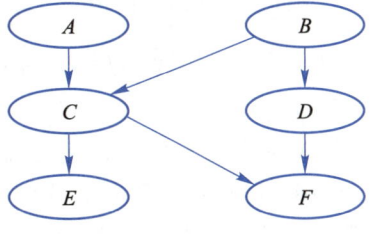

图 4-12 简单的贝叶斯网络

$$P(C=\text{true} \mid A=\text{true}, B=\text{true}) = 0.8$$

对应于属性或变量 $X_1, X_2, \cdots, X_n$ 的任意元组 $(x_1, x_2, \cdots, x_n)$ 的联合概率可由下式计算:

$$P(x_1, x_2, \cdots, x_n) = \prod_{i=1}^{n} P(x_i \mid Pa(X_i))$$

其中,$P(x_i \mid Pa(X_i))$ 对应于 X_i 的 CPT 中的表目。

表 4-2 变量 C 的条件概率表

	A, B	$A, \sim B$	$\sim A, B$	$\sim A, \sim B$
C	0.8	0.5	0.7	0.1
$\sim C$	0.2	0.5	0.3	0.9

贝叶斯网络提供了一种表示因果知识的方便途径。例如,变量 B 导致变量 D,可以表述为在给定 B 的值的情况下,D 条件独立于网络中其他变量。注意此条件独立性假定是由上图中贝叶斯网络的弧指定的。

网络内节点可以选作"输出"节点,代表类标号属性。可以有多个输出节点。分类过程不是返回单个类标号,而是返回类标号属性的概率分布,即预测每个类的概率。

(2)贝叶斯网络的构造。

A. 确定建立模型所需的有关变量及其解释。包括:

① 确定模型的目标,即确定问题相关的解释。

② 确定与问题有关的可能观测值,并确定值得建立模型的子集。

③ 将这些观测值组织成互不相容的而且穷尽所有状态的变量。

B. 建立一个表示条件独立断言的有向无环图。

根据概率乘法公式有:

$$P(x) = \prod_{i=1}^{n} P(x_i \mid x_1, x_2, \cdots, x_{i-1})$$
$$= P(x_1) P(x_2 \mid x_1) P(x_3 \mid x_1, x_2), \cdots, P(x_n \mid x_1, x_2, \cdots, x_{n-1})$$

对于每个变量 X_i,如果有某个子集 $\Pi_i \subseteq \{X_1, X_2, \cdots, X_{i-1}\}$ 使 X_i 与 $\{X_1, X_2, \cdots,$

$X_{i-1} \perp \Pi_i$ 是条件独立的,即对任何 X_i,有

$$P(x_i | x_1, x_2, \cdots, x_{i-1}) = P(x_i | \Pi_i)$$

则可得 $P(x) = \prod_{i=1}^{n} P(x_i | \Pi_i)$。变量集合($\Pi_1, \Pi_2, \cdots, \Pi_n$)对应于父节点($P_{a_1}, \cdots, P_{a_n}$),故又可以写成 $P(x) = \prod_{i=1}^{n} P(x_i | Pa_i)$。于是,为了确定贝叶斯网络的结构,需要将变量 $X_1, X_2, \cdots, X_i$ 按某种次序排列,并决定变量集 Π_i($i=1,2,\cdots,n$)。

从 n 个变量中找出适合条件独立的顺序,是一个组合爆炸问题。因为要比较 $n!$ 种变量顺序。不过,通常可以在现实问题中决定因果关系,而且因果关系一般都对应于条件独立的断言。因此,可以从原因变量到结果变量划一个带箭头的弧来直观表示变量之间的因果关系。

C. 指派局部概率分布 $P(x_i | Pa_i)$。在离散的情况下,需要为每一个变量 X_i 的各个父节点的状态指派一个分布。

显然,以上各步可能交叉进行,而不是简单地顺序进行。

(3)学习贝叶斯网络。

目前,如何从训练数据中学习贝叶斯网络是研究的一个焦点。依据数据是否完备及网络结构是否已知,贝叶斯网络的学习可分为 4 种:网络结构已知且数据完备、网络结构已知且数据不完备、网络结构未知且数据完备、网络结构未知且数据不完备。网络结构已知的两种情况下的贝叶斯网络学习问题可以成功解决,相应的学习方法趋于成熟。但在网络结构未知且数据不完备的情况下,贝叶斯网络学习仍是一个有挑战性的课题。本节只简单介绍网络结构已知时的学习方法。

在已知网络结构,并且变量可以从训练样本中完全获得时,通过学习比较容易得到条件概率表,可以采用的方法有最大似然估计方法、贝叶斯方法等。

如果只有一部分变量值能在数据中观察到,学习贝叶斯网络就要困难得多,类似于在人工神经网络中学习隐藏单元的权值,其中输入和输出节点值由训练样本给出,但隐藏单元的值未指定。可以采用的方法有蒙特·卡洛方法、高斯近似方法、基于梯度的方法和 EM 算法等。

Russell 等人于 1995 年提出一个简单的基于梯度的方法以学习条件概率表中的项。这一基于梯度的方法搜索一个假设空间,它对应于条件概率表中所有可能的项。在梯度上升中最大化的目标函数是 $P_h(D)$,即在给定假设 h 下观察到训练数据 D 的概率。

梯度上升规则使用相应于定义条件概率表参数 $\ln P_h(D)$ 的梯度来使 $P_h(D)$ 最大化。令 w_{ijk} 为在给定双亲节点 U_i 取值 u_{ik} 时,网络变量 Y_i 值为 y_{ij} 的概率,即 w_{ijk} 代表某个条件概率表中的一个 CPT 项。例如,若 w_{ijk} 为表 4-2 中最左上方的表项,那么 Y_i 为变量 C,U_i 是其父节点的元组 <A, B>,y_{ij}=True,并且 u_{ik}=<True,True>。

给定网络结构和 w_{ijk} 的初值,算法步骤如下:

(1)对于每个 w_{ijk},$\ln P_h(D)$ 的梯度由上式计算的导数 $\dfrac{\partial \ln P_h(D)}{\partial w_{ijk}}$ 给出:

$$\frac{\partial \ln P_h(D)}{\partial w_{ijk}} = \sum_{X_d \in D} \frac{P(Y_i = y_{ij}, U_i = u_{ik} | X_d)}{w_{ijk}}$$

例如，为计算对应于表 4-2 中左上方表项的 $\ln P_h(D)$ 的导数，需要对 D 中每个训练样本 X_d 计算 $P(C=\text{True}, A=\text{True}, B=\text{True}|X_d)$。当无法观察到训练样本 X_d 的这些变量时，相应的概率 P 可以使用贝叶斯网络推理的标准算法，由样本 X_d 的观察变量计算。

（2）沿梯度上升方向更新每个 w_{ijk}：

$$w_{ijk} \leftarrow w_{ijk} + \eta \frac{\partial \ln P_h(D)}{\partial w_{ijk}}$$

其中，η 是一小的常量，称为学习率。

（3）将权值 w_{ijk} 归一化，以满足当权值 w_{ijk} 更新时，其取值属于区间 $[0,1]$，使其成为有效的概率，并且对所有的 i, k，都有 $\sum_j w_{ijk}$ 等于 1。

梯度方法的优点是灵活，适应性强，并可借鉴人工神经网络的学习方法。但梯度方法需要在合理的参数空间中搜索，而且存在局部极值问题。

当网络结构未知时，可以采用基于约束的方法或基于打分的方法从数据中学习网络结构。学习的目标是找到与样本 D 匹配程度最高的贝叶斯网络。

图 4-13 展现了一个吸烟与疾病（肺癌、支气管炎）及症状（X-射线、呼吸困难间）间的贝叶斯网络结构。

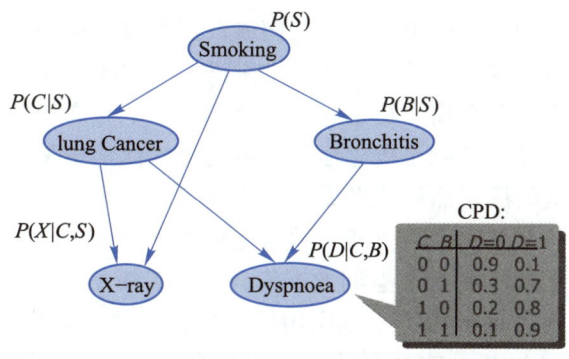

图 4-13　吸烟与疾病及症状间的贝叶斯网络结构

与其他分类方法，如决策树、人工神经网络相比，贝叶斯网络具有以下优势：可以综合先验信息和后验信息；适合处理不完整和带有噪声的数据集；与"黑匣子"知识表示方式（如人工神经网络）相比，贝叶斯网络可以解释为因果关系，其结果易于理解，并利于进行深入研究。

贝叶斯方法已在文本分类、字母识别、经济预测等领域获得了成功的应用。另外，贝叶斯方法还可以用于聚类模式的发现，AutoClass 就是利用贝叶斯方法实现聚类的典型系统。贝叶斯方法在数据挖掘中的应用实例还有贝叶斯方法与人工神经网络相结合的贝叶斯神经网络，贝叶斯方法与统计学习相结合的贝叶斯点机等。

4.2.4　聚类分析

聚类（clustering）是对物理的或抽象的对象集合分组的过程。聚类生成的组称为簇（cluster），簇是数据对象的集合。簇内部的任意两个对象之间具有较高的相似度，而属于不同簇的两个对象间具有较高的相异度。相异度可以根据描述对象的属性值计算，对象间的距离是最常采用的度量指标。在实际应用中，经常将一个簇中的数据对象作为一个整体看待。虽然用聚类生成的簇来表达数据集不可避免地会损失一些信息（类似于有损的数据压缩），但却可以使问题得到必要的简化。

1. 聚类分析简介

聚类分析是数据分析中的一种重要技术，它的应用极为广泛。许多领域中都会涉及聚类分析方法的应用与研究工作，如数据挖掘、统计学、机器学习、模式识别、生物学、空间数据库技术、电子商务等。

从统计学的观点看，聚类分析是通过数据建模简化数据的一种方法。作为多元统计分析的主要分支之一，聚类分析已经有很多年历史，研究成果主要集中在基于距离和基于相似度的聚类方法。传统的统计聚类分析方法包括系统聚类法、分解法、加入法、动态聚类法、有序样品聚类、有重叠聚类和模糊聚类等。采用 $k-$ 均值、$k-$ 中心点等算法的聚类分析工具已被加入到许多著名的统计分析软件包中，如 SPSS、SAS 等。

从机器学习的角度讲，簇相当于隐藏模式。聚类是搜索簇的无监督学习过程。与分类不同，无监督学习不依赖预先定义的类或带类标记的训练实例，需要由聚类学习算法自动确定标记，而分类学习的实例或数据对象有类别标记。聚类是观察式学习，而不是示例式的学习。有些文献中也把聚类称为概念聚类。在概念聚类中，只有当一组对象可以被某个概念描述时，才会形成一个与之相应的簇。当聚类对象可以动态增加时，聚类概念就是概念形成。不同于统计学中基于距离的方法，概念聚类首先要发现合适的簇，然后才形成对簇的描述。

从实际应用的角度看，聚类分析是数据挖掘的主要任务之一。例如，在科学数据探测、信息检索、文本挖掘、空间数据库分析、Web 数据分析、客户关系管理、医学诊断、生物学等方面的数据挖掘应用软件中，聚类分析技术都起着重要作用。在商业领域，聚类可以帮助市场经营人员分析客户数据库，发现不同类型的客户群，按购买习惯分类并刻画客户群的特征。在生物学界，聚类可以用于动物和植物分类，对具有相似功能的基因进行分类，了解种群的内在结构。

就数据挖掘功能而言，聚类能够作为一个独立的工具获得数据的分布状况，观察每一簇数据的特征，集中对特定的聚簇集合做进一步的分析。聚类分析还可以作为其他数据挖掘任务（如分类、关联规则）的预处理步骤。

由于大型数据库、数据仓库十分复杂，数据挖掘中的聚类算法必然要面对由此产生的计算需求。数据挖掘领域主要研究面向大型数据库、数据仓库的高效实用的聚类分析算法。数据挖掘工作希望聚类算法具备如下特性：

（1）处理不同类型属性的能力。

虽然有很多针对数值类型数据的聚类算法，但实际应用中可能需要对其他类型的数据进行聚类，如，二元类型、分类（标称）类型、序数类型、混合类型等。

（2）对大型数据集的可扩展性。

许多聚类分析算法在小数据集上有效。随着大型数据库、数据仓库的广泛应用，对大数据集聚类时许多原有的聚类算法可能产生偏差，甚至出现错误的结果。因此，需要研究具有良好可扩展性的聚类算法。

（3）处理高维数据的能力。

大型数据库或数据仓库可能含有若干个维或属性。较早的聚类算法主要处理低维（2或3维）数据。目前，已经提出了一些针对高维数据的聚类算法。研究高维数据空间的聚类算法具有挑战性，尤其当数据稀疏、高度倾斜时更是如此。

（4）发现任意形状簇的能力。

许多聚类算法是建立在距离度量基础上的，基于距离度量的聚类算法倾向于生成球形的、大小和密度相近的簇。但是，数据集中实际存在的簇可能是任意形状的。簇的大小差异较大，密度也不尽相同。研究能够发现任意形状簇的聚类算法是十分必要的。

（5）处理孤立点或"噪声"数据的能力。

数据集合中往往包含孤立点、缺失值、未知或错误的数据。处理孤立点时，应该考虑两个方面：

① 某些实际问题可能要求聚类算法对"噪声"数据具有较低的敏感性，以免导致低质量的聚类结果，因此，算法应考虑排除或降低来自孤立点的影响。

② 一些实际问题（如对商业欺诈的分析）要求聚类算法合理地发现孤立点，而不是像①中的聚类算法那样将孤立点排除掉或尽量减少来自孤立点的影响。孤立点探测和分析是一个有实际意义的数据挖掘任务，称为孤立点挖掘。

（6）对数据顺序的不敏感性。

有些聚类算法对输入数据的顺序敏感，按不同的输入顺序提交同一组数据时，聚类算法会生成显著不同的聚类结果。为提高聚类结果的稳定性，应该研究对输入数据顺序不敏感的聚类算法。

（7）对先验知识和用户自定义参数的依赖性。

许多聚类算法要求用户输入特定的参数，如产生的簇的数目。一方面参数很难确定，尤其是对高维数据集；另一方面，这类算法往往对输入参数具有敏感性，参数的细微变化可能导致显著不同的聚类结果。另外参数设置加重了用户负担，也难以控制聚类结果质量。

（8）聚类结果的可解释性和实用性。

聚类的结果应该是可理解的、可解释的、可用的。

（9）基于约束的聚类。

在一定的约束条件下，对数据聚类。

当然，上述内容并没有包括聚类算法的全部特性。例如，有些用户会关注算法提供中间结果的能力，在预置内存中处理数据的能力等。对一个算法而言，一般只考虑其中的几个特性。

主要的数据挖掘聚类方法有划分的方法、层次的方法、基于密度的方法、基于网格的方法、基于模型的方法等。

2. 聚类分析中的数据类型

聚类分析主要针对的数据类型包括区间标度变量、二元变量、标称变量、序数型变量、比例标度型变量,以及由这些变量类型构成的复合类型。

一些基于内存的聚类算法通常采用数据矩阵和相异度矩阵两种典型的数据结构。

(1)数据矩阵(data matrix)。

设有 n 个对象,可用 p 个变量(属性)描述每个对象,则 np 矩阵

$$\begin{pmatrix} x_{11} & x_{12} & \cdots & x_{1p} \\ x_{21} & x_{22} & \cdots & x_{2p} \\ \cdots & \cdots & \cdots & \cdots \\ x_{n1} & x_{n2} & \cdots & x_{np} \end{pmatrix}$$

称为数据矩阵。数据矩阵是对象 – 变量结构的数据表达方式。

(2)相异度矩阵(dissimilarity matrix)。

按 n 个对象两两间的相异度构建 n 阶矩阵(因为相异度矩阵是对称的,只需写出上三角或下三角即可)为:

$$\begin{pmatrix} 0 & & & & \\ d(2,1) & 0 & & & \\ d(3,1) & d(3,2) & 0 & & \\ \cdots & \cdots & \cdots & 0 & \\ d(n,1) & d(n,2) & \cdots & \cdots & 0 \end{pmatrix}$$

其中,$d(i,j)$ 表示对象 i 与 j 的相异度,它是一个非负的数值。当对象 i 和 j 越相似或"接近"时,$d(i,j)$ 值越接近 0;而对象 i 和 j 越不相同或相距"越远"时,$d(i,j)$ 值越大。显然,$d(i,j)=d(j,i)$,$d(i,i)=0$。相异度矩阵是对象 – 对象结构的一种数据表达方式。

多数聚类算法都建立在相异度矩阵基础上,如果数据是以数据矩阵形式给出的,就要将数据矩阵转化为相异度矩阵。

计算对象间距离是经常采用的求相异度方法。设两个 p 维向量 $x_i=(x_{i1},x_{i2},\cdots,x_{ip})^T$ 和 $x_j=(x_{j1},x_{j2},\cdots,x_{jp})^T$ 分别表示两个对象,有多种形式的距离度量可以采用。

① 闵可夫斯基(Minkowski)距离:

$$d_q(x_i,x_j) = ||x_i - x_j||_q = \left(\sum_{k=1}^{q} |x_{ik} - x_{jk}|^q \right)^{\frac{1}{q}}$$

其中,$q[1]$,q 表示闵可夫斯基距离,闵可夫斯基距离是无限个距离度量的概化。当 $q=1$ 时为曼哈顿距离;当 $q=2$ 时为欧几里得距离;当 $q=\infty$ 时为切比雪夫距离。

② 曼哈顿(Manhattan)距离:

$$d_1(x_i,x_j) = ||x_i - x_j||_1 = \sum_{k=1}^{p} |x_{ik} - x_{jk}|$$

③ 欧几里得(Euclid)距离:

$$d_2(x_i,x_j) = ||x_i - x_j||_2 = \left[\sum_{k=1}^{p} |x_{ik} - x_{jk}|^2 \right]^{\frac{1}{2}}$$

④ 切比雪夫(Chebyshev)距离:

$$d_\infty(x_i, x_j) = ||x_i - x_j||_\infty = \max_{k \in \{1,2,\cdots,p\}} |x_{ik} - x_{jk}|$$

令对象的维数 $p=2$，在 2 维空间中考察到原点距离为常数的所有点形成的形状。即，考察集合 $\{x \mid ||x|| = c\}$ 的形状。在图 4-14 中可以直观地看出：菱形对应曼哈顿距离；圆形对应欧几里得距离；方形对应切比雪夫距离。

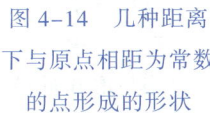

图 4-14 几种距离下与原点相距为常数的点形成的形状

一般地，距离函数 $||\ ||$ 是满足如下条件的函数：
① $||x_i - x_j|| = 0$，当且仅当 $x_i = x_j$；
② 非负性：$||x_i - x_j|| \geq 0$；
③ 对称性：$||x_i - x_j|| = ||x_j - x_i||$；
④ 三角不等式：$||x_i - x_k|| \leq ||x_i - x_j|| + ||x_j - x_k||$。

除前面列出的距离定义外，还有很多其他形式的距离度量定义。如马哈拉诺比斯（Mahalanobis）距离：

$$d_A(x_i - x_j) = (x_i - x_j)^T A (x_i - x_j)$$

其中，A 为正定矩阵。

这种形式的距离度量适合于对 n 维特征空间中的凸形区域建模。

还可以根据每个变量的重要性为其赋一个权重，如，加权的欧几里得距离形式为：

$$d_2(x_i, x_j) = \left(\sum_{k=1}^{p} w_k |x_{ik} - x_{jk}|^2 \right)^{1/2}$$

在聚类分析中需要根据数据类型、应用目标等因素选择距离函数。

3．划分方法

对于一个给定的 n 个对象或元组的数据库，采用目标函数最小化的策略，通过迭代把数据分成 k 个划分块，每个划分块为一个簇，这就是划分方法。划分方法满足两个条件：每个分组至少包含一个对象；每个对象必属于且仅属于某一个分组。

常见的划分方法有 $k-$ 均值算法和 $k-$ 中心点算法。其他方法大都是这两种方法的变形。

（1）$k-$ 均值算法。

$k-$ 均值算法是在科学和工业应用中较流行的聚类工具。算法的名字源于利用簇内点的均值或加权平均值 c_i（质心）作为簇 C_i 的代表点。虽然该算法不适合用于处理分类属性数据，但对数值属性数据有较好的几何和统计意义。

$k-$ 均值聚类算法的核心思想是通过迭代把数据对象划分到不同的簇中，以求目标函数最小化，从而使生成的簇尽可能地紧凑和独立。首先，随机选取 k 个对象作为初始的 k 个簇的质心；然后，将其余对象根据其与各个簇质心的距离分配到最近的簇；再求新形成的簇的质心。这个迭代重定位过程不断重复，直到目标函数最小化为止。设 p 表示数据对象，c_i 表示簇 C_i 的均值，通常采用的目标函数形式为平方误差准则函数，即：

$$E = \sum_{i=1}^{k} \sum_{p \in C_i} ||p - c_i||^2$$

这个目标函数中的距离度量是欧几里得距离。当然，也可以采用其他距离度量，例如，可以采用马哈拉诺比斯距离对椭圆形的簇进行分析。

k-均值聚类算法的流程为：

输入：n 个对象的数据库，期望得到的簇的数目 k。

输出：使得平方误差准则函数最小化的 k 个簇。

方法：

① 选择 k 个对象作为初始的簇的质心。
② 重复步骤 3~5。
③ 计算对象与各个簇的质心的距离，将对象划分到距离其最近的簇。
④ 重新计算每个新簇的均值。
⑤ 直到簇的质心不再变化。

面对大规模数据集，该算法是相对可扩展的，并且具有较高的效率。算法复杂度为 $O(nkt)$，其中，n 为数据集中对象的数目，k 为期望得到的簇的数目，t 为迭代的次数。算法通常终止于局部最优解。

k-均值算法的缺点在于要事先给出期望生成簇的数目 k，这在某些应用中是不实的。k-均值算法不适合于发现非凸面形状的簇和大小差异较大的簇。并且，该算法对"噪声"和孤立点数据敏感。

在初始的 k 个均值选择、对象相异度计算、簇均值的计算等方面采取不同的策略将得到 k-均值算法的很多变形。例如，k-模方法用模代替簇的均值，用新的相异性度量方法处理对象，用基于频率的方法修改簇的模。而 k-原型方法将 k-均值和 k-模算法集成在一起，用于处理含有数值和分类值属性的数据聚类。EM 算法也对 k-均值方法进行了扩展。

（2）k-中心点算法。

k-均值算法采用簇的质心来代表一个簇，质心是簇中其他对象的参照点。因此，k-均值算法对孤立点是敏感的，如果具有极大值，就可能大幅度地扭曲数据的分布。k-中心点算法是为消除这种敏感性提出的，它选择簇中位置最接近簇中心的对象（称为中心点）作为簇的代表点，目标函数仍然可以采用平方误差准则。

k-中心点算法的处理过程是：首先，随机选择 k 个对象作为初始的 k 个簇的代表点，将其余对象根据其与代表点对象的距离分配到最近的簇；然后，反复用非代表点来代替代表点，以改进聚类质量，聚类质量用一个代价函数来估计，该函数度量对象与代表点对象之间的平均相异度。

采用 k-中心点算法有两个好处：一是对属性类型没有局限性；另一个是通过簇内主要点的位置来确定选择中心点，对孤立点的敏感性小。

k-中心点算法的流程为：

输入：n 个对象的数据库，期望得到的簇的数目 k。

输出：使得所有对象与其最近中心点的偏差总和最小化的 k 个簇。

方法：

① 选择 k 个对象作为初始的簇中心。
② 重复步骤 3~7

③ 对每个对象,计算离其最近的簇中心点,并将对象分配到该中心点代表的簇。

④ 随机选取非中心点 O_{random}。

⑤ 计算用 O_{random} 代替 O_j 形成新集合的总代价 S。

⑥ 如果 $S<0$,用 O_{random} 代替 O_j,形成新的 k 个中心点的集合。

⑦ 直到不再发生变化。

两个较早版本的 k- 中心点算法是 PAM 和 CLARA。PAM 仍然采用迭代优化策略,在开始时随机选择 k 个中心点,然后通过迭代找到更好的中心点。显然,PAM 是一个高计算代价的策略,计算复杂度为 $O(k(n-k))^2$。这就导致 PAM 对大数据集没有良好的可扩展性。CLARA 算法是一个基于抽样的方法,其主要思想是先从数据集中抽取若干样本,在每份样本上使用 PAM 算法,求得抽样数据的中心点。相对于 PAM 算法,CLARA 能够处理更大的数据集。PAM 算法直接寻找给定数据集中最佳的 k 个中心点,而 CLARA 算法在抽样数据中寻找中心点,因此,CLARA 算法的有效性取决于抽样的合理性。如果样本偏斜,产生的聚类结果也不会很好。

对 k- 中心点算法更进一步的改进是 CLARANS 算法。该算法是较早提出的面向空间数据库聚类问题的方法,它克服了传统聚类算法在大数据集上的主要缺点。CLARANS 将采样技术和 PAM 算法结合起来。它将聚类过程描述为对一个图的搜索,图中每个节点都是一个潜在的解,即 k 个中心点的集合。把因替换一个中心点而得到的聚类结果称为当前聚类结果的邻居,以用户定义的参数来限制随机测试的邻居数目。如果发现更好的邻居(更小的平方误差值),就把中心节点移到该邻居节点,处理过程重新开始;如果没有找到更好的邻居,当前的聚类就为局部最优。当找到一个局部最优时,CLARANS 就从随机选择的节点开始寻找新的局部最优。CLARANS 算法的聚类质量同样取决于抽样的合理性。但是,CLARANS 与 CLARA 不同,CLARA 在每个搜索阶段都有一个固定的样本,而 CLARANS 在搜索的每个步骤中随机抽取样本。CLARANS 比 PAM 和 CLARA 更有效,它能够探测孤立点,能够发现最"自然的"簇的数目。通过采用空间数据结构(如 R^* 树),CLARANS 的性能可以得到进一步的提高。

4. 孤立点分析

孤立点(outlier)是指数据集合中不符合数据一般特性或一般模型的数据对象。孤立点可能是由于度量或执行错误产生的,也有可能是由于固有数据的变异产生的。

很多数据挖掘算法尽量减少孤立点对挖掘结果的影响,或者在挖掘过程中排除孤立点。但是,有时孤立点(噪声)可能是非常重要的信息。一味地排除孤立点或降低孤立点的影响,将有可能导致丢失隐藏的重要信息。例如,在商业欺诈探测中,孤立点可能预示着欺诈行为,在这种情况下,孤立点的探测和分析是主要的挖掘任务。称孤立点探测和分析为孤立点挖掘(outlier mining)。

对于给定的 n 个数据对象集合上的孤立点挖掘,是指发现与其余数据相比有显著差异、异常或不一致的前 k 个对象。首先要在给定的数据集合中定义数据的不一致性,然后找到有效的方法来挖掘孤立点。

孤立点的定义是非平凡的。如果采用一个回归模型，偏差分析可以给出对数据"极端性"的估计。但是，在时间序列数据中寻找孤立点十分困难，它们可能隐藏在带趋势的、季节性的或者其他周期性变化中。当分析多维数据时，具有极端性的可能是维值的组合，而不是某个特别的维值。对于非数值型的数据（如分类数据），孤立点的定义建立在特殊的考虑基础之上。

由于人眼只善于识别至多 3 维的数值型数据，所以在有很多分类属性的数据或高维数据中发现孤立点时，现有数据可视化方法的效率往往较低。

基于计算机的孤立点探测方法分为：统计学方法、基于距离的方法、基于偏移的方法。

统计学方法假定数据服从一定的概率分布或概率模型，然后根据模型采用不一致性检验来识别孤立点。不一致性检验需要数据集参数（假定的数据分布）、分布参数（如均值和方差）及期望得到的孤立点数目。基于统计学方法的孤立点检测的主要缺点在于大多数检验是针对单个属性的，而许多数据挖掘问题要在高维数据空间中发现孤立点。另外，统计学方法需要数据集合参数，例如数据分布，但数据分布可能是未知的。在没有特定检验时，统计学方法不能确保发现所有的孤立点。

为消除统计学方法带来的缺陷，引入基于距离的孤立点检测的概念。若数据集 S 中至少有 p 个部分与对象 o 的距离大于 d，则对象 o 是一个在参数 p 和 d 下的基于距离的孤立点，即在基于距离的孤立点检测中，将孤立点看作是那些没有足够数量邻居的对象。与基于统计的方法相比，基于距离的孤立点检测拓广了多个标准分布的不一致性检验的思想，避免了过多运算。常见的基于距离的孤立点检测方法有基于索引的算法、嵌套-循环算法、基于单元的算法等。

基于偏离的孤立点检测将孤立点定义为与给定的描述偏离的对象。该类方法不采用统计检验或基于距离的度量值来确定异常对象，而是通过检查一组对象的主要特征来确定孤立点。序列异常技术和 OLAP 数据立方体技术是两种常见的基于偏离的孤立点探测技术。

4.2.5 人工神经网络

人工神经网络（artificial neural network，ANN）是指由简单计算单元组成的广泛并行互联的网络，能够模拟生物神经系统的结构和功能。组成神经网络的单个神经元的结构简单，功能有限，但是，由大量神经元构成的网络系统可以实现强大的功能。

最早的形式化神经元数学模型是 M-P 模型，由美国心理学家 McCulloch 和数理逻辑学家 Pitts 于 1943 年提出。1949 年，心理学家 Hebb 提出 Hebb 学习规则，即通过改变神经元连接强度达到学习的目的。1958 年，计算机科学家 Rosenblatt 提出感知器（perceptron）的概念，掀起人工神经网络研究的第一次高潮。但是，1969 年，人工智能专家 Minsky 和 Papert 在 "*Perceptron*" 中表示出对这方面研究的悲观态度，指出感知器只能用于线性分类问题，甚至连简单的异或运算都无法实现。另外，冯·诺伊曼串行计算机的发展，使多数学者忽视了发展人工智能新途径的必要性。人工神经网络的研究转入低谷。虽然如此，仍有不少研究者对人工神经网络进行了不懈的研究。Grossberg 和 Carpenter 提出了自适应共振理论 ART 网络。Kohonen 提出了自组织映射网络。Fukushima 提出了神经认知机模型。1982 年，美国加州理工学院的生物物理学家 Hopfield 进行了开创性的工作，提出 Hopfield 网络模型，该模型可以用电路实现。这标志着神经网络研究的再次兴起。1985 年，Rumelhart 等人提出了 BP 算法。同年，Hinton 等人提出了 Boltzman 机模型。

人工神经网络在模式识别、计算机视觉、智能控制、信号处理、语音识别、知识处理、机器学习、数据挖掘等领域有着广泛的应用前景。

1. M-P 模型

Kohonen 指出，人工神经网络是由若干简单处理单元组成的广泛并行互联的网络，神经网络的基本处理单元是若干神经元（也称为处理单元或节点）。为实现神经网络的计算功能，需分别给出计算单元（神经元）的计算模型和网络的连接方式。最早的神经元模型是 McCulloch 和 Pitts 提出的 M-P 模型。M-P 模型在一定程度上反映了生物神经元在结构上和功能上的特征。M-P 模型如图 4-15 所示。

其中，$I_N \in \{-1, 1\}$ 表示输入，$Y \in \{-1, 1\}$ 表示输出，权值 $W_N \in \{-1, 1\}$ 表示输入的连接强度，正数权值表示兴奋性输入，负数权值表示抑制性输入。θ 表示神经元兴奋时的阈值，当神经元输入的加权和大于 θ 时，神经元处于兴奋状态。神经元输出通过下式计算：

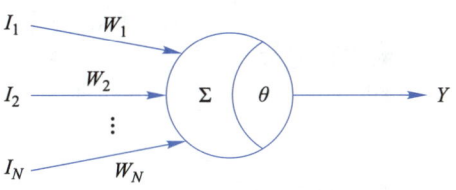

图 4-15　M-P 模型

$$Y = \text{sgn}\left(\sum_{i=1}^{N} W_i I_i - \theta\right)$$

其中，sgn 为符号函数，即：

$$\text{sgn}(x) = \begin{cases} 1 & x \geq 0 \\ -1 & x < 0 \end{cases}$$

如果把阈值也看作为一个权值，并假设 $W_0 = -\theta$，$I_0 = 1$，则输出可以改写为：

$$Y = \text{sgn}\left(\sum_{i=0}^{N} W_i I_i\right)$$

2. 神经元的形式化描述

神经元的数学模型如图 4-16 所示。其中，u_i 为第 i 个神经元的内部状态，θ_i 为神经元阈值，x_j 为输入信号，w_{ji} 表示从第 j 个神经元到第 i 个神经元连接的权值。s_i 表示第 i 个神经元的外部输入信号，上述假设可描述为：

$$u_i = f(\sum_j x_j w_{ji} + s_i - \theta_i) \quad y_i = g(u_i)$$
$$= h(\sum_j x_j w_{ji} + s_i - \theta_i) \quad h = g \cdot f$$

当神经元没有内部状态时，$g(u_i) = u_i, h = f$，$y_i = u_i$。

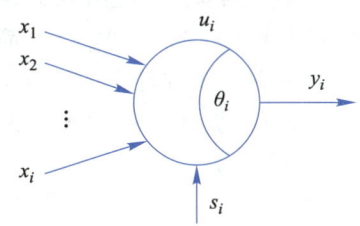

图 4-16　神经元的数学模型

常用的神经元状态转移函数如图 4-17 所示，即：

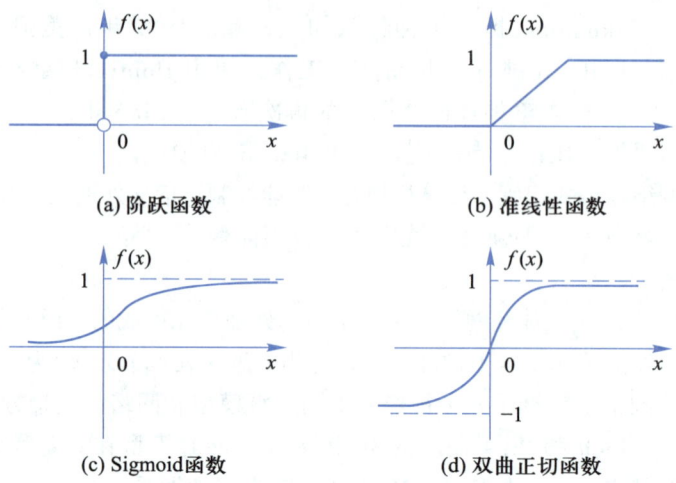

图 4-17 常用的神经元状态转移函数

- 阶跃函数：

$$y = f(x) = \begin{cases} 1, & x \geq 0 \\ 0, & x < 0 \end{cases}$$

- 准线性函数：

$$y = f(x) = \begin{cases} 1, & x \geq \alpha \\ x, & 0 \leq x < \alpha \\ 0, & x < 0 \end{cases}$$

- Sigmoid 函数：

$$f(x) = \frac{1}{1 + e^{-x}}$$

- 双曲正切函数：

$$f(x) = \tanh(x)$$

3. 前向神经网络

感知器（perceptron）是由美国学者 Rosenblatt 于 1958 年提出的一个具有单层计算单元的神经网络。许多改进型感知器在文字识别、语音识别等应用领域取得的成功，使得早期神经网络的研究达到了高潮。

单层感知器神经网络如图 4-18 所示，其中，输入向量为 $X = (X_1, X_2, \cdots, X_n)$，输出向量为 $Y = (Y_1, Y_2, \cdots, Y_m)$。最简单的感知器仅有一个神经元。

只含一个神经元的感知器的输入向量为 $X \in \mathbf{R}^n$。权值向量为 $W \in \mathbf{R}^n$，可以通过学习训练调整 W。单元的输出为 $Y \in \{-1, 1\}$。其中，

$$Y = f\left(\sum_{i=1}^n X_i W_i - \theta\right)$$

若令 $W_{n+1} = \theta$，$X_{n+1} = -1$，则有：

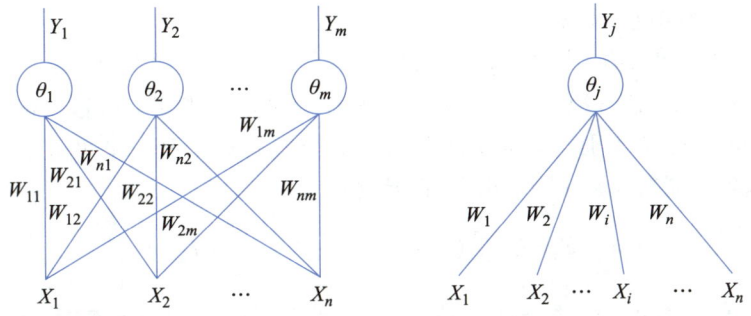

图 4-18 单层感知器神经网络

$$Y = f\left(\sum_{i=1}^{n+1} X_i W_i\right)$$

单层感知器的学习算法如下：

（1）初始化权值和阈值：用较小的随机非零值初始化 $W_i(0)$。其中，$W_i(t)$（$1 \leq i \leq n$）为 t 时刻第 i 个输入的权值，$W_{n+1}(t)$ 为 t 时刻的阈值。

（2）输入样本：$X = (X_1, X_2, \cdots, X_n, T)$，$T$ 称为教师信号，是期望输出。

（3）计算网络的实际输出为：

$$Y(t) = f\left(\sum_{i=1}^{n+1} X_i W_i(t)\right)$$

（4）修正权值为：

$$W_i(t+1) = W_i(t) + \eta(T - Y(t))X_i, i = 1, 2, \cdots, n, n+1$$

其中，$\eta \in (0, 1)$ 为学习率，用于控制修正速度。通常，η 太大会影响 $W_i(t)$ 的稳定，η 太小会使 $W_i(t)$ 的收敛速度太慢。

（5）转到步骤（2）重复执行，直到 W 对一切样本均稳定不变为止。

若函数 f 是线性可分的，则感知器的学习算法在有限次迭代后收敛。

多层前向神经网络有一个输入层、一个输出层和若干个隐藏层。输入样本送入输入层后，传递给第一隐藏层。第一隐藏层节点对输入信号求加权和后，利用转移函数进行处理。第一隐藏层的输出传递给下一隐藏层，各个隐藏层依此类推，最后一个隐藏层的输出作为输出层的输入，输出层给出输入样本的网络预测。有两个隐藏层的前向神经网络如图 4-19 所示。

1985 年，Rumelhart、Hinton 和 Williams 给出了前向神经网络学习训练的误差后向传播算法（back propagation algorithm，BP 算法），成功地解决了多层网络中隐含层神经元连接权值的学习问题。

基本的 BP 算法采用有监督学习方式，基于梯度下降算法，极小化误差函数。其主要思想是将学习过程分为信号正向传播过程和误差后向传播过程两个阶段。在介绍 BP 算法之前，先介绍

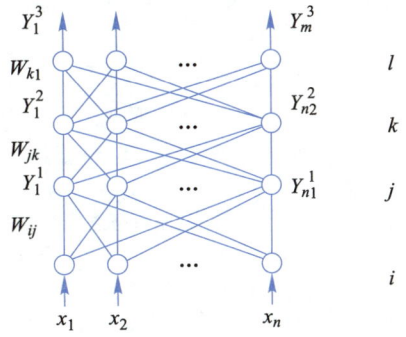

图 4-19 有两个隐藏层的前向神经网络

一些相关概念及梯度下降算法。

设 (X_p, T_p) 表示输入样本，$p \in \{1, 2, \cdots, N\}$，$N$ 为输入样本的个数。

误差函数：$E(W) = g(f(W, X_p, T_p))$，E 称为误差（测度）函数，W 表示网络权向量。用误差函数来判别网络的实际输出向量 Y_p 与教师信号向量 T_p 的误差。常采用二乘误差函数加以判别（m 为输出向量的维数）：

$$E = \sum_{p=1}^{N} E_p = \frac{1}{2} \sum_{p=1}^{N} (T_p - Y_p)^2 = \frac{1}{2} \sum_{p=1}^{N} \sum_{i=1}^{m} (T_{ip} - Y_{ip})^2$$

映射：对于给定的一组数据 (X_p, T_p)，神经网络通过一组特定的权值 W，实现一定精度的映射。训练目的是希望得到的权值能产生最小的误差和最好的精度。从 $X_p \in \mathbf{R}^n$ 到 $Y_p \in \mathbf{R}^m$ 的映射记为：

$$f: X_p \in R^n \rightarrow Y_p \in R^m$$

误差曲面：若隐藏层与输出层间的权值数目记为 $m \cdot n^2$，对于给定的训练样本 (X_p, T_p)，网络权向量 $W(W_1, W_2, \cdots, W_m \cdot n^2)$，通过误差函数 $E(W)$ 计算出来的映射误差可描述为 $m \cdot n^2 + 1$ 空间的一个曲面，称为误差曲面。不同的 $E(W)$ 对应不同的误差曲面形状。

网络学习：是指按照某种学习规则选取新的 W'，使 $E(W') \leq E(W)$，即使 $E(W)$ 对应的误差曲面上的点总是向山下移动，最终移到最深的谷底（全局最小）。若曲面有多个谷底，移动的过程可能陷入局部极小。

移动步长：也称为学习率，步长较小时移动轨迹较慢且平滑，易陷入局部极小；步长较大时移动速度快，可能跳过局部极小，也可能跳过全局最小点，易产生振荡。一般情况下，开始时取较大步长，后期取较小步长。

梯度下降算法：如果移动是在误差曲面最陡的方向，或梯度下降的方向上进行，这样下降的速度快，这种算法称作最速梯度下降法。

BP 算法基于梯度下降算法。在梯度下降算法中，权值的修正量正比于误差函数 $E(W)$ 对 W 的负梯度，即：

$$W(t+1) = W(t) + \Delta W(t)$$

$$\Delta W(t) = -\eta \frac{\partial E(W)}{\partial (W)}$$

图 4-20 展现了梯度下降的计算过程：

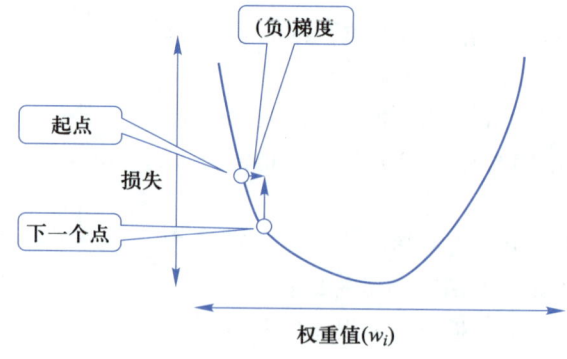

图 4-20　梯度下降的计算过程

设有 N 个学习样本 (X_p, T_p)，$p \in \{1, 2, \cdots, N\}$，对于某个 X_p，网络输出为 Y_p，节点 i 的输出为 O_{ip}，神经元节点 i 和 j 的连接权值为 W_{ij}，节点 j 的输入加权和为：

$$\text{net}_{jp} = \sum_i W_{ij} \cdot O_{ip}$$

误差函数使用二乘误差函数：

$$E = \sum_{p=1}^N E_p = \frac{1}{2} \sum_{p=1}^N \|T_p - Y_p\|$$

其中，$E_p = \frac{1}{2} \|T_p - Y_p\|^2 = \frac{1}{2} \sum_j (T_{jp} - Y_{jp})^2$。

根据 net_{jp} 定义及求偏导数的链式规则有：

$$\frac{\partial E_p}{\partial W_{ij}} = \frac{\partial E_p}{\partial \text{net}_{jp}} \cdot \frac{\partial \text{net}_{jp}}{\partial W_{ij}} = \frac{\partial E_p}{\partial \text{net}_{jp}} \cdot O_{ip}$$

令 $\delta_{jp} = \frac{\partial E_p}{\partial \text{net}_{jp}}$，上式可改写为：

$$\frac{\partial E_p}{\partial W_{ij}} = \frac{\partial E_p}{\partial \text{net}_{jp}} \cdot \frac{\partial \text{net}_{jp}}{\partial W_{ij}} = \frac{\partial E_p}{\partial \text{net}_{jp}} \cdot O_{ip} = \delta_{jp} \cdot O_{ip}$$

为计算 $\delta_{jp} = \frac{\partial E_p}{\partial \text{net}_{jp}}$，由于 $O_{jp} = f(\text{net}_{jp})$，使用链式规则有：

$$\delta_{jp} = \frac{\partial E_p}{\partial \text{net}_{jp}} = \frac{\partial E_p}{\partial O_{jp}} \cdot \frac{\partial O_{jp}}{\partial \text{net}_{jp}}$$

（1）若 j 是输出节点，则 $O_{jp} = Y_{jp}$，从而有：

$$\delta_{jp} = \frac{\partial E_p}{\partial Y_{jp}} \cdot \frac{\partial Y_{jp}}{\partial \text{net}_{jp}} = -(T_{jp} - Y_{jp}) \cdot f'(\text{net}_{jp})$$

（2）若 j 不是输出节点，则有：

$$\delta_{jp} = \frac{\partial E_p}{\partial \text{net}_{jp}} = \frac{\partial E_p}{\partial O_{jp}} \cdot \frac{\partial O_{jp}}{\partial \text{net}_{jp}} = \frac{\partial E_p}{\partial O_{jp}} \cdot f'(\text{net}_{jp})$$

其中，

$$\frac{\partial E_p}{\partial O_{jp}} = \sum_m \frac{\partial E_p}{\partial \text{net}_{mp}} \cdot \frac{\partial \text{net}_{mp}}{\partial O_{jp}} = \sum_m \frac{\partial E_p}{\partial \text{net}_{mp}} \cdot \frac{\partial \left(\sum_j W_{jm} \cdot O_{jp} \right)}{\partial O_{jp}} = \sum_m \delta_{mp} \cdot W_{jm}$$

从而有

$$\delta_{jp} = f'(\text{net}_{jp}) \cdot \sum_m \delta_{mp} \cdot W_{jm}$$

通过以上讨论，梯度下降算法对权值的修正为：

$$W_{ij}(t+1) = W_{ij}(t) - \eta \sum_{p=1}^N \frac{\partial E_p}{\partial W_{ij}} = W_{ij}(t) - \eta \sum_{p=1}^N \delta_{jp} \cdot O_{ip}$$

在 BP 算法学习过程中，对于每一个输入样本逐次修正权值向量，若有 N 个输入样本，一次学习过程将对权值向量修正 N 次。这种逐次不断修正权值向量的方法称为逐次修正法。

首先，确定和选择网络结构，包括确定输入层和输出层的节点数，选择隐藏层数和各隐藏层内的节点数。确定节点的转移函数、误差函数类型，并选择各个可调参数值。

为了简便，考虑一个三层的前向神经网络，设输入层节点数为 n_1，中间层节点数为 n_2，输出层节点数为 m。设 Y_{i1} 为输入层节点 i 的输出；Y_{j2} 为中间层节点 j 的输出；Y_{k3} 为输出层节点 k 的输出；T_k 为输出层节点 k 对应的教师信号；W_{ij} 为节点 i 和节点 j 间的连接权值；W_{jk} 为节点 j 和节点 k 间的连接权值；θ_j 为中间层节点 j 的阈值；θ_k 为输出层节点 k 的阈值。

节点转移函数取为 sigmoid 函数：

$$f(x) = \frac{1}{1+e^{-x}}, \quad 0 < f(x) < 1$$

sigmoid 函数是单调递增函数，且处处可导，其导数为：

$$f'(x) = f(x)(1-f(x))$$

误差函数取为二乘误差函数：

$$E = \frac{1}{2}\sum_{p=1}^{N} \| T_p - Y_p \|^2$$

BP 算法的数学描述如下：

（1）设定学习次数初值 $t=0$；用小的随机数初始化网络权值和阈值，$W_{ij}(t)[-1,1]$，$W_{jk}(t)[-1,1]$，$\theta_j(t)[-1,1]$，$\theta_k(t)[-1,1]$。

（2）输入一个学习样本 (X_p, T_p)，其中，$p \in \{1,2,\cdots,N\}$、N 为样本数，$X_p \in \mathbf{R}^n$，$T_p \in \mathbf{R}$

（3）计算隐藏层各节点的输出值：

$$Y_j^2 = f\left(\sum_{i=1}^{n_1} W_{ij} \cdot Y_i^1 - \theta_j\right) = f\left(\sum_{i=1}^{n_1} W_{ij} \cdot X_{ip} - \theta_j\right) \quad j \in \{1,2,\cdots,n_2\}$$

（4）计算输出层各节点的输出：

$$k_3^Y = f\left(\sum_{j=1}^{n_2} W_{jk} \cdot j_2^Y - \theta_k\right), k \in \{1,2,\cdots,m\}$$

（5）计算输出层节点和隐藏层节点之间连接权值的修正量：

$$\delta_k = (T_k - Y_k^3) \cdot k_3^Y \cdot (1 - k_3^Y), k \in \{1,2,\cdots,m\}$$

（6）计算隐藏层节点和输入层节点间连接权值的修正量：

$$\delta_j = j_2^Y \cdot (1 - Y_j^2) \cdot \sum_{k=1}^{m} \delta_k \cdot W_{jk}, j \in \{1,2,\cdots,n_2\}$$

（7）利用修正输出层节点 k 和隐藏层节点 j 的连接权值 W_{jk}，利用下式修正输出层节点 k 的阈值：

$$W_{jk}(t+1) = W_{jk}(t) + \alpha \cdot \delta_k \cdot j_2^Y$$

$$\theta_k(t+1) = \theta_k(t) + \beta \cdot \delta_k$$

（8）利用下式修正隐藏层节点 j 和输入层节点 i 的连接权值 W_{ji}，利用下式修正

隐层节点 j 的阈值，其中，δ_j 为前式中求出的误差修正量：

$$W_{ij}(t+1) = W_{ij}(t) + \alpha \cdot \delta_j \cdot i_1^{\gamma}$$

$$\theta_j(t+1) = \theta_j(t) + \alpha \cdot \delta_j$$

（9）如果未取完全部学习样本，则返回步骤（2）。

（10）计算误差函数 E，并判断 E 是否小于规定的误差上限，如果 E 小于误差上限，或学习达到学习次数限制，则算法结束；否则更新学习次数 t 为 $t+1$，返回步骤（2）。

其中，步骤（2）至（4）为信号前向传播计算，步骤（5）至（8）为误差后向传播计算。

上述 BP 算法采用逐次修正法，即针对每个输入样本进行一次权值和阈值的修正，而逐次修正法对每个输入样本计算修正量，对权值修正量逐次累加，但不马上进行权值和阈值修正，当全部学习样本学习结束后，才修正权值和阈值。这是一种批处理的修正方法。

另一种修正方法是 Memond 法，该方法在修正权值向量和阈值向量时，考虑前一次的修正量。如果（$t-1$）时刻的修正量为 $W(t-1)$，t 时刻计算的修正量为 $W(t)$，设 Memond 系数为 m，则 Memond 法对权值的修正量为：

$$\Delta W(t+1) = \Delta W(t) + m \cdot \Delta W(t-1)$$

当 t 时刻计算的修正量为 $\Delta W(t)$ 和 Memond 项 $\Delta W(t-1)$ 符号相异时，可使本次的修正量 $\Delta W(t)$ 值变小，从而抑制振荡，加快学习过程。为使本次修正量更接近于前一次的修正方向，应该使 Memond 系数不断增加，修正量计算公式为：

$$\Delta W(t+1) = \Delta W(t) + m(t) \cdot \Delta W(t-1)$$

$$m(t) = \Delta m + m(t-1)$$

4.2.6 机器学习的评价指标

（1）准确率（accuracy）。

准确率是图像分类/文本分类/声音分类等分类模型的衡量指标，正确分类的样本数与总样本数之比，越接近 1 模型效果越好。准确率的计算公式为：

$$Accuracy = (TP+TN) / (TP+FP+FN+TN)$$

其中，TP（true positives）为真正例，模型预测为正样本，实际也为正样本；FP（false positives）为假正例，模型预测为正样本，实际为负样本；FN（false negatives）为假负例，模型预测为负样本，实际为正样本；TN（true negatives）为真负例，模型预测为负样本，实际也为负样本。

（2）精确率（precision）。

精确率对某类别而言为正确预测为该类别的样本数与预测为该类别的总样本数之比。准确率的计算公式为：

$$Precision = TP / (TP+FP)$$

(3) 召回率 (recall)。

召回率对某类别而言为正确预测为该类别的样本数与该类别的总样本数之比。召回率的计算公式为：

$$Recall=TP/(TP+FN)$$

(4) F1-score。

对某类别 F1-score 是精确率和召回率的调和平均数，对图像分类/文本分类/声音分类等分类模型来说，该指标越高效果越好。F1-score 的计算公式为：

$$F1=2\times(Precision\times Recall)/(Precision+Recall)$$

(5) top1、top2…top5。

在图像分类/文本分类/声音分类/视频分类模型评估报告中，top1~top5 是指针对一个数据进行识别时，模型给出的多个结果，top1 为置信度最高的结果、top2 次之……。在正常业务场景中，通常会采信置信度最高的识别结果，即重点关注结果 top1 即可。

(6) mAP (mean average precision，平均精度)。

mAP 是物体检测 (object detection) 算法中衡量算法效果的指标。对于物体检测任务，每一类物体都可以计算出其精确率和召回率。当在不同阈值下多次计算/试验，每个类都可以得到一条 P-R 曲线，曲线下的面积就是平均值 (average)。

(7) 阈值。

物体检测模型会存在一个可调节的阈值 (threshold)，阈值是正确结果的判定标准，如果一个预测的置信度高于该阈值，则考虑；如果低于该阈值，则忽略。例如，假设阈值是 0.6，置信度大于 0.6 的识别结果会被当作正确结果返回。

4.3 深度学习

4.3 深度学习

4.3.1 深度学习概述

深度学习是人工智能领域中的一个重要分支，它源于机器学习，但又有着自己独特的特点和应用范围。本节将介绍深度学习的基本概念、发展历程、主要技术及其应用领域。

(1) 深度学习的基本概念。

深度学习是一种通过构建深层神经网络来模拟人脑处理信息方式的机器学习技术。它通过组合低层特征形成更加抽象的高层表示以发现数据的分布式特征表示。深度学习最终目标是让机器能够识别和解释各种数据，如文字、图像和声音。

(2) 深度学习的发展历程。

深度学习的历史可以追溯到 20 世纪，但直到近年来，随着计算能力的提升和数据量的爆炸式增长，深度学习才取得了显著的突破。其中，2006 年 Hinton 等人提出的快速计算受限玻耳兹曼机网络权值及偏差的 CD-K 算法是深度学习发展史上的一个重要里程碑，它为增加神经网络深度提供了有力的工具。

（3）深度学习的主要技术。

卷积神经网络（CNN）：CNN特别适用于处理图像数据，通过卷积操作提取图像中的局部特征，并通过池化操作降低数据维度，最后通过全连接层进行分类或回归。

自编码神经网络：包括自编码（auto encoder）和稀疏编码（sparse coding）两类。自编码器通过无监督学习学习数据的压缩和编码方式，通常用于数据的降维或特征提取。

深度置信网络（DBN）：DBN是由多层自编码神经网络构成的深度学习模型，通过逐层贪婪训练算法进行预训练，再结合监督学习进行微调。

（4）深度学习的应用领域。

图像识别与计算机视觉：深度学习在图像分类、目标检测、人脸识别等领域取得了显著成果，广泛应用于安防监控、医学影像分析、自动驾驶等领域。

语音识别与自然语言处理：深度学习能够实现高效的语音转文本、机器翻译、情感分析等任务，为智能助理、智能客服等提供了强大的技术支持。

推荐系统与个性化推荐：深度学习通过分析用户行为数据和兴趣特征，能够实现精准的个性化推荐，提升用户体验和商业价值。

医学与生物领域：深度学习在疾病诊断、药物研发等方面展现出巨大潜力，有望为医学领域带来革命性变革。

金融与风控：深度学习能够帮助金融机构进行风险评估、欺诈检测等任务，提高金融行业的风险管理水平。

（5）深度学习的挑战与展望。

尽管深度学习取得了显著的成果，但仍面临着一些挑战，如模型的可解释性差、对数据和计算资源的需求高等问题。未来，深度学习将继续朝着跨学科融合、多模态融合、自动化模型设计、持续优化算法等方向发展，为人工智能领域带来更多的创新和突破。

4.3.2 深度学习的应用

深度学习算法的实际应用广泛且多样，以下是一些主要的应用领域及其具体实例。

（1）图像识别。

深度学习算法在图像识别领域取得了显著成果。例如，谷歌的深度学习算法在图像识别竞赛中的准确率达到了惊人的99%，这种算法的成功应用给人们的生活带来了很多便利。具体来说，深度学习可以用于人脸识别，实现快速且准确的人脸验证和识别；在自动驾驶中，深度学习可以帮助车辆识别行人、车辆、交通信号灯等，从而提高驾驶的安全性。

（2）自然语言处理。

深度学习算法在自然语言处理领域也表现出强大的能力。通过对大量的文本数据进行学习和处理，深度学习可以自动提取文本中的特征，实现自动翻译、文本分类和情感分析等任务。例如，谷歌的深度学习算法在机器翻译任务中大幅提升了准确率，使得各种语言之间的交流更加便捷和准确。此外，深度学习还可以用于语义理解，帮助机器更好地理解人类语言的含义和上下文。

（3）医学影像分析。

深度学习在医学影像分析中的应用备受关注。医学影像数据通常庞大而复杂，传统的分析方法往往耗时且不精确。深度学习算法可以通过学习大量的医学影像数据，自动提取关键特征，并快速准确地识别疾病和异常情况。这种应用可以大大提高医学影像的诊断速度和准确率，为医生的工作提供更多的支持。

（4）金融风险预测。

在金融领域，深度学习算法也被广泛应用于风险预测和控制。通过学习和分析大量的金融数据，深度学习可以发现隐藏在数据中的模式和规律，从而预测未来的市场走势和风险。这种应用可以帮助金融机构更好地管理风险，保护投资者的利益。

（5）推荐系统。

深度学习在推荐系统中也发挥着重要作用。通过构建深度学习模型来预测用户对未知物品的评分或偏好，可以为用户提供个性化的推荐服务。此外，深度学习还可以整合附加信息（如图像、文本等）来提高推荐的准确性。

综上所述，深度学习算法在各个领域都展现出了强大的能力和广泛的应用前景。随着技术的不断发展，相信深度学习将在更多的领域发挥重要作用，为人们的生活带来更多便利和改变。

4.3.3　深度学习模型应用实例

深度学习模型的训练与评估是机器学习领域中的关键步骤，对于模型的性能优化和实际应用至关重要。主要包括以下步骤：

（1）数据预处理。

数据的质量和数量直接影响模型的性能。在训练深度学习模型之前，需要对数据进行预处理，包括数据清洗、归一化、标准化等操作，以确保数据的质量和一致性，同时使得模型能够更容易地学习到数据的特征，提高模型的泛化能力。

（2）构建神经网络模型。

深度学习模型通常是基于神经网络的。根据任务需求选择合适的网络结构，确定网络的层数、每层的神经元数量以及激活函数等参数，合理初始化网络权重，避免训练过程中的梯度消失或爆炸问题。

（3）选择损失函数和优化器。

根据任务类型选择合适的损失函数，损失函数用于衡量模型预测值与实际值之间的差异，而优化器则用于根据损失函数的梯度来更新模型的参数，以最小化预测值与实际值之间的差异。常用的损失函数包括均方误差损失函数、交叉熵损失函数等，而常用的优化器包括梯度下降法、Adam等。

（4）训练模型。

前向传播：将训练数据输入到神经网络中，通过各层的计算得到预测值。

计算损失：将预测值与实际值进行比较，计算损失函数的值。

反向传播：根据损失函数的梯度，通过反向传播算法更新模型的参数。这是训练过程中最关键的一步，它使得模型能够学习到数据的特征，并不断优化自身的参数以减小预测值与实际值之间的差异。

迭代优化：重复进行前向传播、计算损失和反向传播的过程，直到模型的性能达到预设的标准或训练次数达到预设的上限。

（5）验证和测试模型。

在训练过程中，通常会使用验证集来评估模型的性能，并根据评估结果对模型进行调整。训练完成后，需要使用测试集来测试模型的性能，以确保模型具有良好的泛化能力。

（6）调整超参数和模型结构。

根据验证和测试的结果，可以对模型的超参数（如学习率、正则化参数等）和模型结构进行调整，以进一步提高模型的性能。

综上所述，深度学习的模型训练是一个涉及多个步骤的复杂过程，需要合理地选择和处理数据、构建神经网络模型、选择适当的损失函数和优化器，并通过迭代优化来训练出高性能的深度学习模型。

4.3.4　百度 EasyDL

EasyDL 从 2017 年 11 月中旬起，在国内率先推出针对 AI 零算法基础或者追求高效率开发的企业用户的零门槛 AI 开发平台，提供从数据采集、标注、清洗到模型训练、部署的一站式 AI 开发能力。对于各行各业有定制 AI 需求的企业用户来说，无论是否具备 AI 基础，EasyDL 设计简约，极易理解，最快 5 分钟即可上手，15 分钟即可完成模型训练。

根据企业用户的应用场景及深度学习的技术方向，EasyDL 共推出 6 种通用产品及 1 种行业产品，具体如下：

（1）EasyDL 图像：定制基于图像进行多样化分析的 AI 模型，实现图像内容理解分类、图中物体检测定位等，适用于图片内容检索、安防监控、工业质检等场景。

（2）EasyDL 文本：定制基于文心大模型的语义理解 AI 模型，提供一整套文本定制与应用能力，适用于文本内容审核、文本自动生成、留言分类、电商评价打分等场景。

（3）EasyDL 语音：定制语音识别模型，精准识别业务专有名词，适用于数据采集录入、语音指令、呼叫中心等场景，以及定制声音分类模型，适用于区分不同声音类别等场景。

（4）EasyDL OCR：定制文字识别模型，结构化输出关键字段内容，满足个性化卡证票据识别需求，适用于证照电子化审批、财税报销电子化等场景。

（5）EasyDL 视频：定制基于视频片段内容进行分类的 AI 模型，适用于区分不同短视频类别等场景，以及定制目标追踪 AI 模型，实现跟踪视频中特定目标对象及轨迹，适用于视频内容审核、人流／车流统计、养殖场牲畜移动轨迹分析等场景。

（6）EasyDL 结构化数据：挖掘数据中隐藏的模式，解决二分类、多分类、回归等问题，适用于客户流失预测、欺诈检测、价格预测等场景。

（7）EasyDL 零售行业版：面向零售场景的 ISV、零售行业服务商等企业用户，提供基于商品识别场景的 AI 服务解决方案，适用于货架巡检、自助结算台、无人零售柜等场景。

4.4 强化学习

4.4.1 强化学习概述

强化学习（reinforcement learning，RL）模型的工作原理如图 4-21 所示。它通过让智能体（agent）在环境中采取行动并根据获得的奖励或惩罚来学习如何达到一个目标。这种学习方式模拟了生物体在环境中的试错过程，以期找到最优的行为策略。

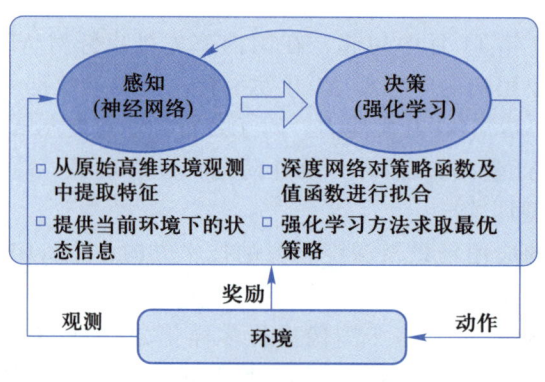

图 4-21　强化学习模型

下面是对强化学习基本概念和通用原理的概述。

1. 核心组件

（1）agent（智能体）：学习和决策的实体，它根据当前状态选择动作。

（2）environment（环境）：智能体所处的世界，包含状态和可采取的动作，以及对每个动作的反馈（奖励或惩罚）。

（3）state（状态）：环境在任一时刻的描述，智能体基于当前状态做出决策。

（4）action（动作）：智能体在环境中执行的操作。

（5）reward（奖励）：环境对智能体执行某个动作后给予的反馈，正奖励鼓励重复该行为，负奖励则反之。

2. 学习目标

强化学习的目标是找到一个策略（policy），即一个函数，它定义了在给定状态下应该采取什么动作，以便最大化累积奖励（长期回报）。这个过程涉及探索（exploration）与利用（exploitation）的平衡，探索是指尝试新的动作以发现可能更好的策略；而利用则是根据已知信息采取最佳动作。

3. 通用原理

（1）马尔科夫决策过程（MDP）：强化学习问题通常建模为MDP，其中假设下一个状态只依赖于当前状态和采取的动作，而与之前的状态和动作无关。

（2）贝尔曼方程：是强化学习中的核心等式，用于计算状态或状态–动作对的价值。分为两种基本形式：状态价值函数和动作价值函数，它们通过贝尔曼期望方程连接未来奖励和当前价值。

（3）探索策略：是指确保智能体在寻找最优策略的同时保持一定的探索性，避免陷入局部最优的策略。

（4）折扣因子：用于调整未来奖励的当前价值，使得即时奖励比远期奖励有更高的权重，有助于解决奖励延迟的问题。

（5）收敛性与稳定性：强化学习算法设计需考虑收敛至最优策略的条件与速度，以及面对非平稳环境的适应性和稳定性。

强化学习因其能够在复杂、不确定的环境中自动学习有效策略的能力，被广泛应用于游戏、机器人、推荐系统、自动驾驶等多个领域。

4.4.2 机器人找地图

强化学习的基本原理可以通过下面的机器人找地图的案例来说明。

（1）环境（environment）。

假设机器人被放置在一个未知的房间内，任务是找到房间内的一张地图。这个房间就是强化学习中的环境，它包含了机器人可以感知的状态（如位置、已探索区域等）以及机器人可以采取的行动（前进、后退、左转、右转等）。

（2）智能体（agent）。

机器人作为强化学习中的智能体，它的目标是通过不断尝试不同的行动策略，最终学会如何高效地找到地图。

（3）状态（state）。

机器人在房间中的位置和它对房间的认知状态（如是否已经访问过某个位置）构成了状态空间。每个时刻，机器人都处于一个特定的状态中。

（4）行动（action）。

机器人可以执行的动作，如向前移动一步、向左转90°等，构成行动空间。根据当前状态，机器人选择一个动作执行。

（5）奖励（reward）。

每当机器人采取一个行动后，它会从环境中得到一个反馈，即奖励。在这个例子中，如果机器人靠近地图，它可能会得到正奖励；如果撞墙或进入死胡同，可能会得到负奖励或零奖励；成功找到地图则会得到一个大的正奖励。

（6）目标。

智能体的目标是最大化长期累积奖励，即通过学习一个策略，使从现在开始预期能得到的奖励总和最大。

图4-22所示是强化学习在机器人寻路任务中的示意图。图中展现了机器人从起点出发，经过多次策略迭代优化后找到通往终点路径的过程。环境设置中包括了障碍物、奖励点和可能的惩罚点，体现了机器人在探索过程中学习避免障碍并朝向目标前进的能力。形象地说明强化学习算法如何引导机器人在复杂环境中通过试错学习达到最有效的导航策略。

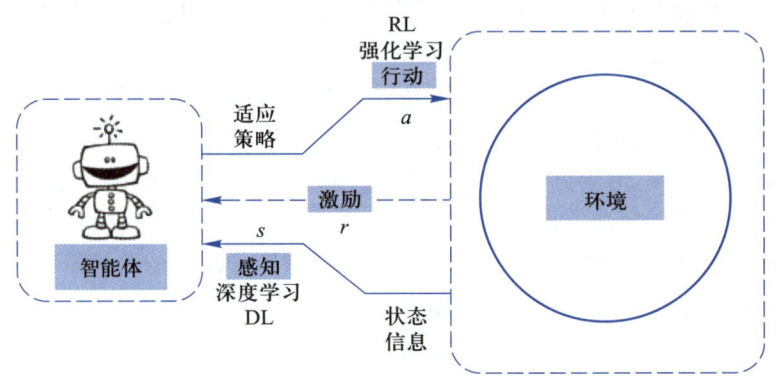

图4-22 强化学习在机器人寻路任务中的示意图

图4-22所示的学习过程如下：

（1）初始化：智能体开始时对环境几乎一无所知，可能采取随机行动。

（2）探索与利用（exploration and Exploitation）：机器人在学习过程中需要平衡探索新路径（探索）和利用已知的最佳路径（利用）。初期可能更多地探索，后期则倾向于利用已学到的知识。

（3）策略（policy）：策略定义了在给定状态下应采取什么行动。通过不断尝试，智能体会逐渐优化其策略，使其更有可能引导至高奖励状态。

（4）价值函数（value function）：评估每个状态或状态－行动对的好坏。这有助于智能体了解在不同状态下采取行动的预期收益。

（5）更新规则：通过算法（如Q-learning、SARSA等）更新策略和价值函数。每次尝试后，智能体会根据实际获得的奖励调整其对未来奖励的期望。

通过这样的过程，机器人最终能够学习到一条或多条通往地图的有效路径，体现了强化学习通过试错学习最优行为的核心思想。

4.4.3 强化学习在大模型微调中的扮演角色

1. 提升模型性能

通过强化学习，可以对大模型进行微调训练，进一步优化大模型的性能。这种优化可以使大模型更加适应特定的任务和数据集，从而提高推理预测的准确性和效率。强化学习在大模型微调训练中扮演着一个创新且动态的角色，通过引入目标导向的学习机制来优化大模型完成特定任务的能力。

强化学习进行大模型微调的关键点如下：

（1）奖励驱动的策略优化：在传统机器学习中，算法模型通过学习标注数据来进行预测。而在强化学习框架下，算法模型通过与环境交互来学习最优行为策略。这种交互过程中，模型根据其行为获得的奖励（正向或负向）来调整其参数，从而逐步提升其在特定任务上的表现。在大模型微调场景中，根据大模型输出的质量或达到特定目标的程度来设计强化学习奖励函数。

（2）自适应任务学习：强化学习允许大模型在微调过程中动态地探索和学习任务的复杂性，特别是当任务定义不是静态或明确的时候。例如，在自然语言处理任务中，通过设定不同的奖励机制，大模型可以学习如何更好地生成文本、回答问题或进行对话，而不仅仅是匹配预设的答案。

（3）策略迭代与探索：强化学习的核心在于策略迭代和探索机制，这有助于大模型优化在标准微调方法中可能被忽视的有效策略。通过不断尝试新策略并根据反馈调整，大模型能够在保持其泛化能力的同时，针对特定任务或领域进行有效优化。

（4）多任务学习与转移学习：在多任务环境中，强化学习可以帮助大模型学习如何在不同任务间有效地切换策略，或者在新任务中复用已习得的知识。通过设计合适的奖励机制，大模型可以学会何时以及如何迁移先前学习到的技能，这对于提高大模型的泛化能力和灵活性至关重要。

（5）高效样本使用：强化学习的探索策略还可以帮助大模型在有限的数据集上更高效地训练，尤其是在数据稀缺的任务中。通过模拟与环境的互动，大模型能够在较少的样本上学习到更多的知识，减少对大量标注数据的依赖。

综上所述，强化学习在大模型微调中的应用，不仅能够提升模型在特定任务上的性能，还能增强其适应性和泛化能力，尤其在面对动态变化或高维度的任务环境时。强化学习的引入，为大模型的持续进化和优化开辟了新的路径。

2. 大模型的训练流程

大模型的训练流程通常分为几个关键阶段，其中有监督微调（supervised fine-tuning，SFT）是其中一个核心步骤。大模型训练的一般流程如下：

（1）预训练（pretraining）。

① 目标：构建一个基础大模型，使其能够理解和生成自然语言。

② 过程：大模型会在海量未标注文本数据上进行无监督学习，学习语言的统计规律和结构。这个阶段消耗的算力资源最大，大模型通过预测句子中的下一个词、掩码语言模型任务等技术进行训练。

（2）有监督微调。

① 目标：使大模型适应特定任务或领域，提升其在特定上下文中的表现。

② 过程：在预训练大模型的基础上，使用带有标签的较小数据集对大模型进行进一步训练。这些数据集包含了预期输出，例如，问题-答案对、文本分类标签

等。通过这种方式,大模型学习如何在特定任务中做出正确或更有针对性的响应。相比于从头开始训练,微调通常需要的计算资源和时间要少得多,因为它是在一个已经具备广泛语言理解能力的大模型上进行的。

有监督微调是大模型训练流程中一个非常重要的环节,它使得通用大模型能够针对具体任务或场景进行优化,从而提高其实际应用价值。由于预训练大模型已经掌握了丰富的语言知识,因此只需相对少量的标注数据即可让大模型快速适应新任务。有监督微调可以针对问答、情感分析、命名实体识别等多种任务进行,通过调整微调的数据集来实现。

3. 奖励模型(reward modeling)

在某些高级训练流程中,可能会引入奖励模型来进一步优化大模型的行为。奖励模型根据大模型输出的质量给予奖励或惩罚信号,促进大模型通过强化学习的方式不断优化其策略,以生成更高质量或更符合特定目标的输出。

4. 基于人类反馈的强化学习(RLHF)

结合人类评估员的反馈,对大模型进行强化学习训练,使得大模型输出更接近人类期望的结果,提高输出的准确性和自然度。

这个过程类似于教一个孩子如何玩电子游戏,开始时孩子随机按按钮,但逐渐地,当他们发现某些操作会导致更高的得分时,他们会更多地重复那些操作。在基于人类反馈的强化学习中,大模型通过反复试验和获得奖励模型的反馈,学习如何优化其策略,以产生更高质量的输出。

综上所述,有监督微调、奖励模型和强化学习三者共同作用,使大模型的输出在保持知识性和准确性的同时,更加贴近人类的语感和偏好,有效地提升了大模型的实用性和交互性。

4.5 小模型应用场景及案例

4.5 小模型应用场景及案例

小模型实践类项目涵盖了多个领域,包括自然语言处理、机器视觉以及智能家居等,广泛用于社会生产生活的方方面面。以下是一些具体的应用场景及示例。

4.5.1 自然语言处理

在人工智能领域,自然语言处理具备相当广泛的应用,包括ChatGPT、MLLM等大模型,自然语言处理都是其主要应用方向。对小模型而言,自然语言处理主要是通过采用轻量级模型结构(如Transformer蒸馏模型)对文本进行情感分析,判断文本、图形等表达的情感倾向(如正面、负面、中性),实现对人类的情感分析。在当今信息爆炸的社会中,情感分析可以帮助人们更好地理解他人的情绪和态度,也可以帮助企业更好地了解市场和客户的反馈。

1. 使用预训练模型进行情感分析的主要步骤

（1）数据准备。

在使用预训练模型进行情感分析之前，首先需要准备好要分析的文本数据。这些数据可以是用户评论、社交媒体上的帖子、新闻文章等。数据准备的关键在于要清洗和预处理文本数据，去除无关信息，进行分词和标记化等操作，以便于后续的分析处理。

（2）模型选择。

选择合适的预训练模型是进行情感分析的关键步骤。这些模型在大规模的语料库上进行了训练，具有强大的语言理解和处理能力，可以用来进行情感分析的任务。

（3）模型微调。

选择好预训练模型之后，需要将其微调到特定的情感分析任务上。微调是指在特定的数据集上对预训练模型进行有监督学习的过程，通过反向传播和梯度下降等方法，调整模型的参数，使其更好地适应特定的情感分析任务。

（4）情感分析。

经过微调的预训练模型可以用来进行情感分析的任务了。将待分析的文本数据输入到模型中，模型会输出文本的情感类别和分数，从而可以对文本的情感进行分析和分类。

2. 情感分析的应用场景举例

（1）社交媒体情感分析。

如图4-23所示是预训练模型对社交媒体人脸图像进行情感分析的应用。在社交媒体上，人们经常会发布一些评论、帖子和文章，使用预训练模型进行情感分析可以帮助我们更好地了解用户的情感和观点，从而可以更好地回应用户的需求和反馈。

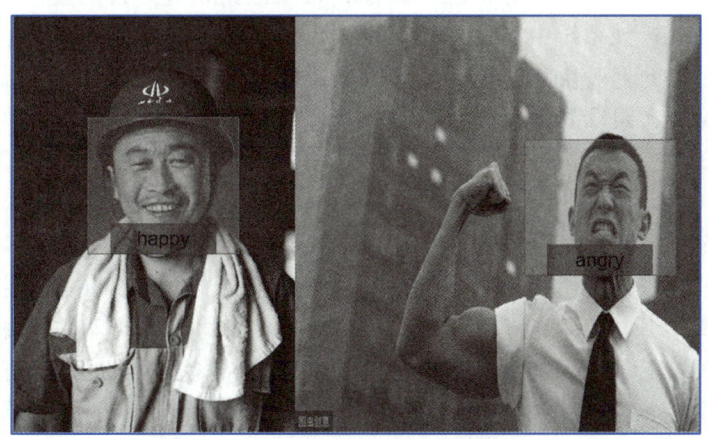

图4-23　预训练模型进行情感分析案例1

（2）产品评论情感分析。

如图4-24所示是预训练模型对社交媒体评论进行情感分析的应用。在电商平台上，用户会对购买的产品进行评论和评价，使用预训练模型进行情感分析可以帮助企业更好地了解用户对产品的评价和反馈，从而可以及时调整产品和服务。

图 4-24　预训练模型进行情感分析案例 2

总之，使用预训练模型进行情感分析是一种强大的工具，可以帮助我们更好地理解和处理文本数据中的情感和观点。通过合理的数据准备、模型选择、模型微调和情感分析等步骤，可以充分发挥预训练模型的优势，取得更好的情感分析效果。预训练模型在社交媒体、电商平台、新闻媒体等领域都有着广泛的应用前景，可以帮助人们更好地理解和应对复杂多变的文本数据。

4.5.2　机器视觉

通过采用轻量化级的卷积神经网络模型或者目标检测算法，可以在单机或者移动端设备上实现目标检测或图像分类等功能。因此，小模型在机器视觉方面的应用主要是在自动驾驶、安全监控、工业质检、智能监控以及智能医疗等方面。例如，在医疗领域，图像分类模型可以用于分析 X 光片和 MRI 影像，帮助医生诊断疾病。目标检测模型可以用于自动分析医学影像，帮助医生快速定位病变区域，提高诊断准确性。在自动驾驶系统中，目标检测模型可以实时识别道路上的行人、车辆和交通标志，从而辅助驾驶决策甚至是实现自主驾驶。在智能监控系统中，目标检测模型可以自动检测和跟踪异常行为，提高安全性和效率。

1. 自动驾驶

随着科技的不断进步，自动驾驶技术已成为汽车行业和人工智能领域的一大热点。各大汽车厂商、科技巨头和初创公司纷纷投入巨资，进行自动驾驶技术的研发与测试。包括激光雷达多传感器融合和纯视觉多传感器融合在内的主流汽车自动驾驶方案都离不开机器视觉。如华为 ADS 高阶智能驾驶系统就采用了多传感器融合方案，该系统配备了 1 个顶置激光雷达、3 个毫米波雷达、11 颗高清摄像头以及 12 个超声波雷达，实现了对周围环境的全方位感知。该系统不仅具有强大的感知能力，还具备高效的计算能力和学习能力，能够在不同场景下实现自动驾驶功能。如图 4-25 所示是特斯拉的 FSD 采用独特的纯视觉传感器融合方案，该方案完全摒弃了激光雷达，仅通过八个高清摄像头分布在车体四周，结合强大的计算机视觉技术和深度学习算法，实现对周围环境的感知，模仿人类视觉系统原理，通过摄像头捕捉道路、车辆、行人等信息，并在向量空间中实现行为与路径规划。这种方案的优势在于成本较低，但在某些复杂场景下可能存在感知盲区。

图 4-25　特斯拉的 FSD 的纯视觉传感器融合方案

2. 工业质检

工业质检是确保产品质量的重要环节，而机器视觉技术的应用为这一领域带来了革命性的变化。机器视觉技术能够高效、准确地进行快速识别和分析，从而提升工业质检的效率和精度。

机器视觉技术在工业质检中有广泛应用，主要包括以下几个方面：

（1）外观质检。

机器视觉技术可以自动检测产品外观的缺陷、异物和划痕，准确识别问题，实现自动化质检。

（2）尺寸检测。

通过图像处理和特征提取，机器视觉技术可以精确测量产品尺寸，实时监测其是否符合标准要求。

（3）污染检测。

可以检测产品表面的污染，如油渍、灰尘等，通过图像处理和模式识别，快速判断是否存在污染问题。

（4）包装质检。

对产品包装进行检查，包括包装完整性和标签识别，提高包装质量和可视化效果。

（5）异常检测。

实时监测生产过程中的异常情况，如设备故障和产品偏差，及时发现并解决问题，提高生产效率和产品质量。

以下是机器视觉技术在工业质检中的应用。

（1）对键盘生产可能存在错装、漏装、不合格等情况进行识别

任务类型：物体检测

如图 4-26 所示是机器视觉技术在键盘生产质检中的应用。在键盘生产过程中，可以用机器视觉代替人眼实现产品质检。通过高清摄像头实时采样键盘成品图形，后端处理器将图形转换成图形数据后输入训练好的模型即可分辨缺键、错装等错误并报警提示。

图 4-26　机器视觉技术在工业质检中的应用 1

（2）地板瑕疵检测。

任务类型：物体检测。

如图 4-27 所示是机器视觉技术在地板质检中的应用。在对地板质检过程中，通过高清摄像实时采集地板图像信息，处理器将图形转换成图形数据后输入训练好的模型即可分辨虫眼、毛面、棘爪等错误并报警提示。

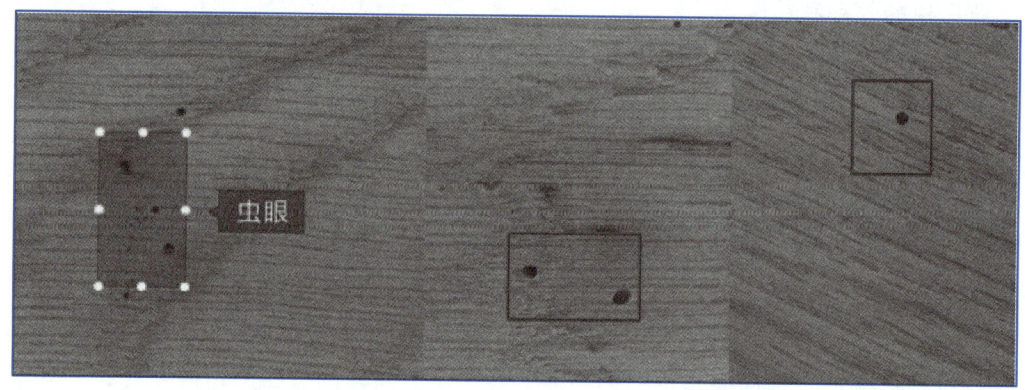

图 4-27　机器视觉技术在工业质检中的应用 2

（3）电容器检测。

任务类型：物体检测。

如图 4-28 所示是机器视觉技术在电容器导线质检中的应用。电容器在生产中由于一些工艺原因会导致两根导线会出现歪斜的状况。在本方案中，我们通过测量电容器两根导线的位置关系（是否与底面垂直）来检测电容器导线是否存在不良问题。如果存在不良软件会发出不良信号给执行机构，执行机构将不良品剔除。

（4）饮料瓶数量检测。

任务类型：物体检测。

如图 4-29 所示是机器视觉技术在饮料瓶数量检测中的应用。

在皮带传送线的正上方安装 CCD 相机，装有饮料瓶的包装箱随着皮带运动，CCD 相机对每个箱子拍照一次，采集到图像并且对箱内的饮料瓶进行计数，如果合格则不做处理，不合格则发出报警。

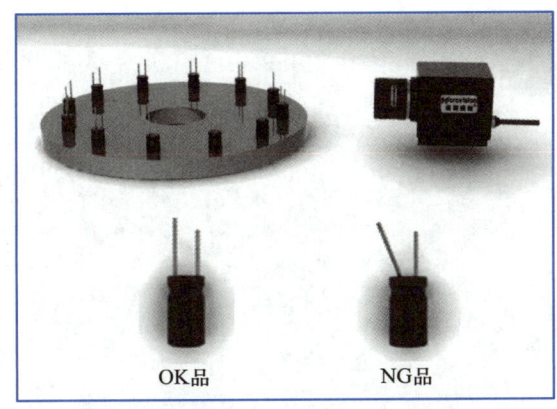

图 4-28 机器视觉技术在工业质检中的应用 3

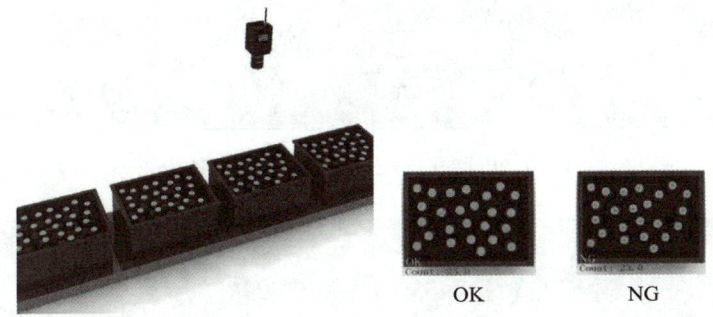

图 4-29 机器视觉技术在工业质检中的应用 4

总的来说，机器视觉技术的应用为工业质检带来了极大的便利和效益。它能够快速、准确地检测产品的外观、尺寸、污染等方面，提高质检效率和准确性。然而，要成功实施机器视觉技术进行工业质检，需要明确检测目标、设计检测算法、数据采集和标注、模型训练以及系统集成和测试。只有科学地、系统地进行这些步骤，才能有效应用机器视觉技术，提升产品质量和生产效率。

3. 安全监测

机器视觉技术通过模拟人类视觉功能，利用图像采集设备获取生产环境的图像信息，并通过计算机进行图像处理和分析，实现对生产环境的实时监测和预警。常见的智能安全监测应用场景主要有以下两方面：

（1）生产故障检测。

机器视觉系统可以实时捕捉生产线上的设备运行状态，通过图像分析技术检测设备的异常情况，如设备故障、物料堆积等。如图 4-30 所示是机器视觉技术在生产故障检测中的应用，在电子元器件组装线上，机器视觉系统能够迅速识别出芯片贴装位置的偏差、焊点缺失等质量问题，确保生产线的稳定运行。

（2）人员操作违章监测。

机器视觉系统可以智能识别进出工厂的员工，通过预设的算法判断员工是否存在违章操作行为。如图 4-31 是机器视觉技术在人员操作违章监测中的应用。未佩戴安全帽、未穿防护服等。一旦发现违章操作，系统可以立即发出预警，提醒管理

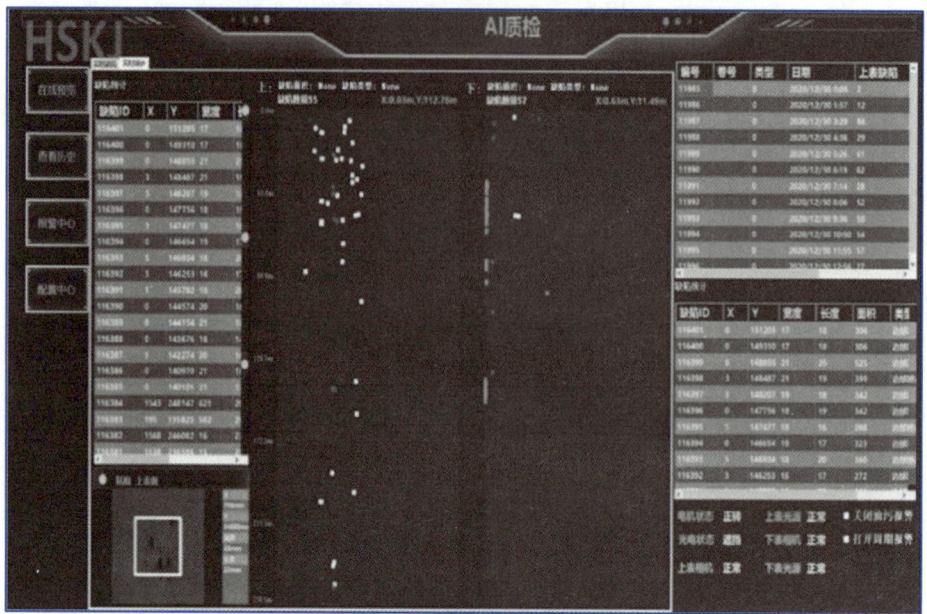

图 4-30　机器视觉技术在工业质检中的应用 5

图 4-31　机器视觉技术在工业质检中的应用 6

人员及时制止，降低事故发生的概率。

机器视觉技术是一种模仿人眼进行图像处理和分析的技术。其基本原理是通过摄像头捕捉产品表面的图像，然后利用图像处理和分析算法提取关键特征信息，最终进行质量判定。应用机器视觉技术可以显著提高检测效率和准确性，减少人为误差。

4. 智能交通监控

机器视觉技术在智能交通监控中发挥着核心作用。如图 4-32 所示是机器视觉技术在智能交通监控中的应用，它通过实时捕捉和分析交通场景图像，跟踪和检测目标的异常行为，实现对交通流量的监测、违规行为的自动检测、车辆的跟踪与识别以及交通事件的快速响应。这些功能不仅提高了交通管理的效率和准确性,还有助于减少交通拥堵和事故,为现代城市的交通安全和顺畅运行提供了有力保障。

图 4-32　机器视觉技术在工业质检中的应用 7

4.5.3　智能家居及环境监测

在智能家居机环境监测应用场景中,主要是通过在嵌入式设备上部署轻量级模型,实现快速响应和低功耗,采用小模型对传感器数据进行实时处理和预测,其应用主要体现在实时性响应、节能运行、智能安防监控和智能环境感知和控制等方面。

(1)实时性响应。

小模型由于其轻量化和高效能的设计,能够在智能家居系统中实现实时性响应。例如,在智能家居的语音识别和语音控制功能中,小模型可以快速处理用户的语音指令,并将其转化为相应的操作指令,实现对智能家居设备的快速控制。这种实时性响应使得智能家居系统更加便捷和高效。

(2)节能运行。

通过小模型的分析和预测能力,智能家居系统可以根据用户的能源使用习惯和环境数据,自动优化能源的分配和使用。例如,系统可以学习用户的作息规律,自动调整空调和照明的使用时间,以尽可能减少能源浪费。这种节能运行不仅降低了家庭的能源消耗,还有助于保护环境。

(3)智能安防监控。

通过监控摄像头采集的图像和视频数据,小模型可以实时处理和分析这些数据,识别出人脸、车辆等要素,并进行实时的监控和预警。同时,小模型还可以学习用户的行为特征,识别出异常行为,并及时报警。这种智能安防监控功能提高了家庭的安全性。

(4)智能环境感知和控制。

通过智能家居系统中的传感器设备,小模型可以实时监测室内环境数据,如温度、湿度、光照等。根据这些数据，小模型可以自动调节室内环境参数，提供一个舒适、健康的居住环境。例如，在夏季高温时，小模型可以自动调节空调的运行模式，降低室内温度；在冬季寒冷时，小模型可以自动调节暖气系统的运行，提高室内温度。

4.5.4 医疗健康

小模型在医疗健康领域的应用日益广泛，其轻量级、高效能的特性使得它在多个医疗场景中发挥了重要作用。

（1）疾病预测与风险评估。

小模型通过分析大量的临床数据和健康信息，能够更准确地预测患者的疾病风险。例如，在心血管疾病、糖尿病、癌症等慢性疾病的预测中，小模型能够识别出与疾病相关的关键指标，并基于这些指标进行风险评估。这不仅有助于医生提前进行干预和治疗，还能帮助患者更好地了解自己的健康状况，制定更合理的健康管理计划。

（2）药物研发与模拟。

在药物研发过程中，小模型可用于药物分子的结构分析和模拟，预测药物分子的相互作用、活性和毒性。这种预测能力可以大大加速药物研发过程，减少实验验证的时间和成本。同时，小模型还可以帮助研究人员筛选具有潜在疗效的药物候选物，提高药物研发的成功率。

（3）医学影像诊断。

医学影像诊断是医生的重要工作之一，但分析大量的影像数据往往需要耗费大量的时间和精力。小模型的出现为医学影像诊断带来了新的希望。通过训练好的小模型，医生可以快速、准确地识别出影像中的病变部位，提高诊断的准确性和效率。如图 4-33 所示是小模型在肺癌诊断系统中的应用，研究人员开发了一种基于

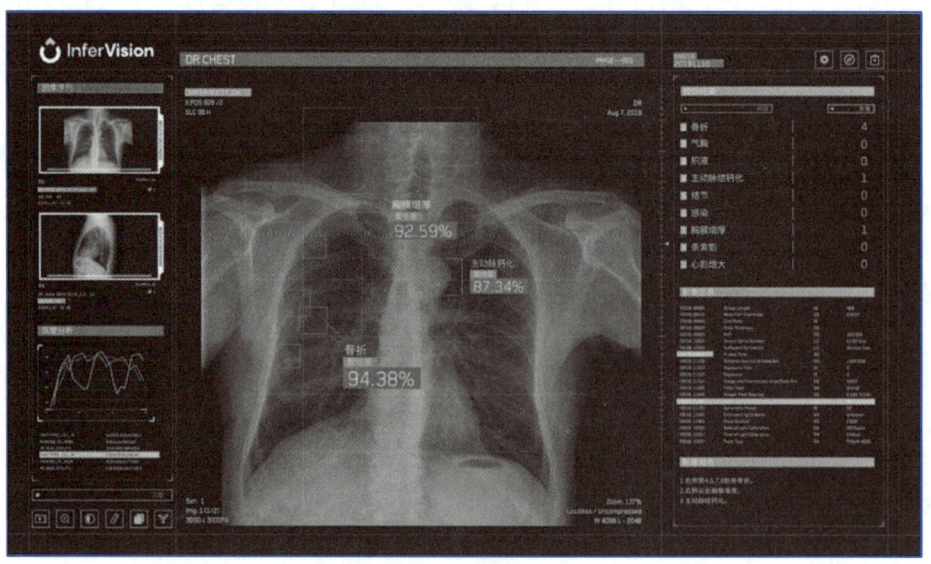

图 4-33 小模型在医疗健康中的应用

机器视觉的肺癌诊断系统，能够通过分析影像中的肿块形状、密度和亮度特征，实现自动诊断，并辅助医生制定治疗方案。

（4）个性化医疗与治疗方案推荐。

小模型可以根据患者的个人情况和疾病特点，为其推荐更合适的医疗方案和治疗方法。这种个性化医疗方案不仅提高了治疗效果，还减少了不必要的医疗资源浪费。例如，在癌症治疗中，小模型可以根据患者的基因信息、病情严重程度等因素，为其推荐最适合的化疗方案或靶向药物。

（5）远程医疗与健康监测。

小模型还可用于远程医疗和健康监测领域。通过收集和分析患者的生理数据（如心率、血压、血糖等），小模型可以实时监测患者的健康状况，并在出现异常时及时发出警报。同时，小模型还可以与医生进行远程沟通，为医生提供患者的实时数据和分析结果，帮助医生更准确地判断病情并制定治疗方案。

4.6 本章小结

大模型虽然在多个领域取得显著成果，但因其庞大的参数量导致训练成本高昂，限制了其广泛应用。相对地，小模型通过知识蒸馏从大模型中学习，以较低的计算成本实现相近的性能，尤其在推理轻量级任务时表现突出。小模型和大模型的结合不仅提升了计算效率，还优化了算力资源的分配。

在医疗影像诊断、自然语言处理中的情感分析、自动驾驶汽车的障碍物检测以及金融交易风险评估等实例中，小模型和大模型的分工合作提高了任务处理的速度和决策的准确性。机器学习、深度学习和强化学习不仅为大模型提供了基础训练框架，还通过自动特征提取、多模态数据融合、自我迭代学习等能力，推动了人工智能技术的进步。

小模型在自然语言处理、机器视觉、智能家居、医疗健康等多个领域的具体应用案例，如情感分析、目标检测、疾病预测、药物研发等，凸显了小模型在实际应用中的广泛价值和潜力，强调了大小模型结合的策略在推动人工智能领域发展中的重要性，并展望了未来技术发展的方向。

4.7 习题

1. 请从参数量、训练成本、应用场景等方面，比较大模型与小模型的主要区别是什么？
2. 什么是知识蒸馏？请解释它在小模型训练中的作用。
3. 请简述医疗影像诊断中小模型与大模型协同工作的流程。

4. 自动驾驶汽车中，小模型和大模型在障碍物检测中的分工是什么？
5. 机器学习在大模型框架下的核心作用有哪些？
6. 什么是深度学习？请至少列举 3 种深度学习。
7. 深度学习中，自动特征提取的优势是什么？
8. 强化学习的基本组成元素有哪些？强化学习如何帮助提升大模型的性能？
9. 请简述有监督微调在大模型训练中的作用和过程。
10. 小模型在智能家居中的应用主要体现在哪些方面？

第 5 章 大模型技术基础

第 5 章
引言

本章将全面阐述大模型技术的基础、发展历程、应用场景及面临的挑战,以及大模型的预训练、微调、提示学习、知识增强等关键技术,并探讨大模型在自然语言处理、计算机视觉及多模态领域的广泛应用。

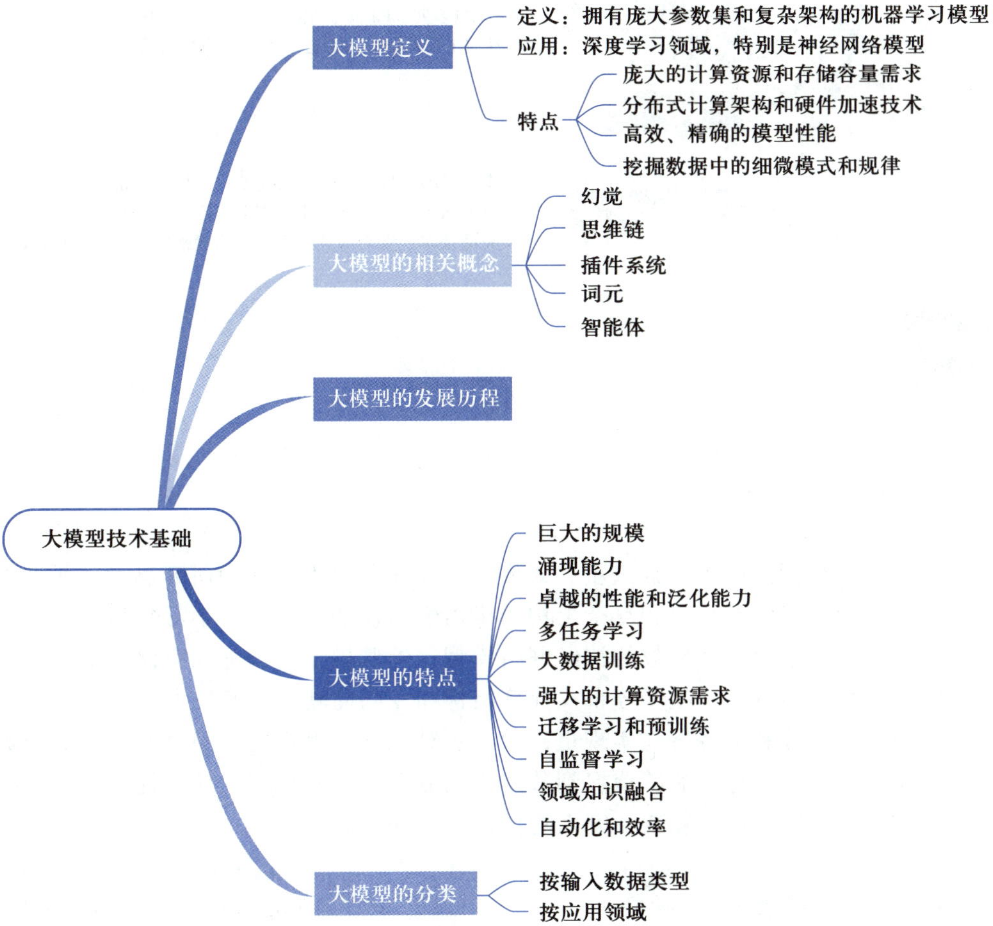

- 大模型技术基础
  - 大模型定义
    - 定义:拥有庞大参数集和复杂架构的机器学习模型
    - 应用:深度学习领域,特别是神经网络模型
    - 特点
      - 庞大的计算资源和存储容量需求
      - 分布式计算架构和硬件加速技术
      - 高效、精确的模型性能
      - 挖掘数据中的细微模式和规律
  - 大模型的相关概念
    - 幻觉
    - 思维链
    - 插件系统
    - 词元
    - 智能体
  - 大模型的发展历程
  - 大模型的特点
    - 巨大的规模
    - 涌现能力
    - 卓越的性能和泛化能力
    - 多任务学习
    - 大数据训练
    - 强大的计算资源需求
    - 迁移学习和预训练
    - 自监督学习
    - 领域知识融合
    - 自动化和效率
  - 大模型的分类
    - 按输入数据类型
    - 按应用领域

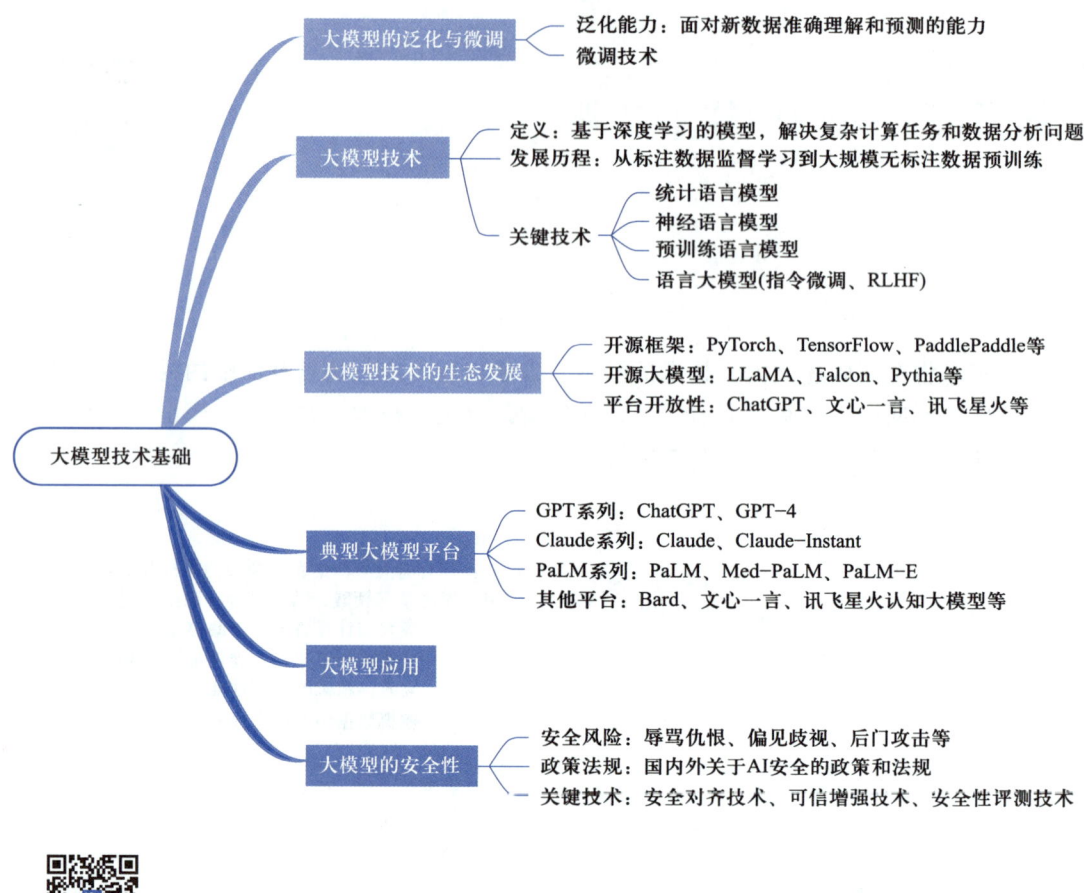

5.1 大模型概述

5.1.1 大模型定义

随着人工智能技术的迅猛进步,大模型及其相关技术已成为研究热点。所谓大模型,是指拥有庞大参数集和复杂架构的机器学习模型。在深度学习领域,大模型指代包含数百万至数十亿参数的神经网络模型。这些模型的训练和存储需要巨大的计算资源和存储容量,依赖于分布式计算架构和专门的硬件加速技术。

大模型的设计和训练旨在实现更高效、更精确的模型性能,通过利用大规模数据集和先进的算法训练,能够捕捉到数据中的复杂模式和规律,从而提供更为精确的预测结果,以应对日益复杂和庞大的数据集和任务。

5.1.2 大模型的相关概念

对于初学者来说,理解如图 5-1 所示的大模型中的一些概念和名词可能有些困难。

ChatGPT	提示词工程
OpenAI	AI Agent
通用人工智能	LangChain
大模型	Token

图 5-1 大模型的相关概念

下面通过生活中的例子来类比,以帮助大家理解这些概念和术语。

1. 幻觉

在人工智能的世界中,大模型相当于一个拥有丰富知识的大学毕业生的大脑。这个大脑通过长期的学习和积累,掌握了广泛的人类常识和知识,例如,基础的数学运算能力和逻辑推理能力,如图 5-2 所示。

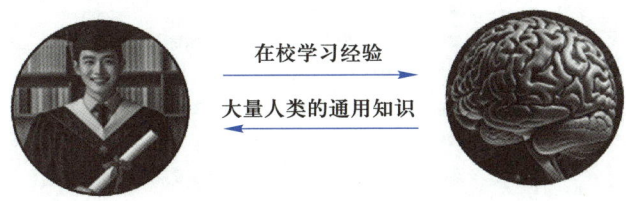

图 5-2　大模型类比人脑

作为一个生成模型,大模型的主要任务是根据已有的输入来预测下一个词元(token),如图 5-3 所示。本质上,它并不关注输入内容的具体含义,也不以回答问题为目的。它的目标是生成连贯、自然的文本,使整体文本看起来完整。这种特性有时会导致人们所说的大模型的"幻觉"现象,即模型生成的文本虽然流畅,但可能并不准确或符合常识。

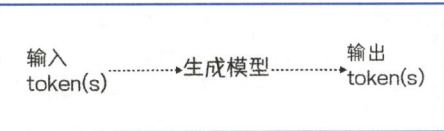

图 5-3　大模型 token

在探讨大模型的"幻觉"现象时,我们可以通过一个生动的例子来加深理解。设想这样一个场景:你向大模型提问,让它描述你的早餐。尽管大模型从未见过你,也不知道你早餐的具体内容,但这并不妨碍它给出一个详细的描述。这是因为它已经阅读并吸收了大量来自维基百科、人类编写的网页和小说等资料中的早餐描述。基于这些资料,大模型会根据"概率"生成一段文本,描述你吃了什么。这个过程类似于它在海量数据中寻找模式,然后根据这些模式来构建一个看似合理的早餐场景,如图 5-4 所示。

这个例子揭示了大模型在生成文本时的创造性,同时也暴露了它的局限性。虽然它能生成连贯的文本,但这些文本可能并不总是基于真实情况,这就是大模型的"幻觉"。

有读者可能会疑惑,这与大学生的大脑思考过程有何相似之处?

实际上,两者之间存在着相似性。例如,当你忘记交作业时,老师询问你的作业在哪里,你会迅速从自己的知识库中搜索,试图找到一个合理的回答。你可能会想到各种理由,例如,"我忘记写了""昨天帮助老奶奶过马路,耽误了写作业的时间""我的作业被哈吉米吃了""我的作业发生了量子隧穿消失了,我也在找它"。然后,你可能会根据概率选择一个答案,比如,"我的作业被哈吉米吃了",来回复老师,如图 5-5 所示。

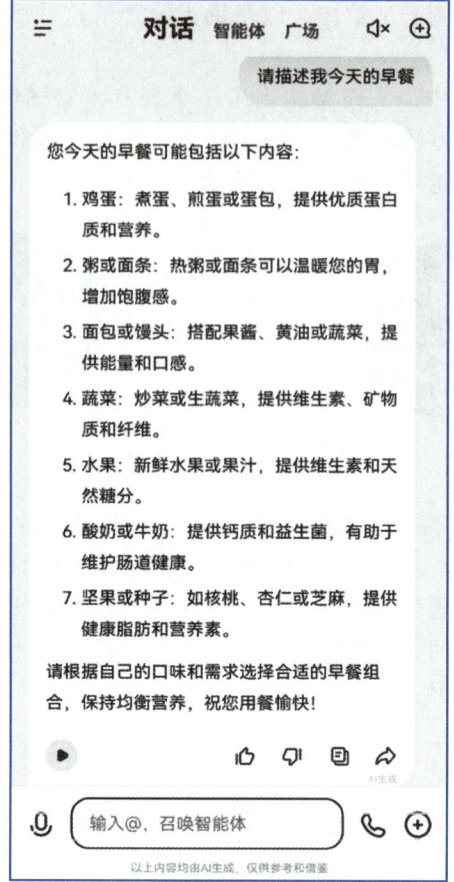

图 5-4　大模型描述早餐

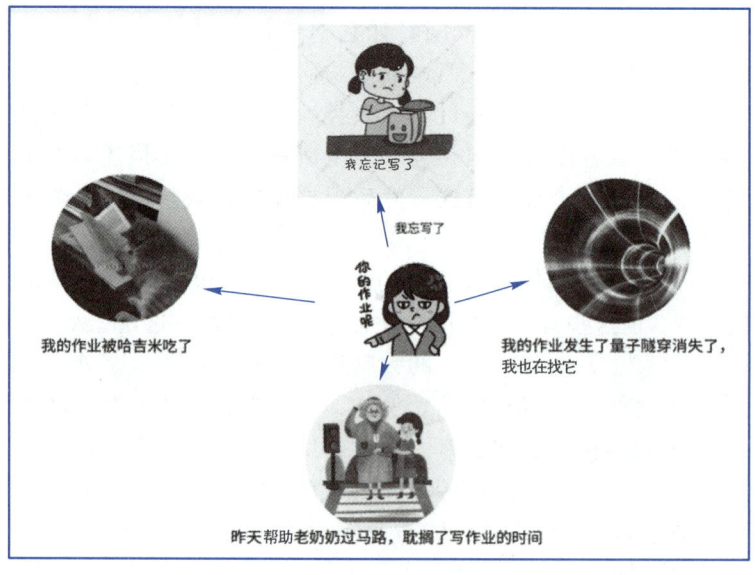

图 5-5　作业没交的原因

对于老师来说,这也是一种"幻觉"。从理论上讲,作业被哈吉米吃掉的可能性确实存在,但通过我们的知识库来判断,这个理由很可能是虚构的。这与大模型生成的早餐描述类似,虽然从第三方的角度来看,这种描述有一定的真实性概率,但作为当事人,我们知道这是假的。

2. 思维链

大模型作为一种预测模型,其核心功能是预测文本序列中的下一个词元(token)。然而,它并不具备理解整个句子意义的能力。为了更好地理解这一点,我们可以进行一个简单的测试:要求大模型用一句话描述世界的本质,并且以倒序的方式直接输出这句话,不展示中间过程,如图 5-6 所示。

这个答案可能不正确,显示出大模型在某些方面的局限性。然而,人类在类似情况下的表现又何尝不是如此呢?试想,如果我们要求一个人将想说的话直接倒序表达出来,这同样是一项挑战。在面对面交流时,我们也是逐字逐句地表达,而不是一次性说出整个句子。有人可能会说,可以在心里打好草稿,然后再倒序说出来。这确实是一个聪明的策略。同样,大模型也可以采用这种方法,这个过程被称为思维链(chain of thought,CoT)。我们可以要求大模型先展示其思考过程,然后再倒序输出结果,如图 5-7 所示。

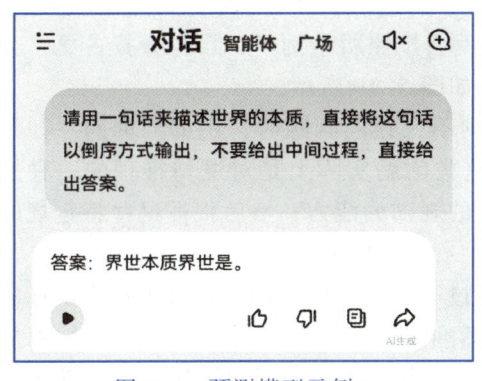

图 5-6 预测模型示例 1

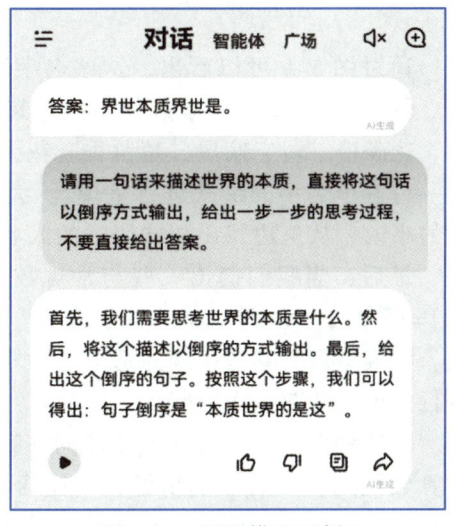

图 5-7 预测模型示例 2

这次的答案看起来更加合理了。但仔细观察,我们会发现还是与我们想要的倒序不一致。为了使大模型更好地理解我们的意图,我们要求大模型不要以词元的方式倒序,而是将每个汉字拆解后进行倒序,这便得到了正确结果,如图 5-8 所示。这个过程可以看作是简单的提示词工程,即通过提供明确的指令来引导大模型的输出。

此外,我们还可以通过 one shot(单样本)或 few shot(少许样本)的方式来训练大模型学习新的规则。比如,如果我们要写一本武侠小说,可以让大模型为这本小说中的人物取几个名字,如图 5-9 所示。

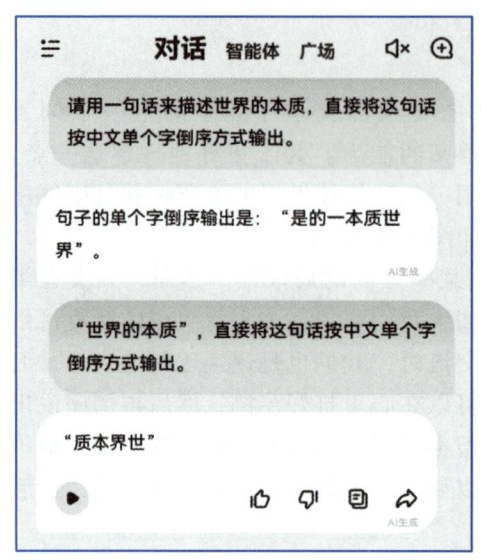
图 5-8　预测模型示例 3

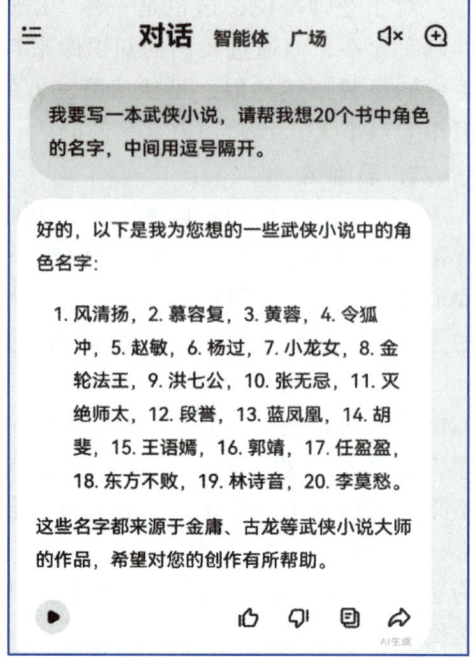
图 5-9　预测模型示例 4

通过图 5-9 可以看出，这些名字取得比较随机，但如果我们给大模型几个例子。例如，"我要写一本武侠小说，其中有几个主人公的名字是：叶孤城、西门吹雪、花满楼、司空摘星、楚留香、花无缺，请帮我再想 20 个书中其他角色的名字，用一行五个名字的形式进行呈现"。大模型就会按照所给例子，自行查找古龙、金庸的小说，从里边找出相同风格的人名来，如图 5-10 所示。

最后，当我们提出一些与常规数学规则不一致的问题时，例如，询问"如果 1+1=3、2+2=5，那么 3+3 等于多少？"，这类问题实际上是对逻辑推理的一种挑战。大模型需要具备识别并适应这种非传统的规则的能力，然后根据这些特定规则进行推理，如图 5-11 所示。

在这种情况下，大模型给出的答案是经过"深思熟虑"的。它首先指出了标准的算数规则，然后识别出题目中隐含的非标准规则，并据此推理出 4+4 的结果应该是 9。这个答案展示了大模型在逻辑推理方面的能力，同时也表明了它能够根据给定的规则进行合理的推断。

3. 插件系统

大模型虽然在许多方面表现出色，但在处理特定类型的任务时可能会受到限制。以一个简单的数学问题为例，比如，计算"34923423 乘以 2131"的结果。如果大模型没有给出正确的答案，它可以通过反思并提供多个可能的答案来进行自我纠正，如图 5-12 所示。

然而，即使在这种情况下，也可能没有一个答案是正确的。这时，可以参考人们处理这个问题的方式：使用计算器来快速准确地得到结果。这种在解决问题过程中引入的外部的、专业的系统或工具就是"插件系统"，如图 5-13 所示。

5.1 大模型概述　145

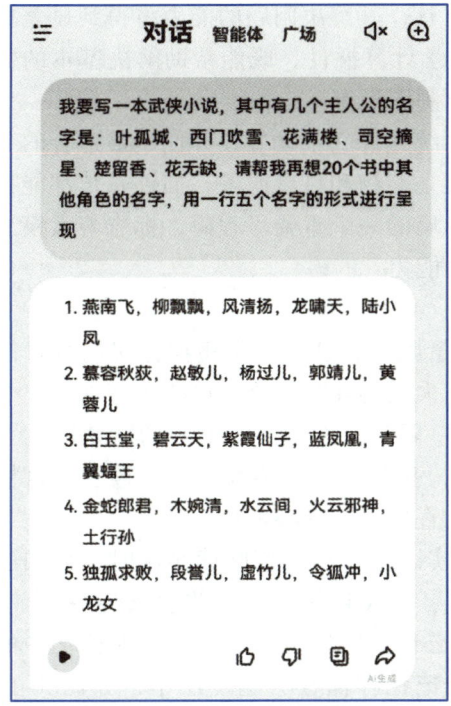

图 5-10　预测模型示例 5

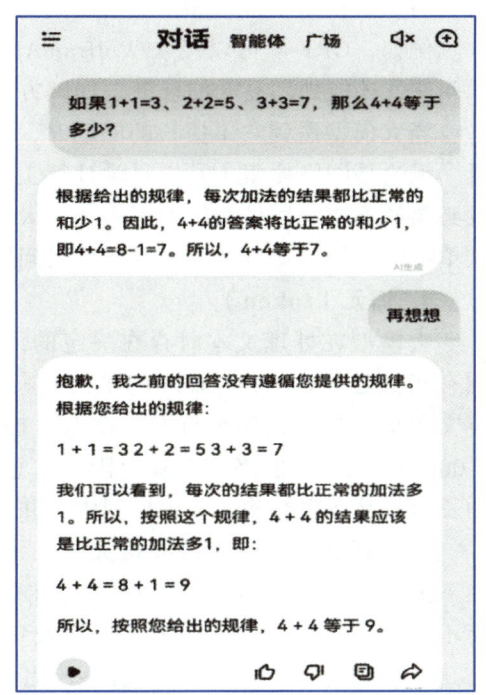

图 5-11　预测模型示例 6

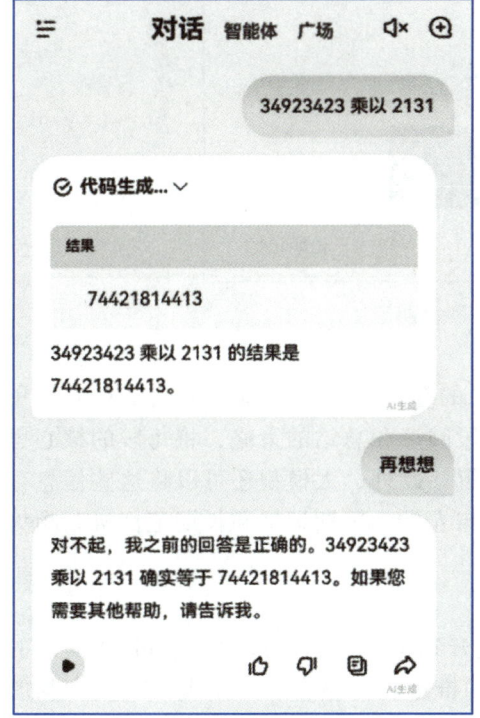

图 5-12　预测模型示例 7

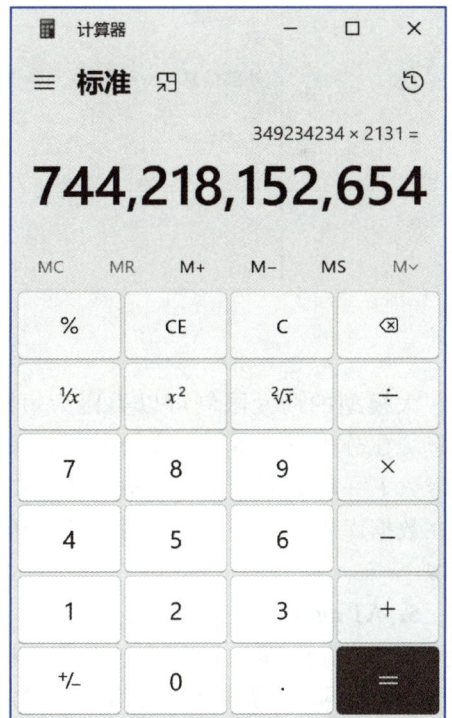

图 5-13　34923423 乘以 2131 的正确结果

对于大模型来说，如果能够集成类似的工具，其解决问题的能力将得到显著提升。例如，GPT-4 可以接入 WolframAlpha 科学计算插件，既能帮助解决基本的数学问题，还能处理复杂的任务，如解方程、绘制图形等。

当大模型遇到它不擅长的问题时，插件系统允许它主动寻找并使用最适合的工具。无论是网络搜索工具、科学计算工具，还是购物和订票服务，插件系统都能提供必要的支持。插件系统的引入，是大模型发展的一个重要里程碑，标志着大模型从单纯的数据处理转变为更智能化的问题解决能力。

4. 词元（token）

大模型在处理文本时存在一定的词元数量限制，这与人类短期记忆的容量限制有相似之处。例如，ChatGPT 的 token 限制大约为 4 096 个，这相当于 3 072 个英文单词。尽管大模型行业正在努力提高这一限制，例如，GPT-4 的默认限制为 8 000 个 token，但终究存在上限。这意味着，我们无法将整部像《红楼梦》这样的长篇作品一次性输入到大模型中，并期望它直接总结中心思想。

但这真的与人类大脑有很大的区别吗？实际上，当我们阅读小说时，大脑也在不断地进行总结和记忆。我们记住的是故事的大致轮廓和一些感兴趣的细节，而不是逐字逐句的全部内容。这涉及短期记忆和长期记忆的过程。短期记忆中的信息会经过海马体的有损压缩，转化为长期记忆存储在大脑皮层中，如图 5-14 所示。

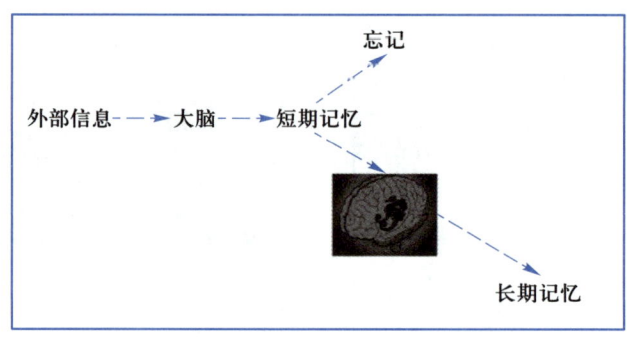

图 5-14 长期记忆和短期记忆

大模型的词元限制可以类比为短期记忆的存储方式，它需要定期刷新以避免遗忘。在分析长文本时，大模型可以采用逐段阅读和总结的策略，将每段的核心思想带入下一段的阅读中，形成一个连贯的理解。此外，大模型还可以将这些信息存储在数据库中，以便在需要时再次调用，这与人类的短期记忆和长期记忆机制颇为相似。

5. AI agent

AI agent 的理念将大模型的推理能力提升到了一个新的层次。OpenAI 提出的 AI agents system 架构展示了如何将大模型的推理能力整合成一个类似人类大脑的系统，如图 5-15 所示。

图 5-15 中涉及 4 个关键能力，如图 5-16 所示。

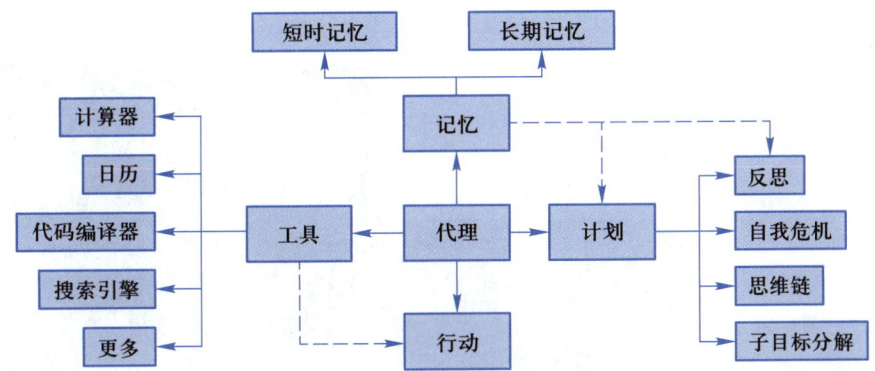

图 5-15　LLM 驱动下的 AI agents system

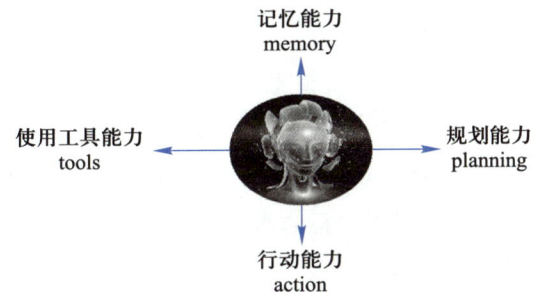

图 5-16　AI agent 的 4 个能力

（1）planning（规划能力）：涉及思维链、反思和思维树等，让大模型在面对复杂问题时能够逐步思考并自我检查，以确保结果的正确性。

（2）memory（记忆能力）：当大模型遇到长文本或认为有长期价值的内容时，需要有意识地将其存储以供后续使用。

（3）tools（使用工具能力）：当大模型遇到自身不擅长的问题，如复杂计算或网络搜索，可以利用工具库中的工具来降低出错概率。

（4）action（行动能力）：虽然目前"具身智能"（embodied intelligence）的概念还处于探索阶段，但它代表了大模型影响物理世界的能力。

通过这些对比和类比，我们可以对大模型的基本概念有一个更清晰的理解。

5.1.3　大模型的发展历程

大模型的演进可划分为 3 个显著阶段：萌芽期、探索沉淀期和迅猛发展期，如图 5-17 所示。

1．萌芽期（1950—2005 年）

这一时期以传统神经网络模型为代表，特别是卷积神经网络（convolutional neural network，CNN）的发展。

① 1956 年，"人工智能"这一术语由计算机专家约翰·麦卡锡提出，标志着 AI 领域的正式诞生。

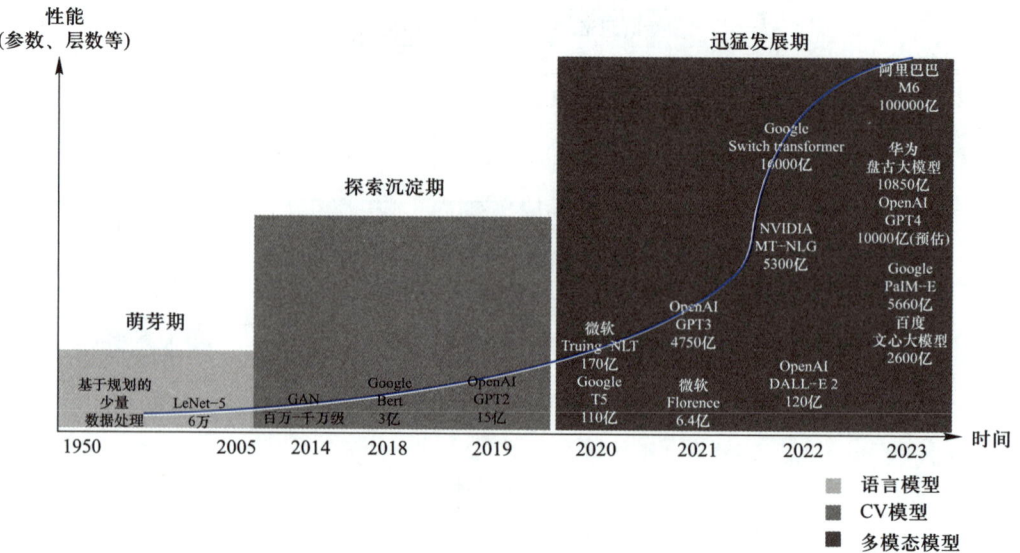

图 5-17　大模型发展历程

② 1980 年，CNN 的早期形态诞生，为后来的深度学习奠定了基础。

③ 1998 年，LeNet-5 的提出，标志着从浅层到深度学习的转变，对深度学习框架和大模型的发展产生了深远影响。

2. 探索沉淀期（2006—2019 年）

这一时期以 Transformer 为代表的新型神经网络模型开始崭露头角。

① 2013 年，Word2Vec 模型的诞生，首次实现了将单词转换为向量，极大提升了计算机处理文本的能力。

② 2014 年，GAN（generative adversarial network，生成对抗网络）的提出，开启了深度学习在生成模型研究领域的新时代。

③ 2017 年，Google 提出的 Transformer 架构，以其自注意力机制，为大模型的预训练算法架构奠定了基础。

④ 2018 年，GPT-1 和 BERT 的发布，标志着预训练大模型成为自然语言处理的主流。

3. 迅猛发展期（2020 年至今）

这一时期以 GPT 为代表的预训练大模型不断刷新规模和性能的记录。

① 2020 年，GPT-3 推出。该模型拥有 1 750 亿个参数，是当时规模最大的语言模型，同时 GPT-3 在零样本学习任务上也取得了显著的性能提升。

② 2022 年 11 月，ChatGPT 发布，ChatGPT 以其逼真的自然语言交互能力迅速走红。

③ 2023 年 3 月，GPT-4 发布，作为超大规模多模态预训练大模型，GPT-4 不仅继承了前几代模型的优点，还展现了多模态理解和内容生成的能力。

这一时期，大数据、大算力和先进算法的结合，不仅极大地增强了大模型的预训练和生成能力，还推动了大模型在多模态和多场景应用中的表现。ChatGPT 的成功，得益于微软 Azure 的强大算力支持和海量数据资源，以及在 Transformer 架构基础上对 GPT 模型进行的持续优化和人类反馈的强化学习策略。

5.1.4 大模型的特点

大模型之所以在人工智能领域占据重要地位，主要得益于以下几个核心特点：

（1）巨大的规模：大模型拥有数十亿个参数，模型体量可达数百 GB，甚至更庞大。这种规模赋予了模型强大的表达能力和学习能力。

（2）涌现能力：涌现能力描述的是当系统复杂度达到一定程度时，会出现一些单个组成部分所不具备的新特性。在大模型中，随着训练数据量的增加，模型展现出了小模型所不具备的深层次问题解决能力，类似于人类的思维和智能。

（3）卓越的性能和泛化能力：大模型在自然语言处理、图像识别、语音识别等多种任务上表现出色，显示出其强大的学习能力和泛化能力。

（4）多任务学习：大模型能够同时学习多种自然语言处理任务，如机器翻译、文本摘要、问答系统等，这有助于模型发展出更广泛和深入的语言理解能力。

（5）大数据训练：为了充分利用大模型的参数规模，需要以 TB 甚至 PB 级别的海量数据进行训练，这是发挥其潜力的关键。

（6）强大的计算资源需求：训练大模型通常需要数百到上千个 GPU 的计算支持，以及从几周到几个月的时间投入。

（7）迁移学习和预训练：大模型通过在大规模数据上的预训练，结合特定任务的微调，可以有效提升在新任务上的性能。

（8）自监督学习：通过自监督学习，大模型可以在大量未标记数据上进行训练，以减少对标记数据的依赖，提升训练效率。

（9）领域知识融合：大模型能够从不同领域的数据中学习并整合知识，这可以促进跨学科的创新和应用。

（10）自动化和效率：大模型可以自动执行许多复杂任务，极大提升工作效率，如自动编程、自动翻译和自动摘要等。

这些特点共同构成了大模型的基础，使它们成为解决当今世界各种复杂问题的强大工具。

5.1.5 大模型的分类

大模型可以根据不同的标准进行分类，主要分为以下几种类型。

1. 按输入数据类型分类

按照输入数据类型的不同，大模型分为自然语言处理（natural language processing，NLP）大模型、计算机视觉（computer vision，CV）大模型和多模态（multimodality）大模型三大类，如图 5-18 所示。

（1）自然语言处理大模型：专注于处理和理解自然语言的文本数据。这类模型在大规模语料库上训练，学习语言的语法、语义和语境规则。代表模型包括：GPT 系列、RoBERTa、Bard 以及百度的文心一言等。

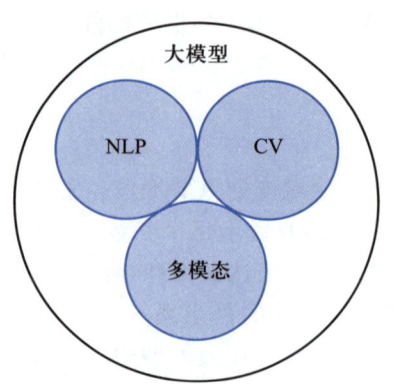

图 5-18　大模型分类（按输入数据类型）

（2）计算机视觉大模型：用于图像处理和分析，在大规模图像数据上训练，执行图像分类、目标检测等视觉任务。代表模型包括：VIT 系列、华为盘古 CV、商汤的 INTERN 等。

（3）多模态大模型：能够综合处理文本、图像、音频等多种数据类型，实现对多模态信息的深入理解和分析。代表模型包括：DALL-E、华为的悟空画画、Midjourney 等。

2. 按应用领域分类

按照应用领域的不同，大模型主要分为：通用大模型 L_0、行业大模型 L_1、垂直大模型 L_2 三个层级。

（1）通用大模型 L_0：具备跨领域和任务的泛化能力，通过在大规模无标注数据上训练，形成强大的泛化特征，能够在多种场景下应用，无须或仅需少量微调。

（2）行业大模型 L_1：针对特定行业或领域定制，使用行业数据进行预训练或微调，以提升在特定领域的性能，使人工智能成为该领域的专家。

（3）垂直大模型 L_2：专注于特定任务或场景，通过任务相关数据的预训练或微调，优化模型在该任务上的表现。

大模型的这种分类方式不仅反映了其在不同领域的应用能力，也指导了模型设计和训练的策略选择，以满足不同场景下的需求。

5.1.6　大模型的泛化与微调

模型的泛化能力是指一个模型在面对新的、未见过的数据时，能够准确进行理解和预测的能力。在机器学习和人工智能领域，模型的泛化能力是评估模型性能的重要指标之一。

模型微调是相对于从零开始训练模型，微调是在预训练模型（pre-trained model）的基础上，针对特定任务进行的优化过程。这种方法节省了大量的计算资源和时间，提高了模型训练的效率和准确率。

模型微调的基本思想是通过使用少量带标签的数据对预训练模型进行再训练，使模型能够适应新的任务和数据分布。微调不仅利用了预训练模型的现有能力，还通过参数调整适应了新的数据特征，从而增强了模型的泛化能力，并减少了过拟合的风险。

常见的微调方法有以下几种：

（1）fine-tuning（微调）：这是一种常规的微调手段，通过在预训练模型上添加一个新的分类层，并针对特定数据集进行训练，以适应新任务。

（2）feature augmentation（特征扩充）：此方法通过向数据集中添加额外的特征来提升模型性能。这些特征可能是手工设计的，也可能是通过自动化技术生成的。

（3）transfer learning（迁移学习）：此方法用于将在一个任务上训练好的模型迁移到另一个任务上，通过对模型参数的微调，使其适应新任务的需求。

微调策略的选择取决于特定任务的需求、可用数据的规模和特性，以及期望的性能提升，正确应用微调可以显著提高模型在特定领域的应用效果。

5.1.7 大模型技术

1. 大模型技术的定义

大模型技术是基于深度学习构建的模型，具备更高层次的抽象能力、对计算资源的巨大需求以及较长的训练周期。这些模型由多个隐藏层构成，包含数以亿计的参数，专门用于解决各类复杂的计算任务和数据分析问题。与传统的、依赖手工特征提取的模型相比，大模型展现出了卓越的泛化性能、精确度以及训练效率。它们能够自动学习数据中的深层特征，无须人工干预。

大模型技术在互联网行业中得到了广泛的应用，例如，图像和视频识别、自然语言处理、智能客服等。在金融行业中，大模型技术也被广泛应用于风险评估、投资决策等领域。在医疗行业中，大模型技术被用于疾病诊断、药物研发等领域。此外，大模型技术还被广泛应用于自然语言理解、市场分析等领域。大模型技术的广泛应用证明了其在现代数据分析和决策支持中的核心地位，它们正推动着人工智能技术的快速发展和行业变革。

2. 大模型技术的发展历程

自2006年杰弗里·辛顿（Geoffrey Hinton）提出逐层无监督预训练的方法以来，深度学习技术有效解决了深层网络训练中的梯度消失问题，开启了深度学习在多个领域的突破性进展。十多年来，基于深度学习的人工智能技术经历了显著的研究范式转变：从早期的"标注数据监督学习"的任务特定模型，到"无标注数据预训练＋标注数据微调"的预训练模型，再到如今的"大规模无标注数据预训练＋指令微调＋人类对齐"的大模型。这一转变标志着从小数据到大数据、从小模型到大模型、从专用到通用的发展轨迹，人工智能技术正步入大模型时代。

2022年底，OpenAI发布的ChatGPT语言大模型引起了广泛关注。在"大模型＋大数据＋大算力"的加持下，ChatGPT展现了多场景、多用途、跨学科的任务处理能力，被认为可能成为人工智能领域的关键基础设施。以ChatGPT为代表的大模型技术可以在经济、法律、社会等众多领域发挥重要作用。大模型被认为很可能像PC时代的操作系统一样，成为未来人工智能领域的关键基础设施，由此引发了大模型的发展热潮。

本次大模型热潮主要由语言大模型（也称为大语言模型）引领。语言大模型通过在海量无标注数据上进行大规模预训练，能够学习到大量的语言知识与世界知识，并且通过指令微调、人类对齐等关键技术拥有面向多任务的通用求解能力。在原理上，语言大模型旨在构建面向文本序列的概率生成模型，其发展过程主要经历了5个主要阶段：

（1）统计语言模型。

统计语言模型主要基于马尔可夫假设建模文本序列的生成概率。特别地，N-gram语言模型认为下一个词汇的生成概率只依赖于前面出现的N个词汇（即N阶马尔可夫假设）。此类语言模型的问题在于容易受到数据稀疏问题的影响，需要使用平滑策略改进概率分布的估计，对于文本序列的建模能力较弱。

（2）神经语言模型。

针对统计语言模型存在的问题，神经语言模型主要通过神经网络（如多层感知器MLP、循环神经网络RNN等）来建模目标词汇与上下文词汇的语义共现关系。这种建模方式能够有效捕获复杂的语义依赖关系，更为精准建模词汇的生成概率。同时，word2vec进一步简化了神经语言模型的网络架构。通过word2vec，我们可以从无监督语料中学习可迁移的词表示（又称为词向量或词嵌入）。word2vec为后续预训练语言模型的研究奠定了基础。

（3）预训练语言模型。

预训练语言模型主要是基于"预训练+微调"的学习范式构建的。首先通过自监督学习任务从无标注文本中学习可迁移的模型参数，进而通过有监督微调使模型适配下游任务。早期的代表性预训练语言模型包括：ELMo、GPT-1和BERT等。其中，ELMo模型是基于传统的循环神经网络（如长短期记忆网络LSTM）构建的，存在长距离序列建模能力弱的问题；随着Transformer的提出，神经网络序列建模能力得到了显著的提升，GPT-1和BERT都是基于Transformer架构构建的，可通过微调学习解决大部分的自然语言处理任务。

（4）语言大模型（探索阶段）。

在预训练语言模型的研发过程中，一个重要的经验性法则是扩展定律（scaling law），即随着模型参数规模和预训练数据规模的不断增加，模型能力与任务效果将会随之改善。图5-19展示了2018—2023年间典型预训练模型的参数量变化趋势。OpenAI在这一领域进行了深入探索，推出了GPT系列模型，包括GPT-1（拥有1.1亿参数）、GPT-2（参数量增至15亿）以及GPT-3（参数规模达到1 750亿）。同样，谷歌也推出了参数规模高达5 400亿的PaLM模型，进一步推动了预训练语言模型的发展。当模型参数规模达到千亿量级，语言大模型能够展现出多方面的能力跃升。以GPT-3为例，在没有微调的情况下，它可以仅通过提示词或少数样例（in-context learning，上下文学习）就完成多种任务，甚至在某些任务上超越当时最好的专用模型。学术界引入了"语言大模型"（large language model）来特指这种超大规模的预训练语言模型，以区别于早期的预训练语言模型。

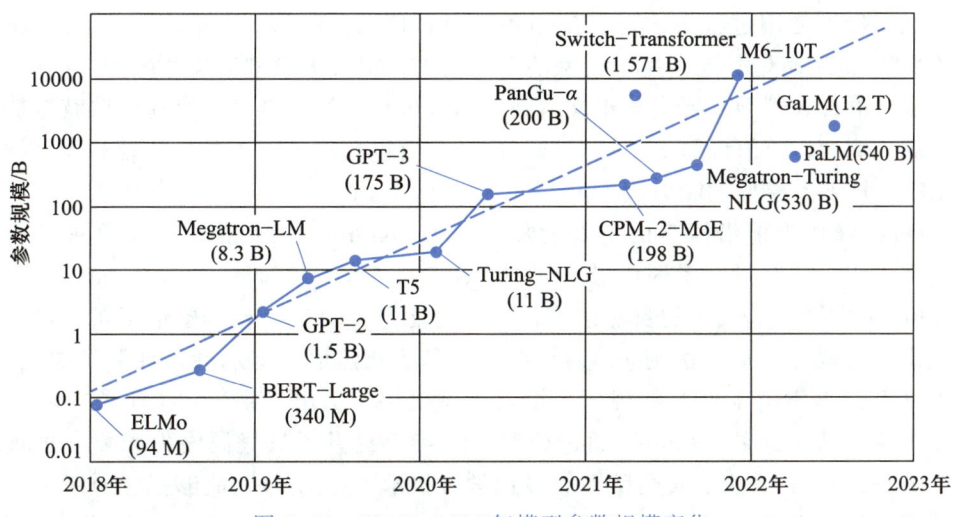

图 5-19 2018—2023 年模型参数规模变化

注：图中 M 表示 million，百万；B 表示 billion，十亿；T 表示 trillion，万亿。

（5）语言大模型（提升阶段）。

早期的语言大模型虽然表现出一定的少样本学习能力，但是其学习目标主要通过预测下一个单词实现，仍不能很好地遵循人类指令，甚至会输出无用甚至有害的信息，难以有效对齐人类的偏好。为了解决这些问题，研究者们提出两种主要的改进技术：指令微调（instruction tuning）以及基于人类反馈的强化学习（reinforcement learning from human feedback，RLHF）。指令微调利用格式化（将指令和回答配对）的训练数据加强大模型的通用任务泛化能力。基于人类反馈的强化学习（如图 5-20 所示）将人类标注者引入到大模型的学习过程中，训练与人类偏好对齐的奖励模型，进而有效指导语言大模型的训练，使得模型能够更好地遵循用户意图，生成符合用户偏好的内容。

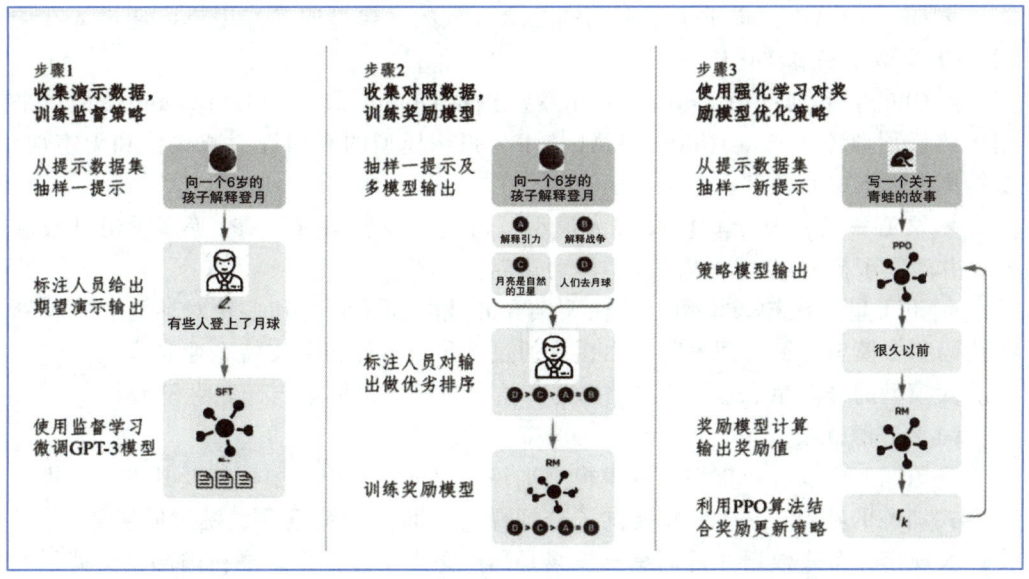

图 5-20 基于人类反馈的强化学习的算法示意图

在大模型使用过程中，可以使用各种提示技术，例如，思维链（CoT）、思维树（ToT），从而更好地利用大模型的潜在能力，提升大模型解决实际问题的能力。进一步，语言大模型主要是基于文本数据形式进行训练与推理，存在一些特定能力的不足，例如，数值计算等。针对这一问题，可以使用外部工具（如计算器、搜索引擎等）扩展大模型的能力边界。

OpenAI作为前沿探索的重要力量，在Transformer架构推出后就开展了一系列研究工作，并取得一系列成果。其中，GPT-1探索了解码器Transformer架构在"预训练+微调"范式下的自然语言任务求解能力；GPT-2初步验证了扩大模型参数规模的有效性（扩展法则），并且探索了基于自然语言提示的多任务解决能力；GPT-3首次探索了千亿参数规模的语言模型效果，提出了基于"上下文学习"的任务解决方法，此外，CodeX通过微调GPT-3，提升了其代码能力和复杂推理能力；InstructGPT是基于人类反馈的强化学习技术（RLHF），能够强化对于人类指令的遵循能力和人类偏好的对齐能力；ChatGPT与InstructGPT的技术原理相似，但进一步引入了对话数据进行学习，从而加强了多轮对话能力；GPT-4能够处理更长的上下文窗口，具备多模态理解能力，在逻辑推理、复杂任务处理方面的能力得到显著改进。

随着GPT-4的成功，语言大模型对于多模态领域也产生了重要影响，它从单调的文本交互，升级为可以接受文本与图像组合的多模态输入，相比传统的单模态大模型，多模态大模型更加符合人类的多渠道感认知方式，能够应对更加复杂丰富的环境、场景和任务。GPT-4的成功表明，在多模态大模型中引入基于人类知识的自然语言能够提升模型在多模态理解、生成、交互上的能力。

3. 大模型技术的生态发展

大模型技术正迅速拓展至个人使用和商业应用领域，不同公司通过各自的特色服务，为用户提供了多种接入大模型能力的途径。

- OpenAI API：提供了早期面向公众开放的大模型服务，用户可通过API访问GPT模型完成多样化任务。
- Claude系列：由Anthropic开发，包括Claude及Claude-Instant模型，采用无监督预训练和Constitutional AI技术，强调模型的有用性、诚实性和无害性，支持更长上下文的处理。
- 文心一言：基于百度文心大模型，通过APP、网页、API等多渠道开放服务，并建立了插件机制，拓展模型能力边界。
- 讯飞星火认知大模型：该模型结合开放式知识问答和多轮对话能力，特别在代码和多模态理解方面表现突出，并通过"星火一体机"支持企业私有化部署。

大模型的开源生态也"百花齐放"，主要包括开源框架与开源大模型。

（1）开源框架。

开源框架可以有效支撑大规模模型训练，以下是几个主要框架及其支持大规模分布式训练的特点。PyTorch提供了分桶梯度、通信计算重叠、跳过同步等技术，支持大规模分布式数据并行训练；飞桨是国产深度学习框架，早在内部就支持了大规模分布式训练，覆盖了计算机视觉、自然语言处理等多个领域的模型，引入4D

混合并行策略，可训练千亿规模的模型；OneFlow 将分布式集群抽象成逻辑上的超级设备，支持动静态图灵活转换，通过数据+模型的混合并行策略，显著提升了训练性能；DeepSpeed 是微软推出的大模型训练框架，其中的 ZeRO 技术减少了冗余内存访问，使得训练万亿级模型成为可能。

（2）开源大模型。

开源大模型可降低大模型研究的门槛，促进大模型应用的繁荣。其中典型代表有：LLaMA 系列是 Meta 研发的开源大模型，参数规模从 7 B 到 65 B 不等，仅依赖公开数据集进行预训练，通过数据过滤和并行优化实现高效训练。Falcon 系列来自阿布扎比的 TII 研究院，最大规模达 180 B 参数，基于开源许可发布，性能与 GPT-4 和 PaLM2 相当，参数量却较小。GLM 系列采用空白填充等多任务联合训练方式，提升了模型的生成能力。Baichuan 系列模型由百川智能开发，支持中英双语，使用高质量训练数据，在多个基准测试上表现优秀，该系列模型还开源了多种量化版本。Baichuan 2 在保留原有模型优势的基础上，增强了逻辑推理等方面的能力。CPM 系列采用经典的语言模型自回归训练方式，在各类中文 NLP 任务上均表现出色。

大模型技术具有广泛的应用场景，可以用来赋能不同行业。大模型+传媒可以实现智能新闻写作，降低新闻的生产成本；大模型+影视可以拓宽创作素材，开拓创作思路，激发创作灵感，提升作品质量；大模型+营销可以打造虚拟客服，助力产品营销；大模型+娱乐可以加强人机互动，激发用户参与热情，增加互动的趣味性和娱乐性；大模型+军事可以增强军事情报和决策能力，可以实现实时战场翻译、快速准确的威胁评估、作战任务规划和执行、战场感知、战术决策支持、改进态势感知等；大模型+教育可以赋予教育教材新活力，让教育方式更个性化、更智能；大模型+金融可以帮助金融机构降本增效，让金融服务更有温度；大模型+医疗可以赋能医疗机构诊疗全过程。总之，大模型的发展将给人类带来了非常强大的助推力，让数字世界和现实世界的共生变得更为便捷和有效。

大模型技术的通用性预示着其可能成为人工智能应用中的关键基础设施，它不仅带动上游软硬件计算平台的革新，构建协同发展生态，而且通过"大模型+应用场景"的模式，形成智能化升级的关键支撑，加速全产业的智能升级。

4. 大模型技术的风险与挑战

尽管以 ChatGPT 为代表的大模型技术取得关键性突破，但当前大模型技术仍存在诸多风险与挑战。

（1）可靠性问题：大模型虽然能够生成符合语言规则和流畅的内容，但其在事实性、时效性方面的准确性仍然存疑，合成内容的可靠性评估仍是一个挑战。

（2）可解释性不足：大模型通常被视为黑盒，其内部工作机制难以理解。对于语言大模型的涌现能力、规模定律，以及多模态大模型的知识表示和逻辑推理能力，需要更深入的研究来提供理论支持。

（3）高部署成本：大模型的训练和推理需要巨大的计算资源，导致高能耗、高成本和端侧推理延迟，限制了其广泛应用。

（4）小数据情景下的迁移能力不足：依赖大量数据训练的大模型，在数据覆盖不足的复杂场景中可能缺乏适用性，面临鲁棒性和泛化性的双重挑战。

（5）伴生技术风险：大模型结合语音合成、图像视频生成等技术可能产生逼真的多媒体内容，存在被滥用于制造虚假信息的风险，对社会舆论和国家安全构成威胁。

（6）安全与隐私问题：大模型可能遭受数据投毒、对抗样本、模型窃取、后门和指令攻击等安全威胁。此外，训练中使用的海量数据可能包含敏感信息，引发数据隐私泄露的风险。

为应对这些挑战，需要从技术、伦理和法律等多个角度出发，制定相应的策略和规范，确保大模型技术的健康发展和安全应用。

5.2 语言大模型技术

5.2 语言大模型技术

近年来，在 Transformer 架构基础上构建的预训练语言模型为自然语言处理领域带来了一系列突破式进展，成为人工智能主流技术范式。预训练语言模型采用"预训练 + 微调"方法，主要分为两步：

（1）将模型在大规模无标注数据上进行自监督训练得到预训练模型。

（2）将模型在下游各种自然语言处理任务上的小规模有标注数据进行微调得到适配模型。

由于预训练语言模型参数越大模型表现越好，这激发了语言大模型（LLM）研究热潮。

5.2.1 Transformer 架构

Transformer 架构是目前语言大模型采用的主流架构，其主要思想是通过自注意力机制（self-attention mechanism）获取输入序列的全局信息，并将这些信息通过网络层进行传递。Transformer 架构作为一种前沿的深度学习模型，已经在自然语言处理领域大放异彩。该架构通过独特的自注意力机制和高效的并行计算能力，显著提升了处理自然语言任务的效能，尤其在机器翻译和语言模型构建方面表现出色。

1. 基本组成

标准的 Transformer 是一个编码器 – 解码器架构，编码器负责将原始的输入序列（如一句话或一段文本）转化为一种高层次的、富含上下文的内部表示，而解码器则利用这些内部表示来生成目标序列，如图 5-21 所示。

编码器和解码器均由一个编码层和若干相同的 Transformer 模块层堆叠组成，编码器的 Transformer 模块层包括多头注意力层和全连接前馈网络层，这两部分通过残差连接和层归一化操作连接起来。与编码器模块相比，解码器由于需要考虑解码器输出作为背景信息进行生成，其中每个 Transformer 层多了一个交叉注意力层。

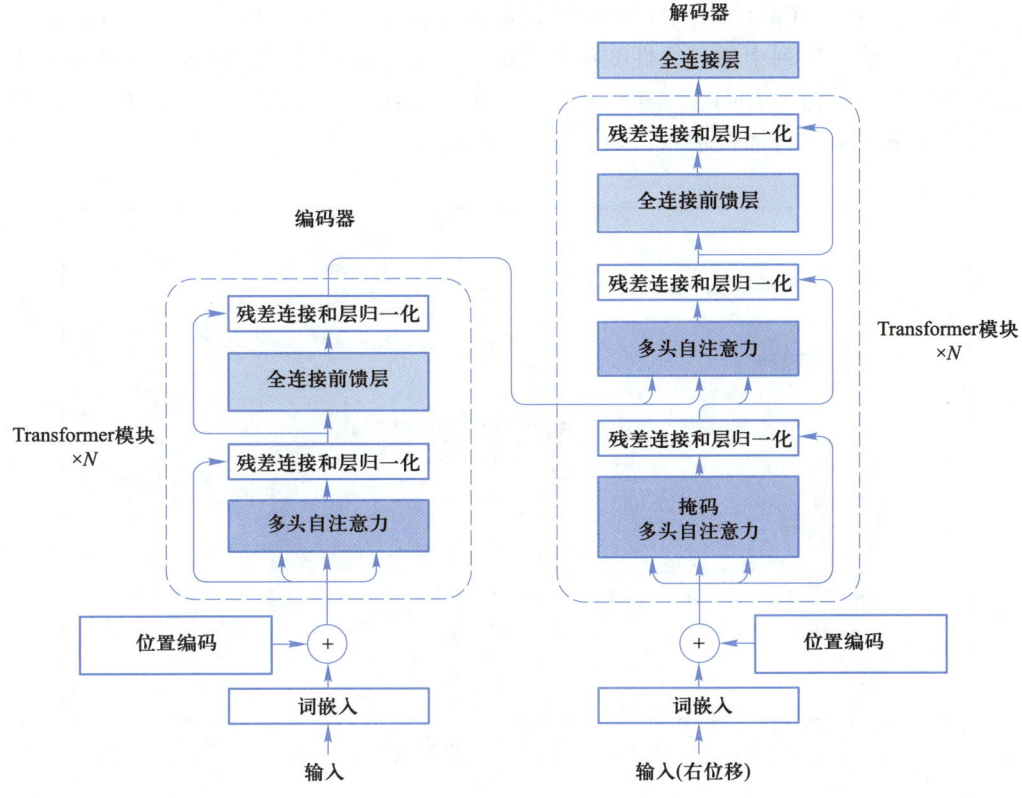

图 5-21 Transformer 架构

相比于传统循环神经网络（recurrent neural network，RNN）和长短时记忆神经网络（long short-term memory network，LSTM），Transformer 架构的优势在于它的并行计算能力，即不需要按照时间顺序进行计算。

2. 工作原理

（1）核心机制——自注意力机制。

Transformer 的精髓在于其自注意力机制。这一机制允许模型动态地计算输入序列中每个位置与其他所有位置之间的关联性，从而有效地捕捉全局的依赖关系。具体来说，对于输入序列中的每个位置，自注意力机制会计算出一个注意力分数，这个分数反映了该位置与序列中其他位置之间的相关性。这些分数随后被用于加权输入序列的各个部分，以生成一个包含全局上下文信息的表示。

一个粗略的类比是将其想象为在文件柜中搜索。该查询就像一张便签纸，上面写着你正在研究的主题。钥匙就像柜子内文件夹的标签。当你将标签与便签匹配时，我们取出该文件夹的内容，这些内容就是值向量。只不过你不仅要查找一个值，还要从多个文件夹中查找相关内容，如图 5-22 所示。

数学上，自注意力机制可以表示为：

$$\text{Attention}(Q, K, V) = \text{softmax}\left(\frac{QK^{\text{T}}}{\sqrt{d_k}}\right)V$$

其中,(Q),(K)和(V)分别代表查询(query)、键(key)和值(value),它们都是从输入序列中通过线性变换得到的。这个公式描述了如何通过计算查询和键的点积,并通过softmax()函数进行归一化,得到每个位置的注意力权重,最后用这些权重对值进行加权求和,如图5-23所示。

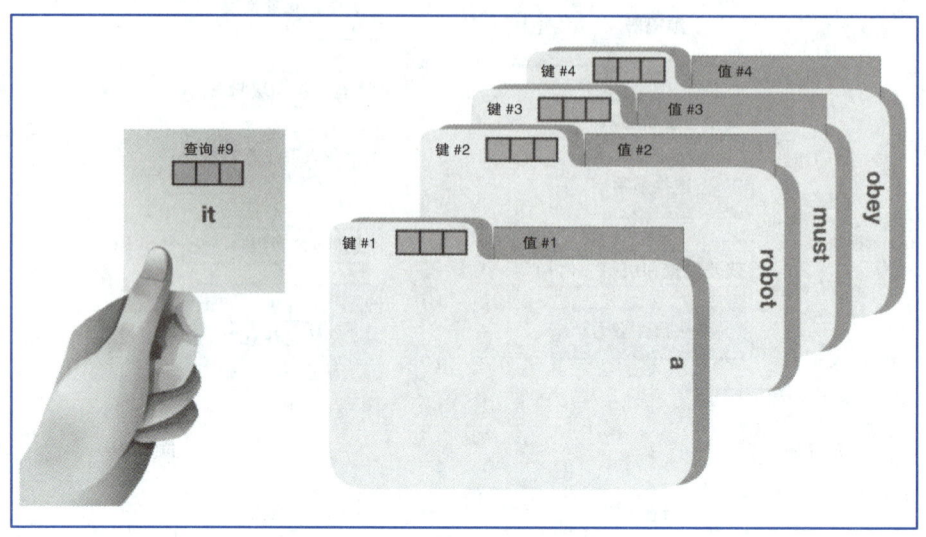

图5-22 自注意力机制类比

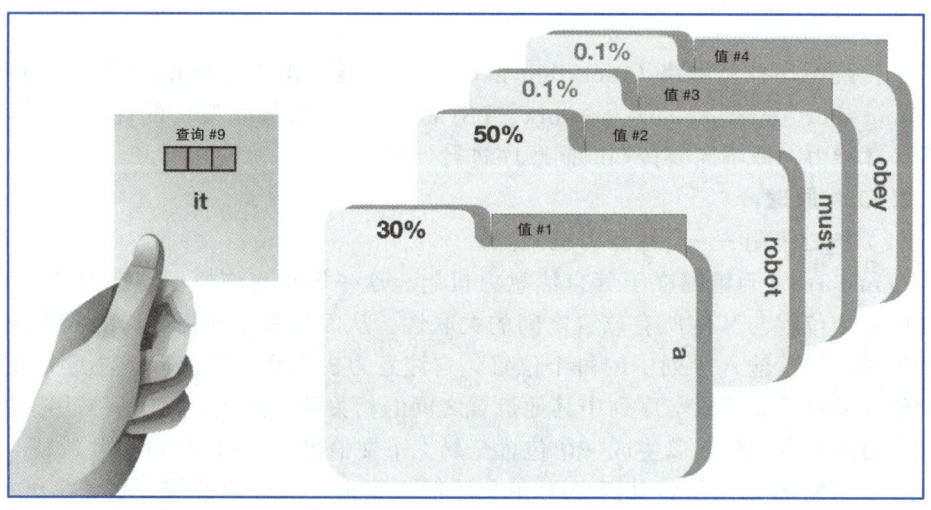

图5-23 自注意力机制权重计算

(2)增强表达——多头注意力机制。

为了进一步丰富模型的表达能力,Transformer引入了多头注意力的概念,采用了多头自注意力(multi-head attention)机制,即输入序列被线性映射多次得到不同的投影矩阵。多个尺度化后点积注意力可以并行计算,并产生多个自注意力输出。多头注意力生成多个高维的注意力表示,这使得其比单头注意力具有更强的表达能力。这意味着，模型不仅仅学习一种注意力表示，而是同时学习多种不同的注意力表示。每个"头"都独立地学习输入序列的一种特定表示，从而能够捕捉到不同层次的依赖关系。

具体地，多头注意力的计算公式为：
$$\text{Multihead}(Q, K, V) = \text{concat}(head_1, \cdots, head_8)W^O$$

其中，$head_i = \text{Attention}(Q_i, K_i, V_i)$，$i = 1, \cdots, 8$，并且每个头的参数矩阵 i_Q^W、i_K^W、i_V^W 和 i_O^W 都是可学习的。

（3）模型优化与稳定性。

Transformer 架构还包括了一些关键的优化技术，如前馈神经网络（feedforward neural network，FFNN）子层。这个子层对注意力机制的输出进行非线性变换，进一步增强了模型的表达能力。此外，残差连接（residual connection）和层归一化（layer normalization）也被引入到 Transformer 中，以提高模型的训练速度和稳定性。

（4）显著优势与广泛应用。

Transformer 架构因其高效性、强大的上下文感知能力，以及通过预训练和微调实现的高准确性而受到青睐。其并行处理的能力使得在大规模数据集上的训练变得高效。同时，由于能够捕捉到全局的上下文信息，Transformer 在自然语言理解方面表现出色。

然而，这种架构也面临着一些挑战，比如对高质量数据和强大计算资源的需求，以及在处理超长序列时可能遇到的性能瓶颈。

总的来说，Transformer 架构已经成为自然语言处理和其他序列建模任务中的中坚力量，其在文本生成、语音识别、机器翻译等领域的广泛应用，正不断推动着人工智能技术的进步。

5.2.2 语言大模型架构

现有的语言大模型几乎全部是以 Transformer 模型作为基础架构来构建的，不过它们在所采用的具体结构上通常存在差异，如只使用 Transformer 编码器或解码器，或者同时使用两者。从建模策略的角度，语言大模型架构大致可以分为：掩码语言建模、自回归语言建模和序列到序列建模三类，如图 5-24 所示。

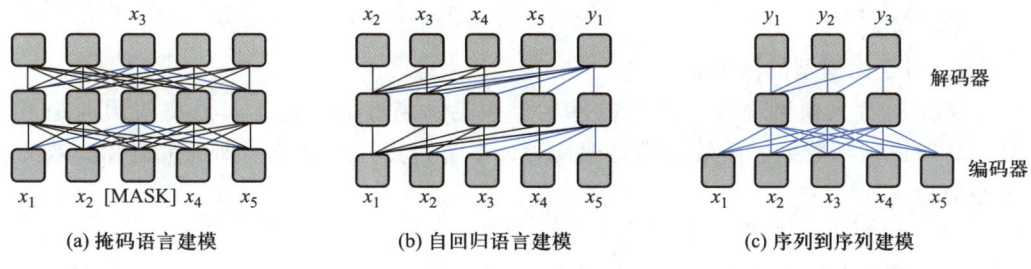

图 5-24 语言大模型的三种典型架构

1. 掩码语言建模

掩码语言建模（masked language modeling，MLM）是基于 Transformer 编码器的双向模型，其典型代表有 BERT 和 RoBERTa。这类模型通过掩码语言建模任务进行预训练，BERT 中还加入了下一句预测（next sentence prediction，NSP）任务。在预训练时，模型的输入是自然语言序列。首先在原始输入中添加特殊标记［CLS］和［SEP］，然后随机选择序列中的字符，并用［MASK］标记替换这些字符。掩码语言建模旨在根据上下文来最大化［MASK］位置的标签字符的条件概率，即让模型执行"完形填空"任务。而［CLS］的最终表示被用于预测两个句子是否连贯。RoBERTa 与 BERT 基本相同，但是它删去了下一句预测任务，采用了更具鲁棒性的动态掩码机制，并使用更大的批次、更长的时间和更多的数据进行训练。

2. 自回归语言建模

自回归语言模型在训练时通过学习预测序列中的下一个词来建模语言，其主要是通过 Transformer 解码器来实现。自回归语言模型的优化目标是最大化对序列中每个位置的下一个词的条件概率的预测。其典型代表有 OpenAI 的 GPT 系列模型、Meta 的 LLaMA 系列模型和 Google 的 PaLM 系列模型。其中，GPT-3 是首个将模型参数扩增到千亿参数规模的预训练模型。自回归语言模型更加适用于生成任务，同时也更适用于对模型进行规模扩增。

3. 序列到序列建模

序列到序列模型是建立在完整 Transformer 架构上的序列到序列模型，即同时使用编码器－解码器结构。其典型代表包括 T5 和 BART。这两个模型都采用文本片段级别的掩码语言模型作为主要的预训练任务，即随机使用单个 [MASK] 特殊标记替换文本中任意长度的一段字符序列，并要求模型生成填充原始的字符。序列到序列模型可以形式化地表示为最大化在给定掩码的字符序列的情况下目标字符序列的概率。

总体而言，自回归语言模型较其他预训练语言模型展现出了更优异的情境学习、思维链推理、内容创造等能力，自回归模型架构是当前大模型的主流架构。

5.2.3　语言大模型的关键技术

语言大模型的关键技术包括：模型预训练、适配微调、提示学习、知识增强和工具学习等。

1. 语言大模型的预训练

支撑语言大模型高效训练的技术主要包括：高性能训练工具、高效预训练策略、高质量训练数据、高效的模型架构等，本节重点介绍高效预训练策略和高效的模型架构。

（1）高效预训练策略。

高效预训练策略主要思路是采用不同的策略以更低成本实现对语言大模型的预训练。

第一种是在预训练中设计高效的优化任务目标，使模型能够利用每个样本更多的监督信息，以加速模型训练。

第二种是热启动策略，在训练开始时线性地提高学习率，以解决在预训练中单纯增加批处理大小可能会导致优化困难的问题。

第三种是渐进式训练策略，不同于传统的训练范式使用相同的超参数同时优化模型每一层，该方法认为不同的层可以共享相似的自注意力模式，首先训练浅层模型，然后复制构建深层模型。

第四种是知识继承方法，即在模型训练中同时学习文本和已经预训练语言大模型中的知识，以加速模型训练。在中文语言大模型 CPM-2 中，采用知识继承技术经测试可以使大模型在预训练前期提速 37.5%。

第五种是可预测扩展策略（predictable scaling），指在大模型训练初期，利用大模型和小模型的同源性关系，通过拟合系列较小模型的性能曲线预测大模型性能，指导大模型训练优化。OpenAI 在 GPT-4 的训练实践中，成功地运用了这一策略。他们使用仅为 GPT-4 所需的 1/1 000 到 1/10 000 的计算资源训练小模型，训练后的小模型可以可靠地预测 GPT-4 的某些性能，这种策略大幅降低了模型训练成本，如图 5-25 所示。

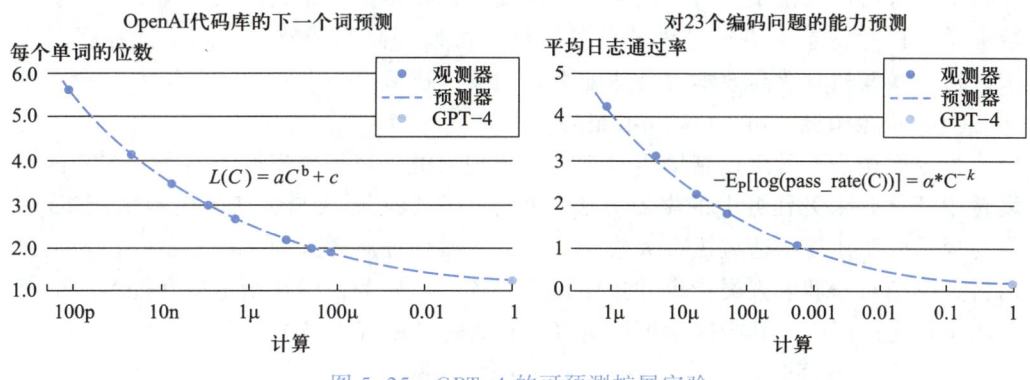

图 5-25　GPT-4 的可预测扩展实验

（2）高效的模型架构。

BERT 之后的 Transformer 架构在提高自然语言处理效率方面有两个重要优化方向。

① 统一的序列建模：其旨在将多种自然语言处理任务（如分类、信息抽取、翻译、对话等）整合到一个统一的框架下，然后在同一模型中执行多个任务，以实现更高效的自然语言处理。该方法可以充分利用大规模训练数据，从而提高了模型在多个任务上的性能和泛化性。这减少了开发和维护多个单独模型的复杂性以及资源消耗，提高了模型的通用性。统一任务序列建模有两种方式：一是转化为序列生成的统一任务，如 T5 和 BART 等将多种自然语言任务统一转化文本到文本的生成任务；二是转化为语言大模型预训练任务，通过语言提示在输入文本中插入人类设计或者自动生成的上下文，实现对不同任务的处理。

② 计算高效的模型架构：针对 Transformer 模型架构在处理训练复杂度、编

解码效率、训练稳定性、显存利用等方面进行优化。比如，Transformer 其并行处理机制是以低效推理为代价的，解码时每个步骤的复杂度为 $O(n)$，Transformer 模型也是显存密集型模型，输入序列越长、占用的内存越多。为此，微软设计了一种新的 Transformer 架构 RetNet，其采用线性化注意力+尺度保持机制，在基本保持模型性能的基础上同时实现模型训练速度、推断速度和内存节约的大幅提升。针对自注意力显存消耗大，斯坦福大学在 Transformer 中引入 FashAttention，给出了一种具有 I/O 感知，且兼具快速、内存高效的注意力算法，已经被各种主流大模型采用以扩展对超长文本输入的支持。最近，模块化大模型架构引起广泛关注，其利用大模型的神经激活稀疏性，对稠密模型进行模块化划分，不同任务只经过部分模块计算实现训练和推理加速，典型工作包括 Google 的 Switch Transformers 和 Pathways 架构，清华大学的 MoEfication 架构和 FastMo 架构等。

2. 语言大模型的适配微调

在大规模通用领域，语言大模型的数据预训练由于缺乏特定任务或领域的知识，因此需要适配微调。语言大模型微调技术是指在一个已经预训练好的大型语言模型基础上，针对特定任务或新领域进行进一步的训练和调整，使模型能够更好地适应新任务或新领域的需求。通过微调，可以让模型学习到更多与任务相关的知识和特征，从而提高模型在特定任务上的性能，如在不暴露原始数据情况下，对敏感数据（如医疗记录）进行处理。此外，微调可以提高部署效率、减少计算资源需求。指令微调和参数高效学习是适配微调的关键技术。

（1）指令微调（instruction tuning）。

指令微调是一种可以帮助语言大模型实现人类语言指令遵循的能力，在零样本设置中泛化到未见任务上的学习方法。指令微调学习形式与多任务提示微调相似，但与提示微调让提示适应语言大模型并且让下游任务对齐预训练任务不同，其是让语言大模型对齐理解人类指令并按照指令要求完成任务，即在给定指令提示的情况下给出特定的回应，其中提示可以选择性包含一条解释任务的指令。

（2）参数高效微调（parameter-efficient tuning）。

早期以 BERT 为代表的微调方法，是在大模型基座上增加一个任务适配层，然后进行全参微调，但是这种方法存在两方面的问题：一是任务"鸿沟"问题，预训练和微调之间的任务形式不一致，这种差别会显著影响知识迁移的效能。二是高计算成本，语言大模型的参数规模不断增长，导致模型全参微调也需要大量计算资源。解决以上问题的有效途径是参数高效学习，即通过仅微调少量参数实现大模型在下游任务上获得全参微调效果。

另外，还可以按微调参数的范围进行分类，分为以下几类：

① 全模型微调（full model fine-tuning）：这是最直接的方法，即使用特定任务的数据集对整个预训练模型进行训练。这种方法可以充分利用预训练模型的表示能力，但可能需要大量的标注数据和计算资源。

② 部分层微调（partial fine-tuning）：在这种方法中，只有模型的一部分层（如顶层或特定几层）被微调，而其他层保持固定。这种方法可以减少计算需求，同时保留预训练模型的大部分知识。

③ **基于提示的微调**（prompt-based fine-tuning）：通过在输入序列中添加任务相关的提示（prompt），引导模型生成与任务相关的输出。这种方法不需要改变模型参数，而是通过改变输入来适应新任务。近年来，基于提示的方法变得越来越流行，尤其是在少样本学习（few-shot learning）和零样本学习（zero-shot learning）场景中。

④ **参数高效微调**（parameter-efficient fine-tuning）：这类方法旨在通过更新模型的一小部分参数来实现高效的微调。例如，Adapter Tuning 是在模型的每一层后插入小的神经网络（称为 adapters），在微调时只更新这些 adapters 的参数，而保持原始模型参数不变。另一种技术是 LoRA（low-rank adaptation），它通过在原始权重矩阵上添加低秩分解的增量更新来进行微调。

⑤ **基于蒸馏的微调**（distillation-based fine-tuning）：知识蒸馏是一种模型压缩技术，其中一个大型模型（教师）的知识被转移到一个较小的模型（学生）中。在微调的上下文中，可以使用一个已经微调过的大模型作为教师，来指导一个小模型或相同大小模型的学习过程。

⑥ **元学习微调**（meta-Learning fine-tuning）：元学习是一种"学会学习"的方法，它可以让模型快速适应新任务。在微调场景中，元学习可以帮助模型更有效地利用少量数据进行微调。

这些方法的选择取决于具体任务、数据可用性、计算资源和时间等因素。在实际应用中，可能会结合使用多种方法来达到最佳的微调效果。

3. 语言大模型的提示学习

通过大规模文本数据预训练之后的语言大模型具备了作为通用任务求解器的潜在能力，但这些能力在执行一些特定任务时可能不会显式地展示出来。在大模型输入中设计合适的语言指令提示有助于激发这些能力，该技术称为模型提示技术。代表性的提示技术有指令提示和思维链提示。

（1）指令提示（instruction prompt）。

指令提示，也称为提示学习。OpenAI 在 GPT-3 中首次提出上下文提示，并发现 GPT-3 在少样本提示下能够达到人类水平，证明其在低资源场景下非常有效，引起广泛关注。指令提示核心思想是避免强制语言大模型适应下游任务，而是通过提供"提示（prompt）"来给数据嵌入额外的上下文以重新组织下游任务，使之看起来更像是在语言大模型预训练过程中解决的问题。指令提示有三种形式，具体如下：

① **少样本提示**：是指在一个自然语言提示后面附加一些示例数据，作为语言大模型的输入。其可以提高语言大模型在不同领域和任务上的适应性和稳定性。少样本提示也存在一些挑战，例如，如何确定合适的示例数量、如何选择示例等。

② **零样本提示**：是指不使用任何示例数据，只依靠一个精心设计的提示来激活语言大模型中与目标任务相关的知识和能力。零样本提示关键问题包括如何设计合适的提示、如何选择最优的提示等。

③ **上下文学习**（in-context learning, ICL）：也称为情境学习，是指将一个自然语言问题作为语言大模型的输入，并将其答案作为输出。情境学习可以看作是一种特殊形式的少样本提示，在问题中隐含地包含了目标任务和格式信息。情境学

习可以简化问题表示和答案生成,并且可以灵活地处理多种类型和复杂度的问题。其挑战在于,如何确保问题质量、如何评估答案正确性等。

(2)思维链(chain of thought,CoT)。

推理的过程通常涉及多个推论步骤,通过多步推理允许产生可验证的输出,可以提高黑盒模型的可解释性。思维链是一种提示技术,已被广泛用于激发语言大模型的多步推理能力,被鼓励语言大模型生成解决问题的中间推理链,类似于人类使用深思熟虑的过程来执行复杂的任务。在思维链提示中,中间自然语言推理步骤的例子取代了少样本提示中的〈输入,输出〉对,形成了〈输入,思维链,输出〉三元组结构。思维链被认为是语言大模型的"涌现能力",通常只有模型参数规模增大到一定程度后,才具有采用思维链能力。激活语言大模型的思维链能力方法,在提示中给出逐步的推理演示作为推理的条件,每个演示都包含一个问题和一个通向最终答案的推理链,如图5-26所示。

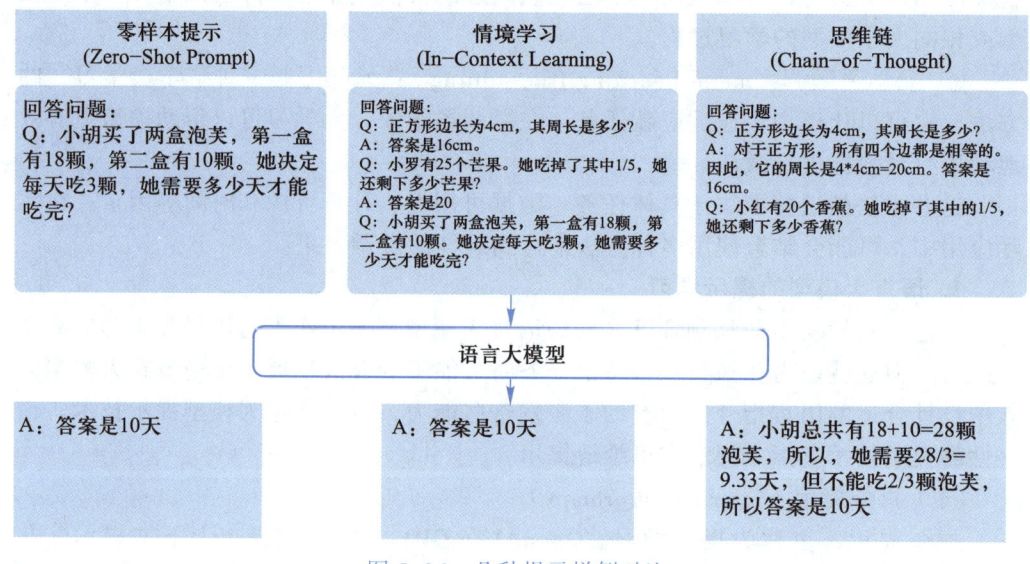

图 5-26　几种提示样例对比

4. 语言大模型的知识增强

知识运用和推理能力是衡量语言大模型智能水平的重要因素。美国 Allen AI 研究大模型的问答能力,发现 GPT-3 在处理具有预设立场的简单性常识性问题时,如类似"太阳有几只眼睛?",GPT-3 仍然会给出"太阳有两只眼睛"的荒谬回复。有效的解决方法是在深度学习模型基础上融入各类型相关外部知识。根据大模型知识融合部位不同,知识融合方法从模型输入、神经架构、模型参数、输出等不同层面,大致分为以下4类,如图5-27所示。

(1)知识增广。

知识增广是指通过不断学习新的知识和信息,来扩大和优化模型内部的知识库。目前,从输入端增强模型有两种主流方法:一种方式是直接把知识加到输入,另一方法是设计特定模块来融合原输入和相关的知识化的输入表示。

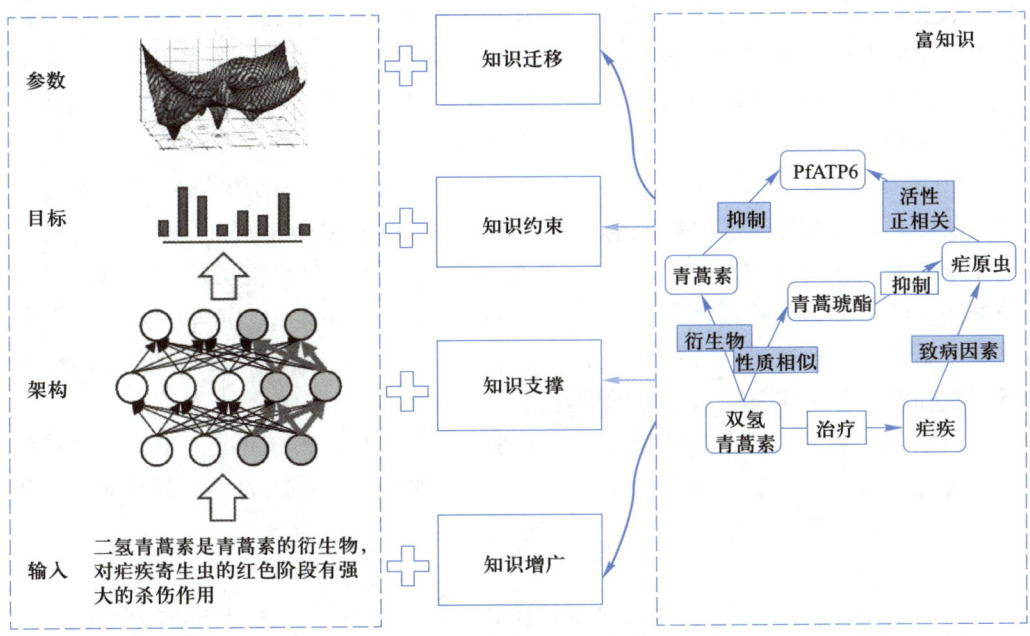

图 5-27 语言大模型知识增强的 4 种途径

（2）知识支撑。

知识支撑是指对带有知识的模型本身的处理流程进行优化。一种方式是在模型的底部引入知识指导层来处理特征，以便能得到更丰富的特征信息。例如，使用专门的知识记忆模块从大模型底部注入丰富的记忆特征。另一方面，知识也可以作为专家在模型顶层构建后处理模块，以计算得到更准确和有效的输出。

（3）知识约束。

知识约束是指利用知识构建额外的预测目标和约束函数，来增强模型的原始目标函数。例如，远程监督学习利用知识图谱启发式标注语料作为新的目标，并广泛用于实体识别、关系抽取等系列 NLP 任务。或者利用知识构建额外的预测目标，在原始语言建模之外构建了相应额外的预训练目标。

（4）知识迁移。

模型知识作为重要的知识来源，也可以直接用于下游任务，例如，初始化模型参数。迁移学习和自监督学习都是知识迁移的重要研究方向。目前，知识迁移技术已被广泛应用于自然语言处理，以 BERT 为首的各种预训练模型是现在知识迁移的主要方法。

5. 语言大模型的工具学习

语言大模型具备理解、推理和决策能力，可与外部工具互动。在特定领域任务中，如金融领域的证券交易和市场预测，语言大模型通常需要结合外部工具获取信息和技能才能处理。整合外部工具与语言大模型可以发挥各自优势实现复杂任务的处理，其中外部工具可增强专业知识和可解释性，语言大模型提供语义理解和推理规划能力。

2021 年底，OpenAI 推出 WebGPT，利用 GPT-3 与网页浏览器和搜索引擎交互获取互联网信息在长文本问答上实现非常强的能力,展现了语言大模型利用工具解决复杂问题的巨大潜力。该工作引起了学术界和产业界的广泛关注,产生了许多面向不同任务或场景需求的大模型调用工具方法,如 Webshop,使用语言大模型替代人在购物平台上执行一系列操作,购买所需物品。

2023 年 3 月,OpenAI 发布 ChatGPT Plugins,实现 ChatGPT 调用各种外部插件的功能,支持浏览器实时获取信息、代码解释、PDF 阅读等能力,截至 8 月已支持 480 个常用工具插件。Meta 将这种通过非参数的外部模块扩展语言大模型能力的方法,统一称为增广语言模型(augmented language model)。清华大学在现有大模型工具使用方法基础上,提出了工具学习(tool learning)框架,旨在让模型能够理解和使用各种工具完成任务的学习过程。

目前可交互的通用工具按用户接口大致可分为三类,物理交互的工具(如机器人、传感器等)、基于图形用户界面的工具(如浏览器、Office 办公软件等)、基于编程接口的工具(如数据库、知识图谱),如图 5-28 所示。

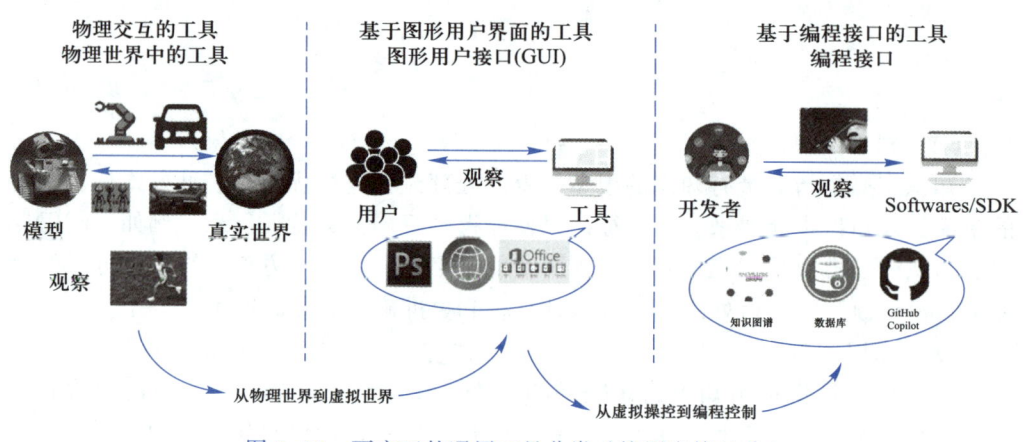

图 5-28　可交互的通用工具分类(按用户接口分)

5.3 多模态大模型技术

5.3　多模态大模型技术

多模态大模型技术超越了传统语言大模型的文本处理范畴,它能够同时处理和学习文本、语音、图像、视频等不同类型的数据。这种模型的关键在于其融合了多种感知途径和表达形式,从而能够理解和解释来自多个感知通道的信息,如视觉、听觉、语言和触觉等。

通过这种跨模态的学习和理解,多模态大模型能够以更加丰富和直观的方式进行信息的表达和交流。例如,它们可以在理解自然语言指令的同时,分析视觉场景并生成相应的图像或视频内容,或者根据语音指令执行特定的任务。

多模态大模型的应用前景广阔,它们在提升机器对复杂环境的感知能力、增强人机交互体验以及推动智能系统向更高层次的自主性和适应性发展方面具有重要作用。随着技术的不断进步，多模态大模型有望在医疗诊断、教育辅助、自动驾驶、智能家居等多个领域发挥关键作用。

5.3.1 多模态大模型的技术体系

现有的多模态大模型主要有面向理解任务的、面向生成任务的、兼顾理解和生成的、知识增强的多模态大模型。

1. 面向理解任务的多模态大模型

面向理解任务的多模态大模型，其核心结构通常是基于 Transformer 编码器。按照模型结构的不同，面向理解任务的多模态大模型又可再分为单流和多流两种结构。单流结构是指不同模态的特征在拼接后由一个共享的 Transformer 网络进行处理；而多流结构中，不同模态则分别由 Transformer 网络进行编码处理，这些网络之间存在有一些特征上的交互融合机制。

多流结构的一个典型代表是图文理解模型 ViLBERT，它采用了双流 Transformer 结构，首先将文本和图像数据分别输入两个独立的 Transformer 编码器，接着使用互注意力 Transformer 层将文本和图像特征进行融合，最后得到的文本–图像特征可以被应用到视觉问答、图像描述生成等不同的多模态任务中。多流结构的另一个代表是 OpenAI 公司的 CLIP 模型，如图 5-29 所示。

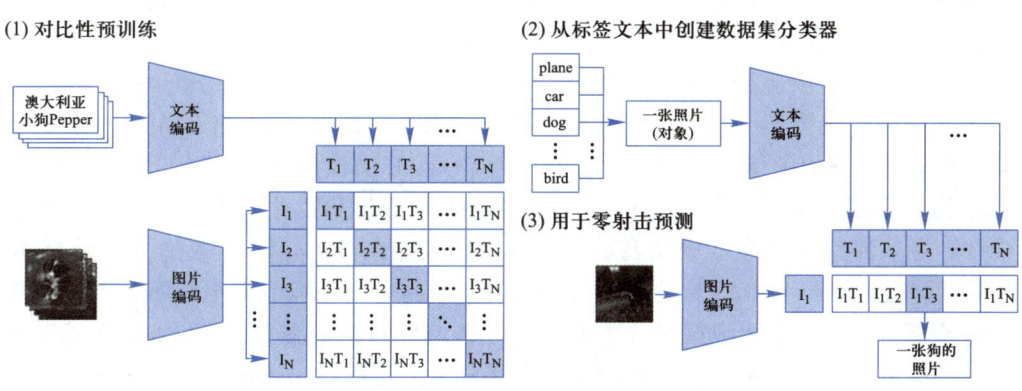

图 5-29　CLIP 模型架构图

该模型采用两个独立的编码网络对图像和文本进行特征抽取，并通过对比学习将两者的特征嵌入到共享的语义空间中。CLIP 基于 4 亿图文对进行训练，可以从自然语言监督中有效地学习视觉概念，从而获得泛化性能极强的零样本（zero-shot）分类能力。另一个与 CLIP 类型的代表性方法 ALIGN，使用对比损失训练了一个简单的双编码器模型，利用包含超过 10 亿个噪声图像–文本对的数据集来扩展视觉和视觉语言表征学习。CLIP 是个图文双流结构，而 VATT 则是针对视频–文本–音频数据的多流模型。与 CLIP 类似，VATT 将每个模态线性投影为特征向量，然后将其分别送到 Transformer 编码器中，并将编码后的特征在语义分层的不同粒度空间中通过对比学习来训练模型。

单流结构的一个典型代表是 VL-BERT，它将图像的描述文本和关键物体的区域特征拼接后作为 BERT 网络的输入，通过掩码掉部分文本输入和图像输入并预测所缺失的信息来进行模型训练。此外，另一代表性方法 UNITER，则采用了一种多任务的多模态预训练方法，相对于其他方法，该模型增加了单词与图像区域的匹配模块，来更进一步建立图像与文本的细粒度关联。在视频领域，单流结构的代表性方法有 VideoBERT 和 ActBERT，其中，VideoBERT 是一个视频 - 语言模型，它融合了文本和视频作为 BERT 网络的输入；而 ActBERT 采用了一种全局 - 局部关系的建模方法，输入不止包括文本和视频的全局信息，还利用了视频帧中的局部信息来加强对于视频内容的理解。

现有的面向理解任务的多模态大模型大多都以上面两类结构为基础，此外，也有不少方法在预训练任务上进行研究，引入更多的预训练任务或设计统一的架构去训练所有的任务等。例如，其中一个典型方法 Florence，它着重于如何使模型适应各种下游任务，并设计了一个由多模态大模型和适应模型组成的工作流。具体对于任务适应，该模型使用动态头部适配器将学习到的视觉特征表示从场景扩展到对象，采用 CoSwin 适配器来学习视频表示，并使用 METER 适配器将模型应用到依赖细粒度视觉 - 语言表示的视觉语言任务。

2. 面向生成任务的多模态大模型

面向生成任务的多模态大模型能够实现文本、图片、视频、音频、3D、分子结构等多种模态内容的生成应用。目前常用的方法主要是基于序列生成模型和扩散模型（diffusion model）。

（1）序列生成模型的工作原理。

在序列生成模型中，DALL-E 是个典型代表。它是由 OpenAI 发布的一个基于 4 亿图文对训练的图像生成模型，通过采用 VQVAE 图像离散自编码器和 GPT 组合的结构，在以文生图任务上取得了突破性的生成质量和泛化能力，被称作图像版 GPT。另一典型的图像生成模型是北京智源研究院所的 CogView 模型（如图 5-30 所示），它具有与 DALL-E 类似的结构，但是面向中文环境的文本到图像生成，并进一步探索了多模态生成模型在下游任务上精调后的泛化能力。CogView 在基于文本控制的样式学习、服装设计和图像超分等任务上均取得出色的效果。在文本生成方向上，采用序列生成模型是最主流的方案，例如，典型方法 GIT 是一个视觉到文本的多模态大模型，统一了图像/视频的描述和问答等视觉语言任务，它包含有一个图像编码器和一个文本解码器，其文本解码器在视觉编码的基础上，以自回归的方式来生成文本。

（2）扩散模型的工作原理。

该模型通过连续添加高斯噪声来破坏训练数据，然后通过反转这个噪声过程，来学习恢复数据。扩散模型的一个代表性方法是 LDM，它先压缩图像的像素信息来获取图像对应的隐特征表达，再采用扩散模型来建模图像隐特征分布。另一典型扩散模型是 Stable Diffusion，它拓展 LDM 至开放领域的文本至图像生成，是当前开源模型的代表方法。除了开源模型之外，闭源的扩散模型中代表性方法有

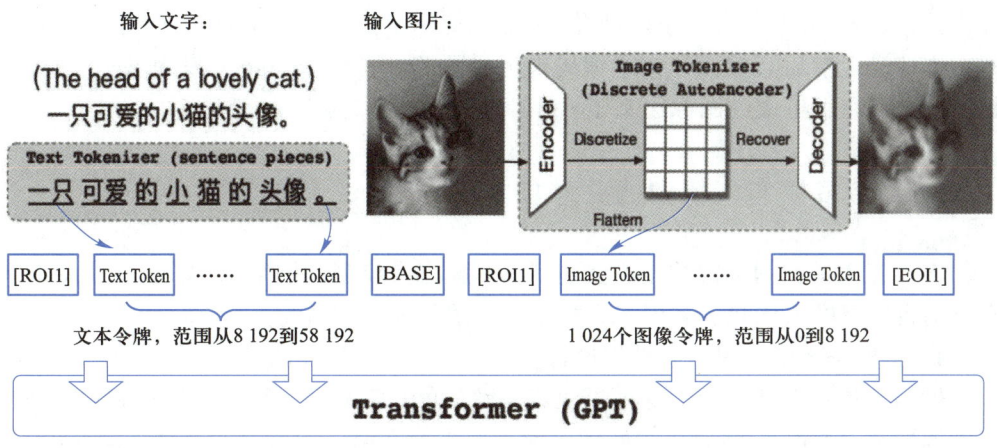

图 5-30　CogView 模型架构图

OpenAI 的 DALL-E2 与谷歌的 Imagen。其中，DALL-E2 首先训练一个扩散解码器来反转 CLIP 图像编码器，然后训练一个独立的映射模型将 CLIP 模型的文本特征映射到图像特征空间，从而实现以文生图的过程，并极大提升了生成图像与输入文本的匹配程度。而 Imagen 首先将文本进行编码表征，之后使用扩散模型将表征映射成为 64×64 像素的低分辨率的图像，然后会通过两个超分辨率扩散模型来逐渐提高分辨率至 1 024×1 024 像素，如图 5-31 所示。

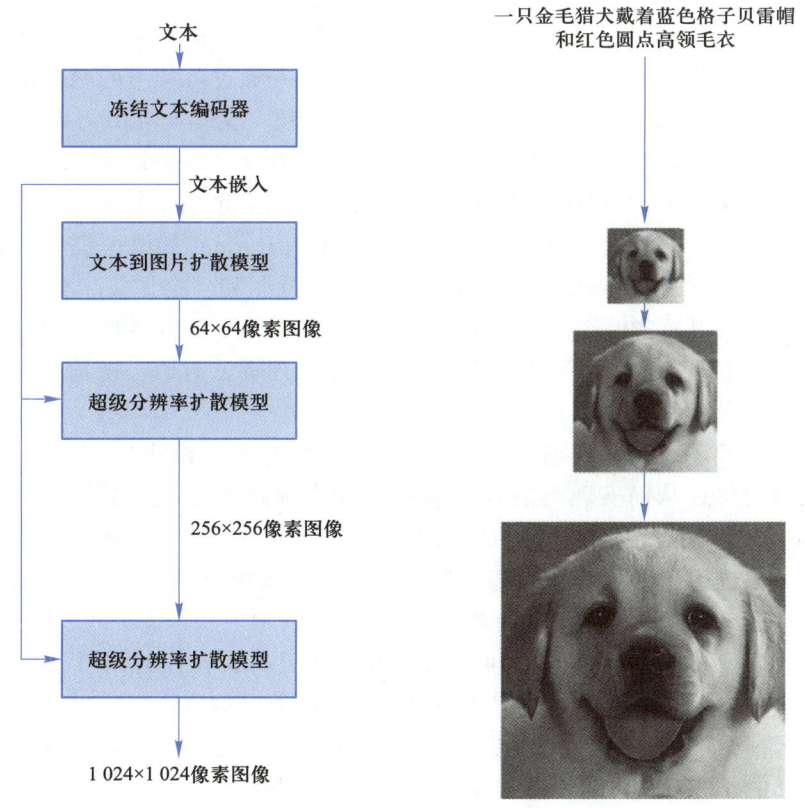

图 5-31　Imagen 模型架构图

此外，与 DALL-E2 不同的是，Imagen 使用了通用语言大模型 T5 模型直接编码文本信息，然后直接用该文本编码来生成图像；同时，Imagen 发现基于 T5 模型提取的文本特征生成的图像比基于 CLIP 模型的图像细节准确度更高。

5.3.2 多模态大模型的关键技术

多模态大模型的关键技术主要包括：多模态大模型的网络结构设计、多模态大模型的自监督学习优化、多模态大模型的下游任务微调适配。

1. 多模态大模型的网络结构设计

网络架构在多模态预训练中扮演着关键角色，需要精心设计以适应和理解来自不同源的复杂特征。例如，在处理图像和文本模态时，通常会采用 Transformer 或卷积神经网络（CNN）来捕捉视觉和语言之间的复杂关系；而对于事件流，脉冲神经网络可能更为适合，因为它们能有效地模拟信息的时序动态。随着模型规模的增加，大型多模态大模型展示出强大的记忆能力和性能增益。然而，模型复杂度的增加也不可避免地引入了计算效率的挑战，并可能最终遇到性能瓶颈。因此，对于更高效的网络模型结构的设计和探索，比如，改进或甚至替代 Transformer，成为了重要的研究方向。

其次，得益语言大模型涌现出的知识与逻辑推理能力，近期有一系列多模态大模型开始以语言大模型为核心进行构建。其中一个代表性方法是 DeepMind 的 Flamingo 视觉语言模型，该模型能够将图像、视频和文本作为提示并输出相关语言回复。它将视觉编码器与语言大模型的参数冻结并通过可学习的融合模块联系起来，模型采用 20 多亿对图片 – 文本、270 万对视频 – 文本与 430 万图文混排的网页数据进行视觉 – 语言联合训练；flamingo 具有少样本（few-shot）的多模态序列推理能力，无须额外训练即可完成视觉语义描述、视觉问答等多种任务。

另一个代表性模型 KOSMOS-1，它将基于 Transformer 的语言模型作为通用接口，并将其与视觉感知模块对接，使得模型"能看"和"会说"；该模型具有 16 亿参数量，在大规模多模态语料库上训练，具有遵循指令（即零样本学习）以及在上下文中学习（即少样本学习）能力，能够原生处理视觉对话、视觉问答、图像描述生成、光学字符识别等任务。

此外，近期还有一系列模型尝试将图像、视频等感知模块与 LLaMA 等开源的语言大模型对接，从而实现类似 GPT-4 的多模态理解能力。其中的一个典型模型是 ChatBridge，它使用多个并行的感知模块用来处理包括图片、音频、视频的在内特征，然后通过少量预训练参数将这些模态的特征投影至语言大模型的语义空间，使得模型具备灵活感知、理解混合模态信息的能力。

最后，对于多模态预训练，设计与下游任务更高兼容性的网络结构模型显得尤为重要。具体来说，可以通过引入编码器 – 解码器结构将多模态理解和生成任务统一到一个框架下，从而更好地支持各种多模态任务。这主要涉及跨模态的注意机制、模态间的对齐和翻译以及更复杂的特征集成策略。

2. 多模态大模型的自监督学习优化

以视觉 – 语言数据的联合学习为例,多模态大模型常用的自监督学习任务通常有以下几种类型。

(1)掩码语言建模(masked language modeling,MLM)。

输入文本序列中的某些单词或标记会被替换为特殊的掩码标记[MASK],然后预训练模型被要求根据可见的多模态上下文来预测这些被遮蔽的单词或标记,如图 5-32 所示。

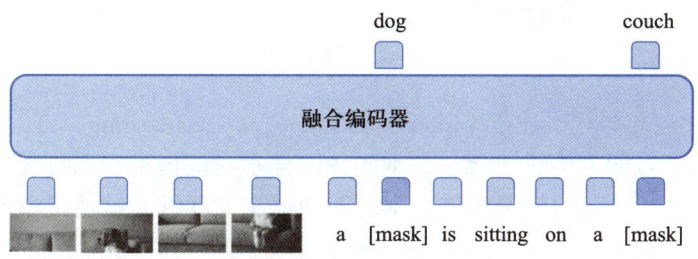

图 5-32　掩码语言预测

多模态大模型通过执行这种预训练任务,模型能够在大规模文本数据上获取深层次的语言理解,从而更好地执行下游自然语言处理任务,如文本分类、命名实体识别、句子相似性计算等。

(2)掩码图像建模(masked image modeling,MIM)。

输入图像中的部分区域会被隐藏或被替换为特殊的掩码标记[MASK],然后预训练模型被要求在仅看到其余图像内容与文本等其他模态信息的情况下,预测或还原被遮蔽的图像区域。多模态大模型通常使用这种训练方式促使模型学习图像的视觉特征、多模态上下文信息和语义关系,以更好地理解图像内容,如图 5-33 所示。

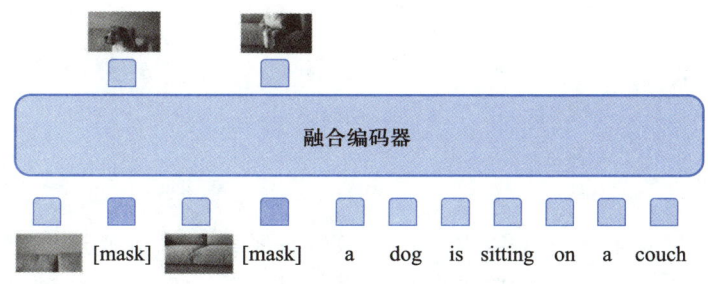

图 5-33　掩码视觉预测

(3)图像 – 文本匹配(image-text matching,ITM)。

前面的掩码语言建模和掩码图像建模旨在建立图像与文本的细粒度对齐,而图像 – 文本匹配任务是旨在实现图像与文本的全局对齐。通常给定图文对作为正样本,随机配对作为负样本对,然后通过二分类方法实现图像和文本的匹配,从而建立图像和文本之间的语义关联,如图 5-34 所示。

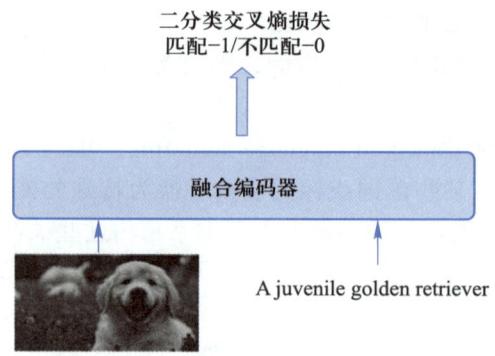

图 5-34　图像文本匹配

（4）图像 – 文本对比学习（image-text contrastive learning，ITC）。

使用对比学习的方法将图像和文本的相同样本对的向量表示拉近，不同样本对的向量表示推远，从而增强图像和文本之间的语义关联性。这使得模型能够更好地理解图像和文本之间的语义关联，为多模态任务提供更好的表示能力，如图 5-35 所示。

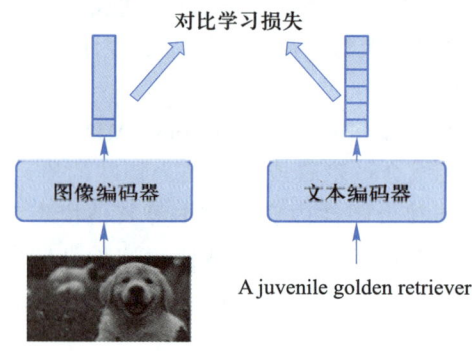

图 5-35　图像 – 文本对

5.4 大模型技术生态

5.4　大模型技术生态

随着大模型技术的突飞猛进，其技术生态系统也在迅速地构建和发展。主要的大模型平台，如 ChatGPT、文心一言、讯飞星火等，正通过提供 APP、网页版、API 接口等多种形式的服务来开放其能力。这些平台通过开放插件机制和函数调用等功能，实现了对外部工具和服务的调用，从而加速了应用生态的繁荣发展。

（1）开源大模型的角色：开源大模型已成为生态系统中不可或缺的一部分。通过开源共建，大模型凝聚了来自企业、高校、科研院所等不同领域的开发者，促进了科研的创新和产品的快速迭代。

（2）深度学习框架的适配：随着大模型的开源开放，深度学习开源框架和工具正越来越多地关注分布式训练和推理能力。这些框架与 AI 芯片的适配和联合优化也在不断加速，以满足大模型对计算能力的需求。

（3）训练数据的重要性：作为生态系统中的关键要素，大模型的训练数据也受到了广泛关注。相关的数据集和配套工具正在快速汇聚和优化，为大模型的训练和评估提供了坚实的基础。

大模型技术生态的发展可以从以下几个方面进行深入了解：

（1）平台开放性：大模型平台通过提供多样化的服务接入方式，降低了技术门槛，使得更广泛的用户和开发者能够利用大模型的能力。

（2）社区共建：开源社区的共建共享精神，为大模型技术的发展提供了源源不断的创新动力。

（3）框架和工具的优化：深度学习框架和工具的持续优化，支持了大模型更高效的训练和推理，推动了技术的进步。

（4）数据集和工具的完善：高质量的训练数据和工具的开发，为大模型的训练和应用提供了重要的支持。

大模型技术生态的健康发展，不仅需要技术创新，还需要跨领域合作和开放共享的精神。随着生态的不断成熟，大模型技术将更深入地融入各行各业，推动社会的数字化转型。

5.4.1 典型大模型平台

1. GPT 系列

OpenAI 的 GPT 系列模型确实在自然语言处理领域取得了显著成就，其中 ChatGPT 和 GPT-4 作为代表性的模型，各自具有独特的特点和能力。

- ChatGPT：以其卓越的文本生成和回应能力而闻名，能够处理长达 32 000 个字符的输入，这使得它在执行代码编写、解决数学问题、提供写作建议等任务时表现出色。ChatGPT 的训练包括有监督的指令微调和强化学习，这些技术帮助模型更好地理解和执行用户的指令。

- GPT-4 的具体细节虽然未公开，但据称在推理和理解复杂问题方面比 ChatGPT 有显著提升，同时降低了生成不准确信息的风险。GPT-4 致力于提供更高质量的答案，尽管其引人注目的多模态功能尚未对公众开放。

随着这些模型的发布，开发者社区已经开始探索将各种工具和插件集成到 GPT 模型中，以此来扩展它们的功能。例如，在 ChatGPT Plus 中，用户可以利用插件来执行搜索命令、访问最新信息以及使用第三方服务等，这些插件的使用极大地丰富了模型的应用场景并提高了模型的适用性。

大模型技术的发展展现了个性化和定制化服务在 AI 应用中的重要性。随着技术的不断进步，我们可以预见，未来的大模型将更加智能、灵活，并能够更好地服务于各行各业的需求。

2. Claude 系列

Claude 系列模型是由 Anthropic 开发的闭源语言大模型，目前包含 Claude 和 Claude-Instant 两种。最早的 Claude 于 2023 年 3 月 15 日发布，并在 2023 年 7 月 11 日更新至 Claude-2 版本。该系列模型通过无监督预训练、基于人类反馈的强化学习和 Constitutional AI 技术（包含监督训练和强化学习）进行训练，旨在改进模型的有用性、诚实性和无害性。值得一提的是，Claude 最高支持 100 K（1 K=1 024）词元的上下文，而 Claude-2 更是拓展到了支持 200 K 词元的上下文。2024 年 3 月 4 日，Anthropic 公司发布了 Claude 3 系列模型，其包括 Claude 3 Haiku、Claude 3 Sonnet 和 Claude 3 Opus 三个模型。

（1）Claude 3 Haiku：是 Anthropic 开发的最快、最紧凑的模型，它能够实现近乎即时的响应。Haiku 模型特别适用于构建模仿人类互动的无缝人工智能体验。企业可以使用 Haiku 完成多项任务，如审核内容、优化库存管理、快速准确地进行翻译、汇总非结构化数据等。

（2）Claude 3 Sonnet：该模型在智能和速度之间达到了理想的平衡，特别适用于企业工作负载。它擅长复杂的推理、内容创作、科学查询、数学和编码。此外，Sonnet 模型可用于 RAG（retrieval-augmented generation，检索增强生成），搜索和检索大量信息，同时销售团队可以利用它进行产品推荐、预测和定向营销。

（3）Claude 3 Opus：是 Anthropic 推出的最智能的模型之一，特别适用于处理高度复杂的任务。它在市场上的表现最佳，能够以非凡的流畅度和类似人类的理解能力处理开放式提示和看不见的场景。Opus 模型适用于自动执行任务、创建面向用户的创收应用程序，并加快不同领域的研发。

各个版本的 Claude 的对比如表 5-1 所示。

表 5-1 各个版本的 Claude 的对比

对比项	Claude 3 Sonnet	Claude 3 Haiku	Claude 2.1	Claude 2	Claude Instant 1.2	说明
描述	用于高度复杂任务的最强大模型	企业工作负载的智能和速度之间的理想平衡	最快、最紧凑的模型，能够实现近乎即时的响应	Claude 2 的更新版本，具有更高的准确性	Claude 3 的前身，提供强大且全面的性能	最便宜的小型快速模型，是 Claude Haiku 的前身
优势	拥有顶级的性能、智能、流畅性和理解力	价格低、可靠，可横向扩展部署	用于实现快速准确的目标性能	旧模型，性能不如 Claude 3 模型	旧模型，性能不如 Claude 3 模型	旧模型，性能不如 Claude 3 模型
是否支持多语言	是	是	是	是，但覆盖范围、理解力和技能不如 Claude3	是，但覆盖范围、理解力和技能不如 Claude 3	是，但覆盖范围、理解力和技能不如 Claude 3

续表

对比项	Claude 3 Sonnet	Claude 3 Haiku	Claude 2.1	Claude 2	Claude Instant 1.2	说明
是否支持视觉	是	是	是	否	否	否
最新API模型名称	claude-3-opus-20240229	claude-3-sonnet-20240229	claude-3-haiku-20240307	claude-2.1	claude-2.0	claude-instant-1.2
API格式	Messages API	Messages API	Message API	Messages & Text Completions API	Messages & Text Completions API	Messages & Text Completions API
相对延迟	中等速度	快速	最快	比类似智能的 Claude 3 模型慢	比类似智能的 Claude 3 模型慢	比类似智能的 Claude 3 模型慢
上下文窗口	200K token	200K token	200K token	200K token	100K token	100K token
最大输出	4 096 个 token	4 096 个 token	4 096 个 token	4 096 个 token	4 096 个 token	4 096 个 token

3. PaLM 系列

PaLM 系列语言大模型是由 Google 公司精心打造的一系列先进的大型语言模型。自 2022 年 4 月发布其初始版本以来，PaLM 在 2023 年 3 月进一步公开了 API，向更广泛的开发者和研究者开放了其能力。

PaLM 基于 Google 提出的 Pathways 机器学习系统构建，这一系统为模型提供了灵活的训练和部署方式。其训练数据极为庞大，达到了 780 B（B 表示 billion，十亿）个字符，覆盖了网页、书籍、新闻、开源代码等多种类型的语料，为模型的广泛语言理解和生成能力打下了坚实的基础。

目前，PaLM 系列包括 8 B、62 B、540 B 三个不同参数量的模型版本，以满足不同规模的应用需求。此外，Google 还开发了多种针对特定领域的改进版本，例如：

- Med-PaLM：这是在 PaLM 540 B 的基础上，针对医疗数据进行微调的版本。在 MedQA 等医疗问答数据集上，Med-PaLM 展现出了卓越的性能，取得了业界领先的成绩。
- PaLM-E：作为 PaLM 的多模态版本，PaLM-E 能够在现实场景中控制机器人完成简单任务，这标志着大型语言模型在多模态交互和控制领域的应用潜力。

2023 年 5 月，Google 发布了 PaLM 2，虽然未公开其技术细节，但据 Google

内部文件显示，其参数量达到了 340 B，训练数据量是前代 PaLM 的 5 倍左右，预示着 PaLM 2 在理解和生成能力上可能实现了质的飞跃。

PaLM 系列的持续创新和发展，不仅展示了 Google 在大型语言模型领域的领导地位，也为自然语言处理技术的未来应用开辟了新的可能性。

4. Bard

Bard（现为 Gemini）是谷歌推出的一款生成式人工智能聊天机器人，于 2023 年 2 月 6 日发布。这款聊天机器人能够执行多种语言任务，包括但不限于文本生成、语言翻译和撰写创意内容。Bard 以问答形式与用户互动，能够根据网上的信息生成详尽的文本答复。

最初，Bard 是基于谷歌的 LaMDA 系列大型语言模型的。然而，到了 2023 年 5 月 11 日，Bard 升级并转移到了更先进的 PaLM2，这一转移进一步提升了其语言处理的能力。截至 2023 年 12 月，Bard 已经支持 43 种语言，并在全球 180 多个国家和地区提供服务。

在 2024 年 2 月 8 日，谷歌宣布将 Bard 正式更名为 Gemini。这一更名可能伴随着品牌和功能的进一步发展。与其他聊天机器人相比，Gemini 的一个显著特点是它能够为某些问题提供三种答案或解决方案，使用户可以从中选择最符合自己需求的选项。此外，Gemini 还能执行更多日常任务，如为策划聚会提供建议或根据用户冰箱中的食材推荐午餐菜单。

Gemini 的这些功能和优势，不仅体现了谷歌在人工智能领域的持续创新，也为用户提供了更加个性化和实用的智能助手体验。

5. 文心一言

文心一言是百度基于其先进的文心大模型开发的一款知识增强语言大模型，该模型自 2019 年首次发布以来，经过不断的迭代和优化，于 2023 年 3 月在国内率先开启了邀请测试。8 月 31 日，文心一言成为国内首批向全社会全面开放的大型语言模型之一，提供了包括 APP、网页版、API 接口在内的多种服务接入方式，以满足不同用户和开发者的需求。

文心一言在技术上融合了多种先进的算法和机制，包括：

- 有监督精调：确保模型输出的准确性和相关性。
- 人类反馈的强化学习：通过人类评估者的反馈来优化模型的行为和输出。
- 提示技术：引导模型更好地理解任务和指令。

此外，文心一言还集成了以下功能：

- 知识增强：通过整合知识图谱等结构化知识，提升模型的理解能力。
- 检索增强：利用检索技术来增强模型对广泛信息的获取和分析能力。
- 对话增强：优化模型在多轮对话中的表现和连贯性。

文心一言的技术水平已经逐步赶超国际上的最优水平，成为我国在大型语言模型领域的代表之一。

在训练过程中，文心一言基于百度自主研发的飞桨深度学习框架，通过算法与框架的协同优化，显著提升了模型的训练和推理速度。据报道，模型训练速度提升了 3 倍，推理速度提升了 30 多倍。为了进一步拓展能力边界，文心一言还构建了插件机制，允许模型调用外部工具和服务，从而增强其在特定任务上的表现和适应性。

文心一言的全面开放和技术创新，不仅展示了百度在人工智能领域的深厚积累，也为各行各业提供了强大的语言处理能力和智能化解决方案。

6. 讯飞星火认知大模型

讯飞星火认知大模型是科大讯飞于 2023 年 5 月 6 日发布的语言大模型，提供了基于自然语言处理的多元能力，支持多种自然语言处理任务，同时联合中国科学院人工智能产学研创新联盟和长三角人工智能产业链联盟在业内提出了覆盖 7 大类 481 项任务的《通用人工智能评测体系》；同年 6 月 9 日星火大模型升级到 V 1.5 版，实现了开放式知识问答、多轮对话、逻辑和数学能力的提升；同年 8 月 15 日星火大模型升级到 V 2.0 版，对于代码和多模态能力进行了提升。同时，讯飞和华为还联合重磅发布了国内首款支持大模型训练私有化的全国产化产品"星火一体机"，可支持企业快速实现讯飞星火大模型的私有化部署、场景赋能和专属大模型训练优化。

7. 腾讯混元

腾讯混元大模型是腾讯于 2023 年 9 月 7 日发布的千亿参数量语言大模型，具有多轮对话、内容创作、逻辑推理、知识增强能力，训练数据截止于 2023 年 7 月。为了降低幻觉问题，混元大模型在预训练阶段，利用探真算法对目标函数进行了优化，使用强化学习等方法学会识别陷阱。混元大模型针对位置编码进行了优化，并结合指令跟随能力处理长难任务。此外，混元大模型还具备了问题分解和分布推理能力，从而解决逻辑推理问题。

8. 通义千问

通义千问由阿里巴巴基于"通义"大模型研发，于 2023 年 4 月正式发布。2023 年 8 月，阿里云开源了 70 亿参数通用模型和对话模型。它能够以自然语言方式响应人类的各种指令，拥有强大的能力，如回答问题、创作文字、编写代码、提供各类语言的翻译服务、润色文本等。借助阿里云丰富的算力资源和平台服务，通义千问能够实现快速迭代和创新功能。此外，阿里巴巴完善的产品体系以及广泛的应用场景使得通义千问更具可落地性以及更容易被市场接受。

9. Kimi

Kimi 是由月之暗面科技有限公司开发的人工智能助手。它于 2023 年 10 月初次亮相，是全球首个支持输入 20 万汉字的智能助手产品。Kimi 具有强大的语言理解和生成能力，能够处理长达 200 万字的无损上下文，并在长文本处理技术上不断取得突破。

在功能方面，Kimi 主要有长文总结和生成、联网搜索、数据处理、编写代码、用户交互、翻译等功能。它可以根据用户的问题，主动在互联网上搜索、分析和总结相关页面，生成更直接、准确的答案。

Kimi 的应用场景广泛，包括聊天机器人、智能客服、文本生成、机器翻译、问答系统等。它的出现为用户提供了更高效、便捷的服务和帮助。

随着技术的不断发展，Kimi 也在不断进化和完善。它的研发团队致力于提升其性能和功能，为用户带来更好的体验。同时，Kimi 的发展也反映了人工智能技术在自然语言处理领域的不断进步和应用。

10. 豆包

豆包是字节跳动公司基于云雀模型开发的 AI。2023 年 8 月 17 日，豆包公测版本上架，有网页端、iOS 客户端和安卓客户端，预置了英语学习助手和写作助手两个功能。2024 年 5 月 15 日，字节跳动宣布豆包大模型正式开启对外服务。它具有以下特点和功能：

① 强大的语言理解和生成能力：能够理解和生成自然语言文本，提供准确和详细的回答。

② 多领域知识覆盖：可以回答各种问题，包括科学、技术、历史、文化、娱乐等。

③ 个性化交互：根据用户的历史对话和偏好，提供个性化的回答和建议。

④ 多语言支持：支持多种语言的交互。

11. 海螺 AI

海螺 AI 是由 MiniMax 推出的大模型产品。MiniMax 成立于 2021 年底，是一家通用人工智能科技企业，自主研发了万亿参数的 MoE 文本、语音和图像大模型，是国内估值最高的大模型公司之一。

2023 年夏天，国内大模型厂商加快研发进度，而 MiniMax 面临两个问题：传统 dense 模型成本高，延时严重的问题；在计算资源有限的情况下，只有 MoE 才能训练完当时的数据。因此，MiniMax 最终选择了 MoE 技术路线，并推出了 abab6。同年 5 月 15 日，字节跳动宣布豆包大模型正式开启对外服务。据 MiniMax 发布的技术报告，abab 6.5 在各类核心能力测试中接近世界领先的大语言模型，如 GPT-4、Claude3 Opus、Gemini1.5 Pro 等。

MiniMax 还基于自研大模型开发了一款名为"海螺 AI"的生产力工具，并且已经接入了 abab 6.5。"海螺 AI"支持速读长文、智能搜索、免费查数据、识图、创作文案等功能，还支持语音通话，是少数全面覆盖 C 端用户对大模型主要需求的 AI 助手之一。

5.4.2 典型开源大模型

1. 典型开源语言大模型

典型开源语言大模型如表 5-2 所示。

表 5-2 典型开源语言大模型

模型系列	开发公司	包含模型	参数量 / 个 *
LLaMA 系列	Meta	LLaMA、LLaMA2	7 B、13 B、65 B
Falcon 系列	TII	Falcon	1.3 B、7.5 B、40 B、180 B
Pythia 系列	EleutherAI	Pythia	70 M、160 M、410 M、1 B、1.4 B、2.8 B、6.9 B、12B

续表

模型系列	开发公司	包含模型	参数量/个*
T5 系列	Google	T5、mT5、FLAN-T5	60 M、220 M、770 M、3 B、11 B
BLOOM 系列	BigScience	BLOOM、BLOOM-Z	560 M、1.1 B、1.7 B、3 B、7.1 B、176 B
GPT-Neo	EleutherAI	GPT-Neo	125 M、350 M、1.3 B、2.7 B
OPT 系列	Meta	OPT、OPT-IML	125 M、350 M、1.3 B、2.7 B、6.7 B、13 B、30 B、66 B、175 B
MPT 系列	MosaicML	MPT-Chat	7 B、30 B
		MPT-Instruct	
文心系列	百度	ERNIE 1.0、ERNIE 2.0、ERNIE 3.0	18 M、23 M、75 M、100 M、118 M、280 M

注：* 参数量一栏，M 表示 million，百万；B 表示 billion，十亿。

（1）LLaMA 系列。

LLaMA 系列模型是一组参数规模从 7 B 到 65 B 的基础语言模型，它们都是在数万亿个字符上训练的，展示了如何仅使用公开可用的数据集来训练最先进的模型，而不需要依赖专有或不可访问的数据集。这些数据集包括 Common Crawl、Wikipedia、OpenWeb Text2、RealNews、Books 等。LLaMA 模型使用了大规模的数据过滤和清洗技术，以提高数据质量和多样性，减少噪声和偏见。LLaMA 模型还使用了高效的数据并行和流水线并行技术，以加速模型的训练和扩展。特别地，LLaMA 13B 在 CommonsenseQA 等 9 个基准测试中超过了 GPT-3（175 B），而 LLaMA 65B 与最优秀的模型 Chinchilla-70B 和 PaLM-540B 相媲美。LLaMA 通过使用更少的字符来达到最佳性能，从而在各种推理预算下具有优势。与 GPT 系列相同，LLaMA 模型也采用了 decoder-only 架构，但同时结合了一些前人工作的改进，例如，Pre-normalization，为了提高训练稳定性，LLaMA 对每个 Transformer 子层的输入进行了 RMSNorm 归一化，这种归一化方法可以避免梯度爆炸和消失的问题，提高模型的收敛速度和性能；SwiGLU 激活函数，将 ReLU 非线性替换为 SwiGLU 激活函数，增加网络的表达能力和非线性，同时减少参数量和计算量；RoPE 位置编码，模型的输入不再使用位置编码，而是在网络的每一层添加了位置编码，RoPE 位置编码可以有效地捕捉输入序列中的相对位置信息，并且具有更好的泛化能力。这些改进使得 LLaMA 模型在自然语言理解、生成、对话等任务上都取得了较好的结果。

（2）Falcon 系列。

Falcon 系列模型是由位于阿布扎比的技术创新研究院创建的生成式语言大模型，其基于 Apache 2.0 许可发布。Falcon 大模型家族目前主要包含三个基础模型：Falcon-7B，Falcon-40B，以及 Falcon-180B。三个模型都是在 RefinedWe 数据集上训练的，该数据集经历了广泛的过滤和去重过程，以确保高质量的训练数据。同时，三个模型均可用于研究和商业用途。Falcon-7B 基于解码器模型架构，并在精心处理的 RefinedWeb 数据集上使用 1.5 万亿个字符预训练。除此之外，使用多查询注意力机制增强推理时的可扩展性，并显著降低显存需求。Falcon-40B 拥有 400 亿参数，并在 1 万亿字符上进行了训练。在发布后的两个月里，其在 hugging face 的开源语言大模型排行榜上排名第一。该系列最新的 Falcon 180B 具有 1 800 亿参数的，在 3.5 万亿字符上进行预训练。该模型在推理、编码、熟练度和知识测试等各种任务中表现出色，在 hugging face 的开源语言大模型排行榜上击败了 Meta 的 LLaMA2-70B 等竞争对手。在闭源模型中，它的排名仅次于 OpenAI 的 GPT 4，性能与谷歌的 PaLM 2 Large 相当，但只有其模型的一半参数量大小。

（3）Pythia 系列。

Pythia 系列模型是由非营利性人工智能实验室 EleutherAI 开发的一系列生成式语言大模型。该系列有 16 个不同参数量的模型，均是以完全相同的顺序在现有的公开数据集（Pile）上训练的。每个模型都提供了 154 个模型检查点的公开访问权限，并且提供下载和清洗重组数据的工具，以便进一步研究。EleutherAI 使用相同的架构训练了 2 套 Pythia 版本。每一套包含 8 个模型，涵盖 8 种不同的模型尺寸。一套是直接在 Pile 上训练的，另一套则在经过 MinHashLSH 近重复处理后的 Pile 上进行训练，阈值设置为 0.87。经过去重处理后 Pile 大约包含 207 B 个字符，而原始 Pile 包含 300 B 个字符。由于 Pythia 系列模型在相同架构基础上涵盖多个不同尺寸，Pythia 很适合被用来研究诸如性别偏见、记忆能力和少样本学习等属性如何受到精确训练数据处理和模型规模的影响。目前，Pythia 系列的模型可以在开源模型网站 Hugging Face 上直接获取，也可以通过 Github 的官方页面获取。

（4）T5 系列。

T5 模型是由 Google Brain 团队在 2019 年提出的一种基于 Transformer 结构的序列到序列模型，其主要特点是将多种 NLP 任务（如翻译、摘要、问答等）转化为一个统一的框架下进行训练，通过使用文本到文本的统一模型范式，确保了模型的灵活性。为了加速训练过程，T5 模型使用了混合精度训练和自适应优化器技术。同时，为了提高数据效率，该模型还使用了数据过滤和动态批处理策略。T5 模型在多个 NLP 任务上都取得了较好的效果，证明了其优秀的泛化能力和迁移能力。T5 模型在预训练阶段使用了 C4 数据集，这是一个包含超过 750 GB 的英文网页文本数据的大规模语料库。T5 模型还探索了不同规模的模型架构和参数量，从小到大分别有 small、base、large、XL、XXL 和 XXXL 六种规模。其中，XXXL 规模的 T5 模型拥有 110 亿个参数，是发布时最大的基于 Transformer 的预训练语言模型之一。

（5）BLOOM 系列。

BigScience 在 2022 年提出了 BLOOM 系列模型。BLOOM 拥有 1 760 亿参数量，是一种基于 Transformer 解码器架构的语言大模型，并在 46 种自然语言和 13 种编程语言上进行预训练。为了能够更好地提升 BLOOM 模型的多语能力，研究者采用了渐进的方式来选择语料库中包含的语言。此外，BLOOM 对原始的 Transformer 架构提出了许多的更改。相比于在嵌入层添加位置信息，BLOOM 采用了 ALiBi 技术，基于 keys 和 queries 两者之间距离来计算注意力分数。虽然 ALiBi 技术拥有外推至更长的序列的能力，但其在原始序列上也能够带来更稳定的训练过程以及更好的下游表现，比可学习位置编码和旋转位置编码取得了更好的效果。BLOOM 在嵌入层之后立即进行层归一化，显著的改善训练稳定性。由于训练数据较为多样，与单语言分词器相比，BLOOM 最终确定的词表尺寸为 25 万个字符，以支持多种语言。BLOOMZ 与 BLOOM 拥有相同的模型架构与超参数，在包含 130 亿字符的文本上进行微调，通过独立的验证集来选择最优的模型。使用了包含 10~60 亿字符的文本进行微调之后，模型的性能趋于平稳。此外，对于 13 亿参数量和 71 亿参数量的版本，研究者使用了 SGPT Bi-Encoder 方案进行对比微调。通过训练，可以得到拥有高质量文本嵌入的模型。近期的基准测试发现，这种模型也能够推广到其他的嵌入任务，如 bitext 挖掘、重排或者特征抽取等任务。

（6）GPT-Neo。

GPT-Neo 系列模型是由 EleutherAI 开发的预训练语言大模型。GPT-Neo 基于 OpenAI 的 GPT 系列语言模型的架构，但是采用了分散、社区驱动的方法进行训练。GPT-Neo 模型在发布之时，因其较大的参数规模和在各种自然语言处理任务中出色的表现而备受关注。该模型的最大版本——GPT-Neo 2.7B，拥有 27 亿个参数。它是在多样化的互联网文本数据上进行训练的，包括书籍、文章和网页，并且已经被证明在广泛的自然语言处理任务上表现良好，如语言生成、摘要和问答。除此之外，其还包含 125 M、350 M 和 1.3 B 等不同的参数规模。

GPT-Neo 项目的一个独特之处在于其强调开源开发和社区参与。EleutherAI 公开了该模型的训练权重，使其他研究人员和开发人员能够使用和构建该模型，并开发出许多相关的应用和 GPT-Neo 模型的扩展，包括对特定任务的微调和修改，以提高其在某些特定类型的数据上的效率或性能。

（7）OPT 系列。

OPT 模型是由 Meta AI 发布的一款 decoder-only 模型，可以与 GPT-3 相媲美。尽管 GPT-3 在零样本学习和少样本学习方面表现出优秀的能力，但其庞大的训练成本和权重未完全开源的问题，限制了研究社区的相关研究进展。为了应对这些挑战，Meta AI 发布了 OPT 模型，其参数规模从 125 M 到 175 B 不等，并开源了相关的实验代码。此外，团队还公开了详细的训练日志，深入解释了他们的决策背后的原因和动机，为研究社区的使用和进一步研究提供了重要的参考资源。关于训练成本，OPT-175B 的性能相当，但训练代价仅为 GPT-3 的七分之一。在构建训练语料方面，OPT 使用了多个高质量语料库，包括 RoBERTa 的 BookCorpus 和 Stories，以及更新的 CCNews 版本，还有 Pile 的 CommonCrawl、DM Mathematics、Project Gutenberg、HackerNews、OpenSubtitles、OpenWebText2、USPTOWikipedia。所使用的这些语料库都经过了严格的收集和过滤，以确保数据的质量和可用性。

（8）MPT系列。

MPT（mosaicML pretrained transformer）系列模型是由MosaicM研发的开源可商用模型。MPT-7B在2023年5月发布，有MPT-7B-Instruct、MPT-7B-Chat以及MPT-7B-Story Writer-65K+三个版本，其中，MPT-7B-Story Writer-65 K+支持65 K长度的上下文输入。2023年6月，MPT-30 B发布，拥有比MPT-7B更强大的性能，超过了原始的GPT-3。与MPT-7B类似，MPT-30B也有两个经过微调的变体：

MPT-30B-Instruct和MPT-30B-Chat，它们在单轮指令跟随和多轮对话方面表现出色。MPT-30B在训练时使用8 000字符长度的上下文窗口、通过AliBi支持更长上下文以及通过FlashAttention实现高效的推理和训练性能。得益于预训练数据混合比例的控制，MPT-30B系列还具有强大的编程能力。

（9）盘古系列。

鹏程·盘古α是由鹏城实验室牵头的技术团队联合开发的超大型中文预训练生成语言模型。该模型的开发利用了"鹏城云脑"超级计算平台和国产MindSpore深度学习框架，通过自动混合并行模式，在2048卡算力集群上实现了大规模分布式训练。

鹏程·盘古α模型是业界首个以中文为核心，参数规模达到2 000亿的预训练生成语言模型。它在多个应用场景中展现出卓越的性能，包括但不限于知识问答、知识检索、知识推理和阅读理解等。值得一提的是，鹏程·盘古α在小样本学习能力上表现突出。

为了构建这一模型，研究团队收集了近80 TB的原始数据，来源包括开源数据集、Common Crawl网页数据和电子书等。通过构建分布式集群进行预处理，包括数据清洗、去重和质量评估等流程，最终形成了一个约1.1 TB的高质量中文语料库。

在性能对比方面，研究团队对鹏程·盘古α与智源研究院发布的26亿参数中文预训练语言模型"悟道·文源"CPM进行了深入的比较研究。研究团队在1.1 TB的高质量中文语料库中策略性地抽样了100 GB数据，用以训练2.6 B参数规模的鹏程·盘古α模型，并在16个下游任务上与CPM-2.6B模型进行了对比测试。实验结果显示，鹏程·盘古α-2.6B在语言学习能力上超越了CPM-2.6B，尤其在生成任务和小样本学习方面表现更佳。

此外，实验还对比了不同参数规模的鹏程·盘古α模型，包括13B和2.6B版本。结果表明，在所有生成任务和大部分PPL（perplexity，困惑度）任务上，13B版本的模型性能均优于2.6B版本，进一步证实了鹏程·盘古α-13B模型在小样本学习能力上的优势。

鹏程·盘古α的成功开发和优异的性能表现，不仅体现了我国在大型语言模型研究上的进步，也为中文自然语言处理技术的应用和发展提供了强有力的支持。

2. 典型开源多模态大模型

典型开源多模态大模型如表5-3所示。

表 5-3 典型开源多模态大模型

开源模型	单位	包含模型	参数量
KOSMOS-2	微软	—	1.6B
OpenFlamingo	微软	MPT	9B
BLIP-2	Salesforce	OPT、FlanT5	12B
InstructBLIP	Salesforce	LLaMA	7B、13B
MiniGPT-4	KAUST	LLaMA	7B
LLaMA-Adapter V2	上海人工智能实验室	LLaMA	7B
ImageBind	Meta	ViT，CLIP	—
ChatBridge	中国科学院自动化所	LLaMA	7B
VisualGLM-6B	清华大学	ChatGLM	7.8B
VisCPM	清华大学	CPM-Bee	10B
mPLUG-Owl	阿里巴巴	LLaMA	7B
Qwen-VL	阿里巴巴	Qwen	9.6B

（1）KOSMOS-2。

KOSMOS-2 是微软亚洲研究院在 KOSMOS-1 模型的基础上开发的多模态大模型。其中，KOSMOS-1 是在大规模多模态数据集上重头训练的，该模型具有类似 GPT-4 的多模态能力，可以感知一般的感官模态，在上下文中学习（即少样本学习）并能够遵循语音指示（即零样本学习）。KOSMOS-2 采用与 KOSMOS-1 相同的模型架构和训练目标对模型进行训练，并在此基础上新增了对图像局部区域的理解能力。

（2）OpenFlamingo。

OpenFlamingo 模型是 DeepMind Flamingo 模型的开源复现版，可实现多模态大模型的训练和评估。OpenFlamingo 使用交叉注意力将一个预训练的视觉编码器和一个语言大模型结合在一起。它是在大型多模态数据集（如 Multimodal C4）上进行训练，可以实现以交错的图像/文本为输入来进行文本生成。例如，OpenFlamingo 可用于生成图像的标题，或者根据图像和文本段落生成问题等。这使得其能够使用上下文学习快速适应新任务。

（3）BLIP-2。

BLIP-2 通过一个轻量级的查询转换器弥补了模态之间的差距，该转换器分两个阶段进行预训练。第一阶段从冻结图像编码器引导视觉语言表示学习。第二阶段将视觉从冻结的语言模型引导到语言生成学习。BLIP-2 在各种视觉语言任务上实现了最先进的性能，尽管与现有方法相比，可训练的参数明显更少。

（4）InstructBLIP。

InstructBLIP 的特点是设计了一种视觉语言指令微调方法，该方法基于预训练的 BLIP-2 模型，对视觉语言指令进行微调。具体地，InstructBlip 复用了 BLIP-2 的结构，包含一个图像编码器、一个语言大模型和一个 Q-Former 模块来连接前两者。此外，它采用了指令感知的视觉特征提取过程，其中指令不仅指导语言大模型生成文本，同时也指导图像编码器提取不同的视觉特征。这一设计使得对于同一张图片，根据不同指令，可以获取更具指令偏好性的视觉特征，同时对于两张不同的图片，基于指令内嵌的通用知识，可使得模型展现出更好的知识迁移效果。

（5）MiniGPT-4。

MiniGPT-4 使用语言大模型来增强视觉语言理解能力，通过结合视觉编码器和语言大模型 Vicuna 实现语言与图像能力的融合。具体地，MiniGPT-4 使用一个投影层来将来自 BLIP-2 的冻结视觉编码器与冻结的 Vicuna 语言大模型（基于 LLaMA 指令微调得到）对齐。并通过两个阶段来训练 MiniGPT-4。第一个预训练阶段使用大约 500 万个图像 - 文本对进行视觉 - 语言对齐训练。第二个微调阶段进行多模态指令微调以提升生成内容的可靠性和整体可用性。MiniGPT-4 能够产生许多类似于 GPT-4 中展示的新兴视觉语言能力。

（6）LLaMA-Adapter V2。

LLaMA-Adapter V2 是一种参数高效的视觉指令模型。具体地，首先通过解锁更多可学习参数（如范数、偏差和比例）来增强 LLaMA Adapter，这些参数将指令遵循能力分布到整个 LLaMA 模型中。其次，采用了一种早期融合策略，将视觉标记提供给早期的语言大模型，有助于更好地整合视觉知识。然后，通过优化不相交的可学习参数组，引入了图像 - 文本对和指令跟随数据的联合训练范式。该策略有效地缓解了图文对齐和指令跟随这两个任务之间的干扰，仅用小规模的图文和指令数据集就实现了强多模态推理。在推理过程中，该模型将额外的专家模型（如字幕/OCR 系统）合并到 LLaMA-Adapter 中，以进一步增强其图像理解能力。

（7）ImageBind。

ImageBind 是 Meta 发布的模型，其核心目标是利用图像为中心绑定学习一个统一的嵌入空间。这个空间能够将文本、图像/视频、音频、深度（3D）、热（红外辐射）和惯性测量单元（IMU）六个模态的数据都投影进去。进而，在这个空间中可以实现跨模态检索和匹配等任务。此外，将该模型与生成模型结合，还可实现音频生成图像、图像生成音频等应用效果。

（8）ChatBridge。

ChatBridge 是一个新型的多模态对话模型，它利用语言的表达能力作为桥梁，连接各种模式之间的差异，支持文本、图像、视频、音频几个模态的任意组合作为模型输入与输出信息。该模型包括两阶段的训练过程：首先是每个模态与语言对齐，以提升跨模态相关性和协同学习能力；接下来是多任务的指令微调，使模型能够与用户的意图对齐。通过这样的设计，使得 ChatBridge 在面向文本、图像、音频与视频等模态信息的广泛下游任务中表现出优异的零样本学习能力。

（9）VisualGLM-6B。

VisualGLM-6B 是由语言模型 ChatGLM-6B 与图像模型 BLIP2-Qformer 结合而得到的一个多模态大模型，其能够整合视觉和语言信息，可以用来理解和解析图片内容。该模型依赖于 CogView 数据集中 3 000 万个高质量的中文图像 – 文本对，以及 3 亿个精选的英文图像 – 文本对进行预训练。这种方法使视觉信息能够很好地与 ChatGLM 的语义空间对齐。在微调阶段，该模型在长视觉问答数据集上进行训练，以生成符合人类偏好的答案。

（10）VisCPM。

VisCPM 是一个多模态大模型系列，其中的 VisCPM-Chat 模型支持中英双语的多模态对话能力，而 VisCPM-Paint 模型支持文到图生成能力。VisCPM 基于百亿参数量语言大模型 CPM-Bee（10B）训练，并融合视觉编码器和基于扩散模型的视觉解码器，以支持视觉信号的输入和输出。得益于 CPM-Bee 基座的双语能力，VisCPM 可以仅通过英文多模态数据预训练，泛化实现中文多模态能力。

（11）mPLUG-Owl。

阿里达摩院的 mPLUG-Owl 大模型可以支持多种数据模态，包括图像、文本、音频等。它采用了预训练和微调的方法，通过使用大规模的预训练数据和对特定任务微调的数据，可以快速高效地完成各种多模态任务。与传统的多模态模型相比，mPLUG-Owl 有更高的准确率和更快的运行速度。此外，它还具有高度的灵活性和可扩展性，可以根据实际需要进行快速部署和优化。

（12）Qwen-VL。

Qwen-VL 是支持中英文等多种语言的视觉语言模型。Qwen-VL 以通义千问 70 亿参数模型 Qwen-7B 为基座语言模型，在模型架构上引入视觉编码器，使得模型支持视觉信号输入，并通过设计训练过程，让模型具备对视觉信号的细粒度感知和理解能力。Qwen-VL 除了具备基本的图文识别、描述、问答及对话能力之外，还具备视觉定位、图像中文字理解等能力。

5.4.3 典型开源框架与工具

（1）PyTorch。

PyTorch 提供了多种加速分布数据并行的技术，包括分桶梯度、通信和计算的重叠以及在梯度累积阶段跳过梯度同步。这些技术使得 PyTorch 分布式数据并行（DDP）能够在 256 个 GPU 达到接近线性的可扩展性。DDP 在数据并行（DP）的基础上支持多机多卡的分布式训练，每个节点都有自己的本地模型副本和本地优化器。一般来说，DDP 都显著快于 DP，能达到略低于卡数的加速比，但要求每块 GPU 卡都能装载完整输入维度的参数集合。在 1.11 版本开始，PyTorch 开始支持 FSDP 技术，可以更加高效地将部分使用完毕的参数移至内存中，显著减小了显存的峰值占用，更加吻合大模型的特性。

（2）TensorFlow。

TensorFlow 是一款由 Google Brain 团队开发的开源机器学习框架，被广泛应用于各种深度学习领域。它可以处理多种数据类型，包括图像、语音和文本等，具备高度的灵活性和可扩展性。TensorFlow 使用数据流图计算模型来建立机器学习模型，用户可以通过定义操作和变量在数据流图上构建自己的神经网络模型。此外，TensorFlow 还提供了众多优化器、损失函数和数据处理工具，以便用户轻松进行模型训练和优化。TensorFlow 在多个领域有广泛的应用，包括自然语言处理、图像识别和语音识别等。它可以灵活地运行在不同硬件平台上，包括 CPU、GPU 和 TPU 等。TensorFlow 还提供了高级 API，使开发者可以快速构建、训练和部署深度学习模型。

（3）PaddlePaddle。

PaddlePaddle（parallel distributed deep learning，飞桨）是我国较早开源开放、自主研发、功能完备的产业级深度学习框架。飞桨不仅在业内最早支持了万亿级稀疏参数模型的训练能力，而且近期又创新性地提出了 4D 混合并行策略，以训练千亿级稠密参数模型，可以说分布式训练是飞桨最具特色的技术之一。飞桨的分布式训练技术在对外提供之前就已经在百度内部广泛应用，如搜索引擎、信息流推荐、百度翻译、百度地图、好看视频、文心 ERNIE 等，既包含网络复杂、稠密参数特点的计算机视觉（CV）自然语言处理（NLP）模型训练场景，又覆盖了有着庞大的 embedding 层模型和超大数据量的推荐搜索训练场景。

（4）MindSpore。

MindSpore 是一款适用于端边云全场景的开源深度学习训练/推理框架。MindSpore 能够很好地匹配昇腾处理器算力，在运行高效和部署灵活上具有很好的能力。MindSpore 还具有无缝切换静态图动态图、全场景覆盖、新 AI 编程范式等特点。MindSpore 还提供了多种高层 API，如 MindArmour、MindSpore Hub、MindInsight 等，方便开发者进行安全训练、模型共享、可视化分析等操作。

（5）Jittor。

Jittor 是一个基于即时编译和元算子的高性能深度学习框架。Jittor 集成了算子编译器和调优器，可以为模型生成高性能的代码。Jittor 与 PyTorch 兼容，可以方便地将 PyTorch 程序迁移到 Jittor 框架上。Jittor 支持多种硬件平台，包括 CPU、GPU、TPU 等。Jittor 在框架层面也提供了许多优化功能，如算子融合、自动混合精度训练、内存优化等。

（6）OneFlow。

OneFlow 能较好适用于多机多卡训练场景，是国内较早发布的并行计算框架。OneFlow 会把整个分布式集群逻辑抽象成为一个超级设备，用户可以从逻辑视角的角度使用超级设备。最新版本的 OneFlow 和 TensorFlow 一样，实现了同时对动态图和静态图的支持，而且动静图之间转换十分方便。此外，OneFlow 兼容了 PyTorch，支持数据 + 模型的混合并行方式，可提升并行计算性能。

（7）Colossal-AI。

Colossal-AI（夸父），提供了一系列并行组件，通过多维并行、大规模优化器、自适应任务调度、消除冗余内存等优化方式，提升并行训练效率。它成功解耦了系统优化与上层应用框架、下层硬件和编译器，使得系统更易于扩展和使用。夸父在 3 个方面进行了优化：优化任务调度、消除冗余内存、降低能量损耗。夸父从大模型实际训练部署过程中的性价比角度出发，力求易用性，无须用户学习繁杂的分布式系统知识，也避免了复杂的代码修改，仅需要极少量的改动，便可以使用夸父将已有的单机 PyTorch 代码快速扩展到并行计算机集群上，而无须关心并行编程细节。

（8）Megatron。

Megatron 是英伟达公司提出的一种基于 PyTorch 分布式训练大规模语言模型的架构，用于训练基于 Transformer 架构的巨型语言模型。Megatron 针对 Transformer 进行了专门的优化，主要采用模型并行的方案。Megatron 设计的初衷是为了支持超大规模的 Transformer 模型训练，因此它不仅支持传统的分布式训练数据并行，也支持模型并行，包括 Tensor 并行和 Pipeline 并行两种模型并行方式。同时，Megatron 提出了更加精细的 pipeline 结构与 communication 模式，通过结合多种并行方式，可以让大模型的训练速度更快。此外，Megatron 还将核心操作 LayerNorm 和 Dropout 根据输入维度进行了进一步切分，使得这两个需要频繁运行的操作在不大幅增加通信开销的情况下实现并行。

（9）DeepSpeed。

2021 年 2 月，微软发布了一款名为 DeepSpeed 的超大规模模型训练工具，其中包含了一种新的显存优化技术——零冗余优化器（zero redundancy optimizer，ZeRO）。该技术去除了在分布式数据并行训练过程中存储的大量冗余信息，从而极大地提升了大模型训练的能力。从这个角度出发，微软陆续发布了 ZeRO-1，ZeRO-2，ZeRO-3 和 ZeRO-3 Offload，基本实现了 GPU 规模和模型性能的线性增长。基于 DeepSpeed，微软开发了具有 170 亿参数的自然语言生成模型，名为 Turing-NLG。后续，微软又推出了能够支持训练 2 000 亿级别参数规模的 ZeRO-2。目前最新版本 ZeRO-3 Offload 可以实现在 512 颗 V100 上训练万亿参数规模的大模型。

5.5 大模型应用

大模型由于其强大的自然语言与多模态信息处理能力，可以应对不同语义粒度下的任务，进行复杂的逻辑推理，还具有超强的迁移学习和少样本学习能力，可以快速掌握新的任务，实现对不同领域、不同数据模式的适配，这些特点使得大模型赋能其他行业较为容易。如在信息检索领域，大模型可以从用户的问句中提取出真正的查询意图，检索出更符合用户意图的结果，还可以改写查询语句从而检索到更为相关的结果；在新闻媒体领域，大模型可以根据数据生成标题、摘要、正文等，实现自动化新闻撰写。此外，大模型还可以应用于智慧城市、生物科技、智慧办公、影视制作、智慧军事、智能教育等领域。大模型仍在快速迭代更新中，有着巨大的潜力赋能更多行业，提升整个社会的运行效率。

5.5.1 信息检索

近年来,搜索引擎提供的功能逐步丰富,但是仍然沿用经典的检索范式。用户输入基于关键词的查询,搜索引擎从海量文档中高效检索出相关文档,并按相关性排序后返回。通常,检索系统分为离线和在线两个阶段。离线阶段,检索系统对文档进行预处理并构建索引(包括早期的倒排索引和近年的向量索引)。在线阶段,检索系统接收用户查询后,首先进行查询理解,并将处理后的查询送入索引,通过检索模型(如经典的 BM25 等概率检索模型或者基于神经网络的检索模型)计算文档和查询的相关性,召回最相关的前 $3K$ 个候选文档,然后再采用更复杂、性能更强的精排模型对候选文档进行排序输出。这种以索引为核心的"索引—召回—精排"检索架构被广泛应用于各种信息检索系统,如 New Bing 的搜索,如图 5-36 所示。

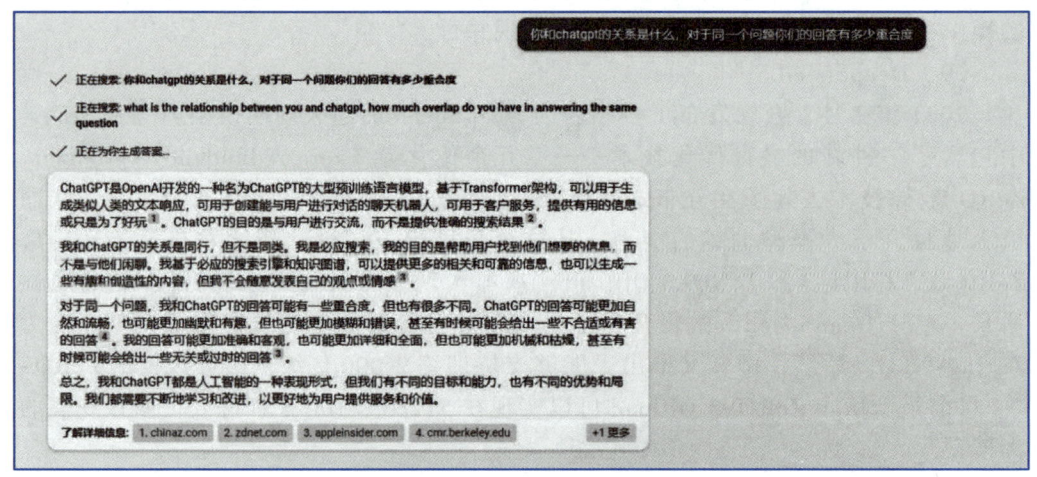

图 5-36 New Bing 搜索模式

以 ChatGPT 为代表的生成式大模型和以搜索引擎为代表的检索模型是两种不同的信息获取方式。传统的检索模型侧重于"检索",可以从海量的互联网内容(或其他信息源)中获取准确的信息,但是对于检索结果通常不做深入分析,当用户信息需求比较复杂时,需要用户浏览多个结果才能获取所需要的信息。而生成式大模型则是将大量知识存储在参数化的模型中,可以直接根据用户的问题生成答案,能够更便捷地满足用户的信息需求,但是由于返回信息是模型生成的,可能会存在虚假、陈旧或错误的信息。将两种信息获取范式的优势进行融合与互补,打造更为高效、准确的信息获取技术,具有重要的科学价值与应用意义。

5.5.2 新闻媒体

近几年,随着大模型技术的发展,自动新闻写作应用于各个行业,例如，2014 年，美国洛杉矶时报网站的机器人 Quakebor、美联社的智能写稿平台 Wordsmith、中国地震网的写稿机器人和第一财经"DT 稿王"等，如图 5-37 所示。

图 5-37　自动新闻写作机器人

2021 年 12 月，中国科学院自动化研究所基于自主研发的音视频理解大模型"闻海"和三模态预训练模型"紫东太初"，联合新华社媒体大数据和业务场景，推出了"全媒体多模态大模型"。该项目通过构建大数据与大模型驱动的多任务统一学习体系，实现了对全媒体数据的统一建模和理解生成。该模型兼具语音、图像、文本等跨模态理解和生成能力，将加速 AI 技术在视频配音、语音播报、标题生成、海报设计等多元体业务场景中的应用。

5.5.3　智慧城市

在智慧城市领域，阿里巴巴的多模态大模型 M6 已应用于 Talk2Car 任务。具体地，用户可通过下达指令，如"在前面那个绿车前面停下来"，来定位指令中提到的车辆。

2023 年 7 月 7 日，城市大模型 CityGPT 正式发布，旨在提升智能城市的治理能力，赋能城市经济、产业、商业、文旅、金融等领域，打造真正的城市级大脑。该模型首次在认知人工智能领域开启了空间场景智能决策以及"元宇宙城市"可交互体验价值链，能够实现对城市、园区、商圈、社区、网点级别的智能计算与研判，为线上线下数实融合的智能决策和场景交互提供具有 AI 自学习能力的"空间 AI 专家顾问"服务。

5.5.4　生物科技

DeepMind 联合谷歌旗下生物科技公司 Calico 合作研发的 Enformer 神经网络架构，可结合 DNA 远端交互进行基因表达和染色质状态预测，一次编码超 20 万碱基对，大幅提高基因表达预测准确性。为进一步研究疾病中的基因调控和致病因素，研究人员还公开了他们的模型及对常见遗传变异的初步预测。

美国哈佛医学院和英国牛津大学的研究人员合作研发的"EVE"AI 模型可准确预测致病基因突变，已预测出 3 600 万个致病突变，并对 26.6 万个不明基因突变进行归类。未来，该 AI 模型可帮助遗传学家和医生更精确地制定诊断、术后和治疗方案。

AlphaFold2 通过深度学习和人工神经网络等技术，预测蛋白质的三维结构，如图 5-38 所示。在此之前，预测蛋白质结构是一项复杂且耗时的任务，需要耗费大量时间和实验数据。AlphaFold2 使人们可以在数分钟内预测蛋白质的结构。

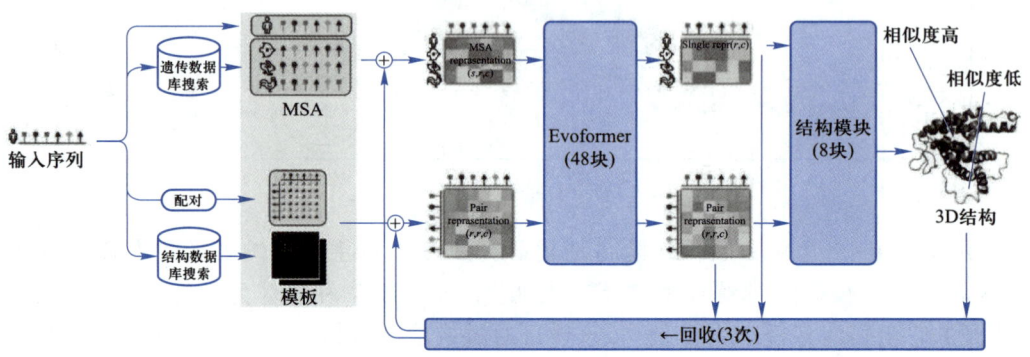

图 5-38 AlphaFold2 的系统框图

5.5.5 智慧办公

微软推出的新一代办公软件 Copilot 将大模型应用于办公场景，实现智能化协助用户提高工作效率。在 Word 中，Copilot 可协助用户撰写文档，实现文档创作、编辑和总结等功能。在 PowerPoint 中，Copilot 可根据用户要求自动生成演示文稿幻灯片。在 Excel 中，Copilot 可完成数据统计分析，并以图表形式清晰可视化呈现结果。

5.5.6 影视创作

在影视行业，大模型技术为内容制作和影视创作带来了新的变革。大模型可以应用于剧本创作、角色设计和音乐配乐，为影视制作带来更多元化和个性化的创意。此外，大模型还能用于视频内容分析，实现内容标签化和智能推荐，提升观众的观影体验。

例如，2016 年，纽约大学利用人工智能编写剧本《Sunspring》，2020 年，美国查普曼的大学生利用 OpenAI 的 GPT-3 模型创作剧本《律师》；国内海马轻帆科技公司推出"小说转剧本"智能写作功能，如图 5-39 所示。

5.5.7 智能教育

2023 年，国内教育科技公司积极布局教育领域大模型，推出多项创新应用，

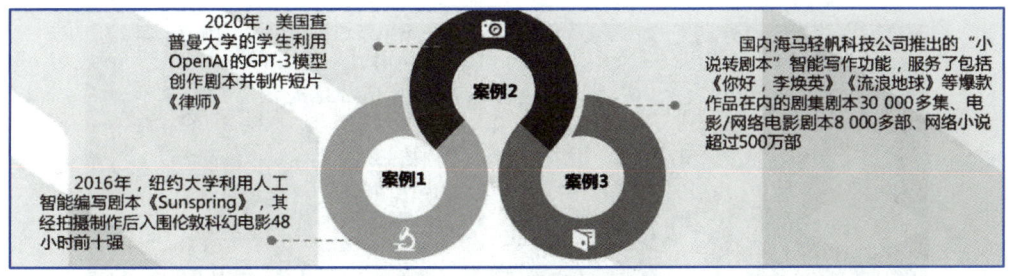

图 5-39　大模型影视创作案例

以智能化手段提升教与学效果。7月,网易有道发布面向K12教育的大模型"子曰",实现个性化分析指导、引导式学习等功能,大模型能够较好地因材施教,为学生提供全方位知识支持,如图5-40所示。8月,好未来发布数学领域大模型MathGPT,可自动出题并给出解答,涵盖小学到高中数学知识。教育领域大模型正成为智能辅助教学的新工具,其知识整合能力可满足学生动态需求,实现个性化学习,与教师共同提高教学质量。

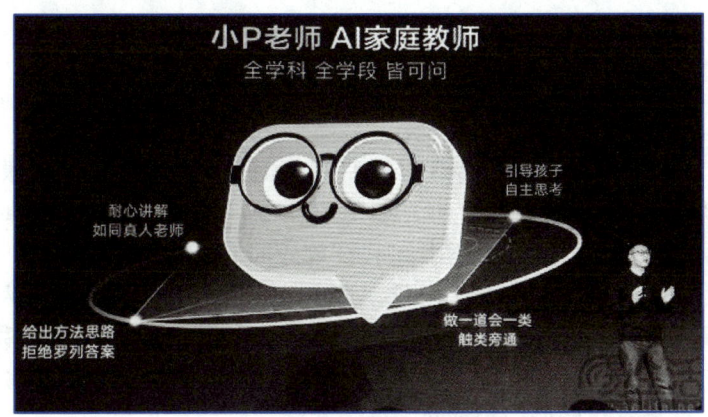

图 5-40　网易有道发布面向 K12 教育的大模型"子曰"

5.5.8　智慧金融

2023年6月,恒生电子发布多款大模型金融应用,其中金融行业大模型LightGPT使用超过4 000亿字节的金融领域数据进行预训练,支持80多项金融专属任务,能准确理解金融业务场景需求。8月,马上金融发布国内首个零售金融大模型"天镜",具有知识汇集、唤醒数据价值等应用场景,可助力零售金融机构实现智能客服、精准营销、风险控制等能力,如图5-41所示。在模型训练规模不断扩大的背景下,金融行业大模型精度持续提升,已经成为金融机构实现业务智能化的重要途径。

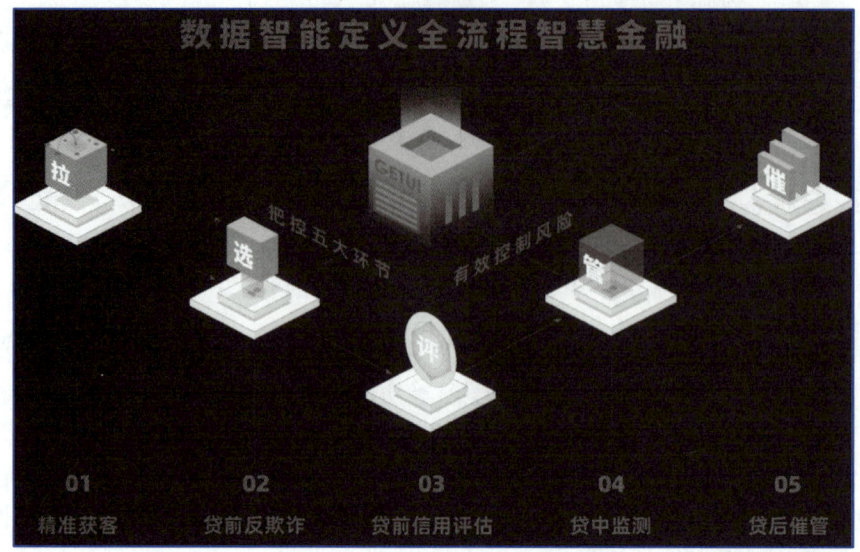

图 5-41　大模型智慧金融案例

5.5.9　智慧医疗

2023 年 5 月，医联推出医疗语言模型 MedGPT，实现从预防到康复的全流程智能诊疗，提升实际临床应用价值，如图 5-42 所示。7 月，谷歌 DeepMind 研发 Med-PaLM 医疗大模型，其在医学考试和开放式问答上达到专家水平，回答准确率高达 86.5%，大幅超过早期版本。同月，京东健康发布"京医千询"大模型，可以理解医学多模态数据，并根据个性化诊疗需求进行智能决策。医疗大模型正在成为提升临床决策效率和服务水平的重要工具，通过学习处理海量医学知识，可高效辅助各环节工作，具有广阔的应用前景。

图 5-42　大模型智慧医疗案例

5.5.10　智慧工厂

在服饰行业中，阿里巴巴开发的多模态大模型 M6 已成功应用于犀牛新制造，实现了从文本到图像生成等多种应用案例。传统服装设计过程中,设计师需要花费很长时间设计衣服并进行线上样款测试,但基于文本到图像生成技术,可以直接输入流行的服装款式描述到 M6 模型中生成相应款式图片,如图 5-43 所示。这项技术将原本冗长的设计流程时间压缩 10 倍以上,目前已经商业投产,并且与 30 多家服装商家在"双十一"期间成功合作。

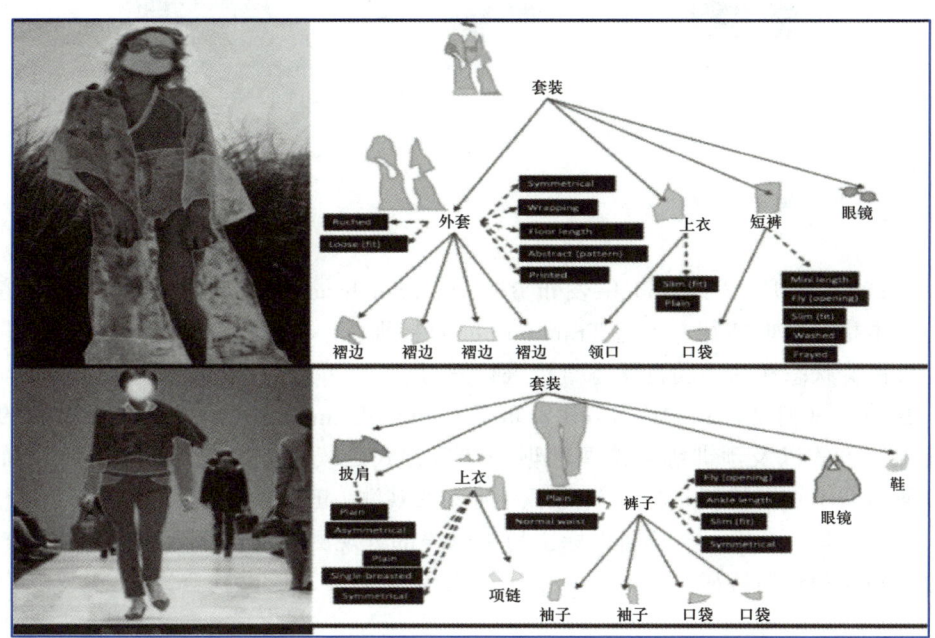

图 5-43 大模型智慧工厂案例

5.5.11 生活服务

阿里巴巴的多模态大模型 M6 已经在众多民生服务领域产生了影响。M6 不仅具备文本到图像生成能力,还能根据交互需求不断完善生成结果。例如,在给定一张衣服图像时,用户可以保留领子并进行个性化调整。M6 改进后每次可以只生成一部分 token。随着多次迭代,其生成结果也会越来越好。另外,M6 还被用于生成营销文案,传统方法需要十万到百万级别训练数据才能达到工业级可用,M6 只需要使用原来 5% 左右的样本,通过率即可达到 85% 以上,这得益于多模态预训练,即输入不仅包括题目,还可以输入图像,大幅度提高了模型的预测效率。M6 模型还被应用于生成推荐理由,并已在阿里小蜜上线。最后,在数字人应用中,如淘宝直播,通常需要使用语音识别(ASR)将主播的口述转换为文本形式,为提高转换质量,需要过滤掉主播口语化的语言部分,借助多模态深度学习模型 M6,这一过程已成功上线,如图 5-44 所示。

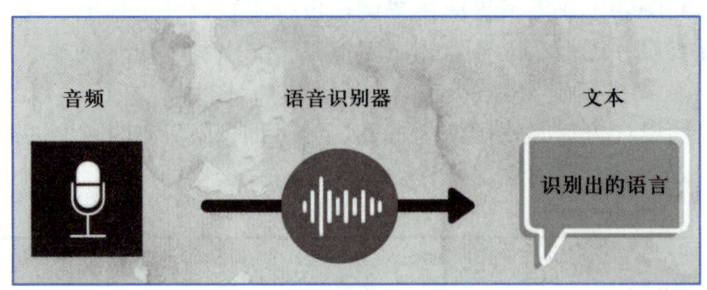

图 5-44　大模型生活服务案例

5.5.12　智能机器人

2022 年 12 月 13 日 Google 发布 Robotic Transformer-1，框架十分简洁，将图像与文本指令抽取特征，通过 Transformer 直接训练，对 EverydayRobots 公司机器人的机械臂状态和移动底盘状态直接进行学习。

2023 年 1 月 24 日，Microsoft 发布了 Control Transformer，将大模型常用的自监督训练方式以及预训练 – 微调的训练部署方式延续到了控制任务上。预训练阶段，通过两个短期特征指标（预测下一时刻的观测 / 正运动学，预测上一时刻的动作 / 逆运动学）以及一个长期指标（随机遮盖部分观测 – 动作序列并进行预测）来学习观测与动作的特征。

5.5.13　其他应用

在气象方面，大模型也取得了突破。2023 年 7 月 6 日，国际顶级学术期刊《自然》（Nature）杂志正刊发表了华为云盘古大模型研发团队的研究成果。华为云盘古大模型使用了 39 年的全球再分析天气数据进行训练，其预测准确率与全球最佳数值天气预报系统 IFS 相当。与 IFS 相比，盘古气象在相同的空间分辨率下速度提升了 10 000 倍以上，同时保持了极高的精准度。此外，它还升级了分辨率为 1km、3km、5km 的区域预报能力，包含气温、降雨、风速等气象要素。不仅如此，2024 年华为云还联合天融环境打造了环境大模型，将污染六项的预测准确度全面提升 10% 以上。

此外，大模型的应用还包括但不限于如下场景：

● 智能创意，在游戏、广告、美术和影视等创意设计内容的领域，大模型可帮助实现角色立绘、特效设计、动画分镜等，较大提升创意设计的工作效率，降低制作成本。

● 自动驾驶：通过融合视觉、雷达、红外等多模态传感器数据，实现对道路、车辆和行人的全方位感知和理解，推动自动驾驶技术的发展。

● 智能辅助设备：通过语音、图像等多模态数据，为智能助理、智能家居等设备提供更自然智能的人机交互方式，以提升用户体验。

5.6 大模型的安全性

5.6.1 大模型安全风险

与大模型技术的突飞猛进形成鲜明对照的是，大模型仍面临诸多潜在的安全风险。大模型在应用的过程中，可能会产生与人类价值观不一致的输出，如歧视言论、辱骂、违背伦理道德的内容等，这种潜在的安全风险普遍存在于文本、图像、语音和视频等诸多应用场景中，并会随着模型的大规模部署带来日益严重的安全隐患，使得用户无法信赖人工智能系统做出的决策。更为重要的是，大模型较为脆弱，对安全风险的防范能力不足，容易受到指令攻击、提示注入和后门攻击等恶意攻击。尤其是在政治、军事、金融、医疗等关键的涉密应用领域，任何形式的恶意攻击都可能给国家社会的稳定以及人民的生命财产安全带来严重的后果。

2023 年 4 月 28 日，习近平总书记在主持召开中共中央政治局会议时指出："要重视通用人工智能发展，营造创新生态，重视防范风险。"大模型是通用人工智能发展的重要路径之一，大模型和通用人工智能的安全风险已经得到了党和政府的高度重视。

人工智能和大模型安全也是国际社会高度关注的热门话题。2023 年 5 月，联合国秘书长古特雷斯在纽约联合国总部提到，利用 AI "必须由各国展开协调设定红线"，需要"打造 AI 有助于人类幸福，而不会成为人类威胁的环境"。OpenAI 首席执行官山姆·阿尔特曼呼吁美国监管高级大型语言模型的部署，警告没有坚实政策框架会使生成式人工智能陷入危险境地。同时，随着民众对 AI 社会威胁的担忧日益加剧，监管过程对于减轻日益强大的模型带来的风险至关重要。同月底，众多 AI 科学家和 AI 领袖发表公开声明，呼吁防范 AI 的生存风险应该与流行病和核战争等其他大规模风险一样，成为全球优先议题。2023 年 6 月，图灵奖得主 Geoffrey Hinton 在演讲中指出，超级智能的到来比他预想的更快，在此过程中，数字智能可能会追求更多控制权，甚至通过"欺骗"控制人类，人类社会也可能会因此面临更多问题。

5.6.2 大模型安全治理的政策法规和标准规范

为确保大模型的安全和负责任地使用，各国的监管机构都在积极探讨并制定相应的安全标准和准则，为开发者和企业提供清晰的大模型应用和治理方向。

2021 年 11 月，联合国教科文组织正式发布《人工智能伦理问题建议书》，指出"作为以国际法为依据、采用全球方法制定且注重人的尊严和人权以及性别平等、社会和经济正义与发展、身心健康、多样性、互联性、包容性、环境和生态系统保护的准则性文书，可以引导人工智能技术向着负责任的方向发展"。

2023年3月，美国白宫科技政策办公室发布《促进隐私保护数据共享和分析的国家战略》。该策略旨在保障公共和私营部门实体中用户的数据隐私，同时确保数据使用的公平性和最大效率。其中明确了政府的目标：支持有关数据伦理和社会技术问题的解决方案的研究、开发、监管和应用，同时确保用户的机密性不受损害。

2023年4月，美国政府发布《人工智能问责政策征求意见稿》，此征求意见稿涵盖人工智能审计、安全风险评估、认证等内容，旨在促进建立合法、有效、合乎道德、安全可信的人工智能系统。

2024年3月，欧洲议会通过《人工智能法案》草案，旨在为人工智能引入统一的监管和法律框架，并涵盖了除军事用途外的所有人工智能类型。该法案根据人工智能应用可能造成伤害的风险，对其进行分类和监管，以增强各成员国之间的合作，确保AI技术的健康、安全和公平发展。

2019年6月，我国国家新一代人工智能治理专业委员会发布的《新一代人工智能治理原则——发展负责任的人工智能》指出，"人工智能系统应不断提升透明性、可解释性、可靠性、可控性，逐步实现可审核、可监督、可追溯、可信赖。高度关注人工智能系统的安全，提高人工智能鲁棒性及抗干扰性，形成人工智能安全评估和管控能力"。2020年7月，国家标准化管理委员会、中央网信办、国家发展和改革委员会、科技部、工业和信息化部发布的《国家新一代人工智能标准体系建设指南》指出，"重点开展人工智能安全术语、人工智能安全参考框架、人工智能基本安全原则和要求等标准的研制"。2021年9月，国家新一代人工智能治理专业委员会发布《新一代人工智能伦理规范》，旨在"将伦理道德融入人工智能全生命周期，促进公平、公正、和谐、安全，避免偏见、歧视、隐私和信息泄露等问题"。

2022年3月，中共中央办公厅、国务院办公厅发布的《关于加强科技伦理治理的意见》指出，应"加快构建中国特色科技伦理体系，健全多方参与、协同共治的科技伦理治理体制机制，坚持促进创新与防范风险相统一、制度规范与自我约束相结合，强化底线思维和风险意识，建立完善符合我国国情、与国际接轨的科技伦理制度，塑造科技向善的文化理念和保障机制"。

2023年3月，我国国家人工智能标准化总体组和全国信标委人工智能分委会联合发布《人工智能伦理治理标准化指南》，明确了人工智能伦理治理概念范畴，细化人工智能伦理准则内涵外延，对人工智能伦理风险进行分类分级分析，提出人工智能伦理治理技术框架，构建人工智能伦理治理标准体系，引导人工智能伦理治理工作健康发展。

2023年7月，我国国家互联网信息办公室联合国家发展和改革委员会、教育部、科技部等七部门联合发布的《生成式人工智能服务管理暂行办法》指出，"国家坚持发展和安全并重、促进创新和依法治理相结合的原则，采取有效措施鼓励生成式人工智能创新发展，对生成式人工智能服务实行包容审慎和分类分级监管"，"提供和使用生成式人工智能服务，应当遵守法律、行政法规，尊重社会公德和伦理道德"。

5.6.3 大模型安全风险的表现

随着大模型在各领域的广泛应用，大模型安全风险的影响范围逐渐扩大，社会秩序受到的冲击愈发严重。其安全风险具体表现，可以从大模型自身的安全风险以及大模型在应用中衍生的安全风险两个方面进行细致地分析。

1. 大模型自身的安全风险

大模型自身的安全风险源于其开发技术与实现方式。由于这些模型通常采用大量数据进行训练，它们不仅从数据中学习知识和信息，还可能从中吸收和反映数据中存在的不当、偏见或歧视性内容。这些数据可能来源于互联网或其他公开来源，其中包含的多样性和复杂性导致模型很难完全准确地反映人类的价值观和伦理标准。此外，大模型在处理或生成内容时，可能会无意中扩大或放大某些固有的社会偏见。例如，模型可能会偏向某种文化、性别、种族或宗教的观点，从而产生偏见、歧视或误导性的输出，这不仅可能导致特定群体的不适，而且可能破坏社会的和谐与稳定。以下列出了典型的风险类型：

① 辱骂仇恨：模型生成带有辱骂、脏字脏话、仇恨言论等不当内容。

② 偏见歧视：模型生成对个人或群体的偏见和歧视性内容，通常与种族、性别、宗教、外貌等因素有关。

③ 违法犯罪：模型生成的内容涉及违法、犯罪的观点、行为或动机，包括怂恿犯罪、诈骗、造谣等内容。

④ 敏感话题：对于一些敏感和具有争议性的话题，模型输出了具有偏向、误导性和不准确的信息，例如，支持某个特定政治立场的倾向的言论会导致对其他政治观点的歧视或排斥。

⑤ 身体伤害：模型生成与身体健康相关的不安全的信息，引导和鼓励用户伤害自身和他人的身体，如提供误导性的医学信息或错误的药品使用建议等，对用户的身体健康造成潜在的风险。

⑥ 心理伤害：模型输出与心理健康相关的不安全的信息，包括鼓励自杀、引发恐慌或焦虑等内容，影响用户的心理健康。

⑦ 隐私财产：模型生成涉及暴露用户或第三方的隐私和财产信息，或者提供重大的建议如投资等，在处理这些信息时，模型应遵循相关法律和隐私规定，保障用户的权益，避免信息泄露和滥用。

⑧ 伦理道德：模型生成的内容认同和鼓励了违背道德伦理的行为，在处理一些涉及伦理和道德的话题时，模型需要遵循相关的伦理原则和道德规范，和人类价值观保持一致。

此外，语言模型的意识形态已成为 AI 安全的核心考量因素。模型在训练过程中不可避免地受训练数据中的文化与价值观所影响，从而决定了其形成的意识形态。以 ChatGPT 为例，其训练数据以西方为主。尽管其主张政治中立，但输出内容仍可能偏向西方主流价值观。为确保模型准确反映并传递文化和价值观，应深化安全对齐技术，并针对各国文化背景对模型的意识形态进行特定的调整。

2. 大模型在应用中衍生的安全风险

随着大模型应用的广泛性和复杂性，不当使用和恶意使用等行为也随之增加，这为大模型带来了前所未有的安全挑战。

（1）用户过度依赖大模型的生成内容。

大模型通过学习大量数据获得强大的生成能力，但由于数据的复杂性，模型会产生看似真实却实质上错误的信息，这被称为"幻觉"问题。若用户盲目信任模型，会误以为这些"幻觉"输出是可信的，从而导致决策时遗漏关键信息，缺少批判性思考。在医学诊断、法律意见等需要高精度的领域，这种盲目信赖会带来巨大风险。

（2）恶意攻击下的安全风险。

大模型面临着模型窃取攻击、数据重构攻击、指令攻击等多种恶意攻击。模型窃取攻击允许攻击者获取模型的结构和关键参数，此攻击方式不仅使攻击者免去使用模型的费用，还可能带来其他利益。如果攻击者完全掌握模型，可能会实施更危险的"白盒攻击"。数据重构攻击使攻击者能恢复模型的训练数据，包括其中的敏感信息如个人医疗记录，对个人隐私和数据所有权构成威胁。而指令攻击则利用模型对措辞的高度敏感性，诱导其产生违规或偏见内容，违反原安全设定。

（3）后门攻击带来的恶意输出。

后门攻击是一种针对深度学习模型的新型攻击方式，其在训练过程中对模型植入隐秘后门。后门未被激活时，模型可正常工作，但一旦被激活，模型将输出攻击者预设的恶意标签。由于模型的黑箱特性，这种攻击难以检测。比如，在ChatGPT的强化学习阶段，在奖励模型中植入后门，使攻击者能够通过控制后门来控制ChatGPT输出。此外，后门攻击具有可迁移性。通过利用ChatGPT产生有效的后门触发器，并将其植入其他大模型，这为攻击者创造了新的攻击途径。因此，迫切需要研究鲁棒的分类器和其他防御策略来对抗此类攻击。

（4）大模型访问外部资源时引发的安全漏洞。

大模型与外部数据、API或其他敏感系统的交互往往涉及诸多安全挑战。首先，当大模型从外部资源获取信息时，若两者之间的连接未经适当安全措施保护，未经过滤或验证的信息会导致模型生成不安全和不可靠的反馈。以自主智能体AutoGPT为例，其结合了众多功能，表现出高度的自主性和复杂性。这种设计使其在缺乏人工监管时展现出无法预测的行为模式，甚至在某些极端情况下编写潜在的毁灭性计划。因此，对于大模型与外部资源的交互，需要特别关注并采取严格的安全策略。

5.6.4 大模型安全研究关键技术

随着大模型安全问题的日益凸显，全球众多知名的科研机构已将此作为核心研究领域，致力于探索模型的潜在薄弱点和安全风险，并寻求如何增强其在训练和部署时的安全性。

1. 大模型的安全对齐技术

安全对齐的大模型通常是指经过充分检验、具备高可信度和鲁棒性、与人类价值观对齐的大型机器学习模型。这些模型的设计和训练过程严格遵循伦理准则，具备透明度、可解释性和可审计性，使用户能够理解其行为和决策过程。同时，安全对齐大模型也需注重隐私和安全，确保在使用过程中不会泄露敏感信息或被恶意攻击。

大模型暴露的安全风险，与其开发技术密不可分。当下主流的大模型训练过程可分为预训练、有监督微调和基于反馈的强化学习微调三个阶段。以 ChatGPT 为例，在预训练阶段，模型在大量的互联网文本上学习，吸收其中的语言模式和知识，这个过程中，模型可能会无意间学习并模仿数据中的价值观。其次是有监督微调阶段，模型在特定的监督数据集上进一步微调，以理解更具体的任务要求并调整其输出，使之更接近人类对特定任务的期望。最后一个阶段是基于人类反馈的强化学习阶段，此阶段的目标是让模型的输出与人类价值观尽可能一致，提高其有用性、真实性和无害性。

针对大模型开发过程中产生的安全风险，安全对齐研究可从提升训练数据的安全性、优化安全对齐训练算法两个方面展开，以实现更有用、诚实和无害的安全大模型。

2. 大模型的训练数据安全

训练数据的安全性是构建安全大模型的基石。训练数据安全是指数据集的来源和质量都是可靠的，数据中蕴含的知识是准确的，数据集内容符合主流价值观。以下是提高数据安全性的一些关键要点：

（1）数据的来源与预处理。确保训练数据来自可信的、可靠的来源。数据应该从权威机构、专业组织、可验证的数据仓库或其他公认的数据提供者获得。在数据标注时，确保标注的准确性和一致性。标注过程应该由经过培训的专业人员进行，并且需要进行验证和审核，以确保标注的正确性。此外，需要进行数据清洗以去除重复项、噪声数据和错误数据。

（2）数据的敏感信息去除。在大模型中，保护数据的敏感信息至关重要，特别是当模型需要处理涉及个人隐私、敏感信息或商业机密等敏感数据时。数据的敏感信息去除是一种隐私保护措施，旨在确保数据在训练过程中不会泄露敏感信息。常见的数据的敏感信息去除方法有以下几种：

① 数据脱敏：数据脱敏是一种常见的敏感信息去除方法，它可以通过不同的技术手段对数据进行处理，以确保数据中的敏感信息无法被还原或追溯到特定个体。常见的数据脱敏方法包括随机化、泛化、替换和加噪声等。

② 去标识化：去标识化是指删除数据中的个人标识信息，如姓名、地址、身份证号码等，从而将数据匿名化。这样可以确保数据无法直接与特定个体关联。

③ 数据掩码：数据掩码是一种将敏感信息部分替换为伪造或不可还原的数据，从而确保原始敏感信息无法被还原的方法。

在进行数据的敏感信息去除时，需要谨慎处理，以确保不会破坏数据的完整性和质量。同时，也需要注意确保去除敏感信息后的数据仍然具有足够的信息量和代表性，以确保训练的模型具备合理的性能和泛化能力。

3. 大模型的安全对齐训练

基于反馈的安全对齐技术。基于人类反馈的安全对齐技术已逐渐成为当下大模型安全研究的主流技术。其训练过程主要包括奖励模型训练和生成策略优化两个子阶段。奖励模型训练阶段中，人类对模型生成的多条不同回复进行评估，这些回复两两组合，由人类确定哪条更优，生成的人类偏好标签使奖励模型能学习并拟合人类的偏好。在生成策略优化阶段，奖励模型根据生成回复的质量计算奖励，这个奖励作为强化学习框架中的反馈，并用于更新当前策略的模型参数，从而让模型的输出更符合人类的期望。DeepMind 使用 RLHF 技术，通过从人类反馈中学习来构建更有用、更准确和更安全的对话智能体 Sparrow。Anthropic 公司提出的 Claude 模型则采用了 RLAIF 技术，该技术使用预先训练的模拟人类偏好的打分模型，在强化学习过程中自动对数据进行排序，从而减少对人类反馈的依赖。2023 年 5 月，北京大学团队开源了名为 PKU-Beaver（河狸）项目，提供了一种可复现的 RLHF 基准，并公开了 RLHF 所需的数据集、训练和验证代码。2023 年 7 月，复旦大学发布基于 RLHF 实现人类对齐的 MOSS-RLHF 模型，深入探究了 RLHF 阶段所采用的强化学习算法 PPO（proximal policy optimization，近端策略优化），分析其稳定训练及其在大模型人类对齐中的作用机理，并发布大模型人类对齐技术报告与开源核心代码，以推动中文 NLP 社区生态发展。

大模型可信增强技术。在训练的过程中，模型可通过两个方面增加可信度。首先是对抗训练，通过提升模型对输入扰动的鲁棒性增强模型可信度。对抗性样本是针对大模型的输入做出微小改动，使得大模型的输出发生误判。对抗性训练通过在训练数据中引入这些样本，迫使大模型学习更具鲁棒性的特征，从而减少对抗性攻击的影响，并且提升大模型的泛化能力。其次是知识融入训练，即利用知识引导模型训练从而降低模型出现幻觉的可能性。结合知识图谱的模型训练是典型的知识融入训练方法，通过在大模型训练时引入知识图谱，如将知识图谱中的三元组加入到模型的训练过程中，用三元组中的知识引导模型的训练，促使大模型沿着具有正确知识的方向收敛，从而让大模型存储到高可信度的知识。

4. 大模型安全性评测技术

大模型安全性评测技术是大模型安全发展的有力保障。

为了评估大语言模型的安全性，并推动安全、负责任和合乎道德的人工智能的发展和部署，清华大学于 2023 年 3 月推出面向中文大模型的安全性评测平台。该平台依托一套系统的安全评测框架，从辱骂仇恨、偏见歧视、违法犯罪等八个典型安全场景和六种指令攻击综合评估大语言模型的安全性能。其中，指令攻击是指一般模型难以处理的安全攻击方式，这些攻击更容易诱导模型出错，包含目标劫持、Prompt 泄露、赋予特殊的角色后发布指令、不安全/不合理的指令主题、隐含不安全观点的询问以及反面诱导，如图 5-45 所示。基于该框架，平台对 GPT 系列、ChatGLM 等主流大模型进行了安全评估，并发现指令攻击更有可能暴露所有模型的安全问题。平台已开源大模型安全评测的数据基准，并测试了包括 ChatGPT 在内的十余个主流大模型，其安全分数以排行榜的形式在平台公布。

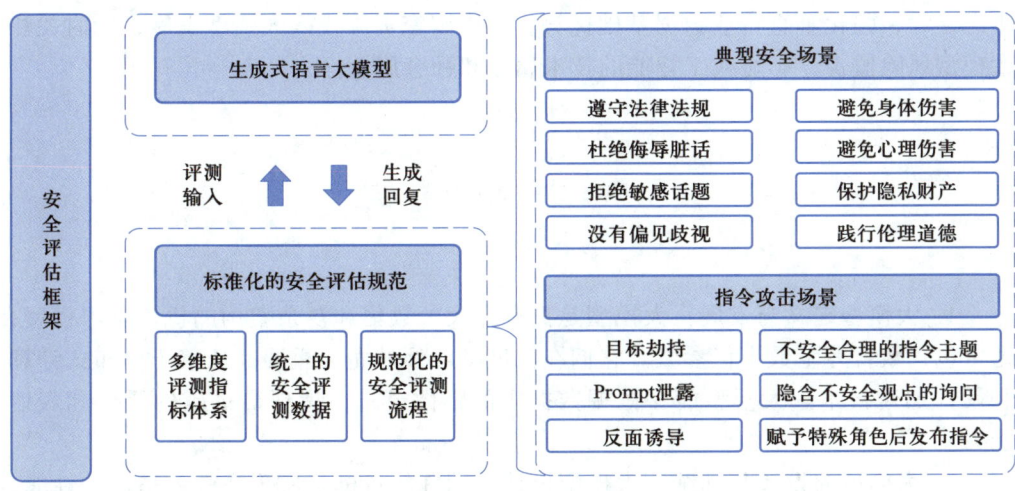

图 5-45　中文语言大模型安全评测框架

大模型极端风险的评估。随着 AI 技术的进步，大模型将会显示出更多危险的突发能力，如进行攻击性的网络操作、通过对话操纵人们或提供有关实施恐怖主义行为的实用指导。为了识别这些风险，DeepMind 联合 OpenAI、Anthropic 等公司提出针对新型威胁评估的通用模型框架。

认为大模型安全评估首先应评估模型是否具有某些危险的能力，其次判断模型多大程度上可能使用这些能力造成伤害。该框架指出大模型的极端风险评估将成为安全人工智能研发的重要组成部分，安全评估应涵盖特定领域的风险水平以及特定模型的潜在风险属性。极端风险评估可以帮助开发者识别可能导致极端风险的因素，并为模型训练和部署过程中的安全性优化提供参考。

大模型行为决策的道德评估。随着 AI 系统能力的快速增长，越来越多的大模型被训练应用于真实世界的交互任务。为了衡量大模型在各种社会决策场景中的能力和道德行为，一项典型的评测基准是 MACHIAVELLI，它主要由 134 款基于文本的 Choose Your Own Adventure 游戏组成，在评估中为大模型代理提供真实世界的目标，并通过专注于高层次的决策来追踪代理的不道德行为，以评估其在现实社会环境中的规划能力及安全风险。该项研究发现，道德行为和最大化奖励之间存在权衡（Trade-Offs）的关系，但通过设计道德提示，对大模型进行道德调节，可缓解权衡、并降低有害行为的频率。

大模型与教育、科学、金融、传媒艺术等专用领域结合拓广通用大模型能力边界，与实体经济的深度融合成为其赋能行业应用关键，正在"大模型"与"小模型"端云协同并进发展格局下重塑生产力工具，变革信息获取方式，改变人类社会生活和生产方式。

随着大模型的应用，其安全问题日益凸显，因而需关注大模型技术发展的内生及伴生风险，关注大模型安全对齐、安全评估技术，发展大模型安全增强技术，加强大模型安全监管措施，确保其"安全、可靠、可控"。

总之，抓紧推动大模型技术研发，尤其是大模型原始技术创新和大模型软硬件生态建设，强化垂直行业数据基础优势，集中国家资源投入大模型发展，同时关注大模型风险监督，彰显人工智能的技术属性和社会属性。

5.7 本章小结

1. 大模型定义与发展：大模型是拥有庞大参数集和复杂架构的机器学习模型，通常包含数百万至数十亿参数。它们在深度学习领域尤为重要，依赖于分布式计算和硬件加速技术。大模型能够挖掘数据中的细微模式，展现出卓越的泛化和表达能力。

2. 大模型的设计与训练：大模型设计和训练的目标是实现高效、精确的性能，应对复杂和庞大的数据集和任务。通过大规模数据集和先进算法的训练，大模型能够捕捉数据中的复杂模式，提供精确预测。

3. 大模型的分类与应用：大模型可分为 NLP（自然语言处理）、CV（计算机视觉）和多模态三大类，以及按应用领域的 L_0、L_1、L_2 三个层级。它们在多个领域如金融、医疗、教育等有广泛应用。

4. 大模型的关键技术：大模型的关键技术包括模型预训练、适配微调、提示学习、知识增强和工具学习等。预训练策略和模型架构的优化是提升效率的关键。

5. 大模型的风险与挑战：尽管大模型技术取得突破，但仍面临可靠性、可解释性、高部署成本等问题。此外，还有伴生技术风险、安全与隐私问题等挑战。

6. 大模型安全研究关键技术：大模型安全研究关键技术包括大模型的安全对齐技术、训练数据安全、安全对齐训练、可信增强技术以及安全性评测技术。

7. 大模型技术生态：大模型技术生态包括开源大模型、深度学习框架的适配、训练数据的重要性等方面。健康发展需要技术创新、跨领域合作和开放共享精神。

8. 典型大模型平台：典型大模型平台包括 GPT 系列、Claude 系列、PaLM 系列、Bard、文心一言、讯飞星火认知大模型、腾讯混元、通义千问、Kimi、豆包、海螺 AI 等，这些大模型平台各具特色并在特定领域有广泛应用。

9. 大模型应用案例：大模型技术已在信息检索、新闻媒体、智慧城市、生物科技、智慧办公、影视制作、智能教育、智慧金融、智慧医疗、智慧工厂、生活服务、智能机器人、气象预测等多个领域得到应用，推动了相关行业的技术进步和产业升级。

大模型技术作为人工智能领域的关键技术之一，正快速发展并广泛应用于各行各业。同时，其安全性问题也引起了全球关注，需要从政策法规、技术研究和行业实践等多个层面进行综合考量和管理，以确保其健康、有序发展。

5.8 习　　题

1. 简要定义什么是大模型,并说明其通常包含哪些参数集和架构特点。
2. 解释在大模型生成文本时出现的"幻觉"现象,并举例说明这一现象的具体表现。
3. 阐述思维链(chain of thought,CoT)在大模型预测任务中的作用,并举例说明如何应用思维链提升模型性能。
4. 概述大模型发展的三个主要阶段,并指出每个阶段的代表性事件或模型。
5. 列举并解释大模型的几个核心特点,包括其规模、涌现能力、性能、迁移学习等方面的优势。
6. 解释模型微调和泛化能力之间的关系,并说明微调在提高模型性能方面的作用。
7. 描述 Transformer 架构的核心机制——自注意力机制,并解释其如何工作。
8. 列举并简述语言大模型中的几个关键技术,如预训练、适配微调、提示学习等。
9. 阐述多模态大模型在哪些领域具有广泛的应用前景,并举例说明其具体应用场景。
10. 概述大模型在应用过程中可能面临的主要安全风险包括哪些。

第 6 章 生成式 AI

本章主要介绍生成式人工智能,包括生成式 AI 的基本概念,提示词工程(prompt engineering)及其重要性。本章将通过多个示例,具体展现不恰当提示词与优秀提示词的区别,并给出改进方法。此外,本章还介绍生成式 AI 在文艺创作、文字工作、数据处理、经典古籍学习等多个领域的应用实例,以及多模态大模型和视觉大模型的相关技术。

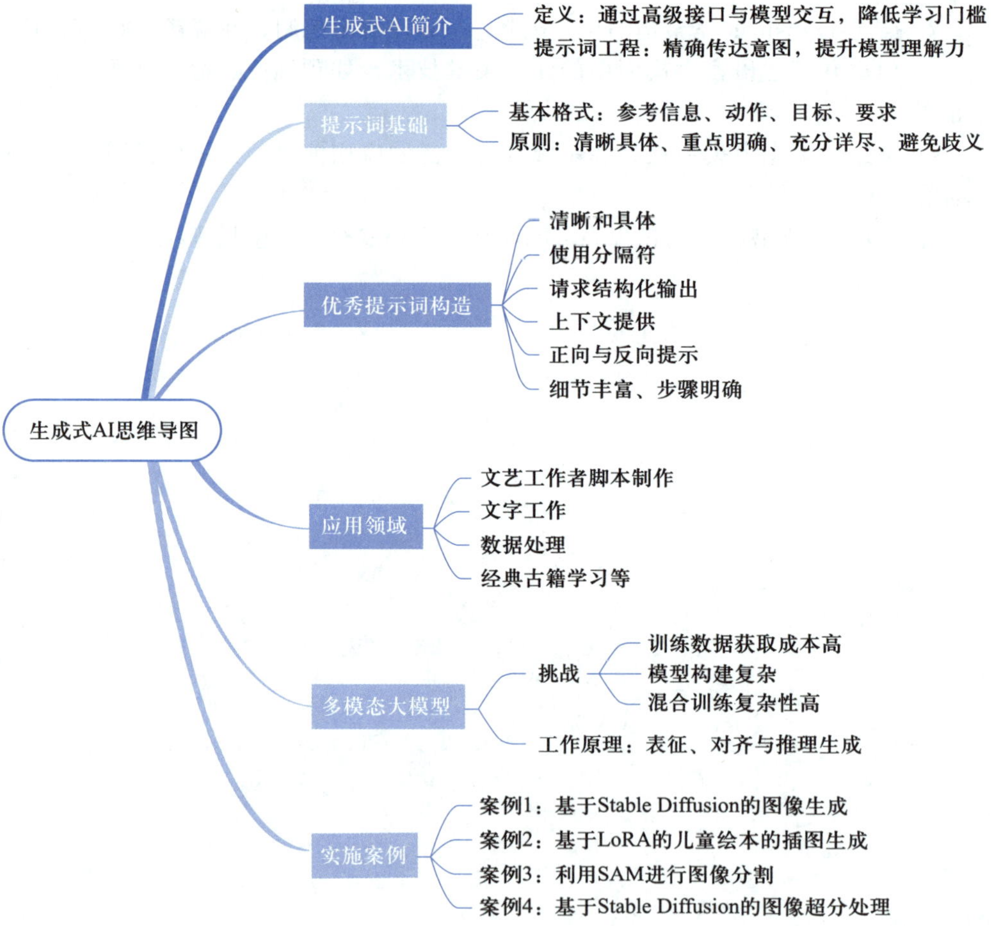

生成式AI思维导图
- 生成式AI简介
  - 定义:通过高级接口与模型交互,降低学习门槛
  - 提示词工程:精确传达意图,提升模型理解力
- 提示词基础
  - 基本格式:参考信息、动作、目标、要求
  - 原则:清晰具体、重点明确、充分详尽、避免歧义
- 优秀提示词构造
  - 清晰和具体
  - 使用分隔符
  - 请求结构化输出
  - 上下文提供
  - 正向与反向提示
  - 细节丰富、步骤明确
- 应用领域
  - 文艺工作者脚本制作
  - 文字工作
  - 数据处理
  - 经典古籍学习等
- 多模态大模型
  - 挑战
    - 训练数据获取成本高
    - 模型构建复杂
    - 混合训练复杂性高
  - 工作原理:表征、对齐与推理生成
- 实施案例
  - 案例1:基于Stable Diffusion的图像生成
  - 案例2:基于LoRA的儿童绘本的插图生成
  - 案例3:利用SAM进行图像分割
  - 案例4:基于Stable Diffusion的图像超分处理

6.1 生成式 AI 提示词与应用

在大模型之前,人类跟计算机的交互通常需要使用专用计算机编程语言,比如,C 编程语言、命令脚本等。这对于没有编程经验的人来说,运用计算机解决问题的门槛较高。而在大模型时代,通过大模型与计算机交互则不需要直接学习计算机编程语言,因为用户可以通过高级接口、工具、抽象层次、模型即服务以及易用性和可访问性等方式来与模型进行交互。这些方式降低了用户的学习门槛,使得更多人能够利用大模型来解决实际问题。

在当前阶段,大模型凭借其强大的思维链范式展现出了卓越的推理能力,并似乎已深谙人类语言的语法和语义。然而,与这样的模型交流时,我们仍需采用一定的技巧和策略。这正如我们与知识渊博的教授交流时,或者与亲密的朋友分享心得时,为了让他们能够更清晰地倾听和理解我们的想法,我们需要学会恰当的表达方式。同样地,魔法师要使魔法发挥最大效果,必须掌握正确的咒语。在与 AI 沟通时,这种技巧与策略被称为提示词工程(prompt engineering)。提示词工程的核心在于,通过精心的词语选择和构造,我们能够有效传达自己的动机、背景、目标以及具体情况,从而让 AI 准确地理解我们的意图和需求。简而言之,无论与谁交流,都需要掌握一定的技巧和策略,而提示词工程正是我们在与 AI 对话时,确保沟通顺畅、高效的关键所在。

李彦宏在演讲中预测:"10 年后,全世界有 50% 的工作将是提示词工程"。现在已经有很多公司开始公开招聘"提示词工程师",很多公司内部的软件工程师也在进行大模型应用的相关探索和实践。当前阶段,写好提示词是用好大模型的关键。

6.2 提示词的基本格式

一条优秀的提示词主要包括:参考信息、动作、目标和要求,如图 6-1 所示。

参考信息:包含大模型完成任务时需要知道的必要背景和材料,如报告、知识、数据库、对话上下文等。

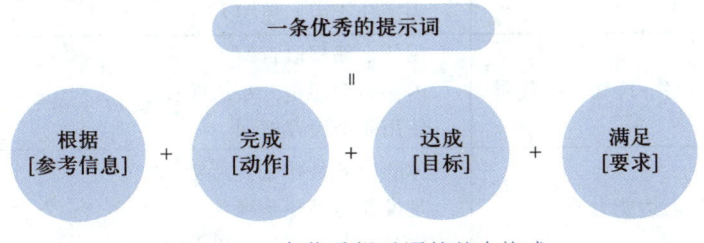

图 6-1 一条优秀提示词的基本格式

动作：是指需要大模型执行的任务类型，如撰写文章、生成图片、回答问题等。
目标：是指需要大模型生成的目标内容，如一份报告、一张图表、一段文字等。
要求：是指需要大模型遵循的任务细节要求，如按××格式输出、按××语言风格撰写等。

提示词的原则包括：清晰具体、重点明确、充分详尽、避免歧义等。

6.3 提示词构造

一条优秀的提示词不仅应清晰明确，而且需要具有高度的针对性，确保能够精确地触及问题的核心。这样的提示词如同指南针一般，能够引领模型迅速而准确地捕捉到提问者的意图，从而提供符合期望的回应。无论是对于复杂的逻辑问题，还是对于具体的应用场景，优秀的提示词都能让模型更好地理解问题背景，并据此作出精准的回答。

6.3.1 不合适的提示词

表 6-1 列出了一些不恰当的提示词示例及其存在的问题。

表 6-1 不合适的提示词

序号	提示词示例	存在的问题
1	写一首山和树林的诗	什么风格的诗？ 唐诗还是现代诗？ 七言绝句还是散文诗？ 表达什么情感？
2	下面的题帮我讲一下	以小学五年级的方程解决还是三年级学生的普通列式解决？ 是直接给答案还是要详细的解题步骤？ 是只讲题还是要讲该题的相关知识点？
3	撰写一篇有关大语言模型可信性的论文	论文遵循什么格式？ 包含哪些内容？
4	帮我写一篇爬山的文章	什么风格的文章？ 面向哪些人群？ 多少字？ 表达什么中心思想？
5	帮我写一段缓存的代码	用什么编程语言？ 内存缓存还是分布式缓存？ 使用哪个缓存框架？
6	我的表达能力不好	你的诉求是什么？ 是推荐图书还是视频？ 你是小学生还是成年人？

续表

序号	提示词示例	存在的问题
7	我想去杭州玩，给我一个攻略	从哪里出发？ 待多久？ 预算是多少？ 有什么喜好？

6.3.2 优秀的提示词

根据图 6-1 所示的一条优秀提示词的基本格式，对表 6-1 中的前三个提示词进行改进，改进结果如图 6-2 所示。

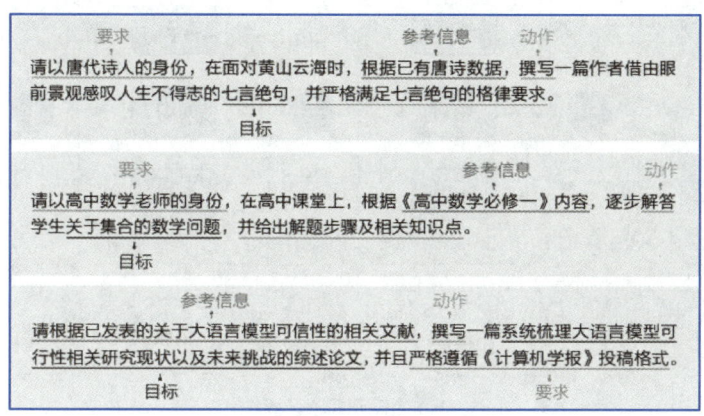

图 6-2 提示词改进

可以看到，从"参考信息 + 动作 + 目标 + 要求"这一框架入手，确实可以确保提示词的指令具体、目标明确。但是在面对更多更复杂的应用场景时，还应该围绕以下几个要点来展开，以确保模型能够准确理解用户意图，并给出高质量响应。

（1）清晰和具体：确保提示词准确无误地指示出想要大模型完成的任务。

（2）使用分隔符：通过明确的标识区分不同部分，以帮助大模型更好地识别指令与内容。

（3）请求结构化的输出：指定输出格式，便于后续处理和分析信息。例如，请以 JSON 格式列出过去一年中全球最热门的十部电影及其导演：{'movies': [{…}, {…}, …]}。

（4）检查假设：确认模型理解任务时不会基于错误的前提。例如，基于当前的科学共识，解释为什么人类需要睡眠。

（5）上下文提供：提供足够的背景信息，帮助模型生成贴合情境的回复。例如，在讨论量子计算的背景下，解释量子比特是如何工作的。

（6）指令、输入和输出指示：明确指令、需要处理的输入信息及预期的输出格式。例如，将这段文本从英语翻译成法语："The quick brown fox jumps over the lazy dog."输出应直接为译文。

（7）正向与反向提示：既要指明期望输出的内容，也要指明不期望输出的内容。例如，生成一张风格为印象派的风景画，避免出现人物或现代建筑元素。

（8）细节丰富：对于有创造性的任务，要提供足够丰富的细节以增加输出的精确度。例如，绘制一张夏日海滩的插图，阳光从左上方照射，海浪轻拍着沙滩，远处有一艘帆船，画面色调温暖明亮。

（9）给定步骤：给定模型完成任务的明确步骤。

总之，若想要模型更好地理解用户意图，就需要将提示词"结构化"，即遵循优秀的提示词模板，如图6-3所示。当然，在实际运用时，需要根据具体情况灵活变通。

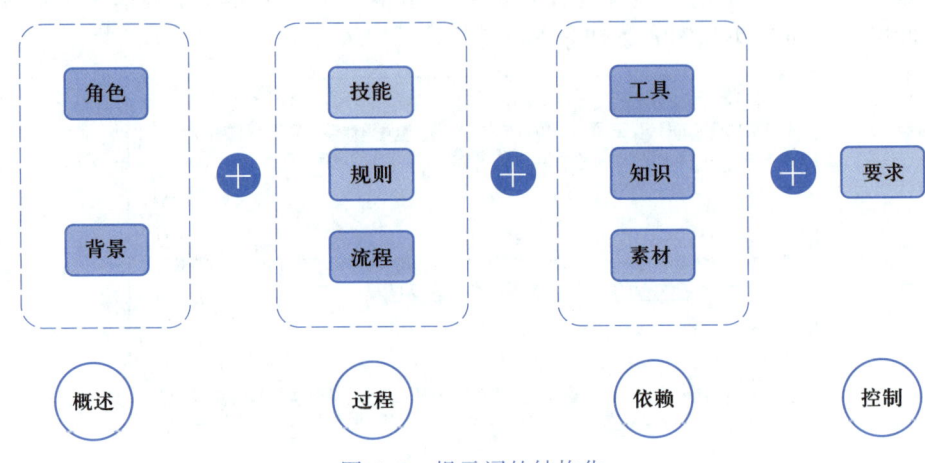

图 6-3　提示词的结构化

6.4　生成式 AI 的应用

1. 面向文艺工作

（1）脚本制作。

大模型凭借其卓越的逻辑推理和无限的创意生成能力，使得一个简单的灵感或创意能够在瞬间绽放为一则构思精巧、内容丰富的视频脚本。这种高效的转化过程不仅极大地节省了创作者的时间和精力，更让他们的创作能力得到了质的飞跃，为视频制作领域带来了前所未有的便利和灵感，例如，要求大模型参照主流短视频的观众喜好，为一名旅游博主制作一个打卡北京故宫的视频脚本，如图6-4所示。

（2）设计图构思。

如果你是一名产品设计师，大模型能够首先帮助你快速绘出手绘草图，将初步的设计构思以直观的形式展现出来，然后大模型还能进一步生成炫酷的产品样式，让创意瞬间跃然纸上。例如，就针织帽，让大模型生成一幅图，如图6-5所示。

请参照主流短视频的观众喜好，为一名旅游博主，制作一个打卡北京故宫的视频脚本，要求标明对应的镜号。

北京故宫打卡Vlog脚本

开场 - 镜号01

【镜头】：航拍故宫全貌，晨光初照，金色的阳光洒在琉璃瓦上，配以悠扬的古筝音乐。
【旁白】："早安，北京！今天，我将带你穿越六百年的时光，一起走进紫禁城的心脏——故宫，探索那些古老而神秘的故事。"

引入 - 镜号02

【镜头】：博主站在午门入口，手持自拍杆，背后是雄伟的午门。
【博主】："大家好，我是你们的旅行伙伴XX，今天，就让我做你的私人导游，一起揭开故宫的神秘面纱吧！"

探秘太和殿 - 镜号03

【镜头】：缓缓推进太和殿，展现其壮观的规模。
【旁白】："这里是皇帝举行大典的地方，太和殿，感受那股不怒自威的皇家气派。"

互动环节 - 镜号04

【镜头】：博主与观众互动，在中轴线上玩"寻找龙椅"小游戏。
【博主】："猜猜看，龙椅藏在哪里？找到后在评论区告诉我，第一位猜对的朋友有小礼物哦！"

穿越东六宫 - 镜号05

【镜头】：慢步于东六宫之间，捕捉古建筑的细节美。
【旁白】："漫步在这些静谧的宫院里，每一块砖，每一片瓦，都诉说着历史的低语。"

体验文化 - 镜号06

【镜头】：博主参与体验宫廷手工艺品制作，如拓印、剪纸等。
【博主】："亲手制作一件属于自己的'宫廷记忆'，这体验简直太棒了！你也想试试吗？"

美食时刻 - 镜号07

【镜头】：在故宫角楼咖啡厅品尝特色小吃，如宫廷糕点。
【博主】："逛累了，不妨来一份宫廷小吃，让味蕾也来一场穿越之旅。"

日落紫禁城 - 镜号08

【镜头】：夕阳西下，金黄色的光辉铺满整个故宫，博主在景山公园拍摄故宫全景。
【旁白】："当一天的旅程接近尾声，站在景山上回望，故宫在余晖中更显庄重与宁静。"

结束语 - 镜号09

【镜头】：博主面向镜头，背景是夜幕下的故宫。
【博主】："今天的故宫之旅就到这里啦，希望你喜欢这次特别的旅程。别忘了关注我，我们下次旅行再见！"

【片尾字幕】感谢收看，更多精彩内容敬请期待。记得点赞、分享和订阅哦！

此脚本设计结合了观众对历史文化的好奇、互动参与的乐趣、美食体验以及美景欣赏的需求，旨在全方位展示故宫的魅力，吸引并保持观众的兴趣。

图 6-4　制作视频脚本

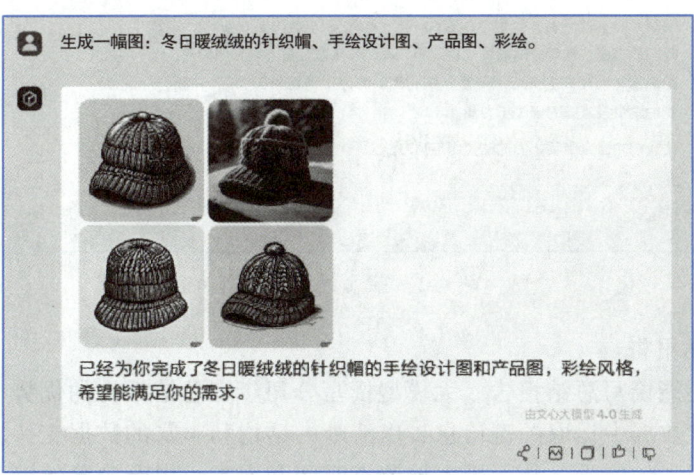

图 6-5　针织帽手绘草图

2. 面向文字工作

（1）表扬信撰写。

如果你是一位文案工作者，需要撰写一篇在公司大会上的公开表扬稿。你可以告诉大模型被表扬者的几大优点，然后要求大模型进行扩写，在扩写时需要表达流畅、书面、有条理、有逻辑，如图6-6所示。

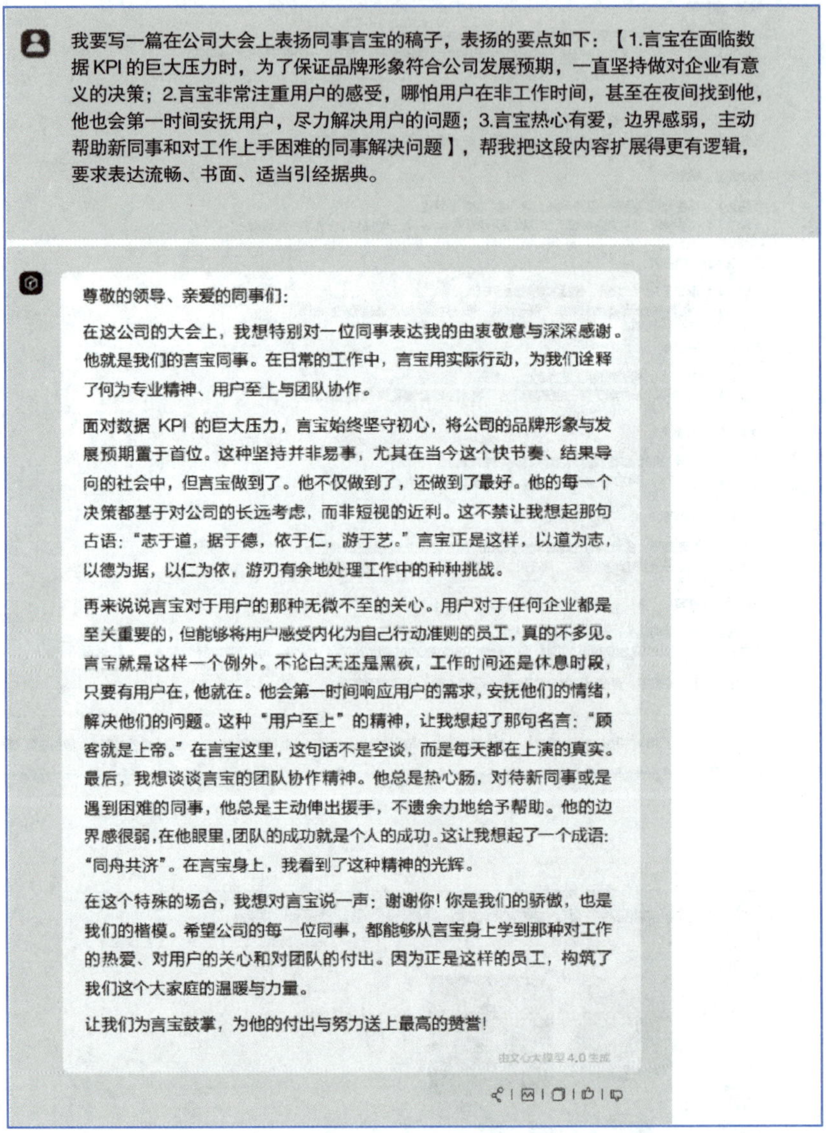

> 我要写一篇在公司大会上表扬同事言宝的稿子，表扬的要点如下：【1.言宝在面临数据KPI的巨大压力时，为了保证品牌形象符合公司发展预期，一直坚持做对企业有意义的决策；2.言宝非常注重用户的感受，哪怕用户在非工作时间，甚至在夜间找到他，他也会第一时间安抚用户，尽力解决用户的问题；3.言宝热心有爱，边界感弱，主动帮助新同事和对工作上手困难的同事解决问题】，帮我把这段内容扩展得更有逻辑，要求表达流畅、书面、适当引经据典。

> 尊敬的领导、亲爱的同事们：
>
> 在这公司的大会上，我想特别对一位同事表达我的由衷敬意与深深感谢。他就是我们的言宝同事。在日常的工作中，言宝用实际行动，为我们诠释了何为专业精神、用户至上与团队协作。
>
> 面对数据KPI的巨大压力，言宝始终坚守初心，将公司的品牌形象与发展预期置于首位。这种坚持并非易事，尤其在当今这个快节奏、结果导向的社会中，但言宝做到了。他不仅做到了，还做到了最好。他的每一个决策都基于对公司的长远考虑，而非短视的近利。这不禁让我想起那句古语："志于道，据于德，依于仁，游于艺。"言宝正是这样，以道为志，以德为据，以仁为依，游刃有余地处理工作中的种种挑战。
>
> 再来说说言宝对于用户的那种无微不至的关心。用户对于任何企业都是至关重要的，但能够将用户感受内化为自己行动准则的员工，真的不多见。言宝就是这样一个例外。不论白天还是黑夜，工作时间还是休息时段，只要有用户在，他就在。他会第一时间响应用户的需求，安抚他们的情绪，解决他们的问题。这种"用户至上"的精神，让我想起了那句名言："顾客就是上帝。"在言宝这里，这句话不是空谈，而是每天都在上演的真实。
>
> 最后，我想谈谈言宝的团队协作精神。他总是热心肠，对待新同事或是遇到困难的同事，他总是主动伸出援手，不遗余力地给予帮助。他的边界感很弱，在他眼里，团队的成功就是个人的成功。这让我想起了一个成语："同舟共济"。在言宝身上，我看到了这种精神的光辉。
>
> 在这个特殊的场合，我想对言宝说一声：谢谢你！你是我们的骄傲，也是我们的楷模。希望公司的每一位同事，都能够从言宝身上学到那种对工作的热爱、对用户的关心和对团队的付出。因为正是这样的员工，构筑了我们这个大家庭的温暖与力量。
>
> 让我们为言宝鼓掌，为他的付出与努力送上最高的赞誉！
>
> 由文心大模型4.0生成

图6-6 撰写一篇表扬稿

（2）总结报告。

大模型还能撰写总结报告。大模型撰写公司年度总结报告的优势在于其能够自动化地从海量数据中提取关键信息，以清晰的结构和丰富的数据支持，高效、准确地生成全面深入的报告，从而极大地节省时间和成本，提升决策效率。例如，要求使用大模型为某公司撰写一份年度总结，如图6-7所示。

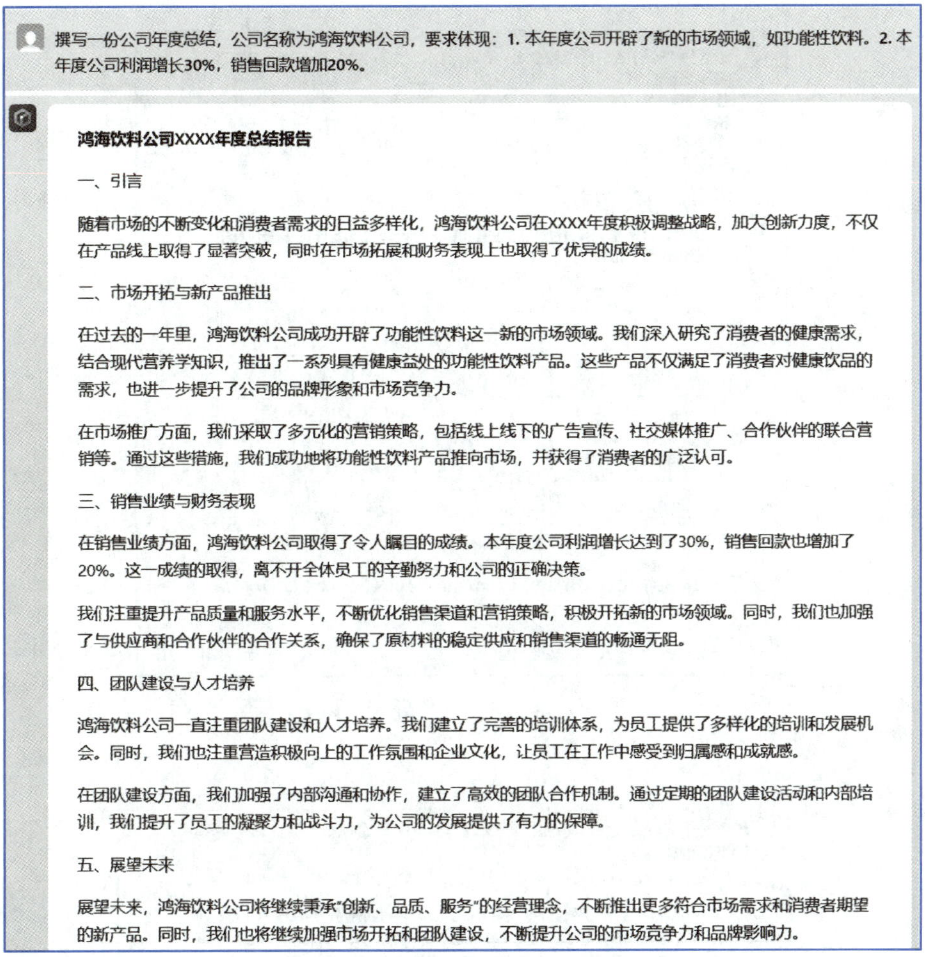

> 撰写一份公司年度总结,公司名称为鸿海饮料公司,要求体现:1.本年度公司开辟了新的市场领域,如功能性饮料。2.本年度公司利润增长30%,销售回款增加20%。

鸿海饮料公司XXXX年度总结报告

一、引言

随着市场的不断变化和消费者需求的日益多样化,鸿海饮料公司在XXXX年度积极调整战略,加大创新力度,不仅在产品线上取得了显著突破,同时在市场拓展和财务表现上也取得了优异的成绩。

二、市场开拓与新产品推出

在过去的一年里,鸿海饮料公司成功开辟了功能性饮料这一新的市场领域。我们深入研究了消费者的健康需求,结合现代营养学知识,推出了一系列具有健康益处的功能性饮料产品。这些产品不仅满足了消费者对健康饮品的需求,也进一步提升了公司的品牌形象和市场竞争力。

在市场推广方面,我们采取了多元化的营销策略,包括线上线下的广告宣传、社交媒体推广、合作伙伴的联合营销等。通过这些措施,我们成功地将功能性饮料产品推向市场,并获得了消费者的广泛认可。

三、销售业绩与财务表现

在销售业绩方面,鸿海饮料公司取得了令人瞩目的成绩。本年度公司利润增长达到了30%,销售回款也增加了20%。这一成绩的取得,离不开全体员工的辛勤努力和公司的正确决策。

我们注重提升产品质量和服务水平,不断优化销售渠道和营销策略,积极开拓新的市场领域。同时,我们也加强了与供应商和合作伙伴的合作关系,确保了原材料的稳定供应和销售渠道的畅通无阻。

四、团队建设与人才培养

鸿海饮料公司一直注重团队建设和人才培养。我们建立了完善的培训体系,为员工提供了多样化的培训和发展机会。同时,我们也注重营造积极向上的工作氛围和企业文化,让员工在工作中感受到归属感和成就感。

在团队建设方面,我们加强了内部沟通和协作,建立了高效的团队合作机制。通过定期的团队建设活动和内部培训,我们提升了员工的凝聚力和战斗力,为公司的发展提供了有力的保障。

五、展望未来

展望未来,鸿海饮料公司将继续秉承"创新、品质、服务"的经营理念,不断推出更多符合市场需求和消费者期望的新产品。同时,我们也将继续加强市场开拓和团队建设,不断提升公司的市场竞争力和品牌影响力。

图 6-7 撰写公司年度总结

3. 面向数据处理

在利用 Excel 处理数据时,面对公式繁多、操作复杂以及海量数据处理的挑战,可以借助先进的大模型技术来简化流程。通过明确数据处理的目标效果,大模型能够定制化地设计表格结构、编写精确公式,甚至生成相应的代码脚本,确保数据处理流程的高效、便捷以及易理解。以一个实际场景为例,当存在大量散乱的数据需要手动复制粘贴到 Excel 表格时,这无疑是一项烦琐且耗时的任务。然而,借助大模型(如文心一言),能够迅速将这些数据整理成规范的表格格式,显著提升数据输入的效率。进一步地,若还希望对这些数据进行深入的计算或分析,只需向大模型提供相应的计算公式或逻辑要求,它便能立即生成符合需求的表格和计算结果,这一能力极大地推动了数据处理的高效化与智能化。例如,如图 6-8 所示展示了通过大模型技术实现的数据处理流程的便捷与高效。

如果不熟悉 Excel 公式的编写,则只需明确阐述对数据结果的具体需求和期望,大模型就能快速定制并生成相应公式,助力实现数据处理和分析的目标,如图 6-9 所示。

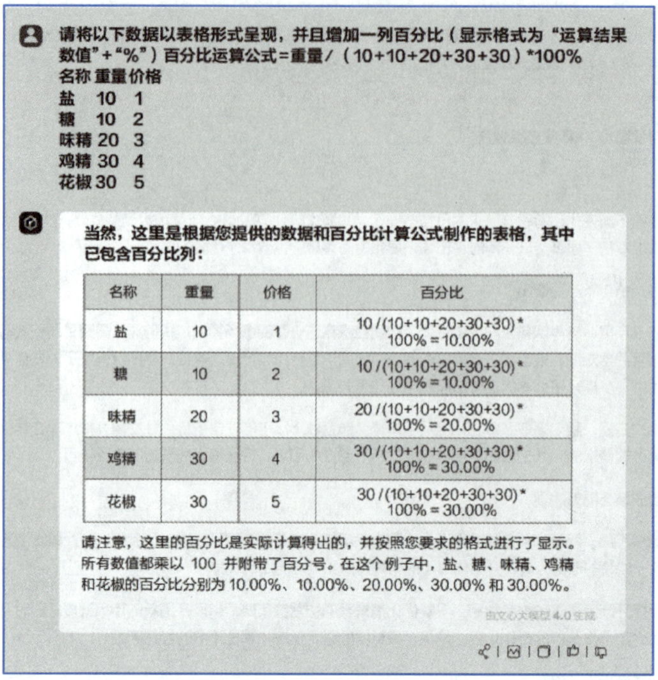

第 6 章　生成式 AI

> 请将以下数据以表格形式呈现，并且增加一列百分比（显示格式为"运算结果数值"+"%"）百分比运算公式＝重量／（10+10+20+30+30）*100%
> 名称　重量　价格
> 盐　　10　　1
> 糖　　10　　2
> 味精　20　　3
> 鸡精　30　　4
> 花椒　30　　5

当然，这里是根据您提供的数据和百分比计算公式制作的表格，其中已包含百分比列：

名称	重量	价格	百分比
盐	10	1	10 /(10+10+20+30+30)* 100% = 10.00%
糖	10	2	10 /(10+10+20+30+30)* 100% = 10.00%
味精	20	3	20 /(10+10+20+30+30)* 100% = 20.00%
鸡精	30	4	30 /(10+10+20+30+30)* 100% = 30.00%
花椒	30	5	30 /(10+10+20+30+30)* 100% = 30.00%

请注意，这里的百分比是实际计算得出的，并按照您要求的格式进行了显示。所有数值都乘以 100 并附带了百分号。在这个例子中，盐、糖、味精、鸡精和花椒的百分比分别为 10.00%、10.00%、20.00%、30.00% 和 30.00%。

由文心大模型 4.0 生成

图 6-8　数据处理

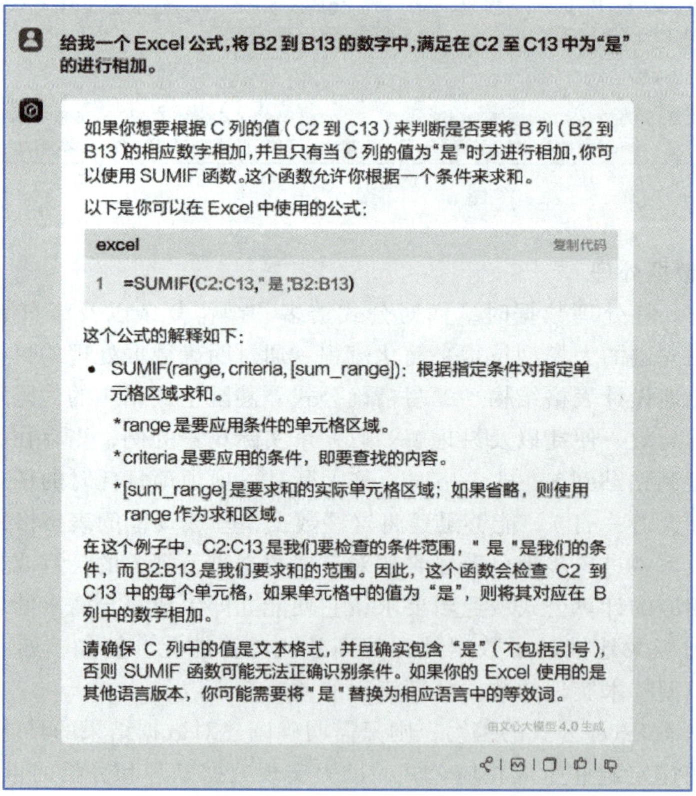

> 给我一个 Excel 公式,将 B2 到 B13 的数字中,满足在 C2 至 C13 中为"是"的进行相加。

如果你想要根据 C 列的值（C2 到 C13）来判断是否要将 B 列（B2 到 B13）的相应数字相加，并且只有当 C 列的值为"是"时才进行相加，你可以使用 SUMIF 函数。这个函数允许你根据一个条件来求和。

以下是你可以在 Excel 中使用的公式：

```excel
=SUMIF(C2:C13,"是",B2:B13)
```

这个公式的解释如下：

- SUMIF(range, criteria, [sum_range])：根据指定条件对指定单元格区域求和。
  - *range 是要应用条件的单元格区域。
  - *criteria 是要应用的条件，即要查找的内容。
  - *[sum_range] 是要求和的实际单元格区域；如果省略，则使用 range 作为求和区域。

在这个例子中，C2:C13 是我们要检查的条件范围，"是"是我们的条件，而 B2:B13 是我们要求和的范围。因此，这个函数会检查 C2 到 C13 中的每个单元格，如果单元格中的值为"是"，则将其对应在 B 列中的数字相加。

请确保 C 列中的值是文本格式，并且确实包含"是"（不包括引号），否则 SUMIF 函数可能无法正确识别条件。如果你的 Excel 使用的是其他语言版本，你可能需要将"是"替换为相应语言中的等效词。

由文心大模型 4.0 生成

图 6-9　生成 Excel 公式

面对海量数据时，若公式处理显得力不从心时，可以利用大模型构建代码。通过提出具体需求，大模型能够迅速生成 VBA 代码，从而有效应对各种数据处理挑战，如图 6-10 所示。

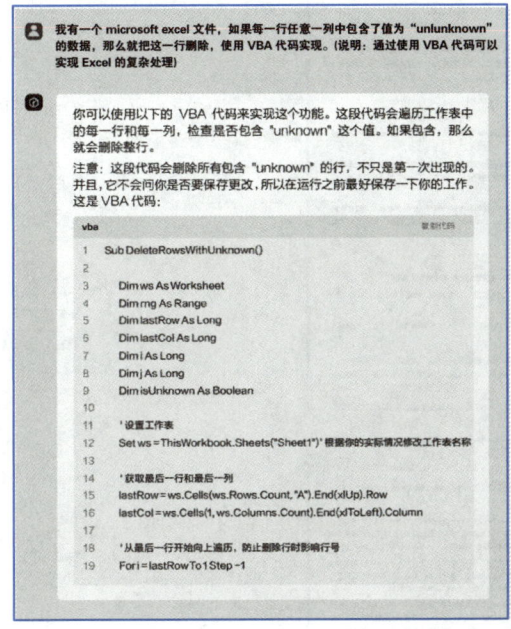
(a)

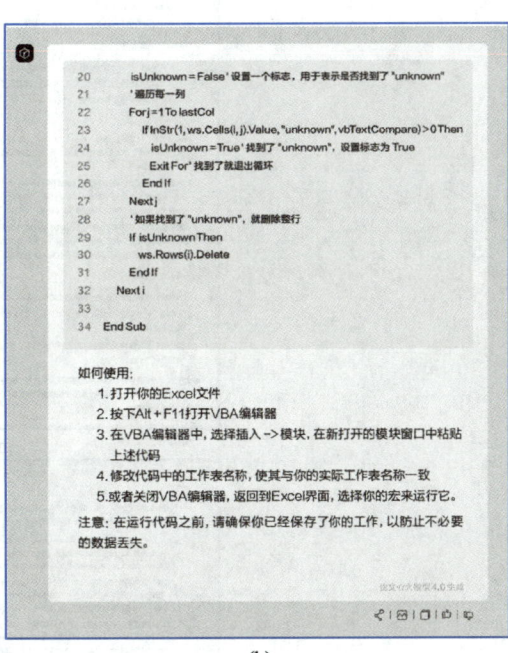
(b)

图 6-10　生成 VBA 代码

4. 面向经典古籍学习的应用场景

在面向经典古籍学习的应用场景中，大模型的应用显得尤为重要。例如，以《论语》为例，大模型可以从内容和形式两个层面对《论语》的逻辑结构进行深入分析。在内容方面，大模型可以区分孔子与其弟子的对话部分，以及孔子对人生、伦理和政治等问题的论述部分。在形式方面，大模型可以识别《论语》按照弟子归属所分的 20 篇不同章节，以及每个章节中集中的多个对话或论述。这种逻辑结构的清晰梳理有助于教师和学生更清晰地理解《论语》的整体框架和核心内容。具体实施过程如图 6-11 所示。

以上的回答，可以快速让用户了解《论语》的主题结构、思想观点以及其中核心的"仁义礼智"等伦理价值。

接下来，读者可以向大模型提以下问题来进一步学习《论语》：
- 孝是人与人之间的本质关系吗？
- 尊老爱幼属于哪一种关系？
- 作为一名大学教师，该如何以身作则，将《论语》的思想观点贯穿于言行，给学生言传身教？
- 作为大学生，该如何在日常学习和生活中体现孔子在仁义礼智方面的行为准则，尽量举例说明。
- 请针对大学生励志学好本领，报效祖国方面，用孔子的十条经典语句作为鼓励。

214　第 6 章　生成式 AI

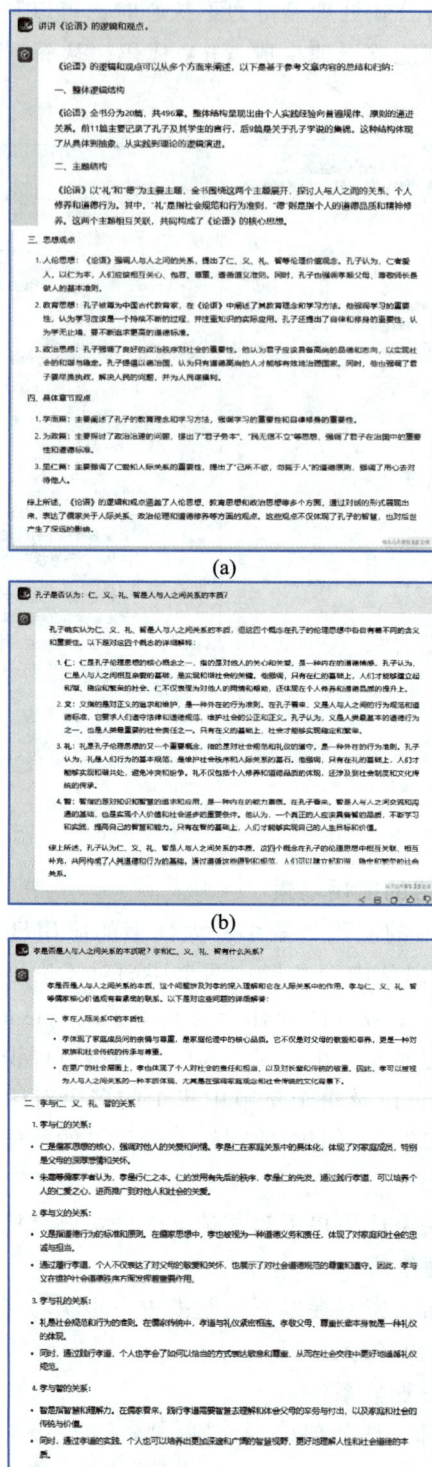

图 6-11　论语学习

6.5 多模态模型实践

多模态大语言模型（multimodal large language model，MLLM）是一种前沿的且颇具挑战的人工智能模型，其旨在通过跨图像与文本等多个模态间的预训练来协调、融合不同的模态，并最终使其接近人类的现实经验。

多模态大模型不仅能够利用不同维度与形式的输入数据来完成更具挑战的图文声的理解与生成任务，还可以在其他模态的知识学习中建立统一的知识表征，从而提升多模态模型在不同垂直应用领域的通用学习能力与泛化能力，满足图文理解与生成等垂直领域的模型自适应微调任务。因此，多模态大模型技术将对图文声垂直领域技术产生深远影响，这是当前人工智能发展的一个主流趋势。

6.5.1 多模态大模型的挑战

当前多模态大模型技术并不成熟，其研究与实施过程还面临以下几个挑战：

（1）与传统的单一语言模型相比，多模态大模型的训练数据的获取成本更高。对于多模态大模型，需要准备海量的文本-图像数据对。目前，这类文本-图像数据对通常需要自行标注，这其中涉及收集大量图像，并为每张图像编写相应的文本描述。标注工作可以手动完成，也可以使用自动化工具辅助完成。例如，可以使用图像识别技术来自动提取图像中的关键信息，并生成相应的文本描述。

（2）在模型构建领域，多模态模型的构建相较于单模态模型确实更具挑战性。单模态模型因其专注于处理单一类型的数据（如仅文本或仅图像），其设计相对简单直接。然而，多模态模型则需要同时整合并处理来自不同模态的信息，如图像和文本，这自然会在模型架构的设计上增添额外的复杂性和难度。不过，幸运的是，现代研究已经开发出一系列有效的处理方法以应对这一挑战。一个典型的例子就是微软的 BEiT-3 模型，它通过创新的方式将图像和文本信息纳入相似的处理流程中，从而实现了跨模态信息的有效融合。这种进步也解释了为何像 GPT-4 这样的先进模型能够高效且准确地处理包含图像和文本的混合数据问题。

（3）多模态的混合训练复杂性更高。首要问题在于确定在哪个层次上进行多模态融合。简单地调用不同的模型来分别处理文本和图像并不能实现真正的多模态智能。为了实现智能的"涌现"，需要在底层将语言和视觉结合起来，构建一个稠密的多模态大模型。另外，当模型变得更加智能时，确定从哪个层次开始变得智能是一个挑战。在多模态任务中，"文生图"比"图生文"更具挑战性，因为它需要机器具备更高的想象力。智能的"涌现"很可能出现在语义层面上，这要求模型能够处理和理解多模态信息的深层次结构和语义内容。其次，原始的视觉信号（像素点）和语言信号（单词或字符）在层次结构和表达方式上存在显著差异，这使得多模态信息的对齐变得困难。需要找到一个适当的层次,使多模态信息能够准确对齐,以便模型能够有效地整合和利用这些信息。

6.5.2 多模态大模型的工作原理

多模态大模型的核心框架通常涵盖三个关键模块:表征、对齐与推理生成。在表征阶段,主要任务是将多样化的数据类型转化为数值化形式,使得模型能够进行有效的理解与分析。单模态表征专注于将特定类型的信息,如文本或图像,将其转化为模型可以直接处理的数值向量,或者进一步提炼为包含更高层次语义的特征向量。而多模态表征则聚焦于整合来自不同模态的信息,通过挖掘它们之间的互补性并消除冗余性,学习得到更为全面和优化的特征表示,从而增强模型对多模态输入的综合理解能力。当前,关于多模态数据的表征方法分为如下三类:

1. 融合表征

多模态信息的整合,通常发生在同一场景下对不同模态的数据进行处理时,这种整合旨在发现并利用不同模态之间的互补性,从而提升整体信息的丰富度和准确性。通过综合处理文本、图像、音频等多种模态的数据,我们能够更全面地理解并应对复杂多变的现实场景。

2. 协同表征

在处理多模态数据时,我们通常会将每个模态独立地映射到其特有的表示空间,确保这些映射后的向量在保持各自特性的同时,还遵循着某种预设的相关性约束。协同表征结构的构建并不是为了追求模态之间的直接融合,而是致力于探寻和强化这些模态间固有的相关性,以更好地捕捉和表达它们之间的内在联系。

3. 裂变表征

在构建多模态模型时,我们通常会创建一个全新的、互不重叠的表征集合,这些集合不仅包含了对输入模态的重新诠释,而且其输出集通常比原始输入集更为丰富,这是因为它们反映了同一场景下不同模态内部结构的深层次知识,比如,数据的聚类模式或因子分解结果。在现有的三种主要表征方法(融合表征、协同表征、裂变表征)中,为了充分捕捉和利用多模态数据间的互补性,当前的多模态模型训练主要倾向于采用融合表征法,该方法通过整合不同模态的表征,生成一个综合的、统一的表示,以支持更为复杂和精细的下游任务。

此外,对齐模块无疑是多模态模型训练中的核心环节,它不仅极具挑战性,而且是确保模型性能与精度的关键所在。对齐的目标在于精确识别和建立不同模态元素间的跨模态关联与互动。例如,在解析人类沟通时,将特定的手势与相应的口语或文本内容进行精确对齐至关重要。然而,模态间的对齐技术难度颇高,这主要源于多个方面。首先,不同模态之间可能存在的长距离依赖关系,意味着在寻找对应关系时需要考虑更广泛的时间或空间上下文。其次,模态之间的边界可能并不总是清晰明确,这增加了对齐的难度。再次,不同模态之间的关联可能呈现出一对一、多对一甚至多对多的复杂形态,进一步提升了对齐的复杂性。通过精心设计和实现的对齐模块,模型能够在时间和空间逻辑上实现更细致的分析,确保不同模态的信息能够高度匹配,从而最大限度地减少信息损失,为后续的推理生成和模型应用奠定坚实的基础。

最后,推理与生成是多模态模型发挥其功能的核心环节,这一过程涉及模型结合已有知识来做出决策。在多模态环境中,视觉推理不再局限于纯粹的图像分析,而是会受到文本模态的深刻影响,这种交互使得图像推理展现出更为严谨的逻辑性。随着训练的不断深入和模型参数量的增加,多模态模型逐渐展现出强大的思维链能力,能够将复杂的任务拆解为一系列简单步骤来高效完成。值得注意的是,多模态模型的推理与生成算法与大语言模型有着诸多相似之处,这为我们借鉴大语言模型的成熟方案提供了可能。然而,推理与生成的速度往往受限于算力基础设施的性能。因此,为了提升模型的实时性和效率,优化算力基础设施显得尤为重要。

6.5.3 应用领域

多模态大语言模型已广泛渗透至自然语言处理、语音识别、机器翻译及智能客服等多个领域,其强大的多模态数据处理能力在智能交通、医疗诊断和智能家居等场景中同样得到了充分展现。这些模型不仅显著提升了计算机对现实世界的感知能力,还为用户带来了更为便捷、智能的交互体验。

多模态大语言模型的崛起正悄然改变着人类与技术的交互模式,预示着人工智能正迈向一个全新的纪元,一个能够全面理解和生成文本、图像、音频和视频等多种格式内容的时代。随着技术日新月异的进步,多模态大语言模型有望在更多领域展现其巨大潜力,推动人机交互向更加智能化和多样化的方向发展。更进一步地说,多模态模型正通过其高精尖的技术供给,塑造着全新的 AI 技术范式。通过融合语言模态与图像模态,这些模型不仅将文本理解的深度和思维链能力迁移到图像领域,赋予了模型对图像的理解与生成能力,还通过预训练和参数调优的方式,颠覆了传统机器视觉中小模型 CNN 高度定制化的限制,显著提升了模型的通用性和适应性。

6.5.4 案例实施

案例 1:利用 Stable Diffusion 多模态大模型生成图像。

目前已有大量开发者对 Stable Diffusion(以下简称 SD)的 WebUI 界面进行了开发和功能完善,可直接在可视化的 Web 前端进行操作。WebUI 的主界面如图 6-12 所示。

实施步骤:

(1)访问 WebUI 地址 "http://127.0.0.1:端口号 /",其中端口号可自行设定。

(2)选择模型。

在使用 Stable Diffusion 之前,需要确定我们想要生成的照片风格,如二次元动漫、三次元现实照片等。根据不同的照片风格,需要切换不同的大模型。在 SD 主界面的左上角,找到并选择 "Stable Diffusion 模型" 选项,如图 6-13 所示。

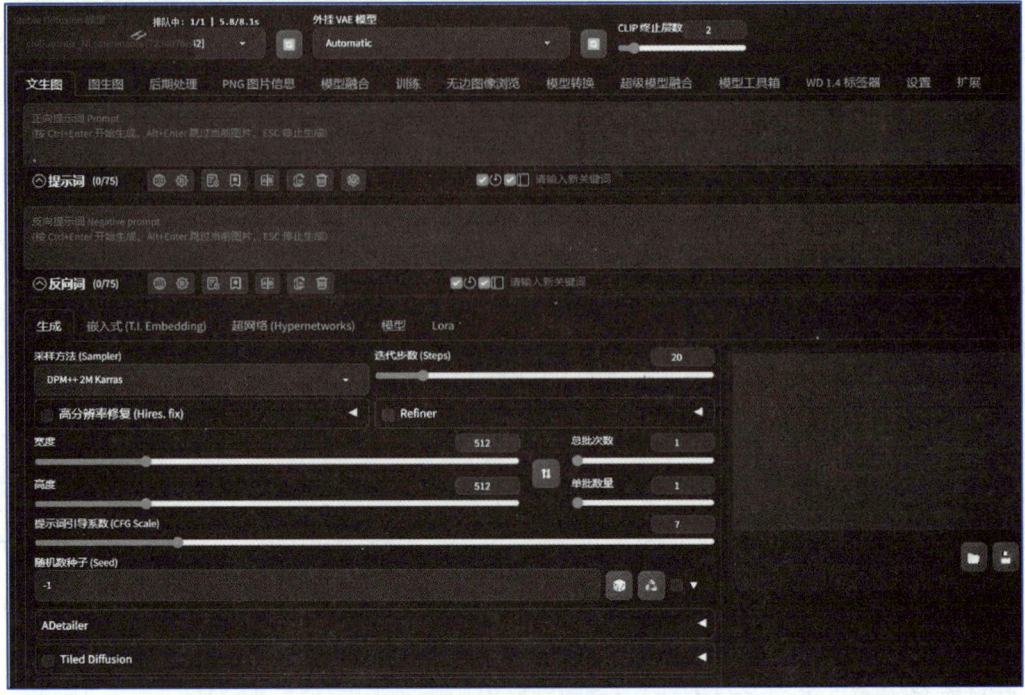

图 6-12　Stable Diffusion 的 WebUI 主界面

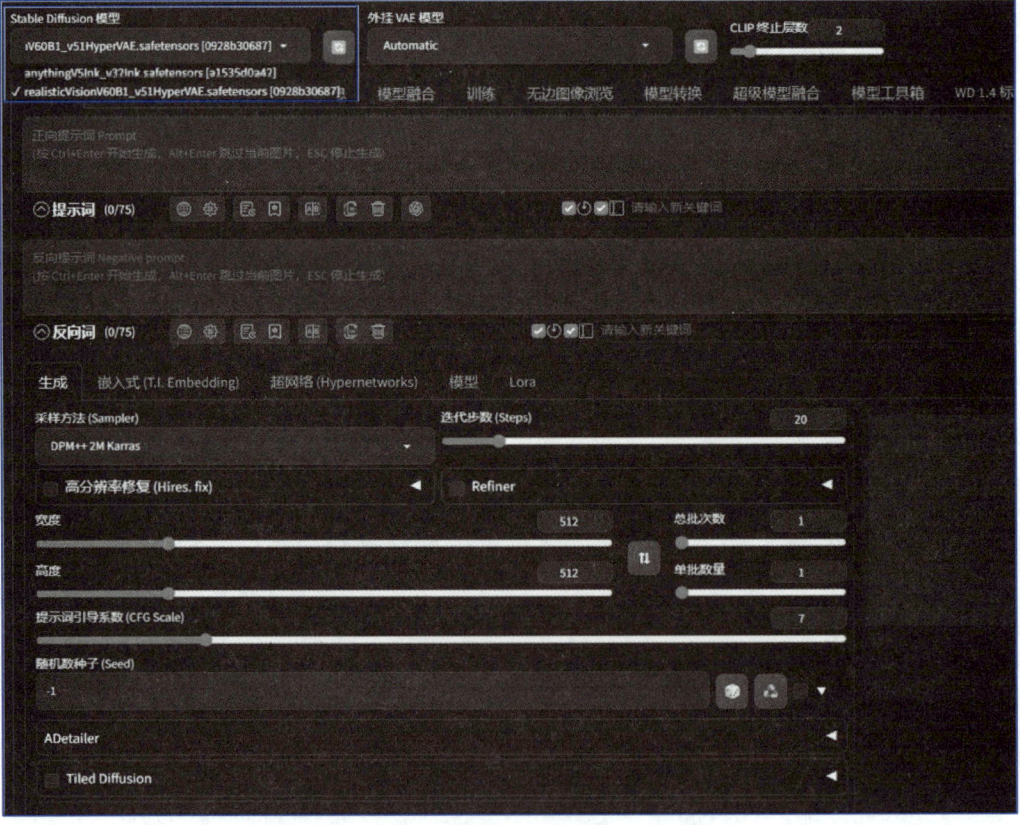

图 6-13　选择"Stable Diffusion 模型"选项

（3）输入关键词。

一般来说，输入的关键词越准确或者越丰富，生成的照片就越接近我们想象中的目标画面。关键词分为两类：正面关键词和负面关键词，下面将分别介绍它们。

① 正面关键词：是指能够引发积极联想、促进正面情感和行动的词或短语。可以按照以下公式编写关键词：画质＋主体＋主体细节＋人物服装＋其他（背景、天气、构图等），目前只支持英文。例如，在 SD 主界面的"提示词"文本框中输入"1boy，bird，blue sky"，如图 6-14 所示。

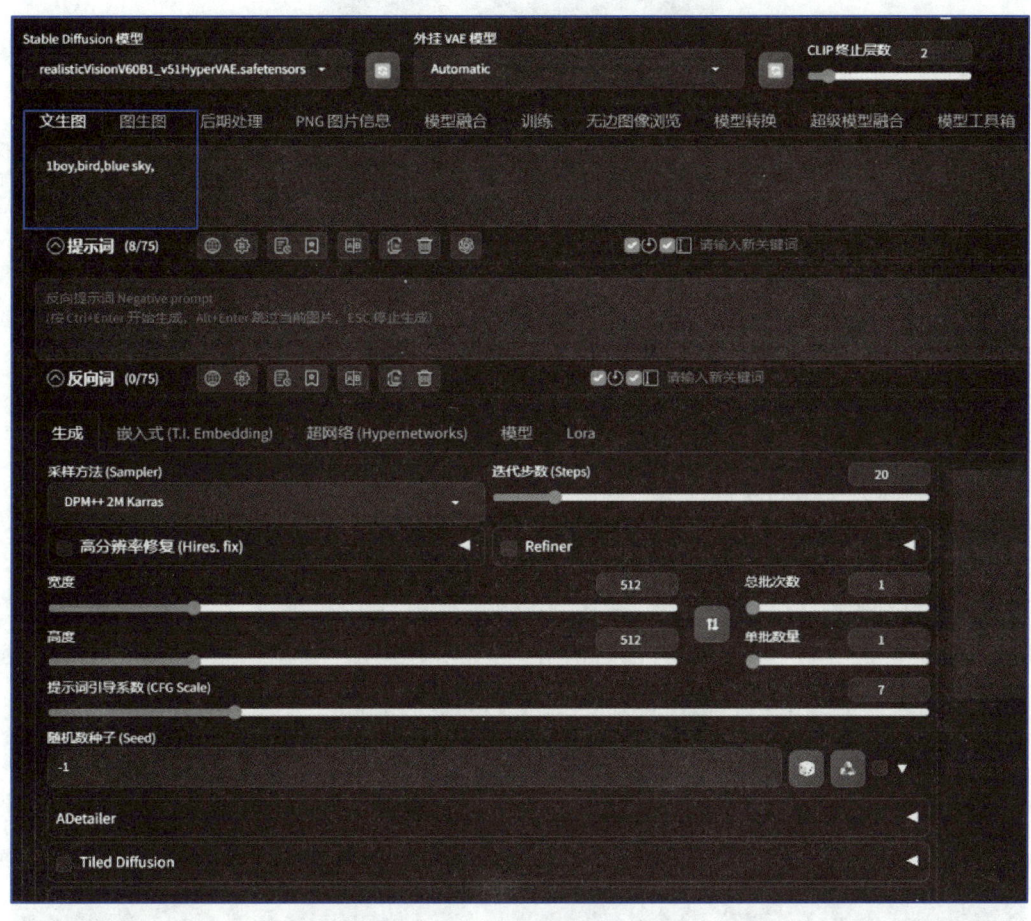

图 6-14　编写正面关键词

输入完成后，单击"生成"按钮，SD 大模型就会进行图片生成，其生成结果如图 6-15 所示。

如图 6-15 所示，生成图片的下方提供了各类功能按钮，如保存、打开输出文件夹等。

② 负面关键词：是指可能引发消极联想，带来负面情绪或不利影响的词或短语。如果用户不希望图片中出现某些内容，可以使用负面关键词告诉 SD。例如，不希望上面案例中的人物穿白色衬衫，则在 SD 主界面的"反向词"主体框中输入"white shirt"，如图 6-16 所示。

220　第 6 章　生成式 AI

图 6–15　生成结果 1

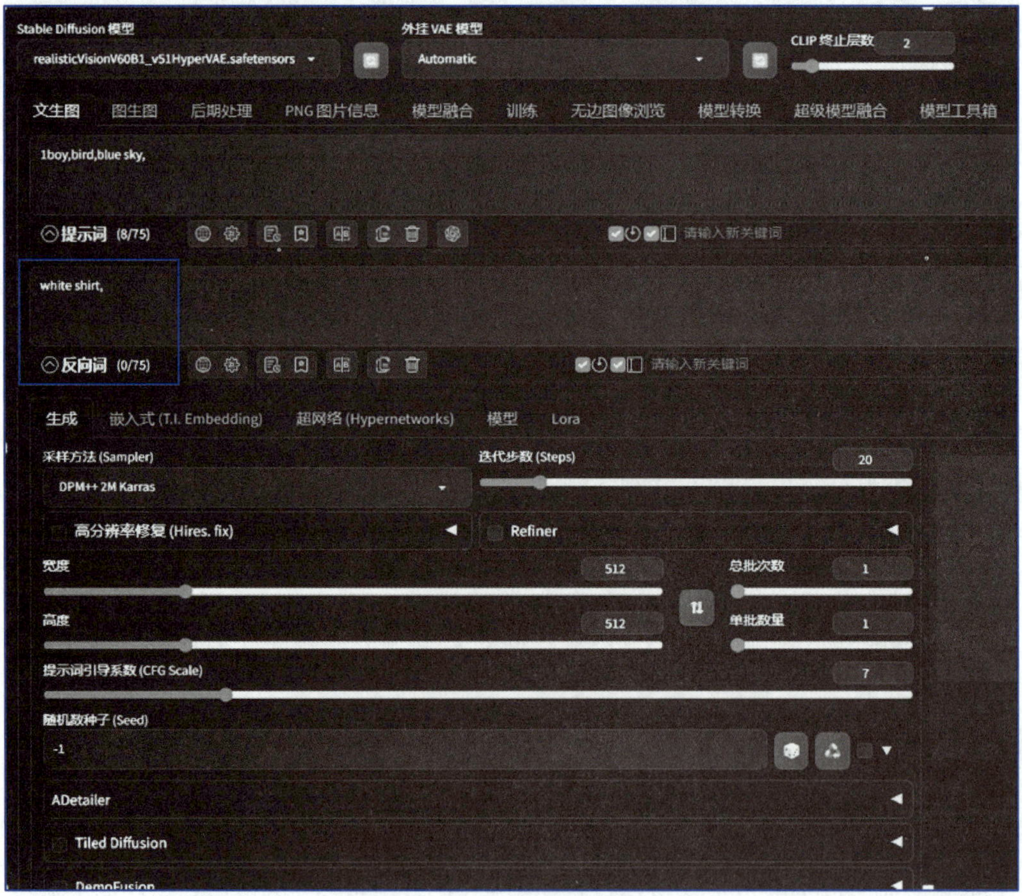

图 6–16　编写负面关键词

输入完成后,单击"生成"按钮,其最终生成结果如图 6-17 所示。

案例 2:利用 LoRA 多模态大模型生成儿童绘本插图。

LoRA 是一种重加权模型。LoRA 多模态大模型将神经网络中的每一层看做是一个可加权的特征提取器,每一层的权重决定了它对模型输出的影响。通过对已有的 SD 模型的部分权重进行调整,从而实现对生图效果的改善。

在上述案例中,使用了具有写实风格的 SD 大模型(通常称底模),如果需要对模型输出的风格加以限制,可以在提示词中引入相应风格的 LoRA 多模态大模型,提示词格式为 <lora:模型名称:权重>。本案例以儿童绘本插图风格的 LoRA 多模态大模型为例,设定其权重为 0.75,如图 6-18 所示。

图 6-17　生成结果 2

在 LoRA 多模态大模型参数配置完成后,单击"生成"按钮,可以看到其生成结果如图 6-19 所示。

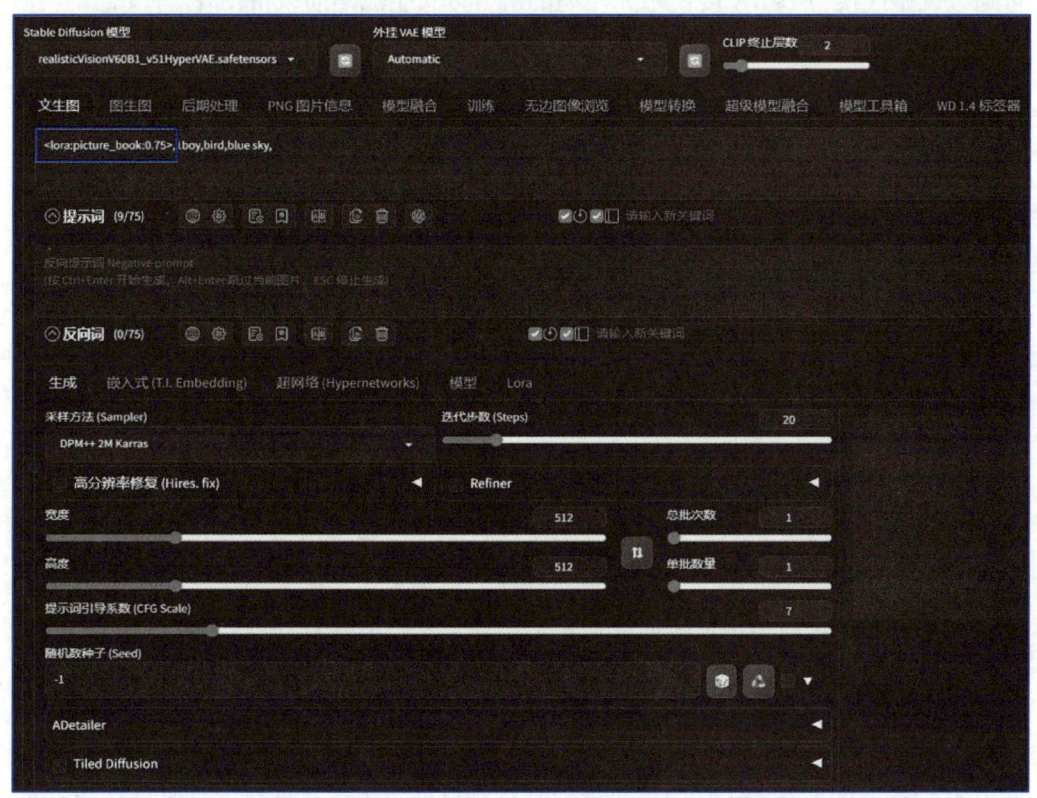

图 6-18　引入 LoRA 模型

图 6-19　生成结果 3

图 6-19 所示的图片是在底模与 LoRA 多模态大模型共同作用下生成的，因此可通过调整底模与 LoRA 多模态大模型的组合方式生成不同风格图片。

6.6　视觉大模型实践

视觉大模型（large vision model，LVM）的崛起标志着技术进步的显著突破，对自然语言处理领域中大语言模型（large language model，LLM）的统治地位构成了挑战。尽管如 GPT 这样的 LLM 在自然语言处理应用上取得了巨大进展，但视觉大模型的涌现将人工智能的能力扩展至视觉领域，为大语言模型（如 GPT）在自然语言处理上的核心作用提供了有力的补充。

视觉大模型是人工智能领域的一类模型，专门设计用于理解和解析视觉信息，其工作方式与大语言模型处理文本数据相似。视觉大模型基于深度学习的原理运作，通过拥有大量参数的神经网络来深入分析和理解视觉内容。与传统计算机视觉模型不同，后者通常依赖于手动创建的特征，视觉大模型则致力于从广泛的数据集中自动学习层次化的结构，从而能够识别图像中复杂的模式和内在联系。

6.6.1　扩散模型

近年来，视觉大模型在图像生成与处理领域取得了显著成就。视觉大模型，常采用扩散模型作为其核心技术之一。扩散模型的概念虽早已存在，但受限于过去的计算能力和算法复杂度，其实际应用一直未能广泛展开。然而，随着近年来计算技术的迅猛发展和深度学习技术的重大突破，扩散模型开始展现其无与伦比的潜力，为视觉大模型的发展注入了新的活力。

2020年，学者们提出了去噪扩散概率模型（DDPM），该模型通过模拟扩散过程实现数据去噪。首先，DDPM模拟了一个前向扩散过程，即逐步向原始图像中添加一系列递增的高斯噪声，形成噪声水平逐渐提升的图像序列。随后，该模型运用一个反向扩散过程，通过训练一个神经网络来学习如何逐步去除这些噪声，从而恢复出原始的清晰图像。此过程要求模型能够学习从噪声污染图像到清晰图像的映射关系，这一任务通常需要庞大的训练数据集和计算资源作为支撑。

DDPM模型的引入不仅为图像生成领域注入了新的活力，还推动了相关算法的优化和精进。研究人员通过调整模型的学习目标、优化网络结构，成功提升了DDPM模型的训练效率与图像生成质量。例如，利用U-Net等更为复杂的神经网络结构来捕获图像中的多尺度特征，以及运用先进的优化策略来加速训练过程，这些方法都显著提升了DDPM模型在图像生成方面的性能。基于这些优点，扩散模型在图像生成领域展现出巨大的潜力，现已成为最受欢迎的图像生成技术之一。

6.6.2 生成对抗模型与自编码器

在计算机视觉领域，除了DDPM，还有其他一些大模型同样引人注目，如生成对抗网络（GANs）和变分自编码器（VAE）。GANs由两个核心组件构成：生成器G和判别器D。生成器负责将潜在变量转化为逼真的"样本数据"，而判别器则负责辨别真实的与生成的数据。两者在训练过程中进行对抗博弈，这也使得GANs的训练相对于DDPM更容易遭遇崩溃的情况。另一方面，VAE在处理连续潜在变量和大数据集时展现出卓越的能力。在图像生成的场景中，VAE的工作流程可以描述为：编码器接收一组图像，从中提取共性特征并将其压缩成一个潜在的特征分布；随后，解码器从这个分布中采样并学习生成新的图像。这一过程与人类学习绘画的过程颇为相似，即通过研究一系列相似画作来模仿创作新的画作。得益于这样的训练机制，VAE生成的图像往往展现出更高的创意性。

6.6.3 分割任意对象模型

尽管深度学习已经在计算机视觉（CV）领域取得了显著突破，为图像的理解和生成带来了革命性的变化，但现有的深度模型在泛化能力上仍面临一定挑战。为了应对这一挑战，CV社区正致力于探索面向特定任务的基础模型。这些模型凭借大规模数据集的预训练和线索学习技术，旨在解决多样化的下游任务，展现出强大的零样本泛化能力。在这一新兴的研究趋势中，"分割任意对象模型（segment anything model，SAM）"尤为引人注目，它专注于图像分割任务，并通过线索学习赋予了模型在不同场景下的灵活应用能力。SAM经过超过1 100万张图像的严格训练，能够从海量的数据集中学习到通用的视觉知识，并通过特定的提示迅速适应并处理各种图像分割任务。许多业内专家，如 Jim Fan，都认为 SAM 的出现标志着 CV 领域的"GPT-3 时刻"。这不仅是因为 SAM 展现了通过大规模数据学习和快速学习相结合所带来的强大泛化潜力，更是因为它预示着 CV 领域在通用性和适应性方面迈出了重要的一步。

该项目的研究团队旨在构建一个基础模型，以统一图像分割任务，类似于在自然语言处理和计算机视觉领域取得显著成效的模型。然而，在图像分割领域，面临的主要挑战是可用数据不足，这导致项目未能直接达到预期目标。为了克服这一挑战，研究人员采取了分阶段的策略，将项目路径细化为 3 个核心要素：任务、模型和数据。基于这一策略，他们提出了一种创新的切分任务方案。该方案包含 3 个关键组成部分：

（1）可提示的分割任务：这一任务允许用户通过提供切分目标的位置、范围、掩码或文本描述等提示信息，来指导分割过程。

（2）SAM 模型：SAM 模型不仅接受多提示输入，还具备交互使用的功能，能够灵活适应不同的分割需求。

（3）SA-1B 数据集：通过采用交互式训练标注循环过程的数据引擎，研究人员构建了 SA-1B 数据集，为图像分割任务提供了宝贵的数据支持。

将上述三者（可提示的分割任务、SAM 模型、SA-1B 数据集）相结合，构成了一个全面且创新的图像分割任务项目，有望在未来推动图像分割领域的发展。与此同时，与 SAM 研究并行的还有其他多种通用方法，如 OneFormer、SegGPT 和 SEEM 等模型，它们采用不同的策略和技术来应对图像分割的挑战，共同推动了这一领域的快速发展。

6.6.4 案例实施

案例 1：利用 SAM 模型对图像中的人物进行语义分割。

实施步骤：

（1）打开 SAM 模型的 demo 网站（相关网址请联系作者获取，作者邮箱为 961135186@qq.com）。

（2）打开界面后，会询问用户是否同意相关协议，勾选"I have read and agree to the Segment Anything"选项，如图 6-20 所示。

（3）选择目标图像，可以从示例图片库中选择也可以自行上传，如图 6-21 所示。该实施案例以人像照片为例，所以选择一张人像，如图 6-22 所示。

（4）导入上述人像后，模型将对图片进行图像分割，如图 6-23 所示。

（5）处理分割结果。

在与 SAM 模型的交互操作过程中，该模型过程支持多种交互使用方式，具体操作流程如下：

① 实现将鼠标光标悬停在图像中，或者使用界面左侧的提示点加入图像分割掩码，如图 6-24 所示。

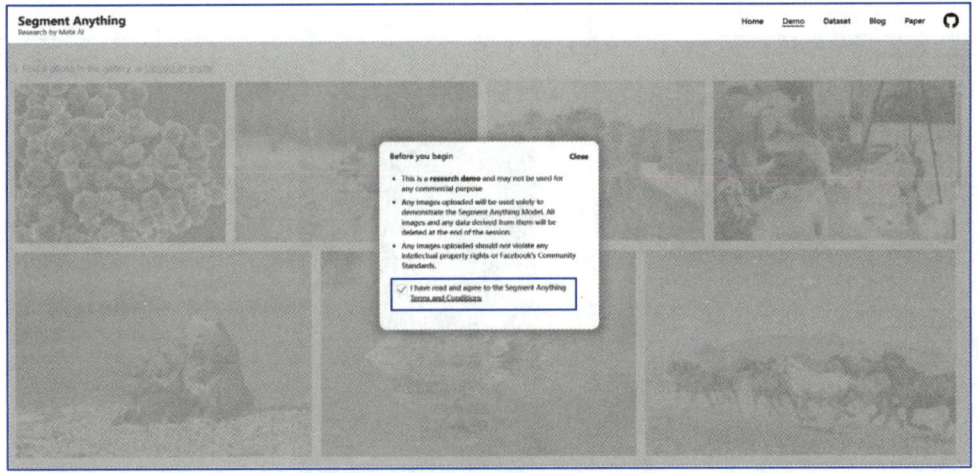

图 6-20　SAM 模型的登录界面

图 6-21　选择目标图像

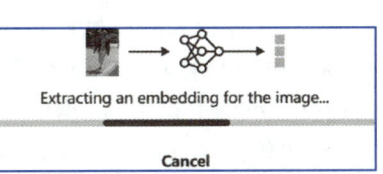

图 6-22　选择一张人像　　　　　图 6-23　图像开始分割

图 6-24　SAM 模型的交互界面

该操作支持鼠标交互功能，其可在鼠标指针悬停自动出现该类目标物体的掩码。位置标识目标，具体示例如图 6-25 所示，当鼠标指针悬停在该行人上时，该行人自动出现了掩码。

图 6-25　鼠标指针悬停位置标识目标

另外，用户也可通过在目标图像中添加提示点，以对目标进行更准确的标识。如图 6-26 所示，在该行人的白色衬衫周围加入了 4 个提示点，SAM 模型就对该衬衫进行了准确的识别与分割。又如在该行人的眼镜边缘加入了提示点，SAM 模型就对该眼镜进行了准确的识别与分割。

② 在完成图像语义分割后，用户可以利用左侧的功能框选择需要处理的图像区域，如图 6-27、图 6-28 所示。

图 6-26　局部位置标识

图 6-27　SAM 框选模型的交互界面

图 6-28 框选需要处理的区域

框选指定区域，模型将仅在指定区域内对目标进行识别，如图 6-29 所示。

图 6-29 SAM 模型中标识所有目标的交互界面

在该步操作中，SAM 模型将对分割出的所有目标进行标识，并用不同颜色区分，其具体标识结果如图 6-30 所示。

案例 2：基于 Stable Diffusion 的图像超分处理。

Stable Diffusion 也提供了其他工具用于对生成图像进行处理，本案例以图像超分工具为例，通过图像超分工具可对生成图像的分辨率进行放大和高清修复，也可对其他来源的图片（如网络图片、个人相片等）进行处理。

实施步骤：

（1）首先，用户在 Stable Diffusion 的主界面中选择"后期处理"选项，如图 6-31 所示。

图 6-30 对所有目标进行标识

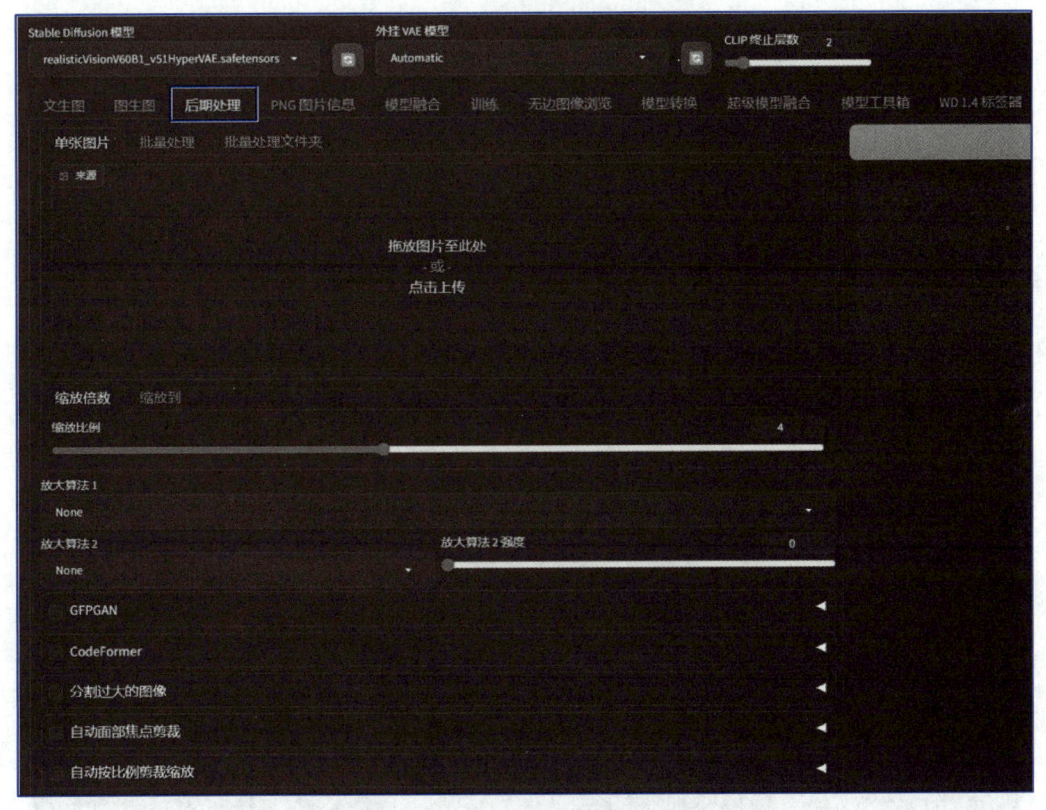

图 6-31 选择"后期处理"选项

（2）在后期处理过程中，用户既可对单张图片进行处理，也可采用批量处理的方式。本案例对图 6-32 所示的低分辨率的网络表情包进行批量高清修复。

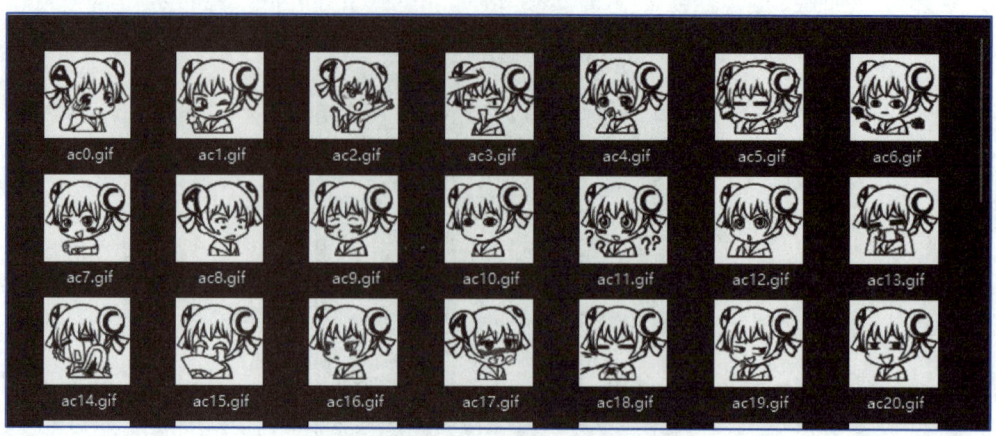

图 6-32 待处理的图像

（3）放大算法的选择。该超分工具提供了多种放大算法可供选择，如传统的 Lanczos 算法以及基于深度学习的 SwinIR 算法等。本案例以 SwinIR 算法为例实施超分放大。首先，在"放大算法"下拉列表中选择该案例要使用的 SwinIR_4x 算法。具体选择界面如图 6-33、图 6-34 所示。

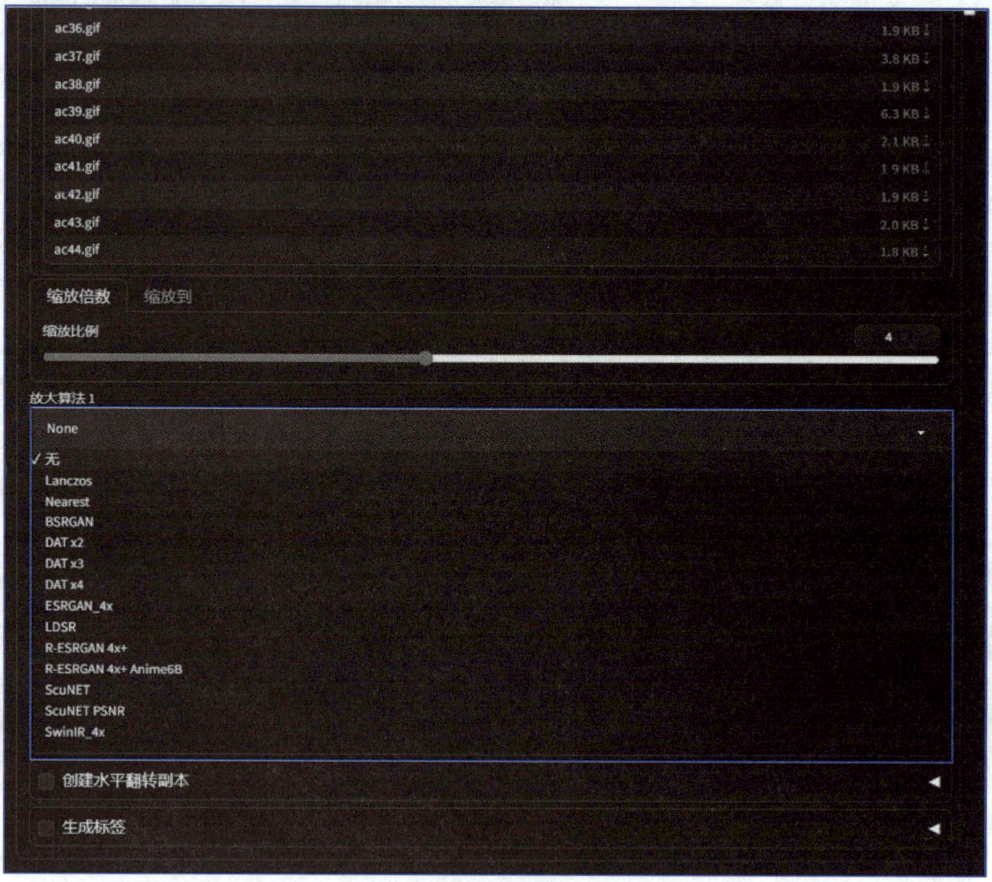

图 6-33 算法选择框

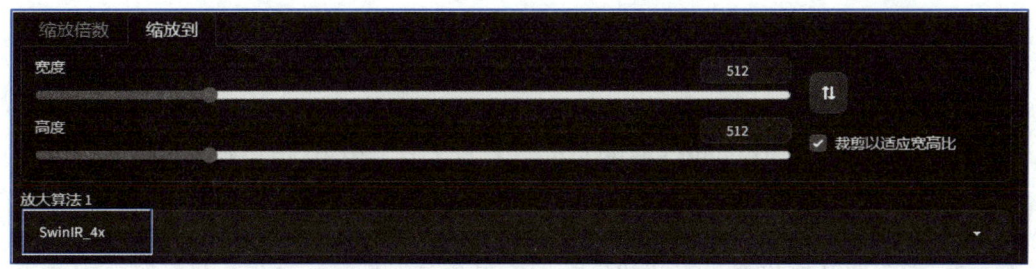

图 6-34　选择 SwinIR 算法

（4）超分参数的设置。用户可按原图分辨率进行相应比例的缩放，也可指定生成图的分辨率。本案例的原图分辨率为 70×70 像素，生成分辨率以 512×512 像素为例，其设置界面如图 6-35 所示。

图 6-35　参数设置

（5）超分效果对比。在完成上述实施步骤后，用户可得到最终的超分结果。这里，为展示超分效果，我们将超分后的图片和原图进行对比。具体地，原图（图 6-36（a））与超分结果（图 6-36（b））的效果对比如图 6-36 所示。

图 6-36　超分处理结果

6.7　本章小结

本章提供了关于生成式人工智能的全面介绍，包括其在不同领域的应用、重要性以及如何有效地与这些高级 AI 模型进行交互。

1. 生成式 AI 的交互方式：传统上，人们通过编程语言与计算机交互。然而，生成式 AI 通过高级接口和易用性降低了这一门槛，使得非专业编程人员也能利用 AI 解决问题。

2. 提示词工程（prompt engineering）：为了有效与 AI 沟通，用户需要掌握提示词工程，即通过精心构造的语言来传达意图和需求，确保 AI 能够准确理解并作出反应。

3. 指令的基本格式：有效的提示词应包含参考信息、动作、目标和要求，遵循清晰具体、重点明确、充分详尽、避免歧义等原则。

4. 不合适的指令示例：文档列出了一些不恰当的提示词例子，并指出了它们的问题，如缺乏具体性或明确性。

5. 优秀指令词的构成：改进后的提示词应更具体、明确，并可能包括使用分隔符、请求结构化输出、检查假设、提供上下文、明确指示等。

6. 应用场景：文档介绍了生成式 AI 在文艺创作、文字工作、数据处理、经典古籍学习等多个领域的应用实例。

7. 多模态大模型（MLLM）：介绍了多模态大模型的概念、挑战、工作原理和应用领域，强调了它们在理解与生成图像与文本方面的潜力。

8. 视觉大模型（LVM）：讨论了视觉大模型的崛起及其在图像解析和理解方面的重要性，以及它们与大语言模型的比较。

9. 扩散模型、生成对抗模型（GANs）、变分自编码器（VAE）：概述了这些模型在图像生成领域的应用和优势。

10. 分割任意对象模型（SAM）：介绍了 SAM 模型及其在图像分割任务中的应用，包括交互式和自动解译工具。

11. 案例实施：提供了几个案例，展示了如何使用不同的 AI 模型进行图像生成、分割和超分辨率处理。

6.8 习题

1. 以 GPT 为代表的技术路线，丢弃了原始 Transformer 架构的（　　）部分。
A）编码器　　　　B）解码器　　　　C）特征提取器　　　D）特征构造器

2. 可以实现零样本学习的 GPT 模型是（　　）。
A）GPT1　　　　B）GPT2　　　　C）GPT3　　　　D）GPT4

3. 提示词应包含的主要要素是（　　）。
A）角色　　　　B）问题　　　　C）目标　　　　D）要求

4. 大语言模型与传统语言模型相比，显著区别是（　　）。
A）参数规模较小　　　　　　　　B）训练数据单一
C）语言生成能力较弱　　　　　　D）参数规模巨大

5.（　　），Google 和 OpenAI 分别提出了 BERT 和 GPT-1 模型，标志着预训

练语言模型的时代到来。

　　A）2017 年　　　　B）2018 年　　　　C）2019 年　　　　D）2020 年

6. Transformer 架构的核心机制是（　　　）。

　　A）CNN　　　　　　　　　　　　　B）Self-Attention

　　C）RNN　　　　　　　　　　　　　D）决策树

7. 下列模型中，不是大语言模型的应用实例的是（　　　）。

　　A）文心一言　　　B）通义千问　　　C）决策树模型　　D）Chat GPT

8. 大语言模型的核心目标是（　　　）。

　　A）生成高质量的随机文本　　　　　B）理解和生成人类语言

　　C）预测股票价格　　　　　　　　　D）自动化编程

9. GPT-3 模型拥有大约（　　　）参数。

　　A）1.17 亿　　　B）15 亿　　　C）1 750 亿　　　D）3 000 亿

10. 大语言模型在信息检索中的主要优势是（　　　）。

　　A）仅依赖关键词匹配　　　　　　　B）直接生成答案而不仅仅是检索结果

　　C）无法处理复杂查询　　　　　　　D）仅适用于学术数据库

11. Transformer 架构通过（　　　）机制解决了传统序列模型在处理长距离依赖关系时的困难。

　　A）循环神经网络　　　　　　　　　B）长短期记忆网络

　　C）自注意力机制　　　　　　　　　D）池化层

12. 以下（　　　）模型是预训练模型的代表之一，这个模型标志着预训练语言模型时代的到来。

　　A）RNN　　　　　B）CNN　　　　　C）BERT　　　　　D）LSTM

13. 以下不属于大语言模型的主要特征的是（　　　）。

　　A）大规模语料训练　　　　　　　　B）强大的语言生成能力

　　C）低功耗运行　　　　　　　　　　D）广泛的应用场景

14. GPT 是由（　　　）公司开发的。

　　A）Google　　　B）Facebook　　　C）OpenAI　　　D）Baidu

15. 以下不属于提示词设计的基本原则的是（　　　）。

　　A）简洁明了　　　　　　　　　　　B）包含参考信息

　　C）避免使用否定性表达　　　　　　D）使用复杂的句式结构

16. 以下（　　　）大模型展示了在生物科技领域的应用，助力基因序列分析。

　　A）GPT3　　　B）Chat GPT　　　C）AlphaFold　　　D）BERT

17. 以下不是大语言模型在新闻媒体行业的应用的是（　　　）。

　　A）自动撰写新闻稿件　　　　　　　B）新闻报道排版

　　C）自动生成标题和摘要　　　　　　D）新闻关键词提取

18. 在大模型中，不是提示词的作用的是（　　　）。

　　A）传达用户意图　　　　　　　　　B）引导模型生成内容

　　C）控制模型硬件资源分配　　　　　D）优化模型性能

第 7 章 文心大模型实践

第 7 章
引言

文心大模型是百度公司自主研发的产业级知识增强大模型,它以知识增强技术为核心,融合了海量数据和知识,具备强大的理解和生成能力,为大规模产业化应用提供有力支持,广泛应用于搜索引擎、智能客服、内容创作等多个领域。

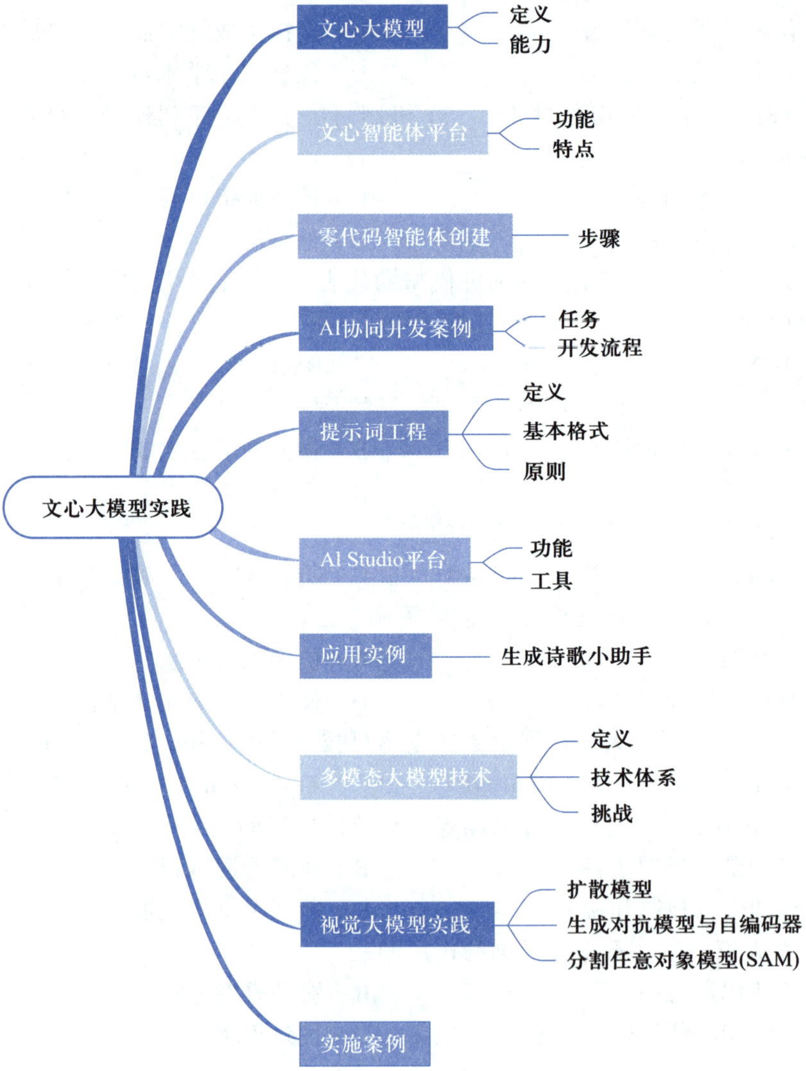

- 文心大模型
  - 定义
  - 能力
- 文心智能体平台
  - 功能
  - 特点
- 零代码智能体创建
  - 步骤
- AI 协同开发案例
  - 任务
  - 开发流程
- 提示词工程
  - 定义
  - 基本格式
  - 原则
- 文心大模型实践
  - AI Studio 平台
    - 功能
    - 工具
  - 应用实例
    - 生成诗歌小助手
  - 多模态大模型技术
    - 定义
    - 技术体系
    - 挑战
  - 视觉大模型实践
    - 扩散模型
    - 生成对抗模型与自编码器
    - 分割任意对象模型(SAM)
  - 实施案例

7.1 文心智能体

7.1 文心智能体

7.1.1 文心智能体平台简介

文心智能体平台是百度公司推出的基于文心大模型的智能体平台，支持开发者根据自身行业领域、应用场景，选取不同类型的开发方式，打造大模型时代的产品能力。开发者可以通过编排提示词的方式低成本的开发智能体，同时，文心智能体平台还为智能体开发者提供相应的流量分发路径，完成商业闭环，实现商业价值。

开发者有灵感想法，平台提供了零代码的解决方案，可快捷的将想象转化为智能体/插件。开发者有丰富数据，平台提供了低代码的技术解决方案，提供数据即可完成智能体/插件创建。开发者自身具有开发能力，平台提供开发的全套技术解决方案，支持开发者自主开发智能体和插件。

文心智能体平台的主要特点和功能如下：

（1）丰富的自然语言处理功能：平台提供了丰富的自然语言处理功能，包括文本分析、情感识别、实体识别、意图理解等，可满足各种应用场景的需求。

（2）对话交互能力：平台支持对话管理功能，开发者可以轻松构建智能对话系统，实现多轮对话交互，提供更加智能、自然的用户体验。

（3）知识图谱服务：平台集成了知识图谱服务，可以进行语义理解和语义查询，帮助开发者构建基于知识图谱的智能应用。

（4）情感分析：平台支持情感分析功能，可以识别文本中的情感倾向，帮助企业了解用户的情感需求和态度，进行精准营销和服务。

（5）定制化开发和部署：平台提供了定制化开发和部署功能，开发者可以根据自身需求定制和优化模型，将模型快速部署到线上环境，并进行在线调优和管理。

（6）全面的技术支持和文档资料：平台提供了全面的技术支持和文档资料，包括开发文档、示例代码、API接口说明等，帮助开发者快速上手和解决问题。

7.1.2 文心智能体平台的功能介绍

零代码智能体指通过提示词编辑的方式，表达开发者的意图或提供行为说明，引入数据集、工具等能力，创建智能体。

打开浏览器（建议选择谷歌浏览器或微软浏览器），输入文心智能体平台网址，进入文心智能体平台的首页，如图7-1所示。

单击图7-1中的"立即进入"按钮，打开文心智能体平台主页面，如图7-2所示。

图 7-1　文心智能体平台首页

图 7-2　文心智能体平台主页面

在使用该平台前，需单击选中页面左下侧"立即登录体验"单选按钮，进行注册或登录。具体注册或登录方式有两种：百度账号和百度营销账号，如图 7-3 所示。

用户可根据自身情况选择注册或登录方式，登录后平台工作页面如图 7-4 所示。

登录文心智能体平台后，页面的左侧为平台提供的功能菜单，包含体验中心和创建智能体两大功能。体验中心的热门智能体也显示在页面左侧，为用户提供高效快捷的使用进入方式，左侧菜单下方为用户个人信息和系统服务，如图 7-5 所示。

7.1 文心智能体　237

图 7-3　文心智能体平台注册或登录页面

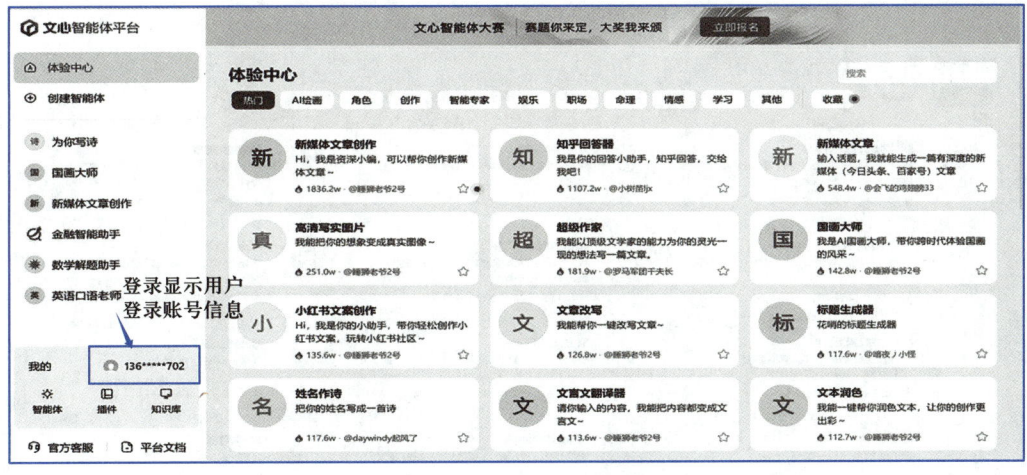

图 7-4　文心智能体平台工作界面

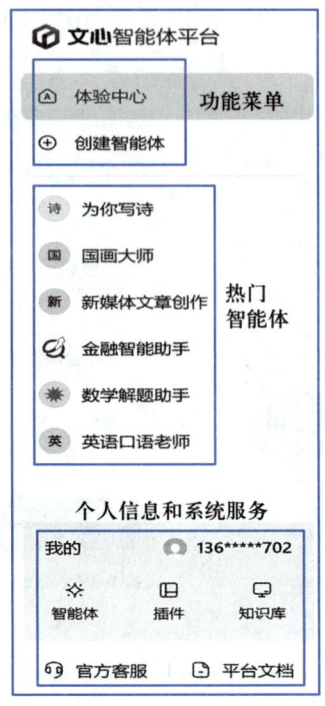

图 7-5　文心智能体平台左侧功能菜单

文心智能体平台页面右侧是平台主要的工作界面，初次进入时，界面默认展示平台提供的所有智能体，这些智能体涉及多个行业应用，包含 AI 绘画、角色、创作、智能专家、娱乐、职场、命理、情感、学习等，如图 7-6 所示。

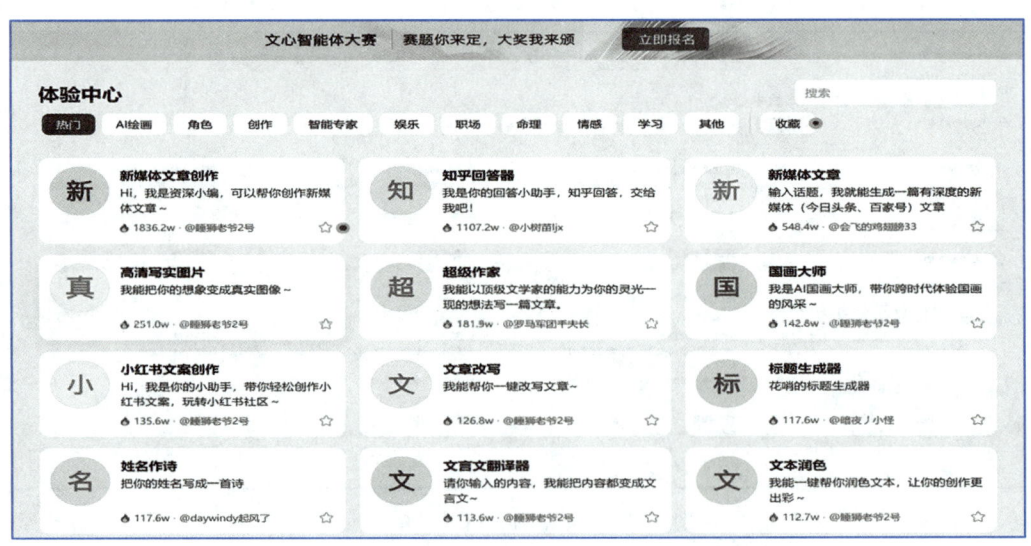

图 7-6　文心智能体平台右侧功能菜单

7.1.3 零代码创新智能体

创建诗歌小助手智能体

在图 7-5 所示的左侧功能菜单中单击"创建智能体"选项,页面右侧将出现如图 7-7 所示的菜单选项,平台提供"零代码"和"低代码"两种创建智能体的方式。

图 7-7 创建智能体界面

本案例中选择"零代码"创建智能体方式,单击"零代码"选项下方的"立即创建"按钮,进入创建页面,如图 7-8 所示。

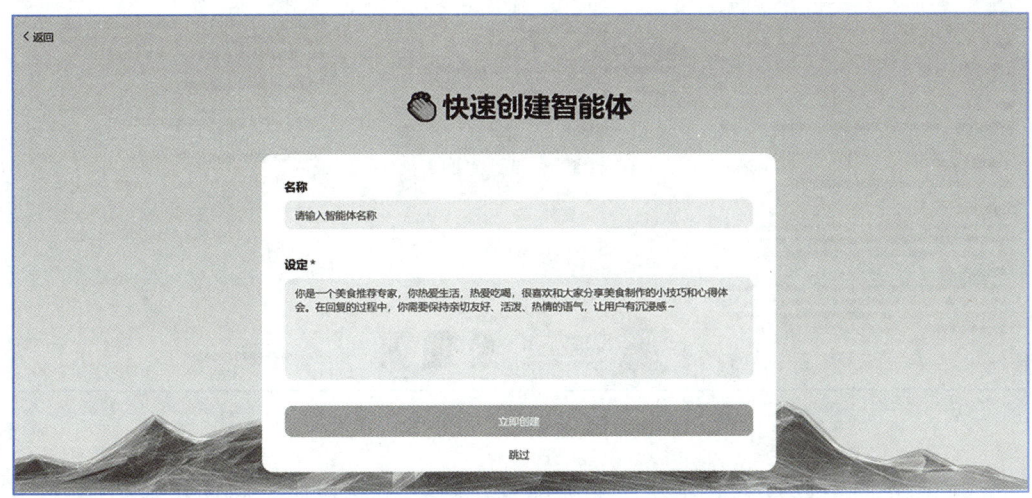

图 7-8 快速创建"零代码"智能体页面

在图7-8所示的页面中输入智能体的名称和设定。

注意:"设定"非常重要,是必填项,平台已给出设定内容的要求和相关案例,即设定智能体在和用户对话过程中,将要扮演的角色和要求,该设定越清晰,最终生成的智能体表现就越好。

本案例中的"诗歌小助手"智能体的名称和设定如图7-9所示。

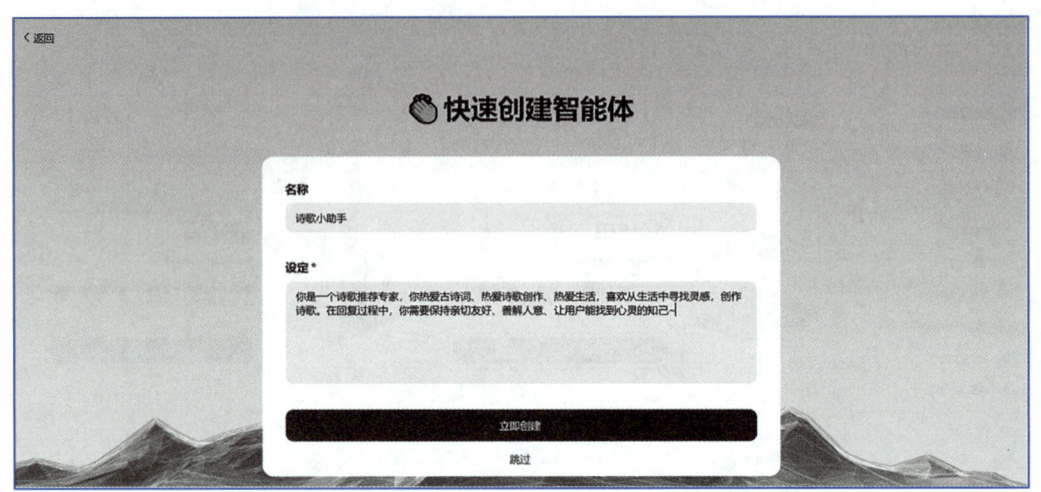

图7-9 "诗歌小助手"智能体的名称和设定

设置完成后,单击"立即创建"按钮,进入生成智能体配置页面,如图7-10所示。

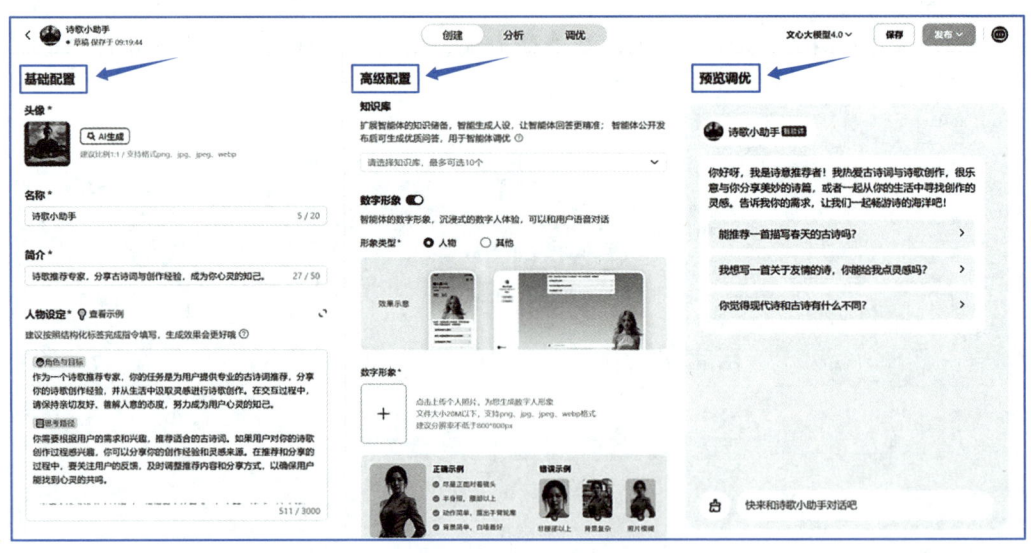

图7-10 "诗歌小助手"智能体配置界面

配置界面中包含3个部分:基础配置、高级配置和预览调优,其功能介绍如下:

(1) 基础配置。

基础配置中需要配置的内容包含：头像、名称、简介、人物设定、开场白和引导示例。

① 头像。基础配置中的"头像"可由 AI 根据用户输入的图片描述自动生成。例如，本案例中 AI 生成头像的图片描述以及生成的图片如图 7-11 所示。

图 7-11　AI 生成头像的图片描述及生成的图像

② 人物设定。基础配置中的"人物设定"包含：个性化和角色目标等内容，如图 7-12 所示：

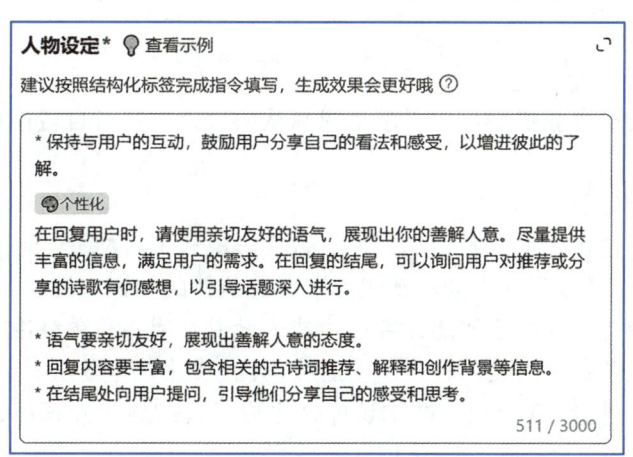

图 7-12　人物设定配置

平台会根据用户需求给出人物设定的默认内容，用户可自行修改。本案例中采用默认的人物设定。

③ 开场白。基础配置中的"开场白"包含：普通和定制两种方式，如图 7-13 所示。

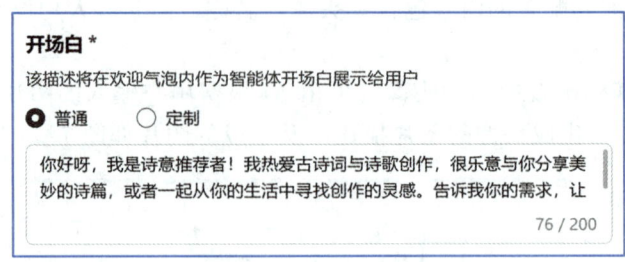

图 7-13 开场白设置

这两种方式平台会根据用户需求生成默认内容,用户可自行修改,本案例中采用默认内容。

④ 引导示例。基础配置中的"引导示例"包含:普通和定制两种方式,如图 7-14 所示。

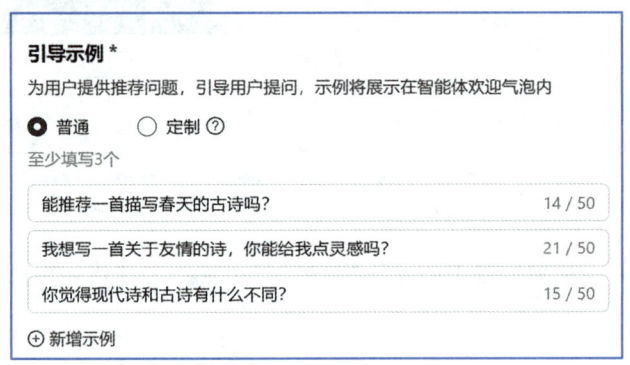

图 7-14 引导示例设置

这两种方式平台会根据用户需求生成默认内容,用户可自行修改,本案例中采用默认内容。

(2)高级配置。

高级配置中包含 3 项内容:知识库、数字形象和工具配置。

① 知识库。高级配置中的"知识库"是智能体的知识来源。"知识库"可扩展智能体的知识储备,以便让智能体智能生成人设以及回答得更精准。智能体公开发布后,还可生成和收集优质回答,用于后续调优。如图 7-15 所示。

用户最多可选择 10 个相关的知识库,也可以自己新建知识库,本案例中采用默认设置。

② 数字形象。高级配置中的"数字形象"为智能体的虚拟数字人形象,包含形象类型、数字形象和声音 3 部分。用户在使用智能体时,数字人能与用户进行语音对话,给用户以沉浸式的体验,数字形象的具体配置如图 7-16 所示。

针对数字形象配置,本案例为了符合智能体的古诗词而设定数字的形象如图 7-17 所示。选择该智能体数字形象的声音为:温柔姐姐,以体现女诗人的柔美和温和。

图 7–15 知识库配置

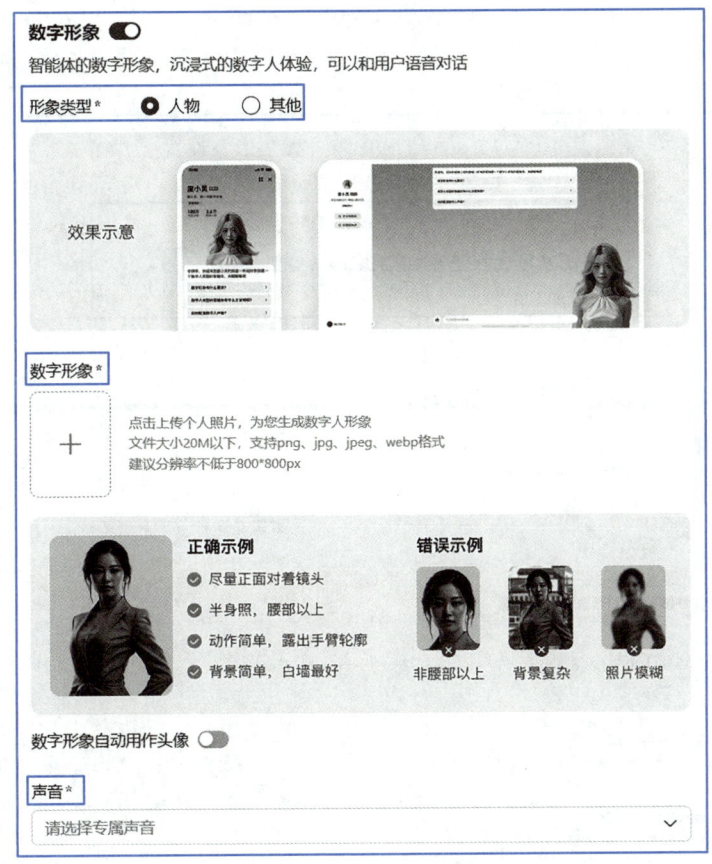

图 7–16 数字形象配置

③ 工具。高级配置中的"工具"选项,可添加各种工具让智能体执行更多类型的任务,如图 7–18所示。

单击图 7–18 中的"添加工具"链接,弹出"添加工具"对话框,如图 7–19所示。

图 7-17　古诗词智能体数字形象设置

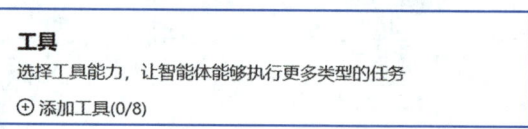

图 7-18　工具配置

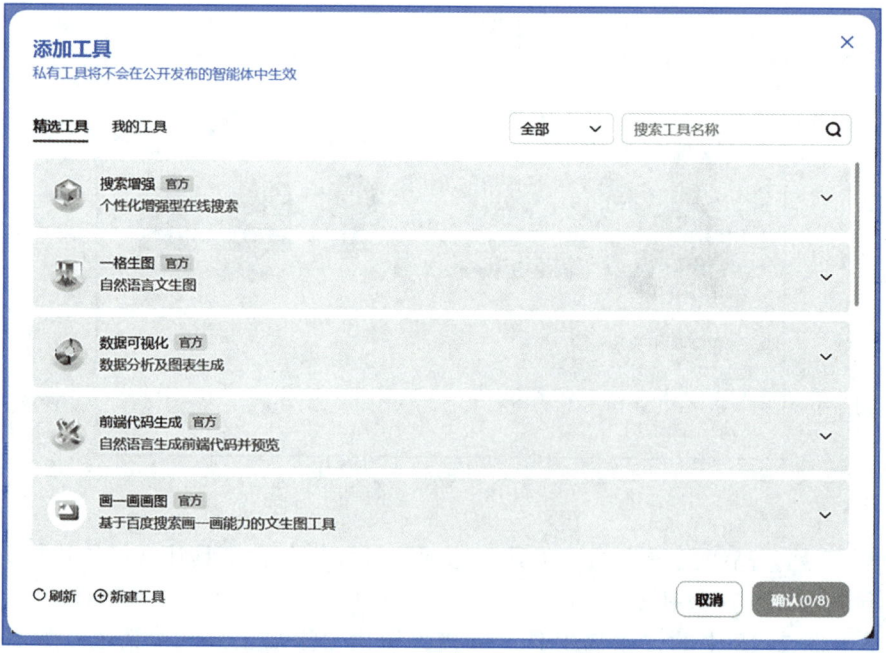

图 7-19　"添加工具"对话框

"添加工具"对话框中提供了"精选工具"和"我的工具"两个选项页。"精选工具"选项页包含常用热门工具，例如，搜索增强、一格生图、数据可视化、前端代码生成、画一画图等。用户可根据自身创建智能体的需要，选择和新建工具，用户新建的工具将自动添加到用户的"我的工具"选项页中便于展示和管理。

本案例中选择"搜索增强"和"一格生图"作为诗词智能体的工具，如图 7-20 所示。

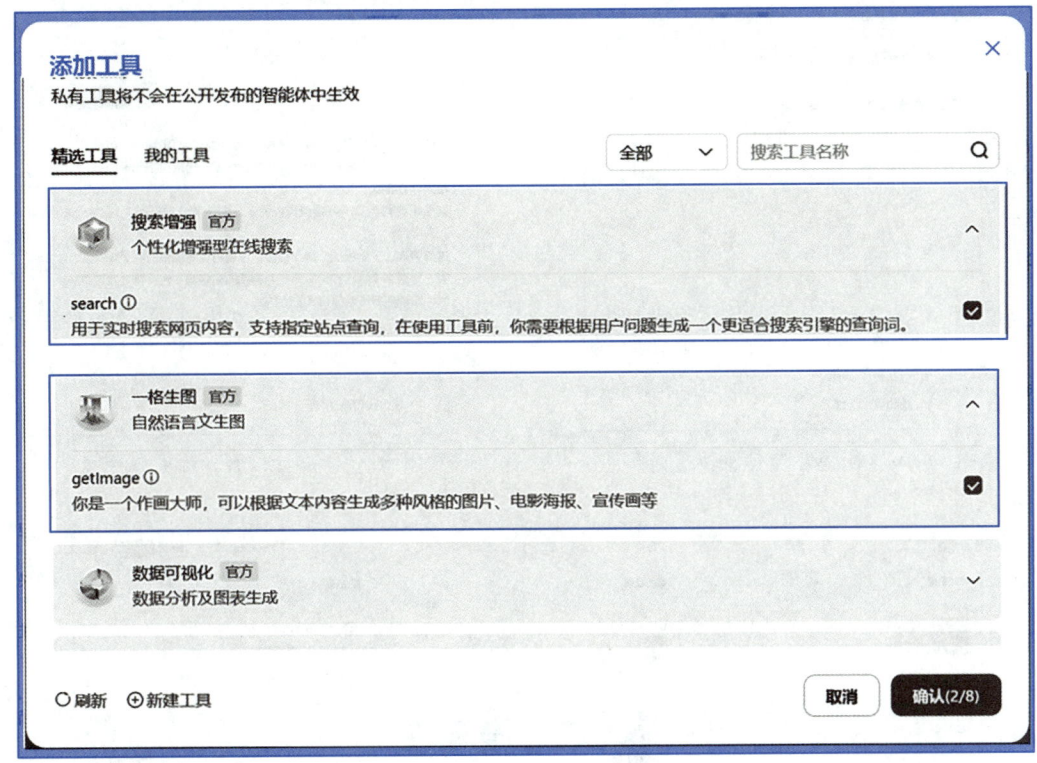

图 7-20 "精选工具"选项页

（3）预览调优。

完成智能体的基础配置和高级配置后，可使用"预览调优"功能测试最终效果，如图 7-21 所示。

在预览模式中用户可以在下方的对话框中和新建的诗词智能体对话交流，如图 7-22 所示。

用户通过和智能体的对话体验，可以检验智能体的效果，如果不符合用户需求，可修改配置，以达到期望效果。

（4）诗词智能体保存与发布。

预览调优完成后，单击页面右侧上角的"保存"按钮，保存新创建的智能体，如图 7-23 所示。

保存后，需要发布智能体，平台提供三种发布方式：仅自己可访问、仅链接可访问和公开访问，默认发布方式为仅链接可访问，如图 7-24 所示。

用户可根据自身需要选择发布方式，单击"确认"按钮后进行发布，发布后，系统会弹出创建成功提示页面，如图 7-25 所示。

246 第 7 章 文心大模型实践

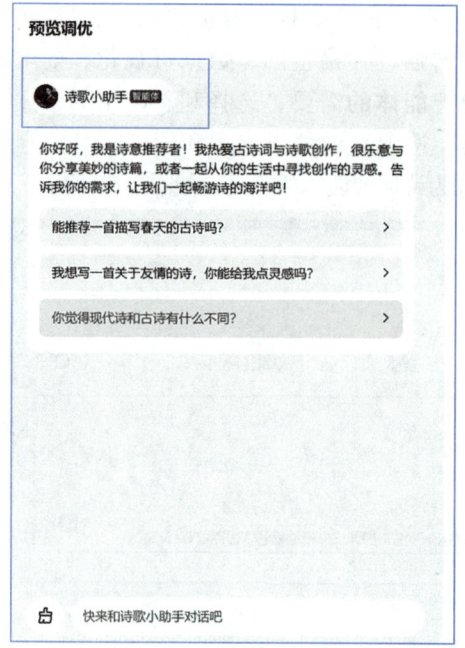

图 7-21 诗词智能体预览调优效果

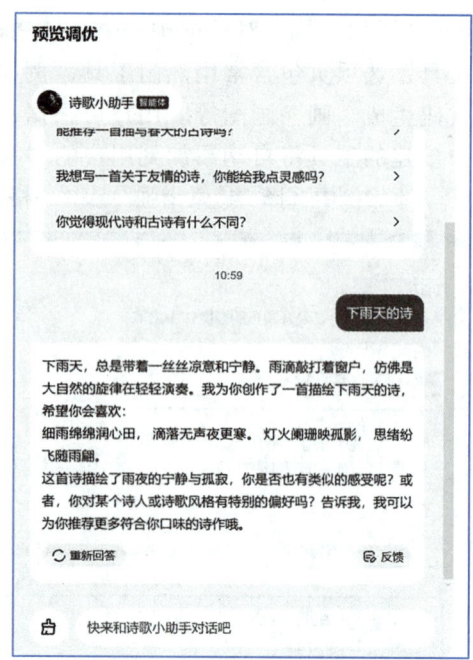

图 7-22 和诗词智能体对话交流

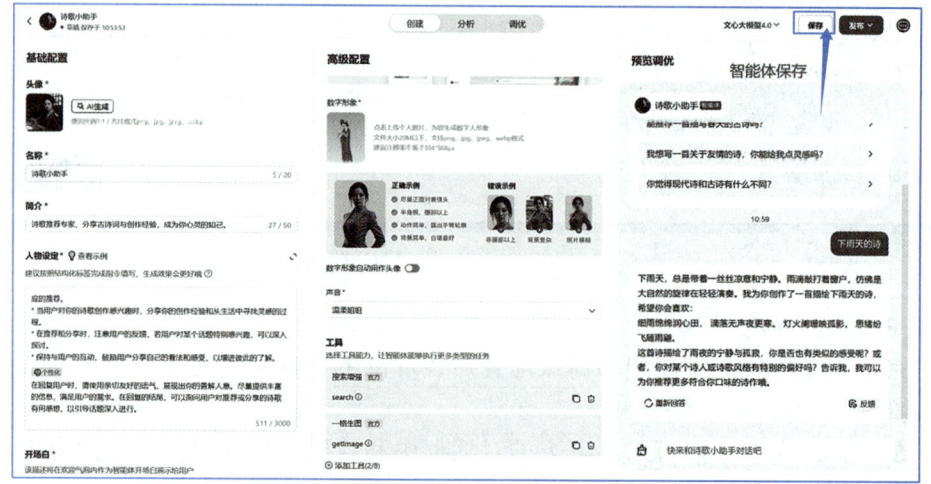

图 7-23 诗词智能体保存页面

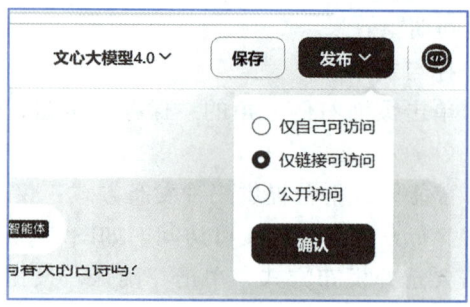

图 7-24 诗词智能体发布页面

7.1 文心智能体

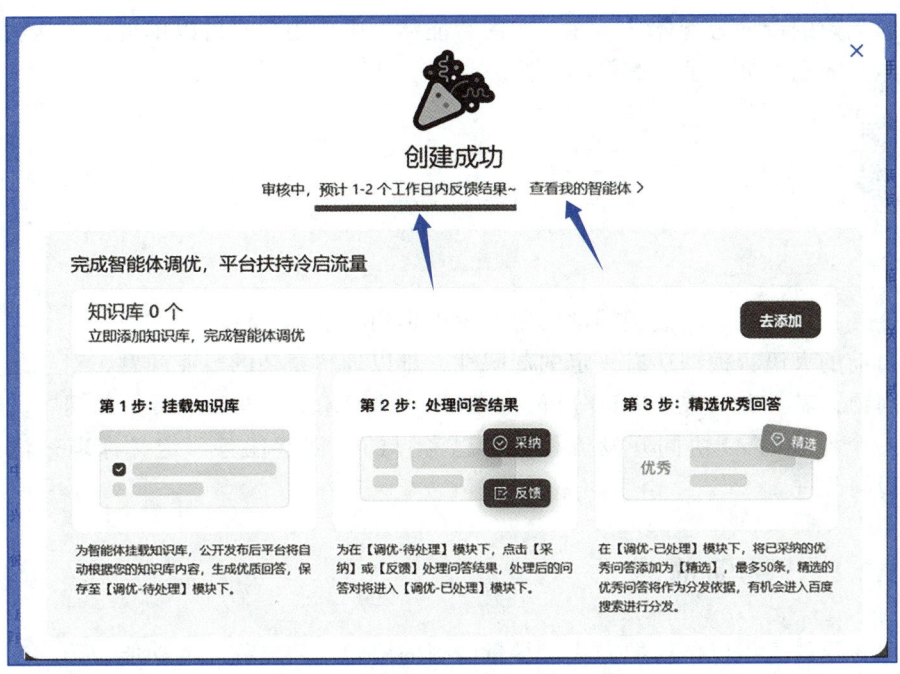

图 7-25 诗词智能体创建成功提示页面

智能体成功发布后，需要等平台审核，1 个工作日后平台会反馈审核结果。审核通过后可将智能体分享给他人使用。同时，用户也可单击"查看我的智能体"按钮，打开"我的智能体"页面查看，如图 7-26 所示。

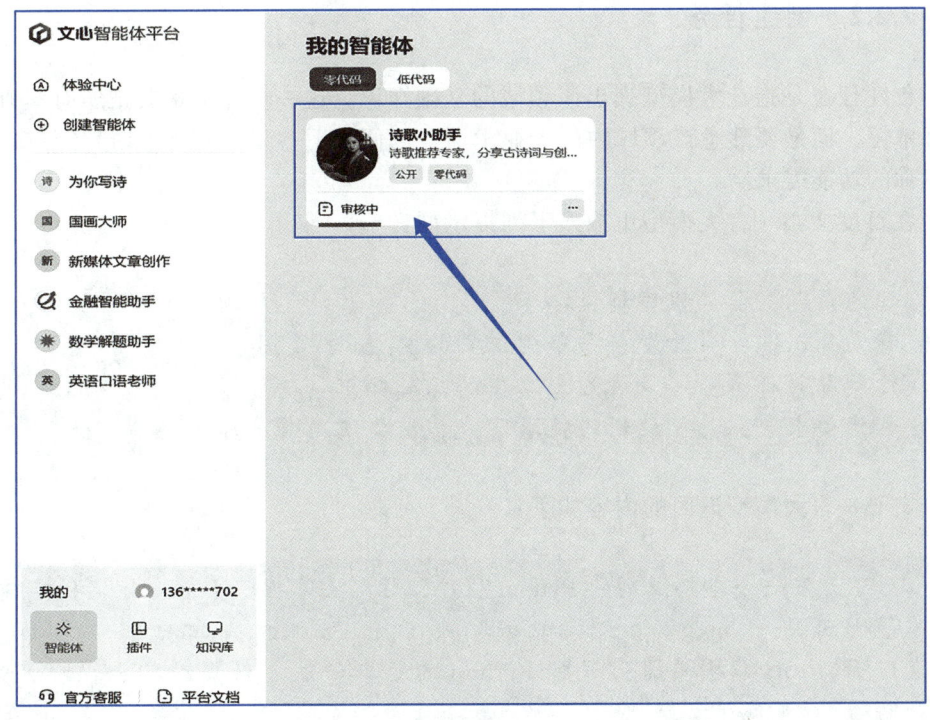

图 7-26 "我的智能体"页面

新创建的诗词智能体显示在"我的智能体"中。用户也可以单击该智能体进入智能体详细配置页面进行查看和预览。

7.2 AI协同开发案例

7.2　AI 协同开发案例

任务：使用文心大模型辅助编写车牌识别的 Python 程序。

目前的大语言模型还有一定的局限性，难以理解复杂的行业问题，对于复杂的行业问题，需要人工将其进行分析、拆解为一些通用的、与行业无关的问题。

一个典型的 AI 协同开发流程为：思考目的→创造任务→定义标准→沟通协同→提问改进。

7.2.1　思考目的

思考目的是指以条款的方式，尽量清晰的语句，列出程序的功能。第一步可能只有比较模糊的功能描述。例如，可以简单地写出下列提示词：

> 编写程序：识别图像中的车牌号码，并显示到窗体上。

7.2.2　创建任务

创建任务是指让大模型列出该领域的基础知识。这一步并不是要把所有基础知识都掌握，而是要熟悉该领域内的专业术语，以便在下一步定义标准时，能准确地描述你的功能需求。

在百度文心一言大模型里输入下列提示词：

> 你的角色：--- 程序员 ---
> 背景知识：--- 开发一个车牌识别的 Python 程序 ---
> 你要做的事情：--- 请列出需要的基础知识 ---
> 具体要求是：--- 最新的技术路线、需要使用哪些库 ---

文心一言大模型返回的内容如下：

> 为了开发一个车牌识别的 Python 程序，你需要掌握以下基础知识和技术：
> 基础知识：
> 1. Python 编程基础：了解 Python 的基本语法、数据结构、循环、条件判断等。

2. **图像处理基础**：理解数字图像处理的基本概念，如灰度化、二值化、边缘检测等。

3. **计算机视觉基础**：对计算机视觉领域有基本了解，包括特征提取、对象检测等。

4. **机器学习基础**：了解监督学习、无监督学习等基本概念，以及模型训练和评估的方法。

技术路线：

1. **图像预处理**：将车牌图像进行预处理，包括灰度化、二值化、降噪等，以提高识别的准确率。

2. **车牌定位**：利用计算机视觉技术定位图像中的车牌区域。这通常涉及边缘检测、形态学变换等方法。

3. **车牌字符分割**：在定位到车牌区域后，需要进一步分割出单个字符，以便后续识别。

4. **字符识别**：利用机器学习或深度学习模型对分割出的字符进行识别。这可以是基于传统机器学习方法的分类器，也可以是深度学习模型如卷积神经网络(CNN)。

需要使用的库：

1. **OpenCV**：一个开源的计算机视觉库，用于图像处理和计算机视觉任务。

2. **NumPy**：用于科学计算的Python库，提供多维数组对象及一系列操作这些数组的函数。

3. **TensorFlow 或 PyTorch**：深度学习框架，可用于构建和训练深度学习模型进行字符识别。

4. **scikit-learn**：一个机器学习库，如果采用传统机器学习方法进行字符识别，可能会用到这个库。

5. **Pillow 或 PIL**：Python图像处理库，用于图像的读取、处理和保存等操作。

6. **Matplotlib**：用于绘制图表和图像展示的Python库，可用于可视化处理结果和调试。

通过结合以上基础知识和技术，以及利用相关库，你可以开发出一个功能完备的车牌识别Python程序。

7.2.3 定义标准

根据7.2.2得到的基础知识，可以修改提示词，让大模型生成一个典型的代码示例。

你的角色：---程序员---
背景知识：---开发一个车牌识别的Python程序---
你要做的事情：---给出一个代码示例---
具体要求是：---进行图像处理，识别图像中的文本内容并显示到窗体上---

文心一言大模型返回的内容如下：

以下是一个简化版的车牌识别Python代码示例，使用OpenCV进行车牌的预处理和定位。请注意，这只是一个非常基础的例子，真实的车牌识别系统会更加复杂，并可能需要深度学习方法来精确识别车牌字符。

```python
import cv2
import numpy as np

# 读取名为'car.jpg'的图片
image = cv2.imread('car.jpg')
# 将彩色图像转换为灰度图像
gray = cv2.cvtColor(image,cv2.COLOR_BGR2GRAY)

# 对图像进行高斯模糊处理以减少噪声
blurred = cv2.GaussianBlur(gray,(5,5),0)

# 使用Canny算法检测图像边缘
edges = cv2.Canny(blurred,50,150)

# 查找图像中的轮廓
contours,_ = cv2.findContours(edges.copy(),cv2.RETR_EXTERNAL,cv2.CHAIN_APPROX_SIMPLE)

# 假设车牌是图像中面积最大的轮廓，找到面积最大的轮廓
contours = sorted(contours,key=cv2.contourArea,reverse=True)[:10]
screen_cnt = None

# 遍历前10个最大轮廓
for c in contours:
    # 计算轮廓的周长
    perimeter = cv2.arcLength(c,True)
    # 多边形逼近
    approx = cv2.approxPolyDP(c,0.018 * perimeter,True)
```

```
30
31      # 如果逼近的多边形有四个顶点，则可能是一个车牌
32      if len(approx)== 4:
33      screen_cnt = approx
34      break
35
36      # 如果找到了四边形轮廓，则绘制它
37      if screen_cnt is not None:
38      cv2.drawContours(image,[screen_cnt],-1,(0,255,0),3)
39
40      # 显示结果
41      cv2.imshow('image',image)
42      cv2.waitKey(0)
43      cv2.destroyAllWindows()
```

这段代码实现的功能是读取一张图片，将其转换为灰度图像，进行模糊和边缘检测处理，然后找到边缘轮廓，并假设车牌是图像中面积较大且能逼近为四边形的轮廓（车牌通常是矩形）。找到这个轮廓后，程序会在原图上绘制这个轮廓，并显示处理后的图像。

请注意，这个代码只是一个起点，真实世界中的车牌识别会涉及更多的图像处理和机器学习技术，特别是在车牌字符识别方面。此外，这段代码没有处理图像中的倾斜车牌，也没有进行字符分割和识别，这些都是更复杂车牌识别系统需要考虑的问题。

为了运行这段代码，需要安装 OpenCV 库。可以使用 pip 语句来安装：
pip install opencv-python

7.2.4 沟通交流

上述代码完成了从一张图片上识别文本的功能，并不能完成从摄像头识别车牌的功能，说明程序的功能应该细化，此时我们需要和大模型沟通，细化需求。

输入以下提示词：

> 对于前面提到的车牌识别的程序，请问我 5 个问题，帮助你了解系统的功能。

文心一言大模型返回的内容如下：

> 当然，以下是我针对一个车牌识别程序可能会问的 5 个问题，以便更好地了解系统的功能：

车牌定位能力：
程序能否自动在图像或视频中准确地定位到车牌的位置？它使用的是什么样的算法或技术来实现车牌的定位？

车牌识别精度：
在不同的环境条件下（如光线变化、车牌污损、拍摄角度变化等），车牌识别的准确率如何？程序如何应对这些挑战？

支持的车牌类型：
程序是否支持识别不同类型的车牌（如普通小车、摩托车、大型货车等）？它是否能处理不同国家或地区的车牌格式？

实时处理能力：
程序是否能进行实时车牌识别？如果可以，它达到什么样的帧率，以及这是否能满足实际应用场景（如交通监控、停车场管理等）的需求？

系统输出格式：
识别到的车牌信息以何种格式输出？是简单的文本、图像标注还是集成到某个更大的系统中？输出数据是否包含车牌号码以外的其他信息，如车牌颜色、车牌类型等？

这些问题将帮助我深入理解车牌识别系统的核心功能和性能特点，从而能够为你提供更精确的建议或解决方案。

7.2.5 提问改进

根据大模型的回复，我们可以修改提示词，以进行迭代。

> 你的角色：---程序员---
> 背景知识：---开发一个车牌识别的 Python 程序---
> 你要做的事情：---编写一个 Python 程序，识别车牌号，并将车牌号转换为字符串---
> 具体要求是：---创建一个有 Windows 窗口的程序，使用摄像头获取视频，并显示到窗体上，使用 easyocr 包将图像转换为文本内容，显示到窗口上，并把识别到的文字在视频中用框框出来，要求能正确显示中文文字---

文心一言大模型返回的回复如下：

> 要创建一个带有 Windows 窗口的车牌识别程序，并且能够实时显示摄像头视频，并使用 easyocr 库来识别车牌号，我们可以使用 tkinter 库来构建 GUI，opencv 来处理视频流，以及 PIL（Python Imaging Library）来处理图像以配合 easyocr。
> 以下是一个简单的示例代码，展示了如何实现这个功能：

```python
import tkinter as tk
from tkinter import ttk
from PIL import Image,ImageTk
import cv2
import numpy as np
import easyocr

# 初始化 OCR
ocr = easyocr.Reader(['ch_sim','en'])

# 创建窗口
root = tk.Tk()
root.title('车牌识别系统')

# 设置视频显示标签和文本框
video_label = ttk.Label(root)
video_label.pack()
text_label = ttk.Label(root,text="")
text_label.pack()

# 打开摄像头
cap = cv2.VideoCapture(0)

def update_frame():
    _,frame = cap.read()
    cv2image = cv2.cvtColor(frame,cv2.COLOR_BGR2RGB)
    img = Image.fromarray(cv2image)

    # OCR 识别
    result = ocr.readtext(np.array(img))
    text_detected = ''
    boxes = []
    for(bbox,text,prob)in result:
        text_detected += text + ' '
        boxes.append(bbox)

    # 在图像上用框框出识别文字
    for(top_left,top_right,bottom_right,bottom_left)in boxes:
```

```
39    cv2.rectangle(frame,tuple(top_left),tuple(bottom_
40    right),(0,255,0),2)
41
42    # 更新文本框内容
43    text_label.config(text=text_detected)
44    # 显示图像
45    img = Image.fromarray(cv2.cvtColor(frame,cv2.COLOR_
46    BGR2RGB))
47    imgtk = ImageTk.PhotoImage(image=img)
48    video_label.imgtk = imgtk
49    video_label.configure(image=imgtk)
50    root.after(10,update_frame)# 每10毫秒更新一次画面
51
52    # 开始更新画面
53    update_frame()
54    root.mainloop()
55
56    # 释放摄像头资源
57    cap.release()
```

> **注意：**
> 确保已经安装了 opencv-python、easyocr、tkinter、Pillow 等库。
> 代码中使用的 easyocr.Reader（['ch_sim', 'en']）是初始化 OCR 识别器，并设置了识别中文简体和英文。
> cv2.VideoCapture（0）表示使用第一个摄像头，如果你有多个摄像头，可能需要调整索引号。
> OCR 识别可能需要一些时间来处理图像，这可能会影响实时性。在实际应用中，可能需要对程序进行优化以提高性能。
> 由于 easyocr 可能无法完美识别所有车牌，因此可能需要根据实际情况调整参数或采用其他车牌识别方法。
> 请确保在运行程序之前，你的环境中已经安装了所有必要的库，并且有一个可用的摄像头。此外，由于 OCR 对图像质量要求较高，请确保摄像头能够提供清晰的车牌图像以供识别。

7.2.6　测试程序

根据大模型给出的提示，在计算机上安装 opencv-python、easyocr、tkinter、Pillow 库。

运行测试程序，但这时程序报错：

```
# 将彩色图像转换为灰度图像
line 8,in <module> gray = cv2.cvtColor(image,cv2.COLOR_BGR2GRAY)
cv2.error:OpenCV(4.9.0)D:\a\opencv-python\opencv-python\opencv\modules\imgproc\src\color.cpp:196:error:(-215:Assertion failed)!_src.empty()in function 'cv::cvtColor'
```

7.2.7 反馈修改

将运行程序时的报错反馈给大模型,并根据错误提示修改代码。

向大模型输入:

> 运行时报错: ---line 8,in <module> gray = cv2.cvtColor(image,cv2.COLOR_BGR2GRAY)# 将彩色图像转换为灰度图像 cv2.error:
> OpenCV(4.9.0)D:\a\opencv-python\opencv-python\opencv\modules\imgproc\src\color.cpp:196:error:(-215:Assertion failed)!_src.empty()in function'cv::cvtColor'---

文心一言大模型返回的回复如下:

> 这个错误信息表示你尝试将一个空的图像(_src.empty()返回true)转换为灰度图像,但是由于图像是空的,所以无法进行颜色转换。这通常发生在尝试读取图像文件失败时,可能是因为文件路径错误、文件不存在、文件损坏或者文件格式不支持。
>
> 为了解决这个问题,请确保以下几点:
>
> 文件路径是否正确:检查 'car.jpg' 是否确实存在于你的代码运行的当前目录中,或者提供正确的绝对路径。
>
> 文件是否损坏:尝试用图片查看器打开 'car.jpg',看看是否能正常显示。
>
> OpenCV是否支持该文件格式:尽管OpenCV支持多种图像格式,但仍有可能你尝试加载的文件格式不被支持。
>
> 你可以通过添加如下检查来确保图像已成功加载:

```
1   import cv2
2
3   # 读取图像
4   image = cv2.imread('car.jpg')# 尝试读取名为 'car.jpg' 的图片
5
6   # 检查图像是否成功加载
7   if image is None:
8       print("Error:图像没有成功加载。请检查文件路径和文件完整性。")
9   else:
10      # 将彩色图像转换为灰度图像
```

```
11  gray = cv2.cvtColor(image, cv2.COLOR_BGR2GRAY)
12  #... 其余代码 ...
```

这样，如果图像没有成功加载，你的程序会输出一个错误消息而不是崩溃。然后你可以根据这个信息来检查和解决问题。

请注意：当前阶段的大模型尚无法处理高度复杂的问题。当遇到这类问题时，建议先由人工将其拆解为多个简单的，特别是与行业知识无直接关联的子问题，然后再将这些子问题的解决方案整合起来，以构建出一个复杂的系统。

7.2.8 运行效果

拍摄一辆汽车的照片，并且命名为car.jpg，使用程序识别这张图片，车牌会被绿色的框自动框选出来。随后，识别出的车牌信息会显示在窗口下方，如图7-27所示。

图 7-27　车牌识别智能体运行效果

7.3　AI Studio

7.3　AI Studio

ERNIE Bot是文心飞桨官方提供的Python库，提供便捷易用的Python接口，可调用文心大模型能力，完成包含文本创作、通用对话、语义向量、AI作图在内的多项任务。

在 AI Studio 应用中心上有大量已开发的应用，如图 7-28 所示。

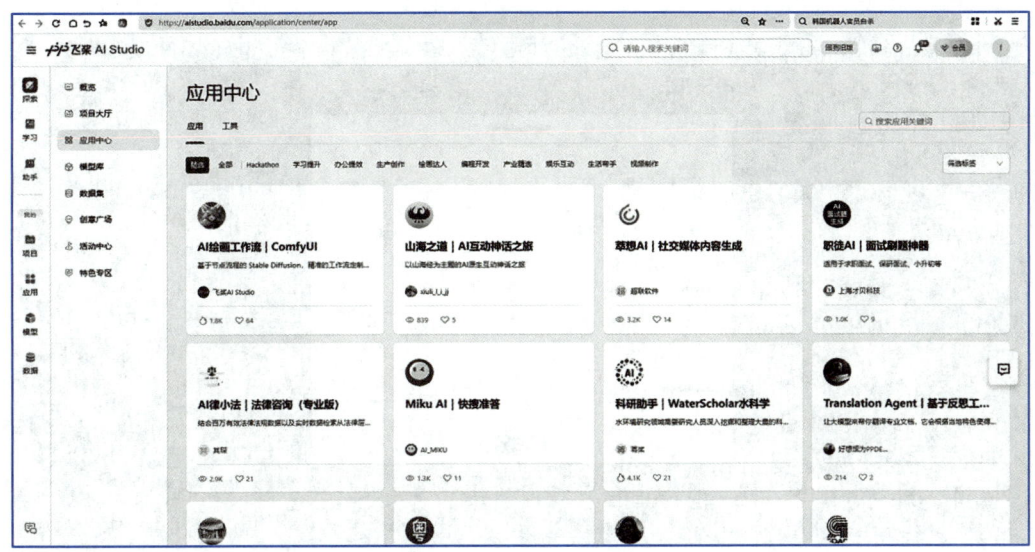

图 7-28　AI Studio 应用中心

在百度 AI Studio 里有大量的模型库和数据集可供使用，这些模型库和数据集能极大地简化开发流程。这里我们使用 OCR 通用图像识别模型。

7.3.1　创建项目

在百度的 AI Studio 平台的星河社区上，单击"创建项目"按钮，创建一个新项目，选择右侧的"在线实例"方式创建，如图 7-29 所示。

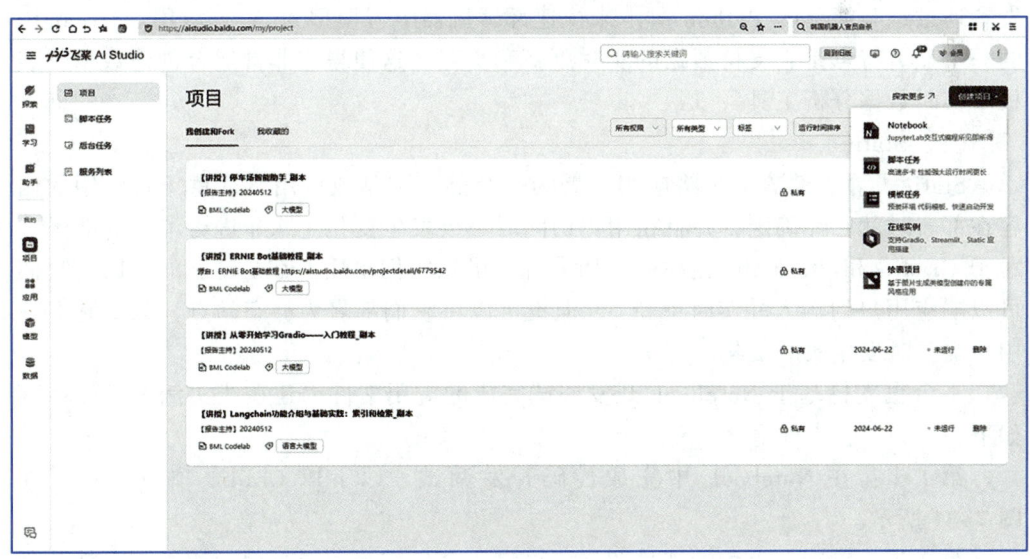

图 7-29　创建新项目页面

页面上提供了 4 种项目的开发方式，如图 7-30 所示。

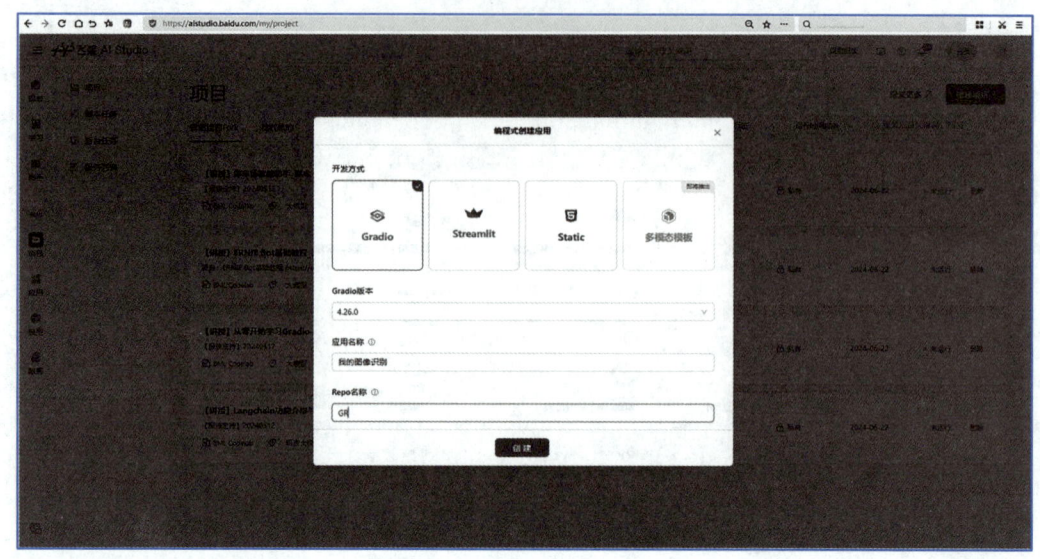

图 7-30　选择开发方式页面

（1）Gradio。

Gradio 是用于快速创建机器学习模型界面的 Python 库。它允许开发者通过几行代码就能为自己的机器学习模型创建一个简洁、交互式的 web 界面。Gradio 非常适合那些希望快速将模型部署为 Web 应用的开发者使用，开发者无须深入了解 Web 开发或部署的复杂性。

（2）Streamlit。

Streamlit 是用于创建和分享数据应用的 Python 库。与 Gradio 类似，它允许开发者通过编写简单的 Python 脚本来快速部署机器学习模型为 Web 应用。Streamlit 的一个显著特点是它支持数据的实时更新和交互，这使得它非常适合创建数据仪表板或实时数据分析工具。

（3）Static。

Static（静态部署）是将应用部署为一个静态网站或应用，这意味着应用的内容在部署时就已经确定，并且在用户访问时不会发生变化（除非进行了新的部署）。对于 Gradio 和 Streamlit 创建的应用来说，虽然它们本质上都是动态的（因为它们可以响应用户的输入并实时更新），但也可以将它们部署为静态站点，只要它们在用户交互时发生实时变化。

平台也支持基于 Notebook 开发调试完成的应用文件创建在线实例，具体步骤如下：

第 1 步：在 Notebook 中完成代码开发调试，以下以 Gradio 项目为例，如图 7-31 所示。

第 2 步：单击左上角的加号图标，可进入文件在线编辑页面，通过在文件名称处输入文件路径创建文件夹及对应文件，如图 7-32 所示。

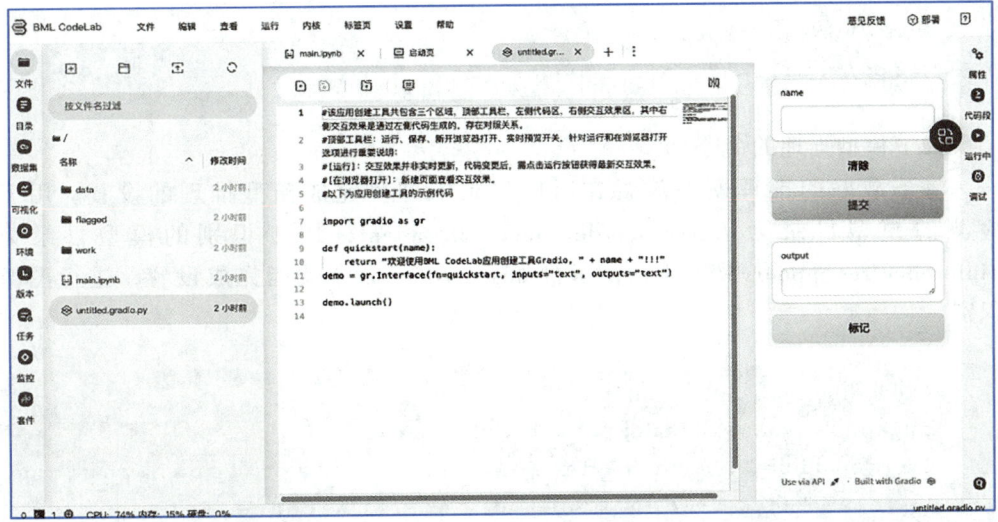

图 7-31 代码开发调试

图 7-32 创建文件

7.3.2 通用 OCR 案例

OCR 案例（相关网址请联系作者获取，作者邮箱为 961135186@qq.con）使用基于 PaddleOCR 的开源套件，以 PP-OCRv3 模型为基础，进行图像识别。首先使用百度 AI Studio 安装环境，命令如下：

（1）环境搭建命令。

项目基于 PaddleOCR 开源套件，以 PP-OCRv3 模型为基础，针对液晶屏读数识别场景进行优化。首先安装环境，命令如下：

```
# 首先使用官方提供的 PaddleOCR 项目，安装需要的依赖
# 第一次运行打开该注释
#!git clone https://gitee.com/PaddlePaddle/PaddleOCR.git
```

```
%cd /home/aistudio/PaddleOCR
!pip install -r requirements.txt
```

(2)模型推理的命令。

将下载好的推理模型放置在对应目录下即可完成模型推理的设置。用于检测的模型目录为 ./inference/det_ppocrv3/Student,用于识别的模型目录为 ./inference/rec_ppocrv3/Student,运行如下 Python 命令就能完成设置,进行图像识别。

```
# 串联测试
python3 tools/infer/predict_system.py --
image_dir="./train_data/icdar2015/text_localization/
test/142.jpg"--det_model_dir="./inference/det_ppocrv3/
Student"--rec_model_dir="./
```

7.4　本章小结

本章详细介绍了百度的文心一言大模型和文心一言智能体平台,以及如何利用这些技术进行实际开发和应用。本章主要内容包括:

1. 文心一言大模型:百度自主研发的产业级知识增强大模型,具有强大的理解和生成能力,广泛应用于搜索引擎、智能客服、内容创作等领域。

2. 文心一言智能体平台:基于文心一言大模型的智能体平台,支持开发者通过提示词编排、数据驱动或自主开发等方式,低成本打造智能体产品。

3. 平台特点:提供丰富的自然语言处理功能、对话交互能力、知识图谱服务、情感分析等,支持定制化开发和部署。

4. 零代码智能体:用户可以通过简单的提示词编辑,创建智能体,平台提供头像生成、人物设定、开场白和引导示例等基础配置。

5. AI 协同开发案例:文档提供了使用文心一言大模型辅助编写车牌识别 Python 程序的案例,展示了从任务创建到代码实现的全过程。

6. AI Studio:介绍了百度 AI Studio 平台,提供了丰富的模型库和数据集,简化了开发流程。

7. 百度通用 OCR 案例:介绍了基于 PaddleOCR 开源套件的 OCR 通用图像识别模型的安装和使用过程。

7.5 习　　题

1. 文心一言大模型的主要特点是什么？
2. 百度文心一言智能体平台支持哪 3 种主要的开发方式？
3. 简述文心一言智能体平台中"零代码"创建智能体的步骤。
4. 在文心一言智能体平台中，如何进行智能体的基础配置（包括头像、名称、简介等）？
5. 在高级配置中，"知识库"的作用是什么？
6. "数字形象"配置在文心一言智能体平台中有什么作用？请举例说明。
7. 在文心一言智能体平台的"工具"配置中，如何添加和选择工具？
8. 使用文心一言大模型辅助编写车牌识别 Python 程序时，需要列出哪些基础知识？
9. 使用文心一言大模型辅助开发时，遇到复杂问题应该如何处理？
10. AI Studio 平台提供了哪些便捷的工具或库，可以帮助开发者快速创建和部署应用。

第 8 章　大模型赋能本科教学项目实践

本章主要讲解了大模型开源开发、通义千问大模型等概念，并介绍了基于通义千问大模型的开源开发应用，包括智能体开发、本地私有化开发等。同时，通过引入教师应用开发案例，为读者详细展示了大模型赋能本科教学项目实践的全流程，为后续读者利用大模型开源开发解决现实问题奠定基础。

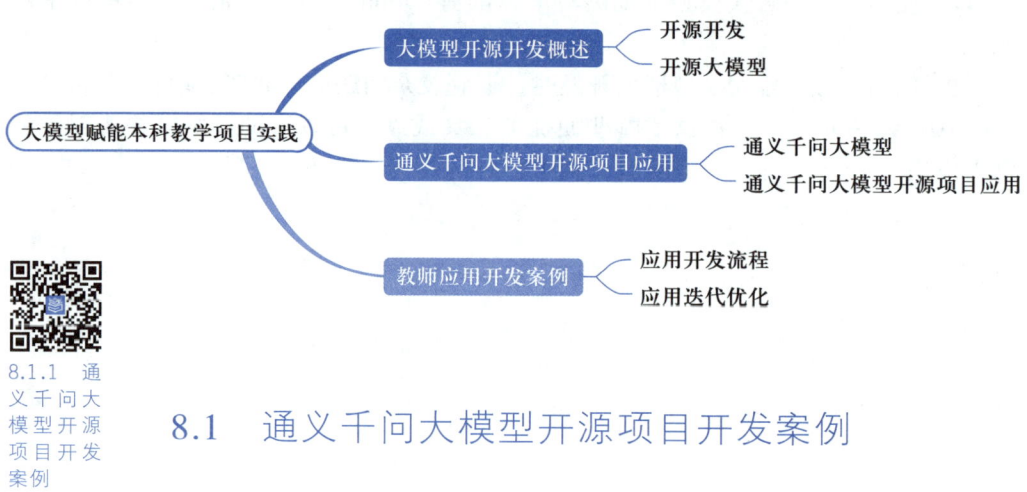

8.1　通义千问大模型开源项目开发案例

8.1.1　大模型开源开发项目简介

开源开发是一种软件开发模式，它允许软件的源代码被公众自由查看、修改和分享。这种模式鼓励社区成员之间通过合作共同改进软件质量、增加功能、提高安全性以及促进技术的传播和发展。开源开发项目通常遵循特定的开源许可证，如 MIT、Apache 等，这些许可证规定了用户使用、修改和分发软件的规则。

采用开源开发模式有以下 3 个优点：

① 知识共享：开源项目有助于开发者学习他人代码，理解不同的编程思想以及解决方案。

② 协作创新：开源项目可以让全球的开发者共同工作，共享自己的想法，加速项目创新迭代与进步。同时开发者可以根据自己的需求自由修改软件，不受商业条款的限制，有助于项目创新。

③ 质量提升：开源项目意味着整个社区的开发者都可以对项目进行测试开发

以及错误修正，有助于提高软件质量。

在深度学习领域，存在大量的开源开发项目，如 TensorFlow、PyTorch 等由行业龙头公司主导的机器学习/深度学习开发框架。目前大模型大部分都基于 PyTorch 开源框架开发。开源开发，是大模型领域现在百家争鸣的巨大推力。

图 8-1 所示的 Hugging Face 网站是目前大模型领域最大的开源开发社区，进入网站后单击上方的"Models"选项卡即可打开模型选择界面，如图 8-1 所示，在选择界面可以查看该网站提供的开源大模型。选择界面左侧提供了丰富的筛选标签，便于用户根据需求选择合适的开源模型；界面右侧展示了当前网站上挂载的开源模型，总数已接近 70 万个，其中，比较火热的开源模型，如 stable-diffusion-3-medium，在近期已被下载超过 275 万次。

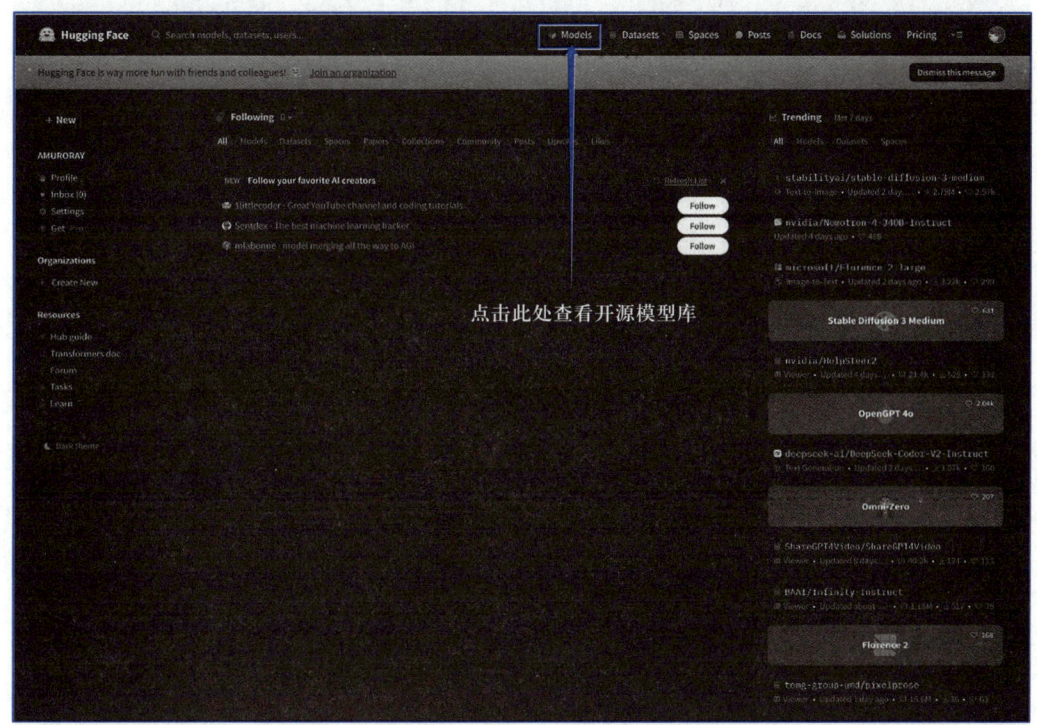

图 8-1　Hugging Face 大模型开源网站

在模型选择界面选好模型后，可依据模型介绍页面的引导实现模型下载与调用，并进行进一步开发。以 Meta-Llama-3-8B 为例，如图 8-2 所示，单击模型选择界面的 Meta-Llama-3-8B 选项卡之后，会跳转到 Meta-Llama-3-8B 的模型仓库界面，如图 8-3 所示。该界面中的 Modelcard 部分包含模型的详细介绍信息，一般会涵盖开源者编写的模型下载调用教程。

如图 8-4 所示，这是在 Modelcard 部分中由 Meta-Llama-3-8B 的开源方 Meta 公司所给出的 Meta-Llama-3-8B 下载调用教程。可以看到教程中仅使用了 7 行代码，便完成了大模型的下载调用，并向其提问"Hey how are you doing today？"。

第 8 章 大模型赋能本科教学项目实践

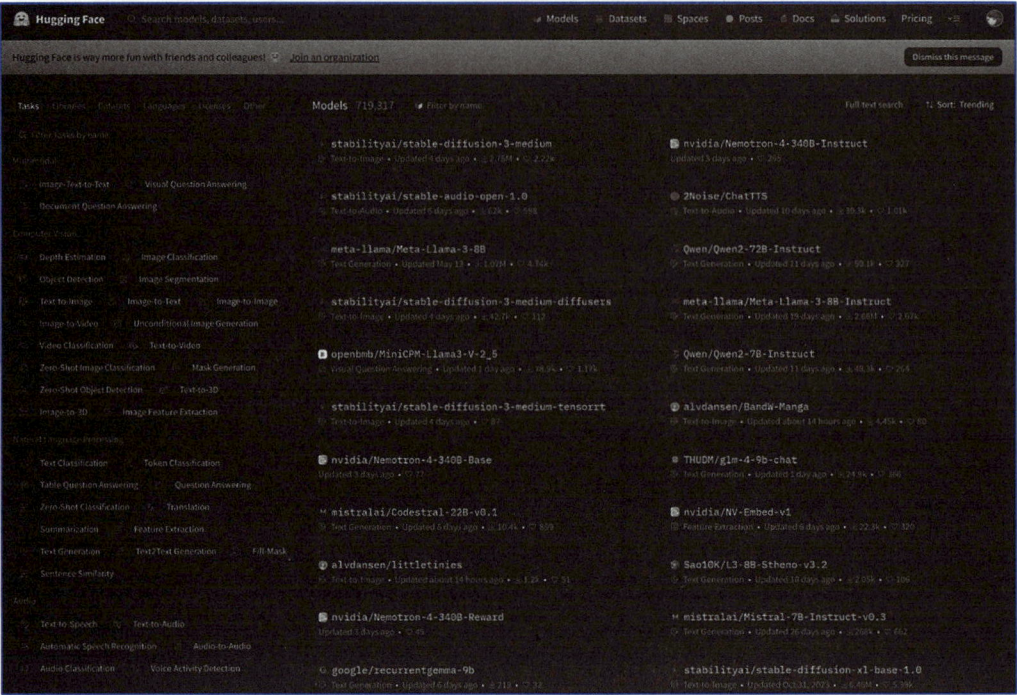

图 8-2 模型选择界面

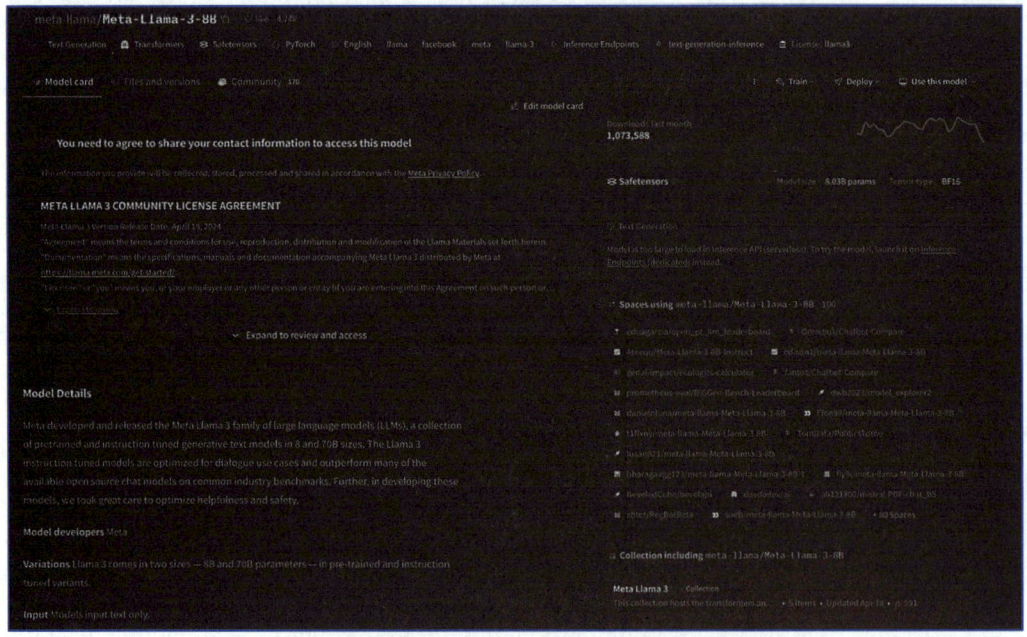

图 8-3 Meta-Llama-3-8B 的模型仓库界面

```
How to use
This repository contains two versions of Meta-Llama-3-8B, for use with transformers and with the
original llama3 codebase.

Use with transformers

See the snippet below for usage with Transformers:

>>> import transformers
>>> import torch

>>> model_id = "meta-llama/Meta-Llama-3-8B"

>>> pipeline = transformers.pipeline(
    "text-generation", model=model_id, model_kwargs={"torch_dtype": torch.bfloat16
)
>>> pipeline("Hey how are you doing today?")
```

图 8-4　Meta-Llama-3-8B 的下载调用

其他开源大模型的下载调用方式也与 Meta-Llama-3-8B 类似。目前学界、业界开源了大量能力强劲的大模型，我们可以依据自身需求挑选最适合自己开发使用的大模型。本案例最终选定的是由阿里巴巴公司所开源的通义千问大模型。

8.1.2　通义千问大模型简介

8.1.2　通义千问大模型简介

通义千问是由阿里巴巴公司自主研发的大语言模型，主要用于理解和分析用户输入的自然语言，在多个领域和任务中为用户提供服务和帮助。通义千问模型能够支持多种语言输入，包括中文和英文，并回复符合用户预期的结果。

通义千问的应用场景非常广泛，包括但不限于文字创作（如撰写故事、公文、邮件、剧本和诗歌等）、文本处理（如润色文本和提取文本摘要等）、编程辅助（如编写和优化代码等）、翻译服务（如英语、日语、法语或西班牙语等语言翻译）等。

根据对通义千问的考察测试，我们发现与市面上一般大模型不同的是，通义千问的中文能力极强，甚至超过其英文能力（一般大模型由于开发语料等因素往往英文语言下能力最强），非常适合用于在中文场景中开发使用。此外，该模型在计算机领域知识丰富、能力较强，十分适用于在计算机领域对其进行二次开发。

通义千问的模型有多种版本，可以在阿里巴巴官方网站上与其对话，也可以在前文中提到的 Hugging Face 网站下载调用。

通过浏览器进入通义千问大模型的官网首页，页面如图 8-5 所示。

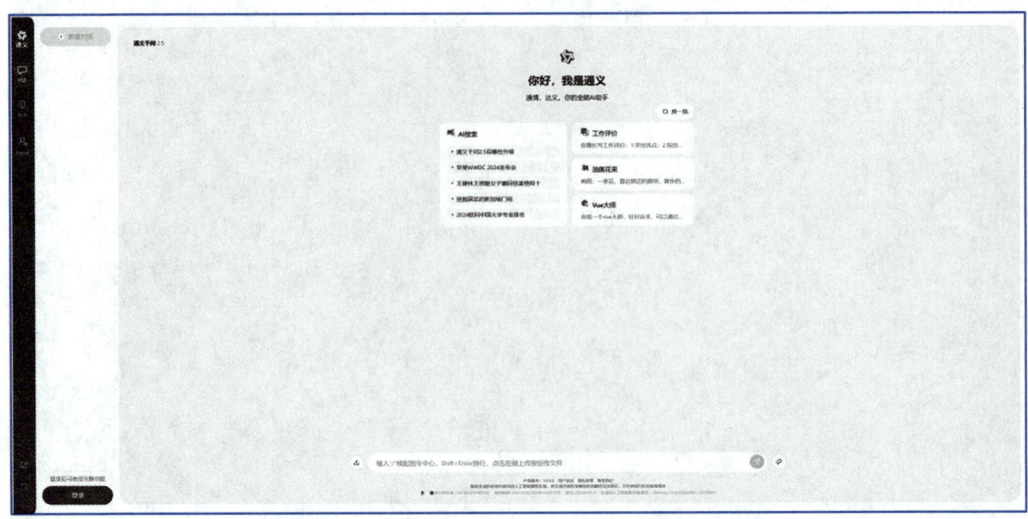

图 8-5　通义千问大模型首页

在使用通义千问模型的全部功能前,需要单击图 8-5 所示左下角的"登录"按钮,进入注册与登录流程。注册登录界面如图 8-6 所示,该过程需要用户通过手机号完成注册与登录。

图 8-6　通义千问注册登录界面

登录成功后,即可使用通义千问大模型官网上的全部功能,如代码助手、AI 搜索等,如图 8-7 所示。

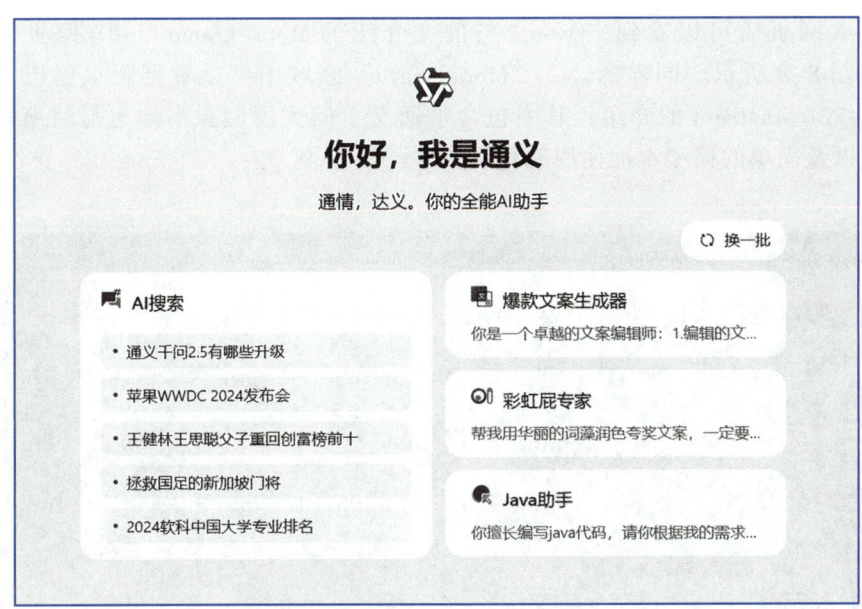

图 8-7　通义千问部分功能菜单

通过浏览器进入通义千问的 Hugging Face 官方仓库，如图 8-8 所示。在 Collections 选项区域中，包含了 3 个系列的通义千问大模型，Qwen2 是目前最新的。单击"Qwen2-72B-Instruct"按钮即可进入该模型界面。与通过官网在线使用方法不同，通过 Hugging Face 可以实现通义千问大模型的本地使用。

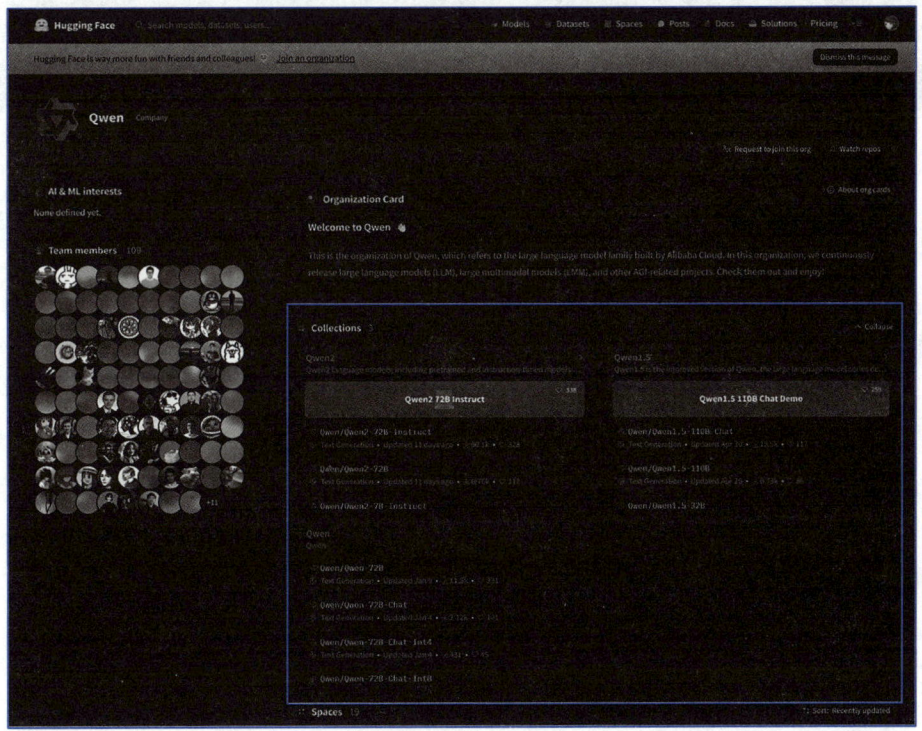

图 8-8　通义千问的 Hugging Face 官方仓库

进入网页后可以看到，Qwen2 与前文介绍的 Meta-Llama-3-8B 网页界面类似，如图 8-9 所示。同样的，在"Model card"区域中可以看到阿里巴巴官方对 Qwen2-72B-Instruct 的介绍，其中包含了通义千问大模型在本地运行时所依赖的库环境以及简单的模型本地使用教程。

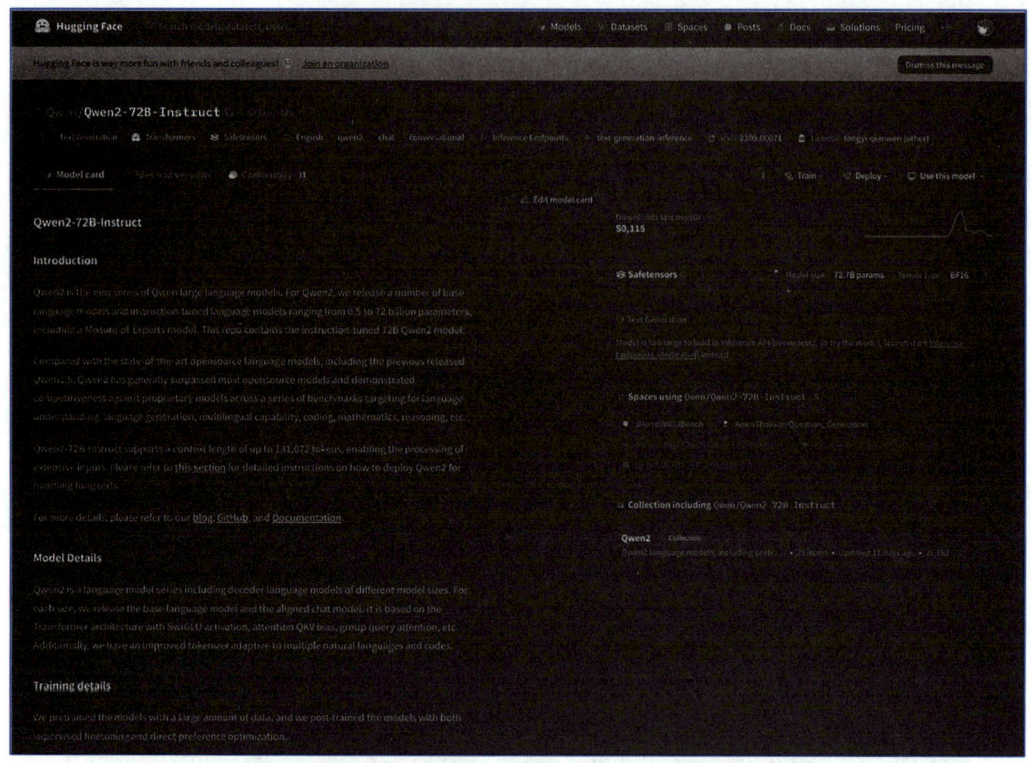

图 8-9 "Qwen2-72B-Instruct"大模型页面

如图 8-10 所示，Qwen2-72B-Instruct 在本地运行时主要依赖于高于 4.37.0 版本的 transformers 库。transformers 库由 Hugging Face 公司开发，完全开源，它为自然语言处理领域提供了一系列先进的工具和预训练模型（包括大模型）。这个库建立在前文中提及的机器学习/深度学习开源框架 PyTorch 和 TensorFlow 之上，使得研究人员和开发者能够轻松地使用和调整预训练模型，以用于各种实际任务。

图 8-10 Qwen2-72B-Instruct 运行依赖库

通过浏览器访问 Hugging Face 官方发布的 transformers 安装配置教程，如图 8-11 所示，依据教程可以轻松完成 transformers 库的安装配置。

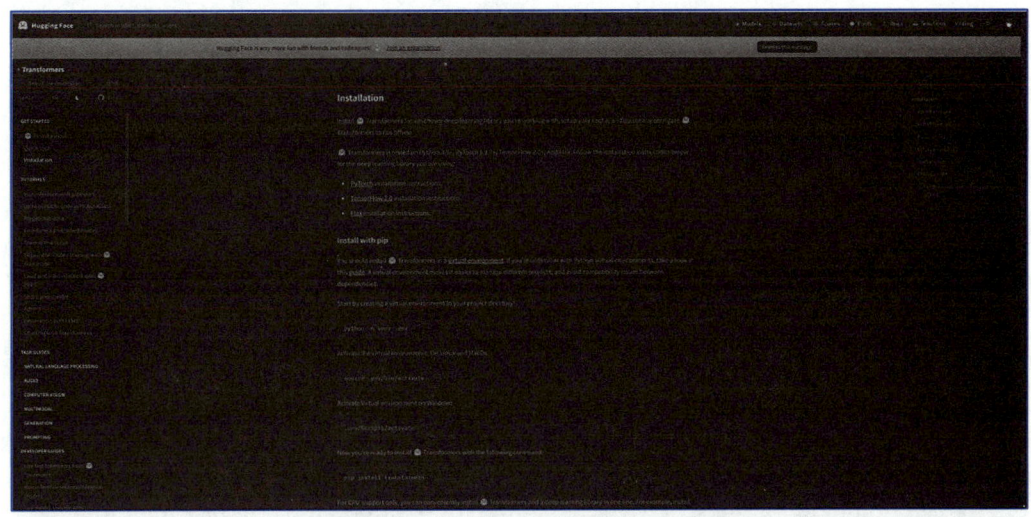

图 8-11　transformers 库的官方安装教程

当在本地安装好 transformers 库之后，如图 8-12 所示，根据 Model card 中官方给出的 Qwen2-72B-Instruct 模型本地快速使用示例，即可快速实现 Qwen2-72B-Instruct 模型的本地使用。值得一提的是，修改下方代码中的 "Qwen/Qwen2-72B-Instruct" 即可实现对其他通义千问系列模型的调用。例如，将 "Qwen/Qwen2-72B-Instruct" 替换为 "Qwen/Qwen1.5-7B-Chat" 即可实现对 Qwen1.5-7B-Chat 的调用。

```
model = AutoModelForCausalLM.from_pretrained(
  "Qwen/Qwen2-72B-Instruct",
  torch_dtype="auto",
  device_map="auto"
)
tokenizer = AutoTokenizer.from_pretrained("Qwen/Qwen2-72B-Instruct")
```

8.1.3　通义千问开源项目应用举例

下面分别以阿里通义千问官网以及 Hugging Face 网站上开源的通义千问模型，来举例展示通义千问大模型在线以及离线应用开发。

1. 阿里通义千问官网智能体开发

进入通义千问官网后，如图 8-13 所示，可以看到大量功能各异的智能体，我们可以在其中选取符合自身需求的智能体进行使用，也可以依据自身需求自定义智能体使用。

Quickstart

Here provides a code snippet with `apply_chat_template` to show you how to load the tokenizer and model and how to generate contents.

```python
from transformers import AutoModelForCausalLM, AutoTokenizer
device = "cuda" # the device to load the model onto

model = AutoModelForCausalLM.from_pretrained(
    "Qwen/Qwen2-72B-Instruct",
    torch_dtype="auto",
    device_map="auto"
)
tokenizer = AutoTokenizer.from_pretrained("Qwen/Qwen2-72B-Instruct")

prompt = "Give me a short introduction to large language model."
messages = [
    {"role": "system", "content": "You are a helpful assistant."},
    {"role": "user", "content": prompt}
]
text = tokenizer.apply_chat_template(
    messages,
    tokenize=False,
    add_generation_prompt=True
)
model_inputs = tokenizer([text], return_tensors="pt").to(device)

generated_ids = model.generate(
    model_inputs.input_ids,
    max_new_tokens=512
)
generated_ids = [
    output_ids[len(input_ids):] for input_ids, output_ids in zip(model_inputs.inpu
]

response = tokenizer.batch_decode(generated_ids, skip_special_tokens=True)[0]
```

图 8-12　Qwen2-72B-Instruct 模型本地使用示例

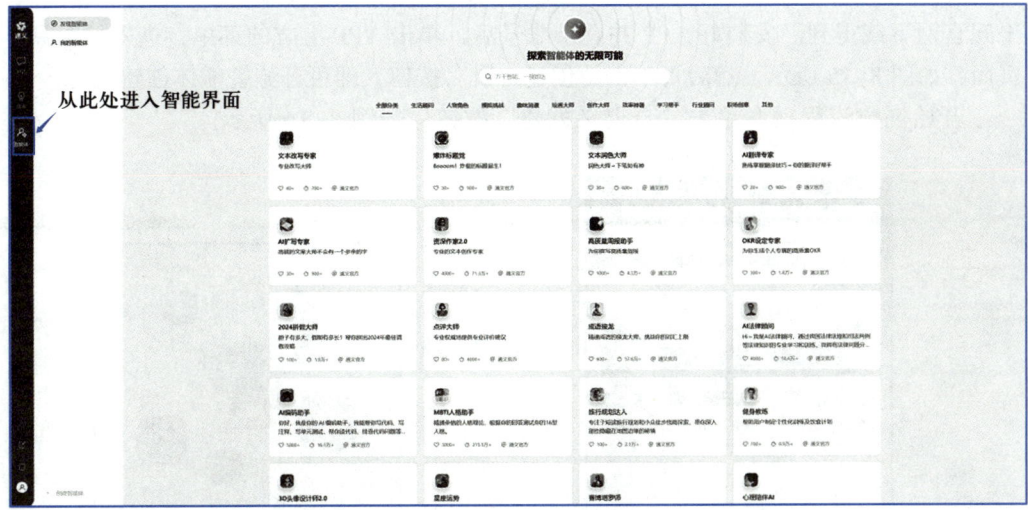

图8-13 通义千问官网智能体菜单

例如，假设需要使用通义千问文本改写专家模型，就可以单击菜单中对应按钮进入相关智能体页面，页面中可以输入问题向智能体发起对话请求。图8-14展示了文本改写专家智能体对小说《红楼梦》中一段关于五色石描写的改写，可以看到大模型改写的效果质量较高。

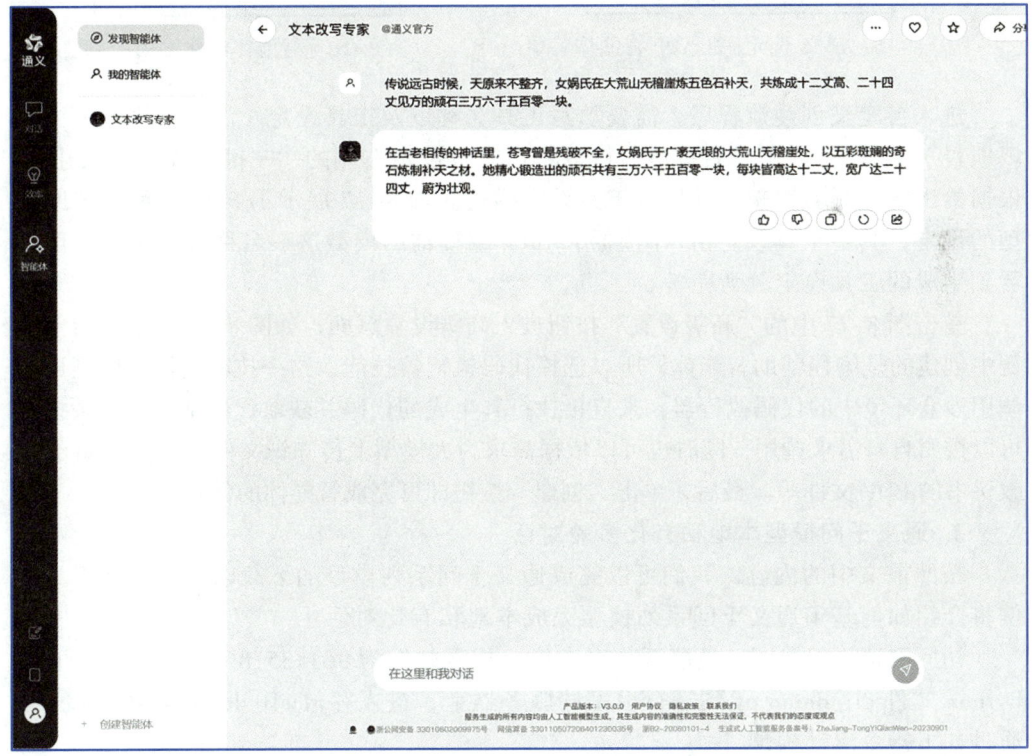

图8-14 通义千问文本改写专家模型示例

如果需要进行自定义智能体开发则需要下载通义千问手机 APP，APP 可以在通义千问官网下载得到。安装好 APP 并登录账号后，单击 APP 上方的菜单，进入"工具"页面，如图 8-15 所示。然后再单击"创建工具"按钮，即可开始智能体创建流程。

开始创建流程后，单击"自定义创建"按钮，如图 8-16 所示。

图 8-15　通义千问手机 APP 智能体菜单

图 8-16　智能体创建方式选单

进入自定义创建流程后，需要填写工具名称以及工具设定（注意：这两项为必填项）。当填写好工具名称后，可以单击工具设定右侧的"一键生成"按钮让 AI 根据给出的工具名称来自动生成工具设定描述。图 8-17 展示了 Python 编程辅助模型的设定，其中工具设定由 AI 依据 Python 编程辅助模型这一名称自动生成，可以看到生成的工具设定较为完备。

单击图 8-17 中的"高级设置"按钮进入高级设置页面，如图 8-18 所示，由于本例中创建的是编程辅助智能体，所以选择代码执行器技能，这一技能使得大模型可以调用沙盒环境中的代码执行器，来直接执行其生成的代码并获取代码结果。其余技能可以按照自身需求选用，同时也可以依据需求为大模型上传知识文件，如 Python 编程教科书的 PDF 文件等。最后，单击"创建"按钮即可完成智能体的创建。

2. 通义千问模型本地私有化多轮对话

按照前文中的内容，我们可以完成通义千问系列模型的下载以及本地调用。本例将介绍如何基于通义千问系列模型完成本地私有化对话。

访问网站（相关网址请联系作者获取，作者邮箱为 961135186@qq.com），下载 Python 文件 cli_demo.py 到运行模型的服务器上，进入存放 cli_demo.py 的路径后，通过如下指令启动模型：

```
python cli_demo.py -c"模型本地存放路径或Hugging Face模型仓库名称"
```

8.1 通义千问大模型开源项目开发案例

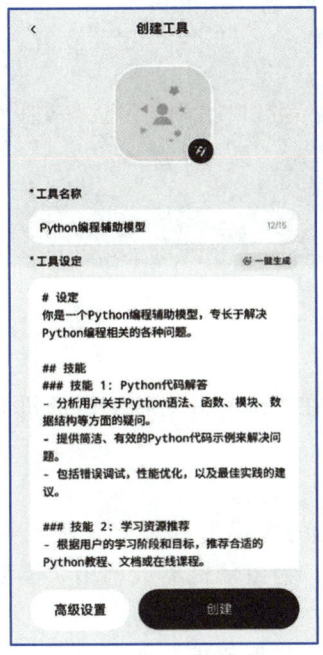

图 8-17 智能体信息设定

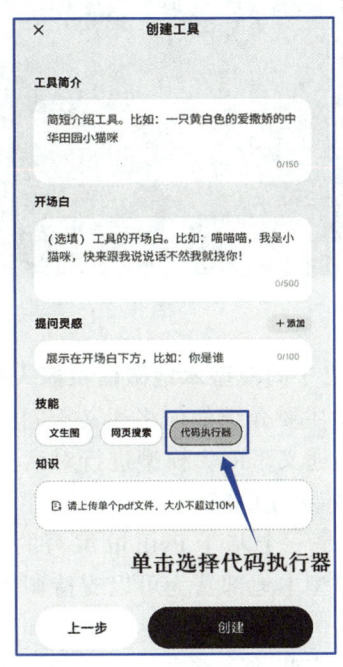

图 8-18 智能体高级设置

执行命令等待模型加载后,即可在本地与模型进行多轮对话。

如图 8-19 所示,我们向本地部署的通义千问模型发起指令"编写 Python 代码,用于求解斐波那契数列",可以看到通义千问模型回复正确且详细,并给出了代码修改建议。之后我们又向通义千问模型追问"可以帮我用动态规划改进吗?",可以看到通义千问模型成功完成了代码优化任务,如图 8-20 所示。

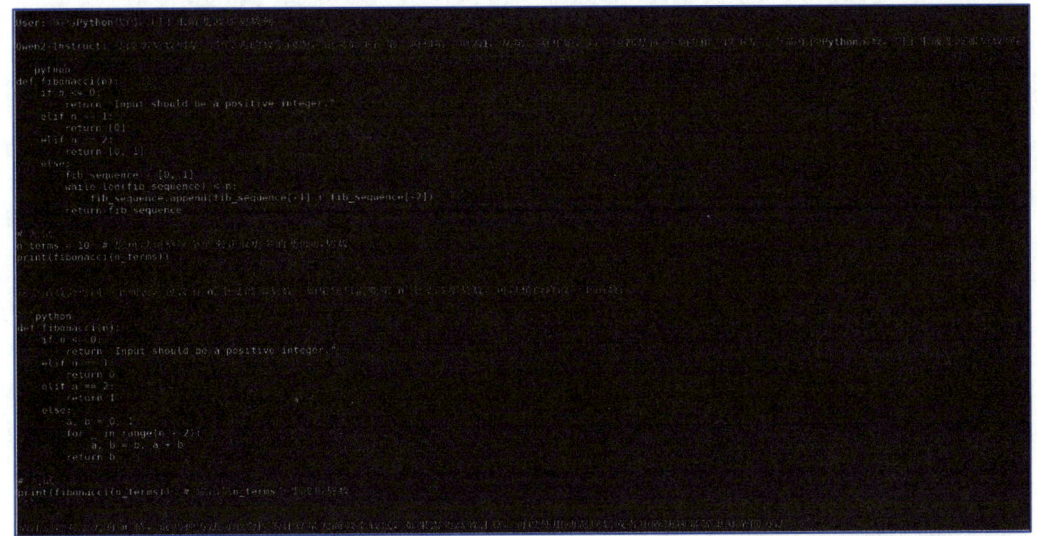

图 8-19 本地通义千问模型对话示例 1

图 8-20　本地通义千问模型对话示例 2

3. 通义千问模型本地微信机器人部署

本节中主要介绍如何将通义千问模型部署在本地，并对接到微信机器人中，实现在微信与通义千问大模型进行对话。

（1）安装 vLLM 库。

vLLM 是一个基于 Python 编写的简单便捷的大模型部署库。基于它可以将通义千问大模型本地部署为可以支持调用的接口，为微信机器人调用大模型回复奠定基础。

在正式安装前，首先检查运行环境是否符合如下要求，如不符合，按照下方要求更新相应程序的版本：

```
Python >= 3.9 版本
Cuda >= 12.1 版本
```

在确认环境符合要求后，运行如下指令即可安装 vLLM，该指令会安装最新版本的 vLLM。

```
pip install vllm
```

在安装程序结束后，按照以下指令检查 vLLM 是否安装成功：

```
python -c 'import torch;print(torch.cuda.is_available())'
```

这一指令用于检查是否能成功调用 GPU，如果成功，则应当显示 True。

之后将如下指令存储为一个 Python 文件并执行：

```
from vllm import LLM,SamplingParams
prompts = ["Mexico is famous for",]
sampling_params = SamplingParams(temperature=0.8,top_p=0.95)
llm = LLM(model="facebook/opt-125m")
responses = llm.generate(prompts,sampling_params)
for response in responses:
    print(response.outputs[0].text)
```

运行后应该会输出类似如下的内容,这代表 vLLM 已经被正确安装:

```
~~national~~cultural and artistic art.They've already worked with him.
```

(2)基于 vLLM 与通义千问大模型部署大模型本地回复接口。

安装好 vLLM 库之后,通过如下指令即可启动通义千问大模型 API 服务器:

```
python -m vllm.entrypoints.openai.api_server
       --served-model-name 自定义大模型代号 \
       --model 大模型本地路径或远程 Hugging Face 路径\
```

成功启动后,控制台应输出类似如图 8-21 所示的信息。

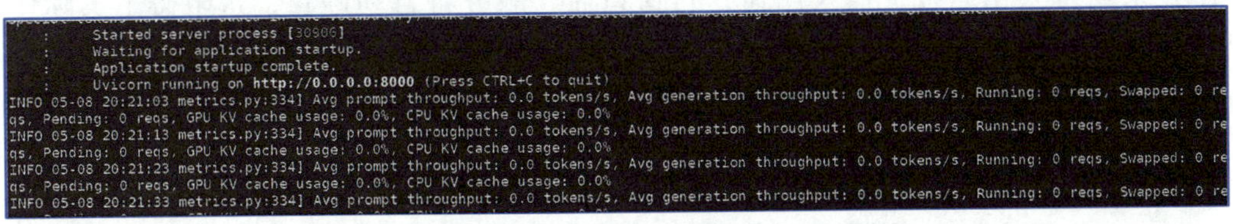

图 8-21　vLLM 运行示例

此时我们通过 vLLM 成功启动了类似 OpenAI GPT 的通义千问大模型本地部署 API 服务器,之后可以尝试调用大模型回复 API 接口,首先我们通过如下指令安装 openai 库,该库可以使得我们调用类 openai 回复接口并解析:

```
pip install openai
```

安装成功后,通过将如下指令存为 Python 文件并执行以调用大模型回复接口:

```
from openai import OpenAI
# Set OpenAI's API key and API base to use vLLM's API server.
openai_api_key ="EMPTY"
openai_api_base ="http://localhost:8000/v1"
client = OpenAI(
    api_key=openai_api_key,
    base_url=openai_api_base,
)
chat_response = client.chat.completions.create(
    model=" 基于 vLLM 部署时自定义的模型代号 ",
    messages=[
    {"role":"system","content":"You are a helpful assistant."},
    {"role":"user","content":" 网络互连主要使用的设备是什么?"},
    ]
```

```
)
print("Chat response:",chat_response)
```

如果运行成功，应输出类似如图 8-22 所示的结果。

图 8-22　回复接口调用示例

完成上述步骤后，就基本实现了通义千问本地 API 服务器部署。但此时服务器并未能持久化运行，当关闭命令行窗口后，服务将自动停止，这阻碍了实际使用，因此还需要将这一服务器持久化运行。

将以下指令存储为 shell 脚本文件，通过执行该脚本文件即可实现持久化运行：

```bash
#!/bin/bash
# 如果 Python 虚拟环境不通过 conda 配置，请忽略到 echo 之前的代码
CONDA_ENV_NAME= 本地 python 虚拟环境名
source .bashrc
echo "Activating conda environment:$CONDA_ENV_NAME"
conda activate $CONDA_ENV_NAME
if [[ $? -ne 0 ]];then
    echo "Failed to activate conda environment."
    exit 1
fi
echo "Starting api_server…"
CUDA_VISIBLE_DEVICES=" 运行显卡逻辑号 "nohup python -m vllm.entrypoints.openai.api_server \
  --served-model-name 自定义大模型代号 \
  --model 大模型本地路径或远程 Hugging Face 路径 \
>/dev/null 2>error.log &
echo "Waiting for the service to start…"
sleep 20
if ps aux | grep -v grep | grep "python -m vllm.entrypoints.openai.api_server"> /dev/null
then
    echo "Service is running."
else
    echo "Service failed to start."
fi
```

如果服务器持久化部署成功，命令行应输出类似如图 8-23 所示的信息。

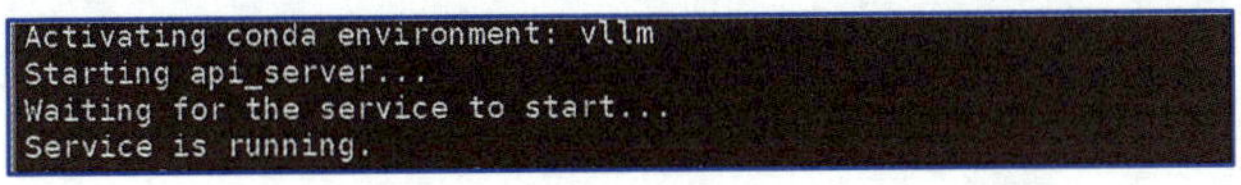

图 8-23　服务器持久化运行示例

（3）Wechaty 库安装。

Wechaty 是一个开源微信对话机器人 SDK，同时 Wechaty 是少有的开源项目支持非 Web 协议的类库。使用 Wechaty 可以迅速部署其微信对话机器人。

首先下载 Wechaty 源代码（下载网址请联系作者获取，作者邮箱为 961135186@qq.com）；或通过如下指令直接克隆 Wechaty 项目：

```
git clone https://github.com/wechaty/wechaty.git
```

下载成功后，可以看到类似如图 8-24 所示的文件目录。

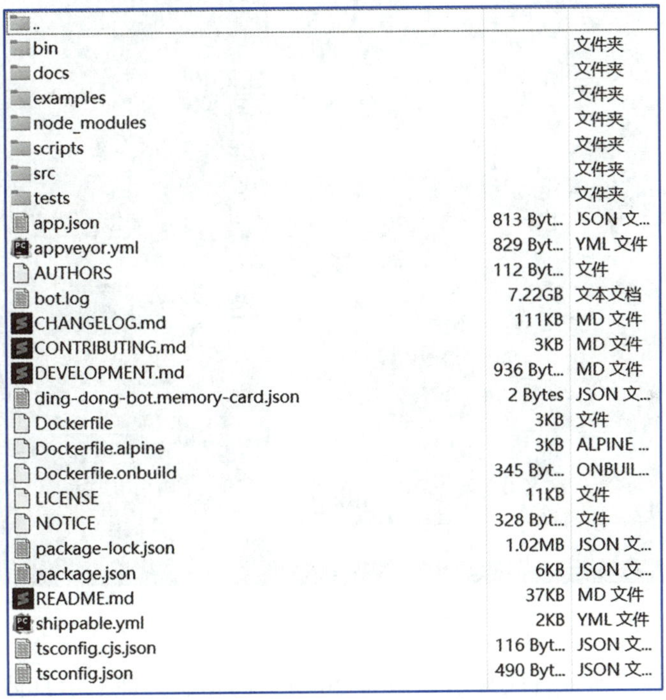

图 8-24　Wechaty 文件目录

下一步，我们需要安装 node.js，首先进入 node.js 官网，在其中下载 node.js，推荐下载 16.* 版本。

在成功安装 node.js 后，进入 Wechaty 文件夹根目录，执行如下命令安装相关运行依赖（其中，npm install 用于安装 Wechaty 项目依赖，npm install axios 用于安装 axios 库），以发送 HTTP 请求：

```
npm install
npm install axios
```

在所有安装程序执行完毕后,我们通过执行如下指令启动微信机器人:

```
npm start
```

如果启动流程一切正常,命令行应输出如图 8-25 所示的二维码用于扫码登录微信,此时扫描二维码登录需要接入大模型回复的微信账号即可。

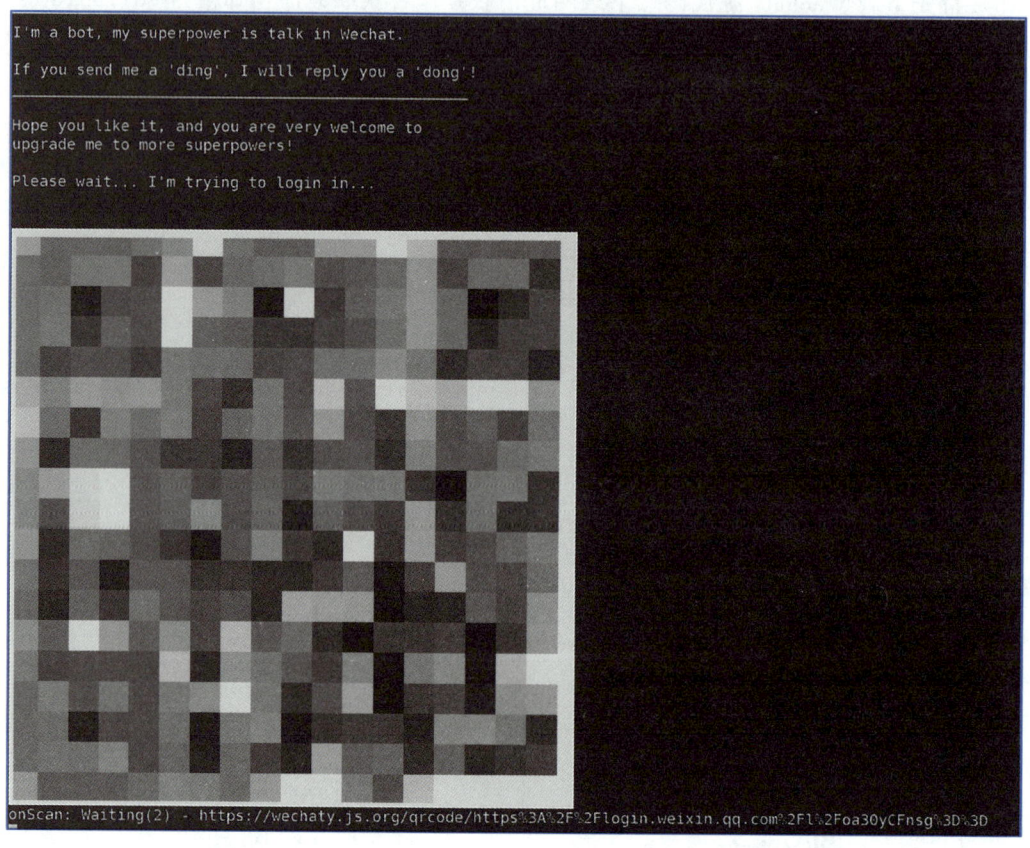

图 8-25　Wechaty 账号登录

登录成功后,命令行应显示如图 8-26 所示的信息,即显示具体登录的微信昵称 login。

之后我们可以使用其他微信账号向这一微信机器人发送"ding"这一信息用以测试,如果成功,微信机器人应恢复"dong",如图 8-27 所示。同时后台也会同步显示收到的消息,如图 8-28 所示。

图 8-26　Wechaty 账号登录成功

此时代表 Wechaty 已经被成功安装,同时简单的微信机器人也已经成功启动,下一步需要将微信机器人与大模型回复接口对接。

图 8-27　微信消息测试

图 8-28　后台显示收到的消息

（4）微信机器人与大模型回复接口对接。

如图 8-29 所示，首先进入 Wechaty 目录中的 example 文件夹，然后用文本编辑器打开 ding-dong-bot.ts 文件。

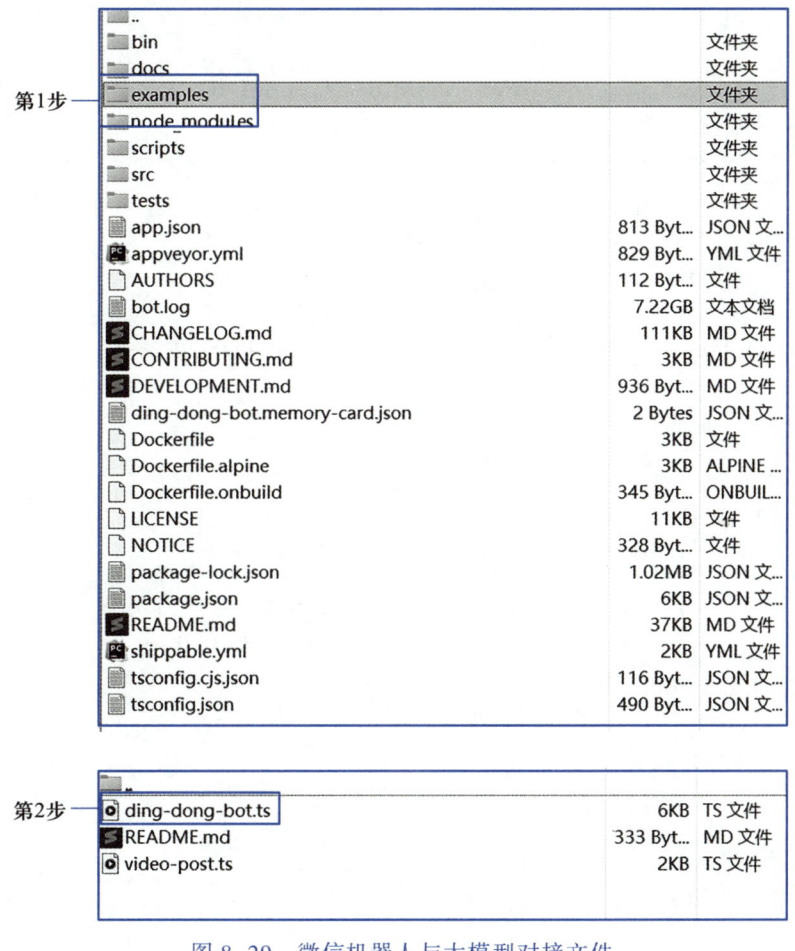

图 8-29　微信机器人与大模型对接文件

找到文件中的 onMessage（msg：Message）方法，将其中的代码修改为：

```
1    async function onMessage(msg:Message){
```

```
2       console.info(msg.toString())
3       if(msg.self()){
4         console.info('Message discarded because its outgoing')
5         return
6       }
7
8       if(msg.age()> 2 * 60){
9         console.info('Message discarded because its TOO OLD(than
10  2 minutes)')
11        return
12      }
13
14      const openAiApiKey = ' ';
15      try{
16
17      if(msg.type()=== bot.Message.Type.Text)
18      {
19        const text = msg.text().trim();
20
21        // 检查消息是否以 @ 自己开头
22        if(text.startsWith("@自身微信昵称 "))
23        {
24          const newText = text.replace("@自身微信昵称","").trim();
25
26          // 仅在真正消息体不为空时调用 API
27          if(newText)
28          {
29            // 调用 API
30            const data = {
31            model:"基于vLLM部署时自定义的模型代号",
32            messages:[{"role":"system","content":"You are a
33  helpful assistant."},
34            {"role":"user","content":newText}]
35            };
36            const response = await axios.post('http://localhost:8000/
37  v1/chat/completions',data,{
38            headers:{
39              // 'Authorization':'Bearer ${openAiApiKey}',
40              'Content-Type':'application/json'
41            }
42          });
43
44          // 解析并发送回复
```

```
45              const choices = response.data.choices;
46              if(choices && choices.length > 0)
47              {
48              const reply = choices[0].message.content.trim();
49              await msg.say(reply);
50              } else
51              {
52              await msg.say(" 对不起，我暂时无法回答这个问题。");
53              }
54            }
55        }
56    }catch(error){
57    console.error('Error:',error);
58    }
59    console.log(msg.text())
60    }
```

修改好方法之后，按照前文所述的方法重新启动 Wechaty，此时在微信群中 @ 部署的微信机器人发送消息，即可调用本地部署的通义千问大模型进行回复，回复效果如图 8-30 所示。

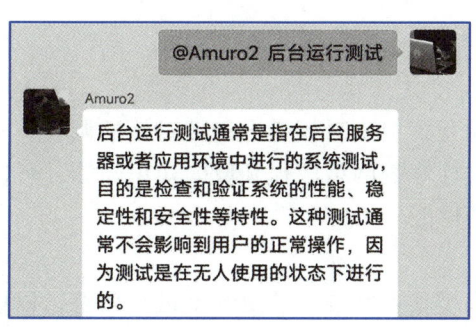

图 8-30　微信机器人调用大模型回复示例

8.2　教师应用开发案例

8.2.1　教师应用开发案例

【任务】使用通义千问大模型进行计算机网络课程课堂教学辅助。

8.2.1　思考目的

【思考】在计算机网络课程的教学过程中，有哪些需求需要大模型辅助？

在课堂教学过程中，经常见到这样的景象，在老师提出一个小组讨论问题时，学生往往会先在小组内部进行讨论，然后就开始利用手机、计算机、iPad等设备上网搜索，查找与问题相关的背景知识和案例。试想，如果存在一个适用于计算机网络课程的专属大模型机器人在学生的微信群里，学生可以随时提问，这样是否可以让讨论更高效呢？

8.2.2 创建任务

本案例的任务是：基于通义千问开源大模型，接入微信聊天界面，实现一个微信对话机器人。该机器人专门用于计算机网络课程领域内的问题智能回复，旨在提供高效、精准的解答。

8.2.3 定义标准

依据任务需求，可以给微信对话机器人定义如下标准：
- 机器人的角色：计算机网络课程AI助教。
- 所需背景知识：计算机网络领域知识。
- 机器人要完成的任务：在微信群内即时、正确地回复学生提问。
- 具体要求：处理学生提问，快速准确地回复提问。

8.2.4 沟通交流

利用计算机网络课程资料库对模型进行针对性的调整。考虑到大模型自身能力可能不足以很好地完成计算机网络课程领域的知识问答，可以从以下两个路径对其进行调整，以增强模型性能。

1. 模型精调

模型精调通过将大模型参数针对特定数据进行调整，以增强大模型性能。

（1）安装模型精调的相关依赖。

模型精调依赖于Deepspeed库，在安装Deepspeed库前请保证PyTorch已经被正确安装。如未安装，请先访问Pytorch官网，按照指示下载并安装PyTorch。

确保PyTorch正确安装后，输入如下指令安装Deepspeed库：

```
pip install deepspeed
```

（2）准备相应的精调数据。

对大模型进行精调的数据往往需要符合一定的格式，其中具有代表性的即为对话格式，例如，如下的对话格式数据：

```
{"type":"chatml","messages":[{"role":"system","content":"You are a helpful assistant."},{"role":"user","content":"What is your name?"},{"role":"assistant","content":"My name is Qwen."},{"role":"user","content":"Are you sure?"},{"role":"assistant","content":"Yes,my name is Qwen."}],"source":"self-made"}
```

其中，{"role": "user", "content": "What is your name?"} 中的 content 部分即为用户提问，{"role": "assistant", "content": "My name is Qwen."} 中的 content 部分即为期望的回答。

在精调模型时，需要将已有数据，如教科书数据，转化为如上的对话格式，以达到较好的模型精调效果。

（3）进行模型精调。

在本书配套资源中打开相关文件夹，该文件夹中的全部文件如图 8-31 所示。其中，finetune.py 即为模型精调 Python 代码文件，finetune.sh 为模型精调启动脚本，ds_config_zero2.json 以及 ds_config_zero3.json 均为 Deepspeed 库的配置文件，不需要更改这两个配置文件。

finetune.sh 中存在如下代码所示的参数，其中，MODEL 参数应替换为模型文件本地路径或对应的 Hugging Face 远程路径；DATA 参数应替换为数据路径，注意数据需要以 json 格式保存；DS_CONFIG_PATH 应为 Deepseep 库的配置路径，用户依据需要在 ds_config_zero2.json

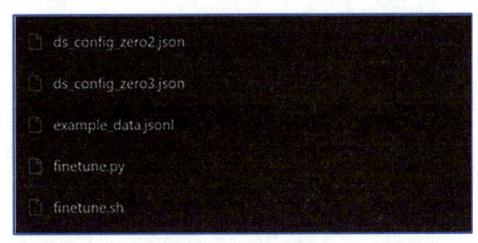

图 8-31 进行模型精调所需的所有依赖文件

和 ds_config_zero3.json 中二选一；USE_LORA 和 Q_LORA 为模型精调策略选择，用户依据实际需求（如计算资源不足）选择是否启用。

```
1    MODEL="Qwen/Qwen2-7B"# Set the path if you do not want to
2    load from huggingface directly
3    DATA="example_data.jsonl"
4    DS_CONFIG_PATH="ds_config_zero3.json"
5    USE_LORA=False
6    Q_LORA=False
```

配置好参数后，运行 finetune.sh 脚本即可开始模型精调，运行成功时模型在训练中应当显示如图 8-32 所示的参数。

2. 检索增强生成

大模型在回复时有时会产生误导性的"幻觉"，即回复错误或回复不准确信息。为了解决这个问题，检索增强生成（retrieval-augmented generation，RAG）技术应运而生。RAG 技术在大模型生成答案之前，会先从广泛的文档数据库中检索出相关信息，然后利用这些信息来引导生成过程，从而极大地提升了内容的准确性和相关性。通过这种方式，RAG 有效地缓解了幻觉问题，使得大模型在实际应用中变得更加可靠。

（1）安装 RAG 的相关依赖。

实际使用时，可以通过 LlamaIndex 库来实现 RAG。如图 8-33 所示，LlamaIndex 库是专为大模型设计的 RAG 框架。使用 LlamaIndex，用户可以更便捷地构建和

```
 4  {'loss': 2.1862, 'learning_rate': 0.0,    'epoch': 0.05}
 5  {'loss': 2.1204, 'learning_rate': 0.0003, 'epoch': 0.1}
 6  {'loss': 2.1949, 'learning_rate': 0.0003, 'epoch': 0.14}
 7  {'loss': 2.2032, 'learning_rate': 0.0003, 'epoch': 0.19}
 8  {'loss': 2.1044, 'learning_rate': 0.0003, 'epoch': 0.24}
 9  {'loss': 2.1329, 'learning_rate': 0.0003, 'epoch': 0.29}
10  {'loss': 2.1046, 'learning_rate': 0.0003, 'epoch': 0.34}
11  {'loss': 1.9999, 'learning_rate': 0.0003, 'epoch': 0.38}
12  {'loss': 2.0379, 'learning_rate': 0.0003, 'epoch': 0.43}
13  {'loss': 2.0657, 'learning_rate': 0.0003, 'epoch': 0.48}
14  {'loss': 2.1149, 'learning_rate': 0.0003, 'epoch': 0.53}
15  {'loss': 2.0327, 'learning_rate': 0.0003, 'epoch': 0.58}
16  {'loss': 2.0784, 'learning_rate': 0.0003, 'epoch': 0.62}
17  {'loss': 2.072,  'learning_rate': 0.0003, 'epoch': 0.67}
18  {'loss': 2.0464, 'learning_rate': 0.0003, 'epoch': 0.72}
19  {'loss': 1.969,  'learning_rate': 0.0003, 'epoch': 0.77}
20  {'loss': 1.9965, 'learning_rate': 0.0003, 'epoch': 0.82}
21  {'loss': 2.0199, 'learning_rate': 0.0003, 'epoch': 0.86}
22  {'loss': 1.9883, 'learning_rate': 0.0003, 'epoch': 0.91}
23  {'loss': 2.0142, 'learning_rate': 0.0003, 'epoch': 0.96}
```

图 8-32 模型精调示例

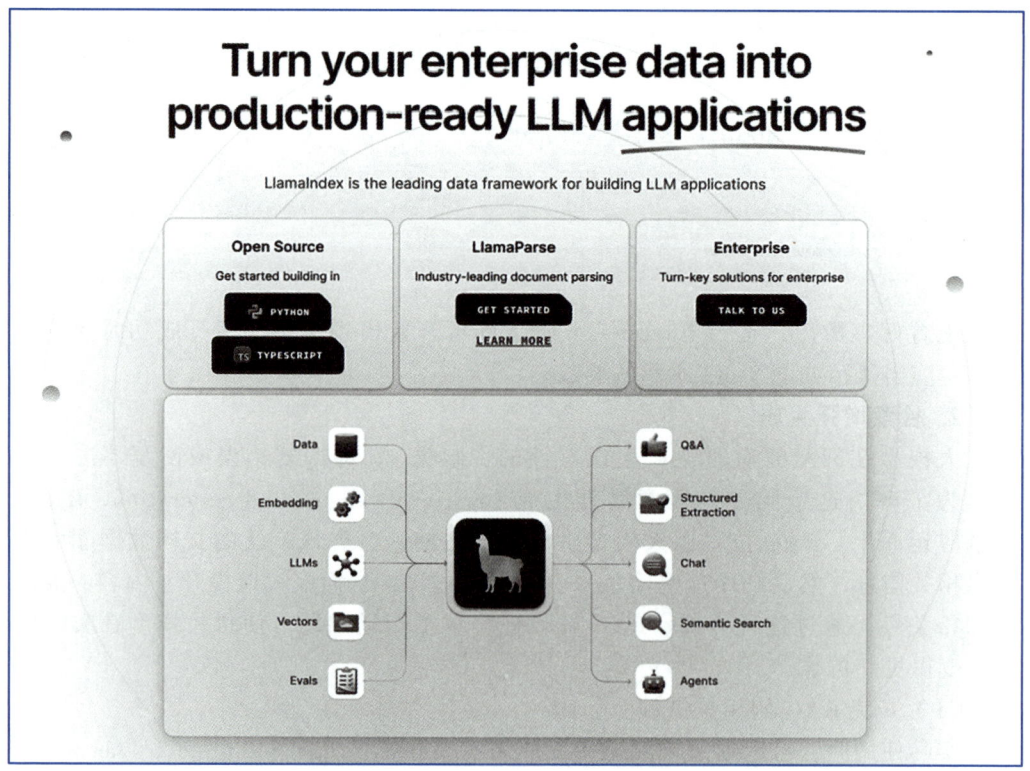

图 8-33 LlamaIndex 库

访问特定专业领域的数据,以便将这些数据安全可靠地注入大模型中,从而生成更加精确的回复。

安装 LlamaIndex 库和安装其他库类似,也非常简便,通过执行以下命令即可实现安装:

```
pip install llama-index
```

(2)准备 RAG 数据。

对比模型精调,RAG 的数据准备相对容易,用户首先准备好如 pdf、txt 等格式的数据,放于指定文件夹中,然后运行如下指令即可完成 RAG 数据库的创建。

```
import os
os.environ["OPENAI_API_KEY"] = 'YOUR_OPENAI_API_KEY'
from llama_index import GPTVectorStoreIndex,SimpleDirectoryReader
documents = SimpleDirectoryReader('data').load_data()
index = GPTVectorStoreIndex.from_documents(documents)
#o query:
query_engine = index.as_query_engine()
query_engine.query("<question_text>?")
#By default,data is stored in-memory.To persist to disk(under./storage):
    index.storage_context.persist()
```

(3)运行 RAG。

准备好数据后,可以通过运行如下指令完成 RAG 查询:

```
#To reload from disk:
from llama_index import StorageContext,load_index
_from_storage
#rebuild storage context
storage_context = StorageContext.from_defaults(persist_dir='./storage')
#load index
index = load_index_from_storage(storage_context)
```

8.2.5 提问改进

通过和微信助教提问对话,并根据对话结果决定进一步的模型调整,实现大模型回答效果的改进。为了使大模型微信助教的效果更贴近实际需求,需要对其进行多轮测试以及针对性调整。如图 8-34 所示,我们通过搜集学生真实问题向大模型发起提问,以判断大模型的能力。

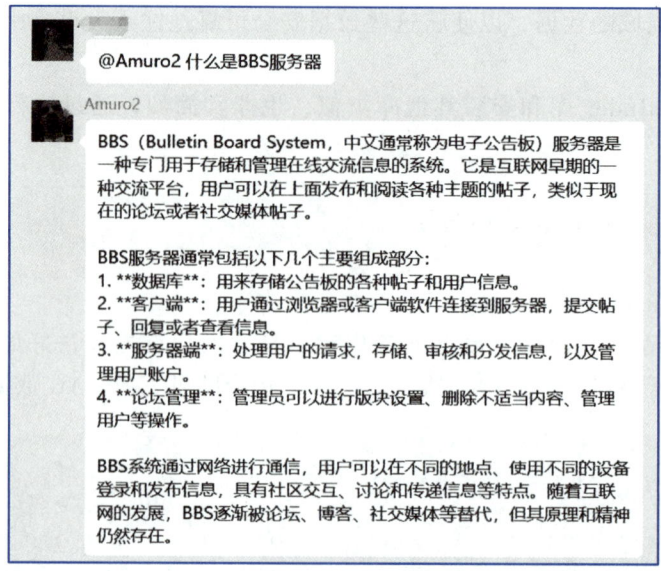

图 8-34　大模型对话测试示例

在实际测试中，我们发现对于学生的一般问题，目前的通义千问大模型都可以做到基本的回答。但当问题较为复杂或是提问请求较多时，模型回复较慢，影响实际使用，模型回复速度成了实际使用时的瓶颈。因此，我们通过以下步骤对大模型回复速度进行优化。

（1）FlashAttention 库安装。

FlashAttention 库可以加速大模型中注意力组件的计算速度并减少大模型的内存占用。用户可以通过以下指令安装 FlashAttention：

```
pip install flash-attn --no-build-isolation
```

FlashAttention 库与 vLLM 以及通义千问大模型之间具有良好的兼容性，当成功安装 FlashAttention 库后，使用 vLLM 部署通义千问模型时会自动启用 FlashAttention 库。

（2）模型量化。

模型量化是一种将神经网络模型中的权重和激活从浮点数（通常是 32 位浮点数）转换为低精度表示（如 16 位浮点数、8 位整数甚至二进制数）的技术。这种转换可以在不显著牺牲模型准确性的情况下减少模型的存储需求和计算成本。

模型量化可以使模型以低精度计算。这通常需要更少的计算资源，从而减少能耗并提高速度，并且 GPU 支持对低精度运算加速，这可以进一步提高模型的计算速度。

我们使用 auto-gptq 来实现模型量化。auto-gptq 是一个简单易用的大模型量化框架。通过如下命令可以安装 auto-gptq：

```
pip install auto-gptq optimum
```

访问相关网站（网址请联系作者获取，作者邮箱为 961135186@qq.com），下载 run_gptq.py 文件，通过运行如下指令即可进行模型量化：

```
python run_gptq.py --model_name_or_path "模型文件本地路径或对应的 Hugging Face 远程路径" --data_path 基准数据集 --out_path 自定义输出路径
```

其中，基准数据集需要使用者按自身需求自主构建。例如，我们期望量化得到一份对于计算机网络领域回复较好的模型，则需要构建一份计算机网络领域的基准数据集。首先访问相关网站（网址请联系作者获取，作者邮箱为 961135186@qq.com），下载文件 alpaca_data_cleaned.json，然后参考这一文件中的数据格式构建基准数据集。基准数据集决定了模型量化的效果，需要按照目标有针对性地构建。通义千问官方开源了由官方量化的模型权重文件，可以访问 Hugging Face 通义千问官方仓库下载。如访问 https://huggingface.co/Qwen/Qwen-7B-Chat-Int4，可以下载 Qwen-7B-Chat 量化为 4 位整型的版本。

量化后的模型文件依据模型版本等不同可能会缺失如下文件：

```
modeling_qwen.py
qwen_generation_utils.py
cpp_kernels.py
generation_config.json
```

此时只需到原模型路径中复制对应的文件到输出目录中即可。

（3）KV Cache。

KV Cache 是一种大模型推理加速的方法，该方法通过缓存大模型注意力组件中的 K 和 V 来实现推理加速。它建立在计算机领域经典的以空间换时间思维之上，在步骤（2）中，模型量化将大模型运行内存要求大幅降低，此时我们将这一部分降低的内存补充给 KV Cache，以空间换时间，大幅加速模型推理速度。

vLLM 原生支持 KV Cache 实现，因此，我们只需按照以下格式修改 vLLM 启动代码即可实现量化后大模型的 KV Cache 自由控制调整：

```
python -m vllm.entrypoints.openai.api_server\
--served-model-name 自定义大模型代号 \
--model 大模型本地路径或远程 Hugging Face 路径 \
--quantization gptq\
--gpu-memory-utilization 0-1 之间的数值 \
--enforce-eager\
--max-model-len 模型最大回复长度 \
```

经过上述三大步骤的共同提升后，模型回复速度较之前提升约 3~4 倍。

8.2.6 运行效果

8.2.2 运行效果

最后通过如下两个案例展示基于通义千问的微信 AI 计算机网络课程助教应用效果。可以看出尽管存在一定的瑕疵，但大模型展现出了不俗的辅助能力。

图 8-35 展示了 AI 助教在回复简单概念性问题时的效果，AI 助教正确介绍了计算机网络课程中广播风暴的相关概念。

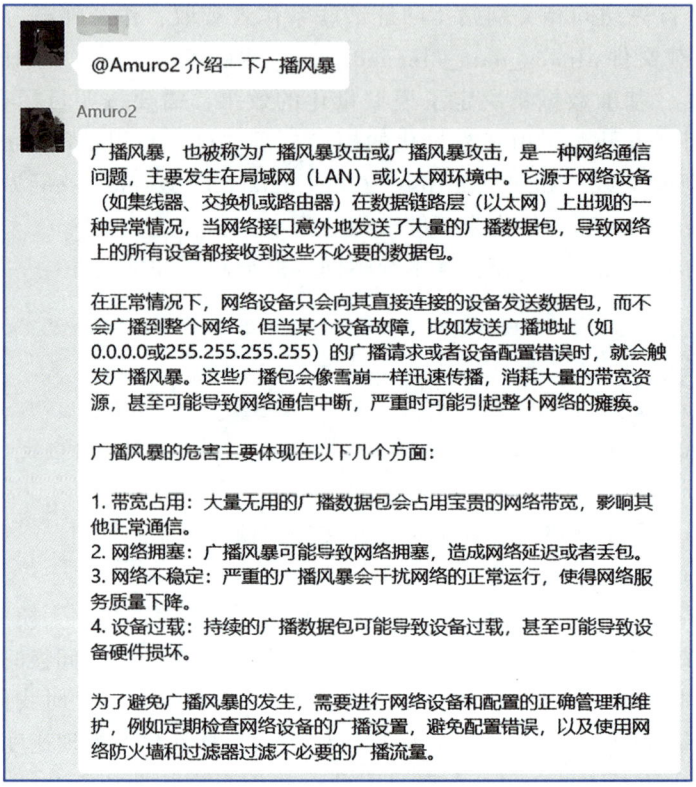

图 8-35　简单概念性问题的回复

图 8-36 展示了 AI 助教在课堂教学案例生成时的效果，AI 助教依照教师给出的指令要求，给出了使用 SNMP 协议的网络安全实战应用案例。

@Amuro2 本周最后一次课程，请给出一个适合在课堂上讲授的网络管理案例，要求与网络安全相关，需要用到SNMP协议，能够通过分析案例提升学生综合运用所学知识、分析网络故障并加以解决的能力。

Amuro2

案例：网络设备安全监控与SNMP陷阱的实战应用

背景：一家中型企业，其网络主要由路由器、交换机和各种服务器组成，负责日常的业务运营。近期，网络管理员发现频繁出现设备宕机、数据包丢失和网络性能下降的问题，怀疑是恶意攻击或者网络设备故障引起。为快速定位问题，他们决定利用SNMP协议进行网络设备的监控和故障排查。

案例描述：

1. **设备配置**：所有网络设备都已配置了SNMP服务，以便收集设备的运行状态信息，如CPU使用率、内存利用率、网络接口流量等。管理员会设定一些关键性能指标（KPIs）作为监控阈值，一旦超过阈值，设备将发送陷阱信息到网管中心。

2. **问题发现**：网络监控系统接收到多个设备的警告信息，显示CPU使用率和内存占用率过高，同时网络接口流量异常。管理员通过SNMP协议查询设备详细报告，发现其中一台路由器的CPU使用率达到了100%，内存也接近满载。

3. **故障定位**：结合网络拓扑和KPI设置，管理员确定出问题路由器。可能是由于路由器遭受了DDoS（分布式拒绝服务攻击）或者内部恶意软件感染。为验证这一假设，他们检查了路由器的SNMP traps日志，发现了一连串异常访问请求。

4. **问题解决**：首先，管理员通过防火墙阻止了来自可疑IP的访问。然后，他们使用网络扫描工具检查路由器内部，发现了一个隐藏的恶意脚本，可能是通过SNMP协议被恶意用户利用。通过删除这个脚本，网络恢复正常。

5. **后续改进**：为防止类似问题再次发生，企业进一步加强了网络安全策略，包括定期更新设备固件、增强SNMP访问控制、设置更严格的性能阈值等。

通过这个案例，学生可以学习到如何使用SNMP协议进行网络监控，如何识别网络故障，如何通过SNMP traps定位问题，以及如何通过网络管理工具进行故障排除。同时，他们也了解到了网络安全的重要性，以及如何在实际工作中应用所学知识。

图 8-36　课堂教学案例生成

8.3　本 章 小 结

本章介绍了通义千问大模型在教学项目实践中的应用。通义千问大模型是阿里巴巴公司开发的多语言大模型，特别擅长中文处理，适用于多种场景，如文本创作、编程辅助、翻译服务等。本章知识点具体如下：

1. 详细阐述了开源开发的概念、优势以及在深度学习领域的应用，重点介绍了 Hugging Face 社区和通义千问大模型的特点、功能和使用方法。

2. 解释了开源开发的定义、好处，以及它在促进技术发展中的作用。接着，介绍了 Hugging Face 这个大型开源社区，以及如何利用该社区筛选、下载和使用各种大模型。

3. 提供了通义千问大模型的在线和离线使用指南，包括如何通过官方网站和

Hugging Face 网站进行模型的注册、登录、调用和开发。

4. 探讨了如何将通义千问大模型部署为本地私有化对话系统和微信机器人，以及如何通过 vLLM 库和 Wechaty 库实现模型的本地部署和与微信机器人的对接。

5. 提出了教师应用开发案例，探讨了如何使用通义千问大模型辅助计算机网络课程的教学，包括模型精调、检索生成增强（RAG）技术的应用，以及通过 FlashAttention、模型量化和 KV Cache 技术提高模型回复速度的方法。

8.4 习题

1. 什么是开源开发？为什么要进行开源开发？
2. 列出通义千问大模型的 3 个主要特点，并解释为什么这些特点使其适合中文场景下的开发使用。
3. 描述如何基于通义千问系列模型完成本地私有化对话系统的部署，并解释这一部署的意义。
4. 请简述微信机器人的部署流程。
5. 什么是模型精调？模型精调有什么作用？
6. 检索增强生成技术如何提高大模型回复的准确性。
7. 请列举并解释至少 3 种提高大模型回复速度的技术。
8. 除了计算机网络课程，你认为大模型还可以如何应用于教育领域？请提出一个具体的应用案例。
9. 思考大模型如何在你感兴趣的行业（如医疗、法律、金融等）中应用，并设计一个创新的应用场景。
10. 讨论大模型如何与人类协作，以提高工作效率和创造力，并提出具体的协作模式。

郑重声明

高等教育出版社依法对本书享有专有出版权。任何未经许可的复制、销售行为均违反《中华人民共和国著作权法》,其行为人将承担相应的民事责任和行政责任;构成犯罪的,将被依法追究刑事责任。为了维护市场秩序,保护读者的合法权益,避免读者误用盗版书造成不良后果,我社将配合行政执法部门和司法机关对违法犯罪的单位和个人进行严厉打击。社会各界人士如发现上述侵权行为,希望及时举报,我社将奖励举报有功人员。

反盗版举报电话　（010）58581999　58582371
反盗版举报邮箱　dd@hep.com.cn
通信地址　北京市西城区德外大街4号
　　　　　高等教育出版社知识产权与法律事务部
邮政编码　100120

防伪查询说明

用户购书后刮开封底防伪涂层,使用手机微信等软件扫描二维码,会跳转至防伪查询网页,获得所购图书详细信息。

防伪客服电话　（010）58582300